土木工程专业专升本系列教材

建 筑 施 工

本系列教材编委会组织编写

李建峰 主编

中国建筑工业出版社

图书在版编目（CIP）数据

建筑施工/李建峰主编 . —北京：中国建筑工业出版
社，2003

（土木工程专业专升本系列教材）

ISBN 978-7-112-05442-8

Ⅰ. 建 . . .　　Ⅱ. 李 . . .　　Ⅲ. 建筑工程-工程施工-高
等学校-教材　　Ⅳ. TU7

中国版本图书馆 CIP 数据核字（2003）第 097166 号

土木工程专业专升本系列教材

建 筑 施 工

本系列教材编委会组织编写

李建峰　主编

*

中国建筑工业出版社出版、发行（北京西郊百万庄）

各地新华书店、建筑书店经销

北京同文印刷有限责任公司印刷

*

开本：787×960 毫米　1/16　印张：22¼　字数：458 千字
2004 年 2 月第一版　　2014 年 7 月第十二次印刷
定价：38.00 元
ISBN 978-7-112-05442-8
（20993）

本社网址：http：//www. cabp. com. cn

网上书店：http：//www. china-building. com. cn

本书按照高等院校建筑施工课程教学大纲的要求编写。全书均参照最新施工及验收规范编写，力求反映国内外先进施工技术及管理水平。全书共分十一章，其内容包括：土方工程、深基础工程、混凝土结构工程、现代预应力混凝土结构工程、结构吊装工程、防水工程、装饰工程、施工组织概论、流水施工、网络计划技术和单位工程施工组织设计。书中每章附有例题、思考题和习题，供学习时参考。

本书为土木建筑类专业专升本教材，也可供土建施工技术人员参考。

* * *

责任编辑　朱首明　吉万旺
责任设计　彭路路
责任校对　张　虹

土木工程专业专升本系列教材编委会

前　言

　　《建筑施工》是高等院校土木工程专业的一门主要的专业必修课，它是一门研究建筑工程施工中如何科学组织施工和解决施工技术问题的学科。所有与建筑工程有关的人员，包括建设单位、施工单位、监理单位、设计单位以及质检部门的技术人员，都必须掌握建筑施工方面的基本理论与原理，熟悉每一个工种工程的基本施工工艺、施工方法、操作技术与质量要求以及施工组织管理等方面的知识。尤其对于施工管理人员还必须掌握施工项目中涉及的各个方面、投入的各项资源和各个施工阶段的有机联系及组织管理规律，有效、科学地组织施工，以期以最少的消耗取得最大的投资效益。

　　由于《建筑施工》实践性强、综合性要求高、社会性广，工程施工中许多技术问题的解决和管理系统的建立，均要涉及有关学科的综合运用。因此，本书基本按照高等院校建筑施工课程教学大纲的要求编写，力求拓宽专业面，扩大知识面，以适应市场经济的需要；力求综合运用有关学科的基本理论和知识，以解决工程实践问题；力求理论联系实践，以应用为主；力求符合新规范、新标准和有关技术法规。内容的编排上包括施工技术和施工组织两部分，施工技术部分仍按分部工程划分各章，分别叙述各分部工程的施工工艺与要求，结合专升本的特点，每章在第一节均先简要复习专科阶段所学的内容，后面各节再介绍新知识，新知识中增加了基坑支护、地基深层加固、沉井法、高效钢筋与钢筋连接新技术、新型模板体系、高强高性能混凝土、高效预应力钢材与新型锚固体系、无粘结预应力施工、钢结构和大跨度空间结构安装、新型防水材料以及玻璃幕墙等方面的新的施工技术；施工组织部分增加了施工准备和网络计划的优化。本书在编写时，取材上力求反映国内外先进技术水平和管理水平；内容上尽量符合实际需要；较为详细地论述了施工工艺和操作要求；着重方案性问题的探讨和技术经济比较；着眼于解决建筑工程施工的关键和施工组织的主要矛盾；文字上深入浅出，通俗易懂；并在每章附有学习要点、思考题和习题，以便于组织教学和自学。由于作者水平有限，书中难免有不足之处，诚挚地希望读者提出宝贵意见，予以赐教。

　　本书的前言、绪论、第二章、第三章、第八章、第九章、第十章以及第十一章由长安大学李建峰编写；第一章、第六章由广州大学童华炜编写；第四章和第五章由山东建工学院姜卫杰编写；第七章由长安大学郑天旺编写；全书由李建峰任主编，童华炜任副主编。

　　本书在初稿编写完成后，西安建筑科技大学李慧民教授在百忙之中对本书作了全面审阅，提出了不少宝贵意见，特此表示深切的谢意。在本书编写过程中，还得到有关施工与科研单位提供的部分技术资料，在此亦表示衷心的感谢！

　　本书系由中国建筑工业出版社组织新编的"普通高等学校土木工程专业专升本系列教材"之一，在编写过程中承蒙编审委员会的指导，出版社的大力支持，谨此表示衷心的谢意。

目　录

绪　　论

一、建筑施工课程性质、目的和任务

建筑施工课程是土木工程专业的主要专业课之一，是一门综合性、实践性很强的课程。建筑施工就是通过有效的组织方法和技术途径，按照工程设计图纸和说明书的要求建成供使用的建筑物的过程。其任务是综合运用相关课程（如工程测量、建筑材料、结构力学、房屋建筑学、土力学及地基基础、混凝土及砌体结构等课程）的有关知识，研究一般土木建筑工程领域的施工技术与施工组织的基本规律，分析和解决建筑施工中遇到的技术与组织问题。

建筑施工主要包括施工技术和施工组织两部分。一栋建筑物的施工，从施工准备开始，到基础、主体结构施工，直至内外装饰完毕，是由许多工种工程（如土方工程、桩基础工程、砌体和脚手架工程、混凝土结构工程、结构安装工程、建筑装饰工程等）组成的。施工技术是以各工种工程施工为研究对象，选择最合理的施工方案，采用先进的工艺、技术和方法，保证工程质量与安全，经济、合理地完成各工种工程的施工。施工组织是以一栋建筑物、构筑物（或建筑群）的施工为对象，从技术与经济统一的全局出发，对人力、物力、时间和空间等进行科学合理地安排与组合，精心编制出指导现场施工的施工组织设计文件，以期高质量、低消耗、安全文明地按期或提前完成工程项目施工任务。

通过对上述施工技术与施工组织问题进行研究，不断地实践、总结，找出其施工基本规律，就形成了建筑施工这门学科。设置本课程的目的是使学生通过学习，掌握建筑施工的基本知识、基本理论和基本方法，了解建筑施工领域内国内外的新技术和发展动态，掌握工种工程施工工艺和单栋建筑物施工方案的选择以及施工组织设计的编制，具有独立分析和解决建筑施工技术与组织计划问题的初步能力，以便毕业后能够较快地适应建筑工程施工与管理工作的需要。

总之，建筑施工的根本任务就是研究最有效地建造建筑物或构筑物的理论、方法和工艺及其有关的施工规律，以科学的施工组织设计为指导，以先进和可靠的施工技术为后盾，保证工程项目高质量、安全文明和经济地完成。

二、建筑施工课程特点与学习方法

本课程是一门综合性、实践性很强的专业课。与建筑材料、材料力学、结构力学、混凝土结构以及钢结构等课程均有密切的关联，在学完这些课程的基础上才能学习本课程。学习中要学会综合运用先修课程的有关知识，依据建筑施工规范、规程的有关规定来分析处理和解决房屋建筑工程施工中的问题。课程内容涉及从基础、主体结构、装饰等工程的施工与管理的各个方面，知识范围广泛；各章节内容之间既有联系，又有较大区别，有的内容有相对的独立性。

由于本课程是一门与施工实际联系紧密、实践性很强的专业课程，光靠学习教材，从书本到书本，是不易学好的。因此，学习时要注意理论联系实际，要有意识地就近选择一些典型的建筑工程施工工地，结合教材中的相关内容，进行施工现场参观教学以及生产实习，以增强感性知识，加深对理论知识的理解和掌握。另外，还需经常阅读有关建筑施工方面的书刊杂志，随时了解国内外最新动态。

学习本课程有关内容时，还要与习题作业、课程设计、生产实习等实践性环节相结合，以加深对理论知识的理解，将知识转化为能力，提高自己分析问题和解决问题的能力。

三、建筑施工发展概况

原始人藏身于天然洞穴。进入新石器时代，人类已架木巢居，以避野兽侵扰，进而以草泥作顶，开始建筑活动。后来发展到把居室建造在地面上。到新石器时代后期，人类逐渐学会用夹板夯土筑墙、垒石为垣、烧制砖瓦。战国、秦时，我国的砌筑技术已有很大发展，能用特制的楔形砖和企口砖砌筑拱券和穹隆。我国的《考工记》记载了先秦时期的营造法则。秦以后，宫殿和陵墓的建筑已具相当规模，木塔的建造更显示了木构架施工技术已相当成熟。至唐代，大规模城市的建造，表明房屋施工技术也达到了相当高的水平。北宋李诫编纂了《营造法则》，对砖、石、木作和装修、彩画的施工法则与工料估算方法均有较详细的规定。至元、明、清，已能用夯土墙内加竹筋建造三、四层楼房，砖券结构得到普及，木构架的整体性得到加强。清朝的《工部工程做法则例》统一了建筑构件的模数和工料标准，制定了绘样和估算的准则。现存的故宫等建筑表明，当时我国的建筑技术已达很高的水平。

19 世纪中叶以来，水泥和建筑钢材的出现，产生了钢筋混凝土，使房屋施工进入新的阶段。我国自鸦片战争以后，在沿海城市也出现了一些用钢筋混凝土建造的多层和高层大楼，但多数由外国建筑公司承建。此时，由我国私人创办的营造厂虽然也承建了一些工程，但规模小，技术装备较差，施工技术相对落后。

新中国成立后，我国的建筑业有了根本性的变化。为适应国民经济恢复时期建设的需要，扩大了建筑业建设队伍的规模，引入了前苏联建筑技术，在短短几年内，就完成了鞍山钢铁公司、长春汽车厂等 1000 多个规模宏大的工程建设项目。1958～1959 年在北京建设了人民大会堂、北京火车站、中国历史博物馆等结构复杂、规模巨大、功能要求严格、装饰标准高的十大建筑，更标志着我国的建筑施工开始进入了一个新的发展时期。

我国建筑业的第二次大发展是在 20 世纪 70 年代后期，国家实行改革开放政策以后，一些重要工程相继恢复和上马，工程建设再次呈现出一派繁忙景象。在 20 世纪 80 年代，以南京金陵饭店、广州白天鹅宾馆和花园酒店、上海新锦江宾馆希尔顿宾馆和金茂大厦、北京的国际饭店和昆仑饭店等一批高度超过 100m 的高层建筑施工为龙头，带动了我国建筑施工，特别是现浇混凝土施工技术的迅速发展。进入 20 世纪 90 年代，随着房地产业的兴起，城市大规模的旧城改造，高层和超高层写字楼与商住楼的大量兴建，使建筑施工技术达到了很高的水平。

在建筑施工技术方面，基础工程施工中推广应用了大直径钻孔灌注桩、静压桩、旋喷桩、水泥土搅拌桩、地下连续墙等新技术；主体结构施工中应用了爬模和滑模、早拆模和台模等新型模板体系，粗钢筋焊接与机械连接技术，高强混凝土、预应力混凝土、泵送混凝土以及塔吊和施工人货电梯的垂直运输机械化等多项新的施工技术；在装饰工程施工中应用了内外墙面喷涂，外墙面玻璃及铝合金幕墙，高级饰面砖的粘贴等新技术；使我国的建筑施工技术水平与发达国家的水平基本接近。

在建筑施工组织方面，我国在第一个"五年"计划期间，就在一些重点工程上编制了指导施工的施工组织设计，并将流水施工的技术应用到工程上。进入 20 世纪 90 年代以后，高层建筑、大跨空间结构等大型工程项目需要更科学的施工组织设计来指导施工。结合网络计划技术和 CAD 技术，现已逐步实现了在施工现场对工程进度和工程质量进行电脑随时监控，对关键工序随时调整安排。随着《建设工程项目管理规范》的出台，施工组织和工程项目管理正在向着更新、更高的水平发展。

四、建筑施工标准、规范、规程和工法知识

国家标准、行业标准分为强制性标准和推荐性标准。保障人体健康，人身、财产安全的标准和法律、行政法规规定强制执行的标准是强制性标准，其他标准是推荐性标准。建筑标准、规范、规程是我国建筑界常用的标准的表达形式，它以建筑科学、技术和实践经验的综合成果为基础，经有关方面协商一致，由国务院有关部委批准、颁发，作为全国建筑界共同遵守的准则和依据。它分为国家、专业（部）、地方和企业四级。建筑施工方面的规范按工业与民用建筑工程中的各分部工程，分别有《土方与爆破工程施工及验收规范》、《建筑地基基础工程施工质量验收规范》、《砌体工程施工质量验收规范》、《混凝土结构工程施工质量验

收规范》、《屋面工程质量验收规范》、《建筑装饰装修工程质量验收规范》等，这些为国家级标准（代号 GB×××××），由建设部和质监总局颁发。有些专项技术规范也可由其他部委颁发，如《公路路面基层施工技术规范》（JTJ 034—2000）由交通部颁发。

2002 年新颁布的各分部工程的施工质量验收规范，突出"验评分离、强化验收、完善手段、过程控制"的特点，对各分部工程和分项工程施工质量验收标准、内容和程序，施工现场质量管理和质量控制要求以及技术要求，涉及结构安全和基本功能的见证及抽样检测方法等均作了具体、明确、原则性的规定。因此，凡新建、改建、修复等工程，在设计、施工和竣工验收时，均应遵守相应的施工质量验收规范。

规程（规定）比规范低一个等级，一般为行业标准，由各部委或重要的科学研究单位编制，呈报规范的管理单位批准或备案后发布试行。它主要是为了及时推广一些新结构、新材料、新工艺而制订的标准。如《高层建筑混凝土结构技术规程》、《钢—混凝土组合楼盖结构技术规程》、《整体预应力装配式板柱建筑技术规程》等，除对设计计算和构造要求作出规定以外，还对其施工及验收亦作出规定。

规程试行一段时间后，在条件成熟时也可升级为国家规范。规程的内容不能与规范抵触，如有不同，应以规范为准。对于规范和规程中有关规定条目的解释，由其发布通知中指定单位负责。随着设计与施工水平的提高，规范和规程每隔一定时间要做修订。

工法是以工程为对象，工艺为核心，运用系统工程的原理，把先进技术与科学管理结合起来，经过工程实践总结形成的、较为成熟的综合配套技术的应用方法。它应具有新颖、适用和保证工程质量，提高施工效率，降低工程成本等特点。它是指导企业施工与管理的一种规范文件，并作为企业技术水平和施工能力的重要标志。工法分为一级（国家级）、二级（地区、部门）、三级（企业级）三个等级，工法的内容一般应包括工法特点、适用范围、施工程序、操作要点，机具设备、质量标准、劳动组织及安全，技术经济指标和应用实例等。

第一章 土 方 工 程

学 习 要 点

本章内容包括基础知识、场地平整的优化方法、基坑支护和深基坑降水与土方开挖。在基本知识中，总结了在专科阶段讲授过的土方工程施工的基本内容，包括土方工程的概念、土方工程量计算与土方调配、土方工程施工准备与辅助工作和土方机械化施工等内容，以便同学们复习。在场地平整的优化方法中，重点介绍了用最小二乘法原理确定场地设计标高的方法；在基坑支护中，介绍了目前基坑支护中的新技术，并重点介绍了重力式支护结构和桩墙支护结构的设计与施工方法；在深基坑降水与土方开挖中，则重点介绍了喷射井点、电渗井点和深井井点的降水设计与施工方法以及降水对地面沉降影响的预防措施和深基坑土方开挖的施工要点。本章的难点内容是最小二乘法原理的掌握以及基坑支护、深基坑井点降水的设计和施工方法。

第一节 基 本 知 识

一、土方工程的内容、工程分类及工程性质

土方工程是指各种土的挖掘、填筑和运输等过程以及排水、降水、土壁支撑等准备工作和辅助工程。在土木工程施工中，常见的土方工程有：场地平整，基坑（槽）及管沟开挖，修筑路基、地坪及基坑回填土等。

在土木工程施工中，按土的开挖难易程度将土分为八类，依次为松软土、普通土、坚土、砂砾坚土、软石、次坚石、坚石和特坚石。正确区分和鉴别土的种类可以合理地选择施工方法和确定土方工程费用。

土的工程性质对土方工程施工有直接影响，是土方施工设计中必须掌握的基本资料，影响土方施工的主要工程性质见表1-1。

土 的 工 程 性 质   表 1-1

土的工程性质		含 义	用 途
可松性	最初可松性系数 K_S	$K_S = \dfrac{\text{土经开挖后的松散体积 } V_2}{\text{土在天然状态下的体积 } V_1}$	计算土方施工机械及运土车辆
	最终可松性系数 K'_S	$K'_S = \dfrac{\text{土经回填压实后的体积 } V_3}{\text{土在天然状态下的体积 } V_1}$	计算填方所需的挖土体积

续表

土的工程性质	含　义	用　途
土的含水量 w	$w = \dfrac{\text{土中水的质量}}{\text{土的固体颗粒质量}}$	影响土方施工方法的选择，边坡和回填土的质量
土的渗透性	土体被水透过的性质，由渗透系数 K 表示	用于降水设计

二、场地设计标高确定的一般方法

场地设计标高是进行场地平整和土方量计算的依据。在确定场地设计标高时，应结合现场的具体条件并进行必要的技术经济比较，选定最优方案，在满足建筑规划、生产工艺和运输、排水及最高洪水位等要求的前提下，尽量使场院内土方挖填平衡且土方量最少。

如场地设计标高无特殊要求，则习惯根据填挖土方量平衡的原则，按以下步骤和方法确定：

1. 在地形图上将施工区域划分成边长为 a 的若干方格网，并将方格网角点的原地形标高标在图上（图1-1）

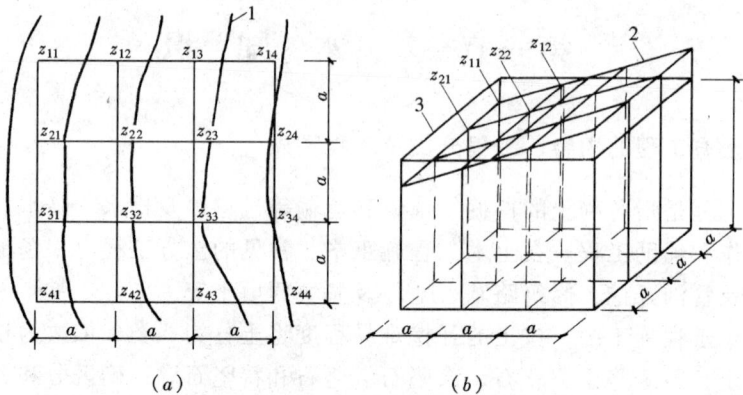

图 1-1　场地设计标高计算示意图

（a）地形图方格网；（b）设计标高示意图

1—等高线；2—自然地面；3—设计平面

2. 按填挖方平衡初定场地设计标高 z_0

$$z_0 = \frac{\Sigma z_1 + 2\Sigma z_2 + 3\Sigma z_3 + 4\Sigma z_4}{4n} \tag{1-1}$$

式中　　n——场地方格数；

　　　　z_1——一个方格独有的原地形角点标高；

z_2、z_3、z_4——分别为二、三、四个方格所共有的原地形角点标高。

　　3. 考虑泄水坡度对场地各点标高的影响

　　按式（1-1）得到的设计平面为一水平的挖填方相等的场地。当场地有单向或双向泄水坡度要求时，以 z_0 作为场地中心点的标高（图1-2），则场地任意点的设计标高为：

$$z'_i = z_0 \pm l_x i_x \pm l_y i_y \qquad (1\text{-}2)$$

式中　z'_i——考虑泄水坡度的角点设计标高；

　　　l_x、l_y——该点沿 x-x、y-y 方向距场地中心线的距离；

　　　i_x、i_y——场地沿 x-x、y-y 方向的泄水坡度。

　　求得 z'_i 后，即可按下式计算各角点的施工高度 h_i：

图 1-2　场地泄水坡度

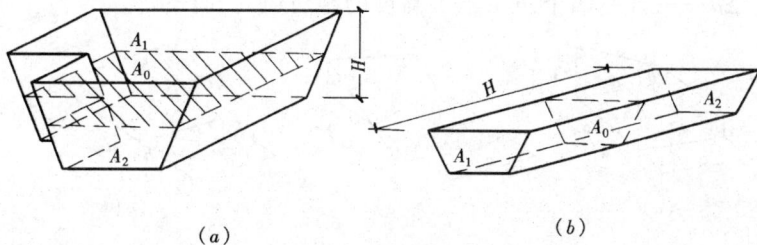

$$h_i = z'_i - z_i \qquad (1\text{-}3)$$

式中　z_i——i 角点的原地形标高。

　　若 h_i 为正值，则该点为填方；h_i 为负值，则该点为挖方。

三、土方工程量的计算与调配

　　1. 基坑（槽）和路堤的土方量计算

　　基坑（槽）和路堤的土方量可按拟柱体积的公式计算（图1-3），即

$$V = \frac{H}{6}(A_1 + 4A_0 + A_2) \qquad (1\text{-}4)$$

式中　V——土方工程量。

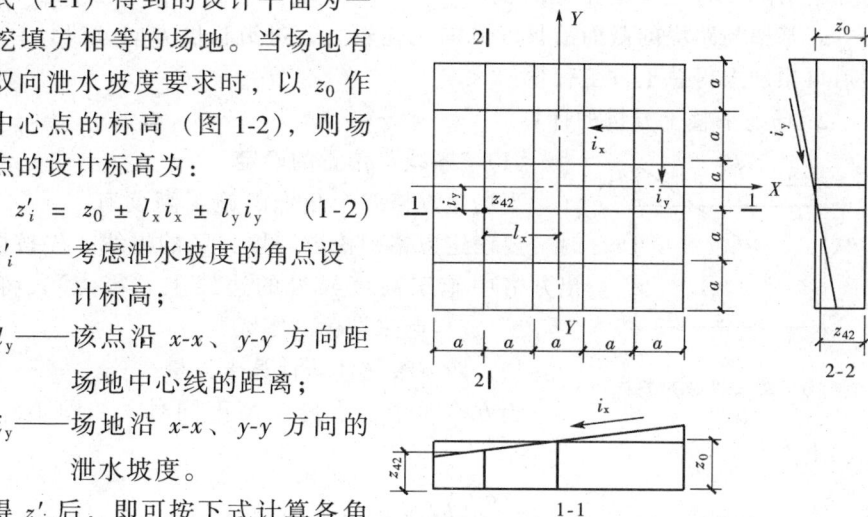

（a）　　　　　　　　　　　　　（b）

图 1-3　土方量计算

（a）基坑土方量计算；（b）基槽、路堤土方量计算

H、A_1、A_0、A_2 如图所示。对基坑而言，H 为基坑的深度，A_1、A_2 分别为基坑的上、下底面积；对基槽或路堤，H 为其长度，A_1、A_2 为两端的面积；A_0 为介于 A_1 和 A_2 之间的中截面积。

若基槽与路堤的截面沿长度方向变化较大，可沿长度方向分段计算土方量，然后再累加求得总土方工程量。

2. 场地平整土方量的计算

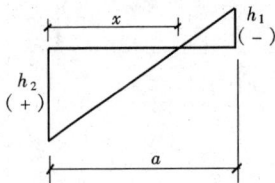

（1）"零线"位置的确定

当场地方格四个角点的施工高度有"＋"有"－"时，要确定方格中挖方与填方区的界线。先按图1-4求出方格中施工高度异号的边线上"零点"，将相邻的"零点"连接起来即为"零线"。

图1-4　零点计算示意图

（2）四方棱柱体法计算土方量

当方格四个角点施工高度同号，如图1-5（a）所示，土方量为：

$$V = \frac{a^2}{4}(h_1 + h_2 + h_3 + h_4) \tag{1-5}$$

式中　　　V——挖方或填方体积；

　　　　a——方格边长；

h_1、h_2、h_3、h_4——方格四个角点的填方或挖方高度，均取绝对值。

当方格四个角点施工高度异号时，则方格内部分是挖方，部分是填方，如图1-5（b）和（c），土方量为：

$$V_填 = \frac{a^2}{4}\frac{(\Sigma h_填)^2}{\Sigma h} \tag{1-6}$$

$$V_挖 = \frac{a^2}{4}\frac{(\Sigma h_挖)^2}{\Sigma h} \tag{1-7}$$

式中　$\Sigma h_{填(挖)}$——方格角点中填（挖）方施工高度的总和，取绝对值。

Σh——方格四个角点施工高度的绝对值之和。

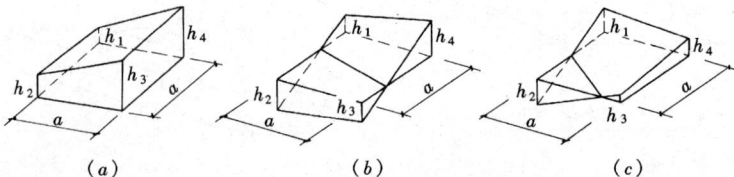

图1-5　四方棱柱体的体积计算

（a）角点全填或全挖；（b）角点二填二挖；（c）角点一填（挖）三挖（填）

3．土方调配的步骤

土方调配的目的是在使土方总运输量（m³·m）最小或土方运输成本最小的条件下，确定填挖方区土方的调配方向和数量，从而达到缩短工期和降低成本的目的。土方调配的一般步骤如下：

（1）划分土方调配区

根据土方工程的填挖范围，充分考虑现场施工的不同要求及施工机械的工作性能，将场地划分为若干挖方区与填方区。

（2）确定各调配区之间的平均运距

平均运距即挖方区土方重心至填方区土方重心之间的距离。但当填挖方调配区之间的距离较远，采用汽车、自行式铲运机等沿道路或规定线路运土时，其运距应按实际情况进行计算。

（3）确定最优调配方案

以线性规划理论为基础，用"表上作业法"确定最优调配方案。详细过程可参见相关专科教材，此处不再赘述。

（4）绘制土方调配图

四、土方工程的准备与辅助工作

（一）土方工程施工前的准备工作

土方工程施工前应做好下述准备工作：

（1）场地清理：包括清理地面及地下各种障碍。在施工前应拆除旧房和古墓，拆除或改建通讯设备、电力设备、地下管线及建筑物，迁移树木，去除耕植土及河塘淤泥等；

（2）排除地面水：场地内低洼地区的积水必须排除，同时应注意雨水的排除，使场地保持干燥，以利土方施工。地面水的排除一般采用排水沟、截水沟、挡水土坝等措施；

（3）修筑好临时道路及供水、供电临时设施；

（4）做好材料、机具及土方机械的进退场工作；

（5）做好土方工程测量、放线工作；

（6）根据土方施工设计做好土方工程的辅助工作。

（二）土方边坡

土方边坡的坡度以其挖方深度（或填方高度）h 与底宽 b 之比表示（图1-6）。即

$$土方边坡坡度 = \frac{h}{b} = \frac{1}{b/h} = \frac{1}{m} = 1:m \tag{1-8}$$

式中，$m = \frac{b}{h}$，称为坡度系数。边坡可以做成直线形、折线形及阶梯形。

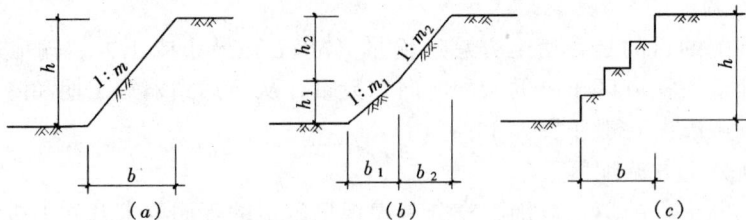

图 1-6 土方放坡

(a) 直线形；(b) 折线形；(c) 踏步形

土方边坡的大小与土质，开挖深度，开挖方法，边坡留置时间的长短，附近有无荷载、车辆，以及排水情况有关。在一般情况下，土坡失去稳定、发生滑动，主要是土体内抗剪强度降低或边坡土体中剪应力增加的结果。因此，凡是能影响土体中剪应力和土体抗剪强度的因素，皆能影响边坡的稳定。例如，因风化、气候等影响使土质变得松软；黏土中的夹层因为浸水而产生润滑作用；细砂、粉砂土等因受振动而液化等因素，都会使土体的抗剪强度降低。又如，边坡附近存在荷载，尤其是存在动载；因下雨使土中含水量增加，而使土自重增大，水的渗流产生动水压力；水浸入土体的裂缝之中产生静水压力等都会使土体内的剪应力增加。这些因素都直接影响边坡的稳定。

(三) 基槽土壁支撑

在开挖较窄的沟槽时，为了缩小施工面、减少土方量或因受场地的限制不能放坡时，可采用设置土壁支撑的方法施工。开挖较窄的基槽，可采用横撑式土壁支撑。横撑式支撑根据挡土板的不同，分断续式水平挡土板支撑（图 1-7a）、连

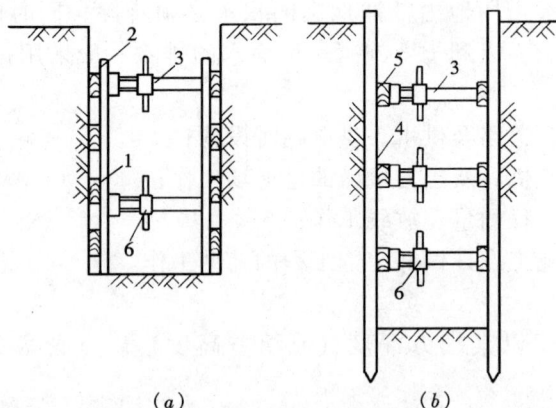

图 1-7 横撑式支撑

(a) 间断式水平挡土板支撑；(b) 垂直挡土板支撑

1—水平挡土板；2—立柱；3—工具式横撑；

4—垂直挡土板；5—横楞木；6—调节螺栓

续式水平挡土板支撑和连续式垂直挡土板支撑（图 1-7b）。

对湿度小的黏性土，当挖土深小于 3m 时，可用断续式水平挡土扳支撑；对松散、湿度大的土壤可用连续式水平挡土板支撑，挖土深度可达 5m；对松散和湿度很高的土，可用垂直挡土板支撑，挖土深度不限。

（四）基坑降水

1. 流砂的防治

细粒径无塑性的土壤，在动水压力推动下，极易失去稳定，而随地下水一起流动涌入坑内，这种现象称为流砂现象。发生流砂现象后，土完全失去承载力，土边挖边冒，甚至引起塌方，给施工造成极大困难。因此，在施工前，必须对工程地质资料和水文地质资料进行详细调查研究，采取有效措施来防治流砂现象。

产生流砂现象的原因分为内因和外因。内因取决于土壤的性质，当土的孔隙度大、含水量大、粘粒含量少、粉粒多、渗透系数小、排水性能差时均容易产生流砂现象。因此，流砂现象经常发生在细砂、粉砂和粉土中。土是否产生流砂现象，还应具备一定的外因条件，即地下水及其产生动水压力的大小，动水压力 G_D 为：

$$G_D = - \gamma_w \frac{H_1 - H_2}{L} = - i\gamma_w \tag{1-9}$$

式中　i——水力坡度；

$H_1 - H_2$——水位差；

　　L——地下水渗流长度；

　γ_w——水的重度。

负号表示 G_D 与水的渗流方向一致。

当动水压力等于或大于土的浮重度时，就会形成流砂现象，即

$$G_D \geq \gamma'_w \tag{1-10}$$

防治流砂应着眼于减小或消除动水压力，常见的方法有：水下挖土法、冻结法、枯水期施工法、抢挖法、加设支护结构及井点降水法。

2. 集水井降水法

这种方法就是在基坑或沟槽开挖时，在坑底设置集水井，并沿坑底的周围或中央开挖排水沟使水在重力作用下流入集水井内，然后用水泵抽出坑外（图 1-8）基坑四周的明排水沟及集水井一般应设在基础范围以外且在地下水流的上游。当基坑面积较大时也可在基础范围内

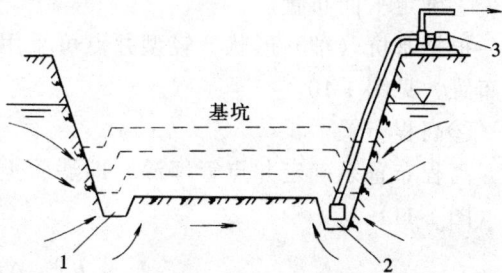

图 1-8　集水井降水

1—排水沟；2—集水井；3—水泵

设置盲沟排水。明排水沟及集水井随土层开挖逐层设置。挖至设计标高后，井底应低于坑底1~2m，并铺设碎石滤水层，以免抽水时将砂抽走，并防止井底的土被扰动。

集水井降水法比较简单、经济、对周围影响小，因而应用较广。但当涌水量较大，水位较大或土质为细砂、粉砂，易产生流砂、边坡塌方及管涌等，则不适用此法。

3. 井点降水法

井点降水就是在基坑开挖前，预先在基坑四周埋设一定数量的滤水管（井），在基坑开挖前和开挖中；利用抽水设备从中抽水，使地下水位降到坑底以下，直至地下施工结束为止。采用井点降水法不仅能防止地下水涌入基坑，还可以起到防止边坡塌方、防止坑底管涌、防止流砂现象、减少支护结构横向荷载等作用。

（1）井点降水法的种类（表1-2）

各种井点的适用范围　　　　　　　　　　　　表1-2

井　点　类　别		土的渗透系数（m/d）	降水深度（m）
轻型井点	一级轻型井点	0.1~50	3~6
	多级轻型井点	0.1~50	由井点级数定
	喷射井点	0.1~50	8~20
	电渗井点	<0.1	由选用的井点定
管井类	管井井点	20~200	3~5
	深井井点	10~200	>15

（2）一般轻型井点的设计方法

1）一般轻型井点的设备

轻型井点设备由管路系统和抽水设备组成（图1-9）。管路系统包括滤管、井点管、弯联管及总管。抽水设备是由真空泵、离心泵和水气分离器组成。

2）轻型井点的布置与计算

①确定平面布置

根据基坑（槽）形状，轻型井点可采用单排布置、双排布置、环形布置和U形布置，见图1-10。

②高程布置

高程布置系确定井点管埋深，即滤管上口至总管埋设面的距离，可按下式计算（图1-11）：

$$h \geqslant h_1 + \Delta h + iL \tag{1-11}$$

且

$$h \leqslant h_{\text{pmax}} \tag{1-12}$$

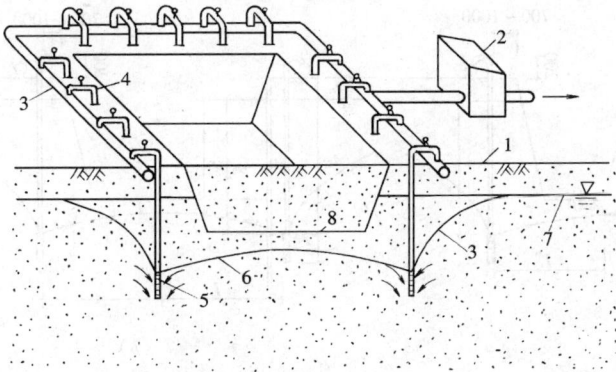

图 1-9　轻型井点法降低地下水位全貌图

1—自然地面；2—水泵；3—总管；4—井点管；
5—滤管；6—降水后水位；7—原地下水水位；8—基坑底面

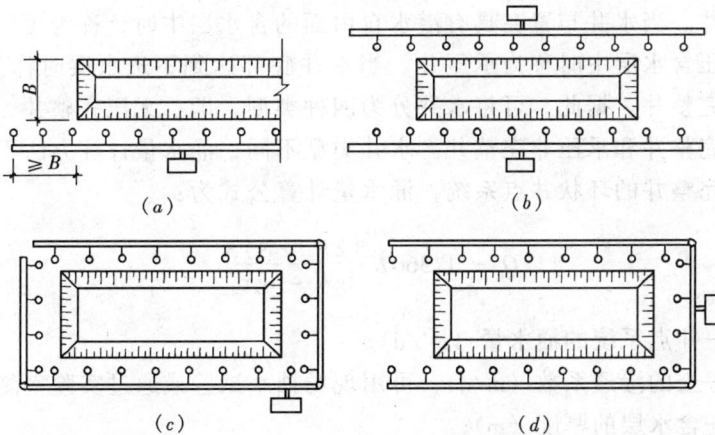

图 1-10　轻型井点的平面布置

（a）单排布置；（b）双排布置；（c）环形布置；（d）U形布置

式中　　h——井点管埋深（m）；

h_1——总管埋设面至基底的距离（m）；

$\triangle h$——基底至降低后的地下水位线的距离（m），一般取 0.5~1.0m；

i——地下水降水坡度，单排布置时取 1/4，双排布置取 1/7，环形布置取 1/10；

L——井点管至水井中心的水平距离，当井点管为单排布置时，L 为井点管至对过坡脚的水平距离（m）；

h_{pmax}——抽水设备的最大抽吸高度，一般轻型井点为 6~7m。

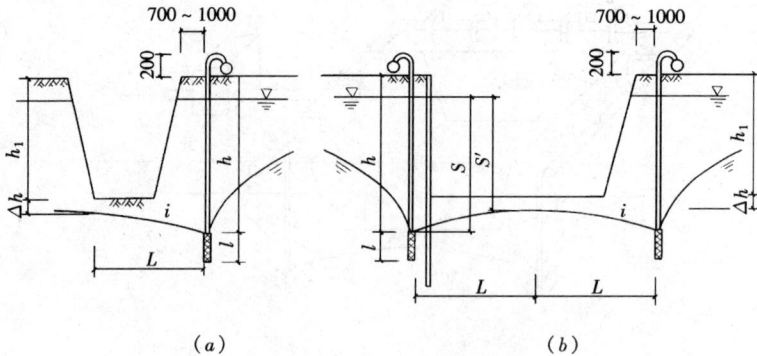

图 1-11 高程布置计算

（a）单排井点；（b）双排、U形或环形布置

③井点系统涌水量计算

井点系统的涌水量按水井理论进行计算。根据地下水有无压力，水井分为无压井和承压井。当水井布置在具有潜水自由面的含水层中时，称为无压井；当水井布置在承压含水层中时称为承压井。当水井底部达到不透水层时称为完整井，否则称为非完整井。据此，可将水井分为四种类型，即：无压完整井、无压非完整井、承压完整井和承压非完整井。水井类型不同，涌水量计算方法不同。

对于无完整井的环状井点系统，涌水量计算公式为：

$$Q = 1.366K \frac{(2H - S)S}{\lg R - \lg x_0} \qquad (1-13)$$

式中　Q——井点系统的涌水量（m³/d）；

K——土的渗透系数（m/d），可用现场抽水试验或通过实验室测定；

H——含水层的厚度（m）；

S——抽水影响半径（m）；

x_0——环状井点系统的假想半径（m），当矩形基坑长宽比不大于5时，可按下式计算：

$$x_0 = \sqrt{\frac{F}{\pi}} \qquad (1-14)$$

式中　F——环状井点系统包围的面积（m²）。

R——抽水影响半径，可近似按下式计算：

$$R = 1.95S \sqrt{HK} \qquad (1-15)$$

对于无压非完整井点系统的涌水量计算，只要将式（1-13）中的 H 换成有效抽水影响深度 H_0 即可。H_0 可按表1-3取值。

有效深度 H_0 值　　　　　　　　　　　　　　　　　　表1-3

$S/(S+l)$	0.2	0.3	0.5	0.8
H_0	$1.3(S+l)$	$1.5(S+l)$	$1.7(S+l)$	$1.85(S+l)$

注：S 为井点管中水位降落值，l 为滤管长度。

对于承压完整环状井点系统，涌水量计算公式为：

$$Q = 2.73K\frac{MS}{\lg R - \lg x_0} \tag{1-16}$$

式中　M——承压含水层厚度（m）。

④确定井点管数量及井距

单根井点管的最大出水量 q，由下式计算：

$$q = 65\pi dl^3\sqrt{K} \tag{1-17}$$

式中　d 为滤管直径（m），其他符号含义同前。

井点管最少数量由下式确定：

$$n = 1.1\frac{Q}{q} \tag{1-18}$$

井点管最大间距为：

$$D = 2(A + B)/n \tag{1-19}$$

式中　A、B——矩形井点系统的长度和宽度。

井点管的间距应当于总管上接头尺寸相适应，一般取 0.8m、1.2m、1.6m、2.0m。

3）轻型井点的施工

轻型井点的施工，大致包括以下几个过程：准备工作、井点系统的埋设、使用、拆除。埋设井点的程序是：先排放总管，再设井点管，用弯联管将井点管与总管接通，然后安装抽水设备。井点管的埋设可以利用冲水管冲孔，或钻孔后将井点管沉入，并在井点管与孔壁之间迅速填灌砂滤层。在距地面下 0.5~1m 的深度内，用黏土封口，以防漏气。

五、土方机械化施工

（一）主要挖土机械的施工特点

1. 推土机

推土机是土方工程施工的主要机械之一，是在履带式拖拉机上安装推土板等工作装置而成的机械。推土机操纵灵活，运转方便，所需工作面较小，行驶速度快，易于转移，能爬 30°左右的缓坡，因此应用范围较广。

推土机适于开挖一至三类土。多用于平整场地，开挖深度不大的基坑，移挖作填，回填土方，堆筑堤坝以及配合挖土机集中土方、修路开道等。

推土机作业以切土和推运土为主。推土机经济运距在 100m 以内,运距在 60m 时效率最高。为提高生产效率,可采用槽形推土法、下坡推土法以及并列推土法。

2. 铲运机

铲运机是一种能综合完成全部土方施工工序(挖土、装土、运土、卸土和平土)的机械。按行走方式分为自行式铲运机和拖式铲运机两种,按铲斗的操纵系统又可分为钢丝绳操纵和液压操纵两种。铲运机操纵简单,不受地形限制,能独立工作,行驶速度快,生产效率高。铲运机适于开挖一至三类土,常用于坡度 20°以内的大面积土方挖、填、平整、压实,大型基坑开挖和堤坝填筑等。适用运距 200～2000m,当运距在 200～300m 时拖式铲运机效率最高,800～1500m 时自行铲运机效率最高,为提高铲运机生产效率,常采用下坡铲土、跨铲法以及推土机助铲法等。其运行线路可采用环行路线、8 字形路线。

铲运机运行路线和施工方法视工程大小、运距长短、土的性质和地形条件等而定。

3. 单斗挖掘机

单斗挖掘机按行走方式分为履带式和轮胎式两种。按传动方式分为机械传动和液压传动两种。按工作装置不同分为正铲、反铲、抓铲、拉铲四种。使用较多的是正铲与反铲。

(1)正铲挖掘机

正铲适用于开挖停机面以上的土方,其施工特点为前进向上、强制切土,且需与汽车配合完成整个挖运工作。正铲挖掘机挖掘力大,适于开挖含水量小于 27％的一至四类土和经爆破的岩石及冻土。开挖基坑时要先设坡道。

正铲挖掘机的开挖方式根据开挖路线与汽车相对位置的不同分为:正向开挖、侧向装土和正向开挖、后方装土两种,前者生产率较高。

(2)反铲挖掘机

反铲挖掘机主要用于开挖停机面以下的土方,其施工特点为后退向下、强制切土,适用于开挖一至三类的砂土或黏土。一般反铲的最大挖深为 4～6m,经济合理的挖土深度为 2～4m。反铲也需配备运土汽车进行运输。

反铲的开挖方式可以采用沟端开挖法,即反铲停于沟端,后退挖土,向沟一侧弃土或装汽车运走;也可采用沟侧开挖法,即反铲停于沟侧,沿沟边开挖,它可将土弃于距沟较远的地方。反铲挖掘机可用于挖基坑、基槽和管沟。

(3)拉铲挖掘机

拉铲挖掘机适用于开挖停机面以下一至三类土,其工作特点为后退向下、自重切土,可开挖较大基坑(槽)和沟渠,挖取水下泥土,也可用于填筑路基、堤坝等。它的开挖方式有沟端开挖和沟侧开挖两种。

（4）抓铲挖掘机

抓铲挖掘机适用于开挖停机面以下一至二类土，其工作特点为直上直下、自重切土，宜用于挖掘独立基坑、沉井，特别适宜于水下挖土，还可用于装卸碎石、矿渣等松散材料。

（二）土方机械的选择

1. 土方机械的选择依据

选择土方机械应综合考虑土方工程的类型及规模，地质、水文及气候条件，现有土方机械设备条件，工期要求等因素。如果有多种机械可供选择时，应当进行技术经济比较，选择效率高、费用低的机械进行施工。一般可选用土方施工单价最小的机械进行施工。但在大型建设项目中，土方工程量很大，而现行土方机械的类型及数量常受限制，此时必须将现有机械进行最优分配，使施工总费用最少。如凭经验分配机械并不能保证获得最优方案，最好应用线性规划的方法来确定土方机械的最优分配方案。

2. 土方机械的选择方案

（1）场地平整土方机械的选择

当场地不大，平均运距在100m以内时，可采用推土机进行平整。

当地形起伏不大，坡度在20°以内时，如土的含水量适当，平均运距在1000m左右时，场地平整采用铲运机较合适。如场地土质较硬，可用松土机配合施工。如土的含水量较大，必须使水疏干。

当在地形起伏较大的丘陵地带，一般挖土高度3m以上，运输距离超过1000m，工程量较大且集中时，可采用正铲挖土机配以自卸汽车进行施工，并在弃土区配备推土机平整土堆。也可用推土机预先把土推成土堆，用装载机把土装到汽车上运走。当挖土层厚度在5~6m以上时，可用推土机将土推入漏斗，然后自卸汽车在漏斗下装土并运走。用此方法，漏斗上口尺寸约为3m左右，由钢框架支承，其位置应选择在挖土段的较低处，并预先挖土以便装车。漏斗左右及后侧上空均应加以支护，以策安全。

（2）基坑开挖土方机械的选择

一般采用正铲（或反铲）挖土机配自卸汽车进行施工。当基坑深度在1~2m，无地下水，基坑不太长时，也可采用推土机；长度较大、深度在2m以内的带状基坑，可用铲运机。对独立基坑也可用抓铲；基坑较大时，还可用拉铲。

3. 挖土机与运土车辆的配套计算

（1）挖土机的生产率

根据机械的技术性能，可按下式算出挖土机的生产率 P：

$$P = \frac{8 \times 3600}{t} q \frac{K_C}{K_S} K_B \qquad （m^3/台班） \qquad （1-20）$$

式中　t——挖土机每次作业循环延续时间（s）；

　　　q——挖土机斗容量（m³）；

　　K_S——土的最初可松性系数；

　　K_C——土斗的充盈系数，可取 0.8～1.1；

　　K_B——工作时间利用系数，一般为 0.6～0.8。

（2）运土车辆的数量

为了使挖土机充分发挥生产能力，应使运土车辆的载重量 Q 与挖土机的每斗土重保持一定的倍率关系，一般情况下，汽车载重量宜为每斗土重的 3～5 倍，并有足够数量的车辆以保证挖土机连续工作。运土车辆的数量 N，可按下式计算：

$$N = \frac{T}{t_1 + t_2} \tag{1-21}$$

式中　T——运输车辆每一个工作循环延续时间（s），由装车、重车运输、卸车、空车开回及等待时间组成；

　　t_1——运输车辆调头而使挖土机等待的时间（s）；

　　t_2——运输车辆装满一车土的时间（s）：

$$t_2 = nt$$

$$n = \frac{10Q}{q\dfrac{K_C}{K_S}\gamma} \tag{1-22}$$

式中　n——运土车辆每车装土次数；

　　　Q——运土车辆的载重量（t）；

　　　q——挖土机斗容量（m³）；

　　　γ——实土重度（kN/m³）。

六、土方的填筑与压实

（一）土料的选用与处理

填方土料应符合设计要求，保证填方的强度与稳定性，如设计无要求时，应符合下列规定：

（1）碎石类土、砂土和爆破石渣（粒径不大于每层铺厚的 2/3）可用于表层下的填料；

（2）含水量符合压实要求的黏性土，可作为填土；

（3）碎块草皮和有机质含量大于 8% 的土，仅用于无压实要求的填方；

（4）淤泥和淤泥质土，一般不能用作填料，但在软土或沼泽地区，经过处理，含水量符合压实要求时，可用于填方中的次要部位。

填土应严格控制含水量，施工前应进行检验，当土的含水量过大或过小时，均应采取措施处理，否则难以压实。

（二）填方施工的要求

填方宜尽量采用同类土填筑，如果采用两种透水性不同的土质填筑时，应将透水性较大的土层置于透水性较小的土层之下。边坡不得用透水性较小的土封闭。

对于有密实度要求的填方，应按所选的土料和压实机械性能，通过试验确定含水量控制范围、每层铺土厚度和压实遍数，进行分层铺填，分层压实；对于无密实度要求或允许自然沉实的填方，可以不压实，但要预留一定的沉降量。

（三）压实方法

填土的压实方法有碾压、夯实和振动压实等几种。

碾压适用于大面积填土工程。碾压机械有平碾（压路机）、羊足碾和气胎碾。羊足碾需要有较大的牵引力而且只能用于压实黏性土，因在砂土中碾压时，土的颗粒受到"羊足"较大的单位压力后会向四面移动，从而使土的结构被破坏。气胎碾在工作时是弹性体，给土的压力较均匀，填土质量较好。应用最普遍的是刚性平碾。也可利用运土工具碾压土壤以取得较大的密实度，但专门使用运土工具进行土壤压实工作，在经济上是不合理的。

夯实主要用于小面积填土，可以夯实黏性土或非黏性土。夯实的优点是可以夯实较厚的土层。夯实机械有夯锤、内燃夯土机和蛙式打夯机等。夯锤借助起重机提起并落下，其重量大于 1.5t，落距 2.5～4.5m，夯土影响深度可超过 1m，常用于夯实湿陷性黄土、杂填土以及含有石块的填土。内燃夯土机和蛙式打夯机也是应用较广的夯实机械。

振动压实主要用于压实非黏性土，采用的机械主要是振动压路机、平板振动器等。

（四）影响填土压实的因素

填土压实质量与许多因素有关，其中主要的影响因素为：压实功、土的含水量以及每层铺土厚度。

（1）压实功的影响

填土压实后的重度与压实机械在其上所施加的功有一定的关系。当土的含水量一定，在开始压实时，土的重度急剧增加，待到接近土的最大重度时，压实功虽然增加许多，但土的重度则没有变化。因此，在实际施工中，对不同的土，根据选择的压实机械和密实度要求选择合适的压实遍数。

（2）含水量的影响

在同一压实功条件下，填土的含水量对压实质量有直接影响。黏性土在含水量较大或较小时，都不宜压实。每种土都有其最佳含水量，土在这种含水量的条件下，使用同样的压实功进行压实，所得到的重度最大。各种土的最佳含水量和所能获得的最大干重度，可由击实试验取得。施工中，土的含水量与最佳含水量

之差可控制在 $-4\% \sim +2\%$ 范围内。

（3）铺土厚度的影响

土在压实功的作用下，压应力随深度增加而逐渐减小，其影响深度与压实机械、土的性质和含水量等有关。铺土厚度应小于压实机械压土时的有效作用深度，而且还应考虑最优铺土厚度。铺得过厚，要压很多遍才能达到规定的密实度，甚至难以压实；铺得过薄，则要增加机械的总压实遍数。最优的铺土厚度应能使土方压实而机械的功耗费最少。

（五）填土压实的质量检查

填土压实的密实度可用压实系数反映。压实系数 λ_c 为土的控制干密度 ρ_d 与土的最大干密度 ρ_{dmax} 之比，即：

$$\lambda_c = \frac{\rho_d}{\rho_{dmax}} \tag{1-23}$$

压实系数的大小根据工程结构性质、使用要求以及土的性质确定，一般应大于 0.93。ρ_d 可用环刀法或灌砂法测定，ρ_{dmax} 可用击实试验确定。

第二节 场地设计的优化方法

一、用最小二乘法原理求场地最佳设计平面

按照前述场地设计标高确定的一般方法得到的设计平面，能使土方填挖量平衡，但不能保证总的土方量最小。应用最小二乘法原理，可求得满足上述两个条件的最佳设计平面。当地形比较复杂时，一般需设计成多平面场地，此时可根据工艺要求和地形特点，预先把场地划分成几个平面，分别计算出最佳设计单平面的各个参数，然后适当修正各设计单平面交界处的标高，使场地各单平面之间的变化缓和且连续。因此，确定单平面的最佳设计平面是竖向规划设计的基础。

我们知道，任何一个平面在直角坐标体系中都可以用三个参数 c，i_x，i_y 来确定（图 1-12）。在这个平面上

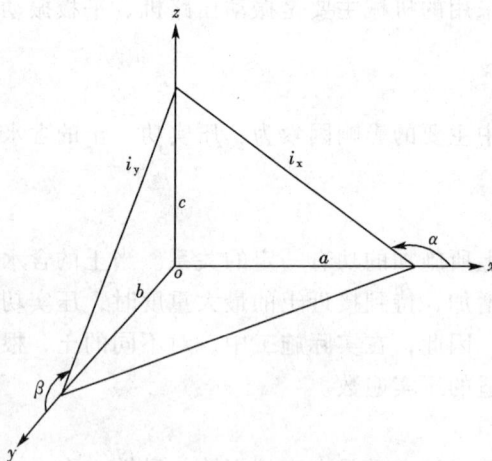

图 1-12 一个平面的空间位置

c—原点标高；$i_x = \tan\alpha = -\dfrac{c}{a}$，$x$ 方向的坡度；

$i_y = \tan\beta = -\dfrac{c}{b}$，$y$ 方向的坡度

任何一点 i 的标高 z'_i，可以由下式求出：

$$z'_i = c + x_i i_x + y_i i_y \tag{1-24}$$

式中　c——原点标高；

　　i_x——x 方向的坡度，$i_x = \tan\alpha = -\dfrac{c}{a}$；

　　i_y——y 方向的坡度，$i_y = \tan\beta = -\dfrac{c}{b}$；

　　x_i，y_i——分别为之 i 点在 x、y 方向的坐标。

　　将场地划分成若干方格网，设最佳设计平面的方程式为式（1-24），相应方格角点的设计标高为 z'_i，若原地形方格角点标高为 z_i，则该场地方格网角点的施工高度为：

$$H_i = z'_i - z_i = c + x_i i_x + y_i i_y - z_i \tag{1-25}$$

式中　H_i——方格网各角点的施工高度；

　　z'_i——方格网各角点的设计平面标高；

　　z_i——方格网各角点的原地形标高；

　　i——方格网角点编号，$i = 1, 2, \cdots\cdots n$。

　　由前述土方工程量计算公式可知，施工高度之和与土方工程量成正比。所以，土方施工高度可以反映土方填、挖量的大小。由于施工高度有正有负，为了不使施工高度正负相互抵消，若把施工高度平方之后再相加，则其总和能反映土方工程填、挖方绝对值之和的大小。但要注意，在计算施工高度平方和时，应考虑方格网各角点施工高度在计算土方量时被应用的次数 P_i，令 σ 为土方施工高度之平方和，则：

$$\sigma = \sum_{i=1}^{n} P_i H_i^2 = P_1 H_1^2 + P_2 H_2^2 + \cdots + P_n H_n^2 \tag{1-26}$$

将公式（1-25）代入上式，得

$$\sigma = P_1(c + x_1 i_x + y_1 i_y - z_1)^2 + P_2(c + x_2 i_x + y_2 i_y - z_2)^2 + \cdots$$
$$+ P_n(c + x_n i_x + y_n i_y - z_n)^2$$

　　当 σ 的值最小时，求得设计平面参数 c、i_x、i_y，则该平面即为最佳设计平面。

$$\left.\begin{array}{l} \dfrac{\partial\sigma}{\partial c} = \displaystyle\sum_{i=1}^{n} P_i(c + x_i i_x + y_i i_y - z_i) = 0 \\[3mm] \dfrac{\partial\sigma}{\partial i_x} = \displaystyle\sum_{i=1}^{n} P_i x_i(c + x_i i_x + y_i i_y - z_i) = 0 \\[3mm] \dfrac{\partial\sigma}{\partial i_y} = \displaystyle\sum_{i=1}^{n} P_i y_i(c + x_i i_x + y_i i_y - z_i) = 0 \end{array}\right\} \tag{1-27}$$

经过整理，可得下列准则方程：

$$\left.\begin{array}{l} [P]c + [Px]i_x + [Py]i_y - [Pz] = 0 \\ [Px]c + [Pxx]i_x + [Pxy]i_y - [Pxz] = 0 \\ [Py]c + [Pxy]i_x + [Pyy]i_y - [Pyz] = 0 \end{array}\right\} \tag{1-28}$$

式中　$[P] = P_1 + P_2 + \cdots + P_n$

　　　$[Px] = P_1x_1 + P_2x_2 + \cdots + P_nx_n$

　　　$[Pxx] = P_1x_1x_1 + P_2x_2x_2 + \cdots + P_nx_nx_n$

　　　$[Pxy] = P_1x_1y_1 + P_2x_2y_2 + \cdots + P_nx_ny_n$

余类推。

解联立方程组（1-28），可求得最佳设计平面（此时尚未考虑工艺、运输等要求）的三个参数 c、i_x、i_y。最佳设计平面确定以后，可由式（1-24）算出方格各角点的设计标高，进而由式（1-25）算出各角点的施工高度。

在实际计算时，可列表计算（表 1-4），表中最后一列的和 $[PH]$ 可用于检验计算结果，当 $[PH] = 0$ 时计算正确。

最佳设计平面计算表　　　　　　　　　　　　表 1-4

1	2	3	4	5	6	7	8	9	10	11	12	13	14	1
点号	y	x	z	P	Px	Py	Pz	Pxx	Pxy	Pyy	Pxz	Pyz	H	PH
0	..	..	..	..	..	..	..	..	..	..	..	..	..	..
1														
2		..	..	..	..	..	..	..	..	..	..	..	..	..
3														
...														
				$[P]$	$[Px]$	$[Py]$	$[Pz]$	$[Pxx]$	$[Pxy]$	$[Pyy]$	$[Pxz]$	$[Pyz]$		$[PH]$

应用上述准则方程时，若已知 c，则用式（1-28）后两式还应求出 i_x，i_y。若已知 i_x 或 i_y，则分别由式（1-28）中第一、三式或第一、二式分别求出其余两个平面设计参数，这样即可求得在该条件下的最佳设计平面，但它与无任何限制条件下求得的最佳设计平面相比，其总土方量要大些。

例如，要求场地为水平面（即 $i_x = i_y = 0$），则由式（1-28）中第一式可得：

$$c = \frac{[Pz]}{P} \tag{1-29}$$

c 是场地为水平面时的设计标高，它与式（1-1）的 Z_0 完全相同，说明按式（1-1）确定的场地设计平面，仅是在场地为水平面条件下的最佳设计平面。

二、场地设计工作中的注意事项

（一）场地设计标高的调整

实际工程中，对计算所得的设计标高，还应考虑以下因素进行调整：

（1）考虑土的最终可松性，需相应提高设计标高，以达到土方量的实际平衡。

（2）考虑各种挖方的余土或工程填方用土，相应提高或降低设计标高，可避免或减少土方外运。

（3）根据经济比较的结果，如采用场外取土或弃土的施工方案，则应考虑因此引起的土方量的变化，需将设计标高进行调整。

场地设计平面的调整工作也是繁重的，如修改了设计标高，则须重新计算土方工程量。

（二）场地边坡土方量的计算

场地平整的土方量计算中，还应考虑场地边坡土方量。边坡可以划分成两种几何形体进行土方量计算，一种为三角棱锥体（图 1-13 中的①～③、⑤～⑪，另一种为三角棱柱体（图 1-13 中的④）。

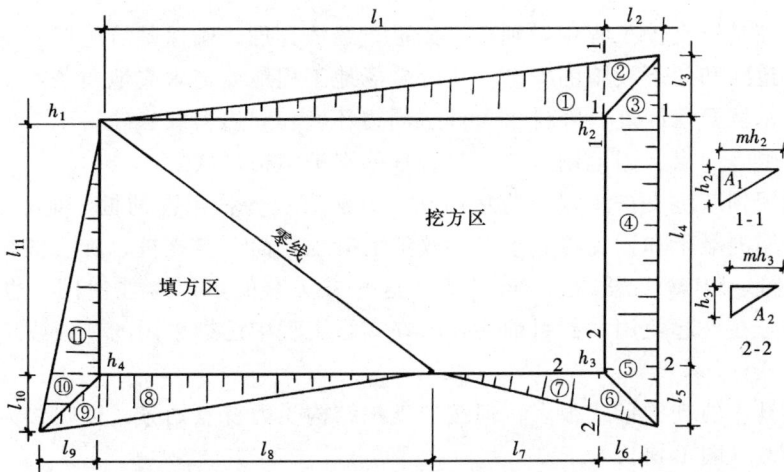

图 1-13 场地边坡平面图

（1）三角棱锥体边坡体积

$$V_1 = \frac{A_1 l_1}{3} \tag{1-30}$$

式中　l_1——边坡①的长度；

A_1——边坡①的端面积，即 $A_1 = \dfrac{h_2(mh_2)}{2} = \dfrac{mh_2^2}{2}$；

h_2——角点的挖土高度；

m——边坡的坡度系数。

（2）三角棱柱体边坡体积

两端横断面积相差不大时：

$$V_4 = \frac{A_1 + A_2}{2} l_4 \qquad (1\text{-}31)$$

两端横断面面积相差很大时：

$$V_4 = \frac{l_4}{6}(A_1 + 4A_0 + A_2) \qquad (1\text{-}32)$$

式中 l_4——边坡④的长度；

A_1、A_2、A_0——边坡④两端及中部断面的面积。

第三节 基 坑 支 护

一、基坑土壁支撑的基本形式

为了在基坑支护工程中做到技术先进，经济合理，确保基坑边坡、基坑周边建筑物、道路和地下设施的安全，应综合场地工程地质与水文地质条件、地下室的要求、基坑开挖深度、降排水条件、周边环境和周边荷载、施工季节、支护结构使用期限等因素，因地制宜地选择合理的支护结构形式。

可应用到基坑支护工程中的常用施工方法有：各种类型的桩、地下连续墙、锚杆、钢筋混凝土和钢支撑、土钉和喷射混凝土护面、搅拌桩、旋喷桩、逆作拱墙、钢板桩、SMW 工法、土体冻结等。这些方法有的可以单独使用；也可以根据需要结合在一起使用。到目前为止，在实际工程中已被采用的单独或组合形式已不下十几种。

虽然具体的支护形式很多，但按照支护结构受力特点划分，可归并为以下四种基本类型（图 1-14）：

1. 桩墙结构

桩墙结构是在基坑开挖前沿基坑边缘施工成排的桩或地下连续墙，并使其底端嵌入到基坑底面以下。随着基坑的分层向下开挖，在桩墙表面设置支点，支点形式可以采用内支撑，也可以采用锚杆。在桩墙结构侧壁上土压力的作用下，桩墙结构的受力形式相当于梁板结构，内支撑可根据具体结构形式进行结构设计计算，锚杆则单独进行承载力的设计计算。此结构不设置支点时，为悬臂梁结构，但悬梁结构只适用于基坑深度较浅且周边环境对支护结构水平位移要求不高的情况。实际工程中常采用的桩墙结构形式主要有：排桩—锚杆结构、排桩—内支撑结构、地下连续墙—锚杆结构、地下连续墙—内支撑结构等。20 世纪 80 年代以前，国内外也较流行钢板桩—锚杆结构、钢板桩—内支撑结构，但目前国内采用

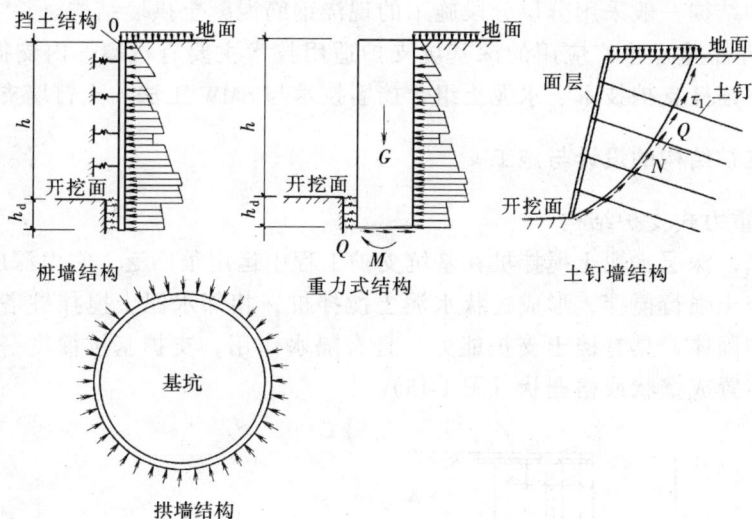

图 1-14 支护结构的五种基本类型

的较少。桩的类型包括各种工艺的钻孔桩、冲孔桩、挖孔桩或沉管桩等。当搅拌桩内插入型钢时（SMW 工法），也可以归为这种结构形式。

2. 土钉墙结构

最常用的土钉墙结构是在分层分段挖土的条件下，分层分段制做土钉和配有钢筋网的喷射混凝土面层，挖土与土钉施工交叉作业，并保证每一施工阶段基坑的稳定性。土钉的水平与竖向间距一般在 1 ~ 2m 之间。其受力特点是通过斜向土钉对基坑边坡土体的加固，增加边坡的抗滑力和抗滑力矩，以满足基坑边坡稳定的要求。这类结构一般采用钻孔中内置钢筋，然后在孔中注浆的土钉，坡面用配有钢筋网的喷射混凝土形成的土钉墙；也有采用打入式钢管再向钢管内注浆的土钉；还有采用土钉和预应力锚杆等结合的复合土钉墙结构。

3. 重力式结构

重力式结构是在基坑侧壁形成一个具有相当厚度和重量的刚性实体结构，以其重量抵抗基坑侧壁土压力，以满足该结构的抗滑移和抗倾覆要求。这类结构一般采用水泥土搅拌桩，有时也采用旋喷桩，使桩体相互搭接，形成块状或格栅状连续实体的重力结构。

4. 拱墙结构

拱墙结构是将基坑开挖成圆形、椭圆形等弧形平面，并沿基坑侧壁分层逆作钢筋混凝土拱墙，利用拱的作用将垂直于墙体的土压力转化为拱墙内的切向力，以充分利用墙体混凝土的受压强度高的特性。由于墙体内力主要为压应力，因此墙体厚度可做得较薄，很多情况下不用锚杆或内支撑就可能满足承载力和稳定的要求。这种结构一般采用分层分段施工的现浇钢筋混凝土拱墙结构。

近 10 年来重点推广应用的深基坑支护适用技术主要有桩墙—内支撑支护技术、桩墙—锚杆支护技术、水泥土组合挡墙技术与 SMW 工法、土钉墙支护技术。

二、支护结构的设计与施工

（一）重力式支护结构

近年来，深层水泥土搅拌桩在基坑支护工程中运用很广泛，它由深层搅拌机械将水泥与土强行搅拌，形成柱状水泥土搅拌桩，相邻水泥土搅拌桩搭接施工，形成连续加固体，具有挡土支护能力，且有隔水作用，支护基坑深度一般在 6m 内，一般布置成壁状或格栅状（图 1-15）。

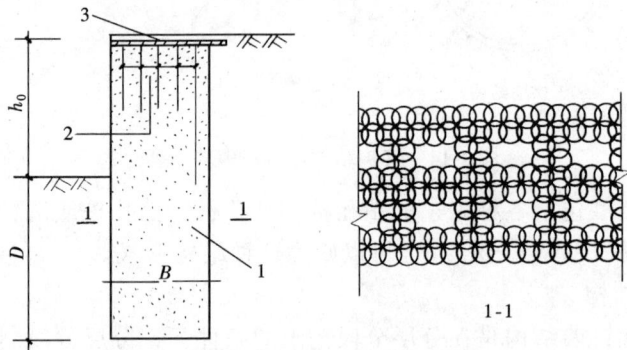

图 1-15　水泥土重力式围护结构
1—水泥土搅拌桩；2—插筋；3—混凝土面层

1. 水泥土搅拌桩支护结构的设计

（1）主动与被动侧土压力

1）主动侧土压力计算（图 1-16）

对于碎石土及砂土，当计算点位于地下水位以上时：

$$e_{ajk} = \sigma_{ajk} K_{ai} - 2c_{ik} \sqrt{K_{ai}} \tag{1-33}$$

当计算点位于地下水位以下时：

$$e_{ajk} = \sigma_{ajk} K_{ai} - 2c_{ik} \cdot \sqrt{K_{ai}} + \gamma_w [(z_j - h_{wa}) - (m_j - h_{wa}) \eta_{wa} K_{ai}] \tag{1-34}$$

式中　K_{ai}——第 i 层土的主动土压力系数，$K_{ai} = \tan^2 \left(45° - \dfrac{\varphi_{ik}}{2}\right)$；

　　　　σ_{ajk}——作用于深度 z_j 处的竖向应力标准值；

　　　　c_{ik}——第 i 层土的内聚力标准值，用三轴试验固结不排水剪确定（当地有可靠经验时也可用直剪试验的固结快剪确定）；

　　　　z_j——计算点深度；

h_{wa}——基坑外侧水位深度；

m_j——计算参数，当 $z_j < h$ 时，取 z_j，当 $z_j \geqslant h$ 时，取 h；

η_{wa}——计算系数，当 $h_{wa} \leqslant h$ 时，取1，当 $h_{wa} > h$ 时，取0；

γ_w——水的重度；

φ_{ik}——第 i 层土的内摩擦角标准值。

对于粉土及黏性土按水土合算原则确定主动侧土压力：

$$e_{ajk} = \sigma_{ajk} K_{ai} - 2c_{ik} \cdot \sqrt{K_{ai}} \tag{1-35}$$

符号意义同前。

2）被动侧土压力计算（图1-17）

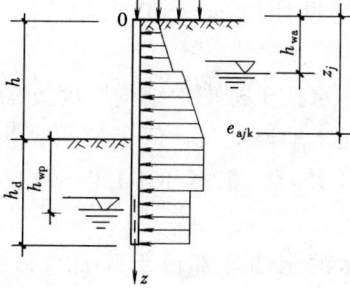

图1-16 水平荷载标准值计算简图   图1-17 水平抗力标准值计算图

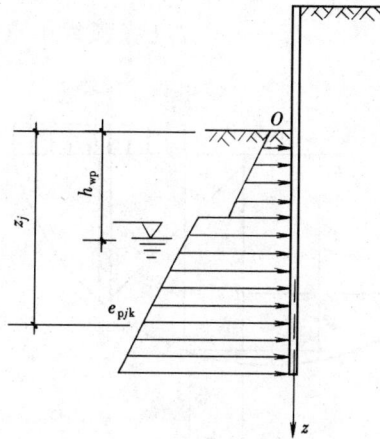

对于碎石土及砂土按水土分算原则确定被动侧土压力：

$$e_{pjk} = \sigma_{pjk} K_{pi} + 2c_{ik} \cdot \sqrt{K_{pi}} + \gamma_w(z_j - h_{wp})(1 - K_{pi}) \tag{1-36}$$

式中　K_{pi}——第 i 层土的被动土压力系数，$K_{pi} = \tan^2\left(45° + \dfrac{\varphi_{ik}}{2}\right)$；

σ_{pjk}——作用于基坑底面下深度 z_j 处竖向应力标准值；

z_j——计算点深度；

h_{wp}——基坑内侧水位深度；

其他符号意义同前。

对于黏性土、粉土按水土合算原则确定被动侧土压力：

$$e_{pjk} = \sigma_{pjk} K_{pi} + 2c_{ik} \cdot \sqrt{K_{pi}} \tag{1-37}$$

符号意义同前。

（2）水泥土桩嵌固深度 h_d 的计算

根据《建筑基坑支护技术规程》（JGJ 120—99），建议采用圆弧滑动简单条分法计算（如图 1-18）。

$$\Sigma c_{ik}l_i + \Sigma(q_o b_i + w_i)\cos\theta_i\tan\varphi_{ik} - \gamma_k\Sigma(q_o b_i + w_i)\sin\theta_i \geqslant 0 \qquad (1\text{-}38)$$

式中　c_{ik}、φ_{ik}——最危险滑动面上第 i 土条滑动面上土的固结不排水（快）剪粘聚力、内摩擦角标准值；

　　　　l_i——第 i 土条的弧长；

　　　　b_i——第 i 土条的宽度；

　　　　γ_k——整体稳定分项系数，应根据经验确定，当无经验时可取 1.3；

　　　　w_i——作用于滑裂面上第 i 土条的重量，按上覆土层的天然土重量计算；

　　　　θ_i——第 i 土条弧线中点切线与水平线夹角。

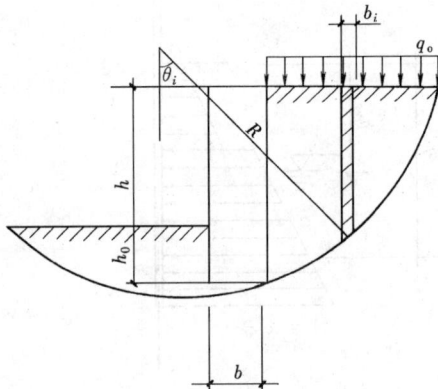

图 1-18　嵌固深度计算简图

经过计算，墙体的嵌固深度必须穿过最危险滑动面。当按上述方法确定的嵌固深度设计值 h_d 小于 $0.4h$ 时，宜取 $0.4h$。

（3）水泥土桩支护结构厚度 b 的计算

水泥土墙厚度设计值 b 宜根据抗倾覆稳定条件计算，根据 JGJ 120—99 的建议（图 1-19）：

当水泥土墙底部位于碎石或砂土时，墙体厚度设计值按下式确定：

$$b \geqslant \sqrt{\frac{10\times(1.2\gamma_o h_a\Sigma E_{ai} - h_p\Sigma E_{pj})}{5\gamma_{cs}(h+h_d) - 2\gamma_o\gamma_w(2h+3h_d - h_{wp} - 2h_{wa})}} \qquad (1\text{-}39)$$

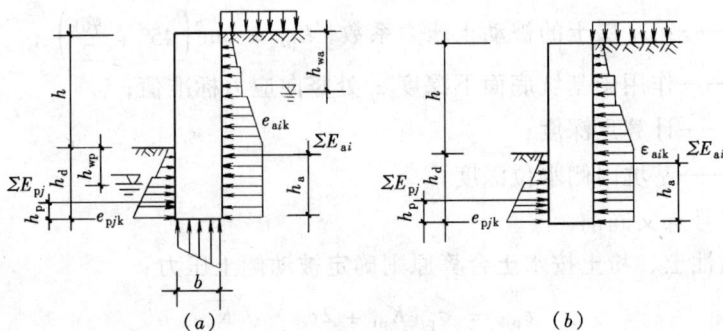

图 1-19　水泥土墙宽度计算简图
（a）砂土及碎石土；（b）粉土及黏性土

式中　ΣE_{ai}——水泥土墙底以上基坑外侧水平荷载标准值合力之和；

　　　h_a——合力 ΣE_{ai} 作用点至水泥土墙底的距离；

　　　ΣE_{pj}——水泥土墙底以上基坑内侧水平抗力标准值合力之和；

　　　h_p——合力 ΣE_{pj} 作用点至水泥土墙底的距离；

　　　γ_{cs}——水泥土墙平均重度；

　　　γ_w——水的重度；

　　　h_{wa}——基坑外侧水位深度；

　　　h_{wp}——基坑内侧水位深度；

　　　γ_o——基坑重要性系数，取 0.9～1.1。

当水泥土墙底部位于黏性土或粉土中时，墙体厚度设计值 b 按下式确定：

$$b \geqslant \sqrt{\frac{2(1.2\gamma_o h_a \Sigma E_{ai} - h_p \Sigma E_{pj})}{\gamma_{cs}(h + h_d)}} \tag{1-40}$$

以上计算的水泥土墙厚度小于 $0.4h$ 时宜取 $0.4h$。

（4）水泥土墙正截面承载力验算

水泥土墙的厚度设计值除满足抗倾覆稳定条件外，还应进行正截面承载力验算：

压应力验算满足下式：

$$1.25\gamma_o \gamma_{sc} z + \frac{M}{W} \leqslant f_{cs} \tag{1-41}$$

式中　Z——由墙顶至计算截面的深度；

　　　M——单位长度水泥土墙截面弯矩设计值；

　　　W——水泥土墙截面模量；

　　　f_{cs}——水泥土开挖龄期抗压强度设计值。

拉应力验算满足下式：

$$\frac{M}{W} - \gamma_{cs} z \leqslant 0.06 f_{cs} \tag{1-42}$$

除了上述设计计算外，水泥土墙设计时还应考虑抗渗变形的验算。

2. 水泥土搅拌桩支护结构的施工

深层搅拌桩机的组成由深层搅拌机（主机）、机架及灰浆搅拌机、灰浆泵等配套机械组成（图1-20）。深层搅拌桩机常用的机架有三种形式：塔架式、桅杆式及履带式。深层搅拌桩主机通常采用中心管喷浆的双轴搅拌机。在施工中将主机悬挂于吊车或塔架上，起动电机使搅拌轴旋转，并带动搅拌叶旋转切削土体，同时在输浆管中喷出水泥浆，使水泥浆与土搅拌，形成具有一定强度的水泥土。

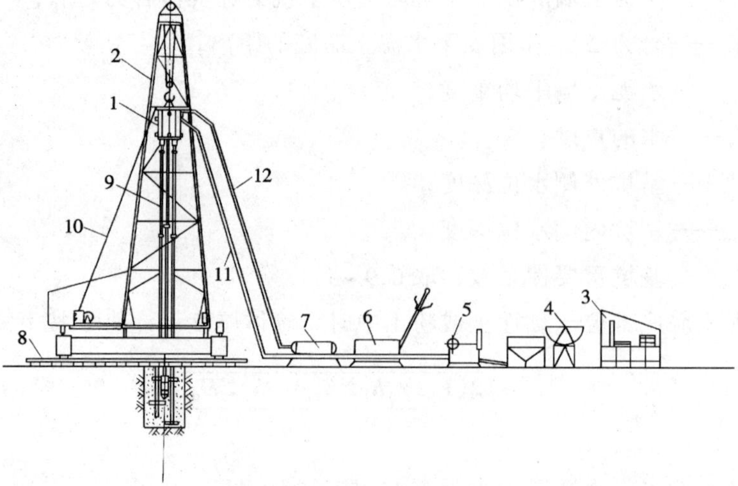

图 1-20 深层搅拌桩机机组

1—主机；2—机架；3—灰浆拌制机；4—集料斗；5—灰浆泵；6—贮水池；
7—冷却水泵；8—道轨；9—导向管；10—电缆；11—输浆管；12—水管

深层搅拌桩在施工中可采用"一次喷浆、二次搅拌"或"二次喷浆、三次搅拌"工艺，主要依据水泥掺入量及土质情况而定。水泥掺量较小、土质较松时，可用前者，反之可用后者。"一次喷浆、二次搅拌"的施工工艺流程如图 1-21 所示，即预搅沉钻—喷浆提钻搅拌—复搅沉钻—复搅提钻。"二次喷浆、三次搅拌"工艺是在前述流程中"复搅提钻"时重复一次"喷浆提钻搅拌"之后的过程。喷浆搅拌时提升速度不宜大于 0.5m/min。

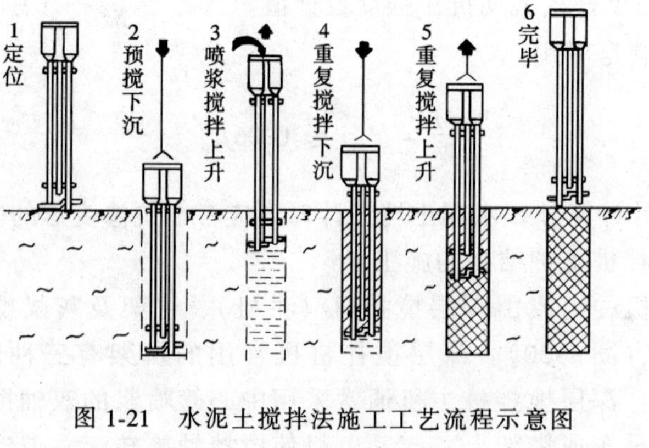

图 1-21 水泥土搅拌法施工工艺流程示意图

水泥土墙应采取切割搭接法施工，须在前桩水泥土尚未固化时进行后序搭接桩施工，以保证水泥土墙的整体性和抗渗性。在施工中，应注意水泥浆配合比及搅拌速度、水泥浆喷射速度与提升速度的关系及每根桩的水泥浆喷注量，以保证注浆的均匀性与桩身强度。

水泥土的水泥掺入量宜为被加固土重的 15%～18%（浆喷）或 13%～16%（粉喷），水灰比 0.45～0.5，水泥土 28 天无侧限抗压强度 q_u 为 0.8～1.2MPa。

（二）桩墙支护结构

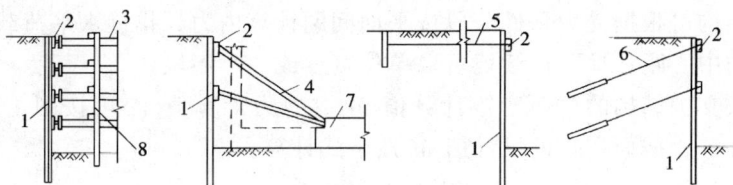

图 1-22 板式支护结构

1—板桩墙；2—围檩；3—钢支撑；4—斜撑；5—拉锚；

6—土锚杆；7—先施工的基础；8—竖撑

桩墙支护结构的类型有很多种，根据受力状态的不同可分为悬臂式支护结构、单层支点支护结构和多层支点支护结构。桩墙支护结构由两大系统组成：挡墙系统和支撑（锚杆）系统（图 1-22），悬臂式桩墙支护结构则不设支撑（锚杆）。挡墙系统常用的材料有槽钢、钢板桩、钢筋混凝土板桩、钢筋混凝土灌注桩及地下连续墙等。

1.桩墙支护结构的设计

（1）悬臂式支护结构的设计

悬臂式桩墙支护结构所受弯矩较大，所需桩墙截面也较大，且悬臂式桩墙的位移也较大，故多用于 3～4m 深的浅基坑工程。

1）嵌固深度计算

根据 JGJ 120—99 的规定，悬臂式支护结构嵌固深度的设计值 h_d 宜按下式确定（图 1-23）：

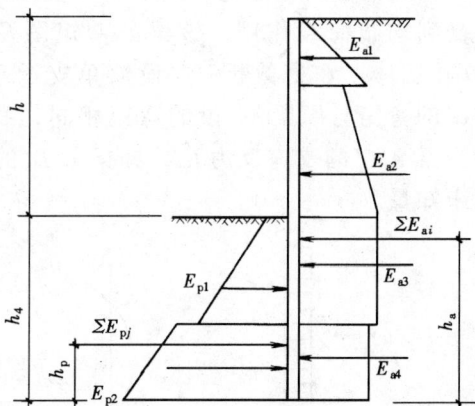

图 1-23 悬臂式支护结构嵌固深度计算简图

$$h_p \Sigma E_{pi} - 1.2\gamma_o h_a \Sigma E_{ai} \geqslant 0 \qquad (1\text{-}43)$$

式中 ΣE_{pi}——桩墙以上的基坑内侧各土层水平抗力标准值 e_{pjk} 的合力之和，e_{pjk} 的计算见式（1-36）和（1-37）。

h_p——合力 ΣE_{pj} 作用点至桩墙底的距离；

ΣE_{ai}——桩墙以上的基坑外侧各土层水平荷载标准值 e_{ajk} 的合力之和，e_{ajk} 的计算见式（1-33）、（1-34）和（1-35）。

h_a——合力 ΣE_{ai} 作用点至桩墙底的距离；

γ_o——建筑基坑侧壁重要性系数，取 $0.9 \sim 1.10$。

2）结构计算

桩墙结构可根据受力条件分段按平面问题计算内力，排桩水平荷载计算宽度可取排桩的中心距；地下连续墙可取单位宽度或一个墙段。

悬臂式支护结构的截面弯矩计算值 M_c、剪力计算值 V_c 可按图 1-23 的静力平衡条件确定，截面弯矩的设计值 M 按下式计算：

$$M = 1.25\gamma_o M_c \tag{1-44}$$

截面剪力设计值 V 按下式计算：

$$V = 1.25\gamma_o V_c \tag{1-45}$$

内力算出后，其截面承载力计算可按相应结构设计方法进行。

（2）单层支点支护结构的设计

对于单层支点支护结构，结构的平衡是依靠支点及嵌固深度两者共同支持，目前设计计算方法较多，比较实用且已被 JGJ 120—99 规程采用的是相当梁法。

相当梁法的原理比较简单。分析图 1-24 所示的一端固定、一端简支的梁。它受到均布荷载作用，该梁的弯矩图及挠度曲线如图 1-24（b）所示。将梁 AD 在反弯点 C 处截断，并设简单支承于截断处，如图 1-24（d）所示，则梁 $A'C'$ 的弯矩与原梁 AC 段的弯矩相同，我们称 $A'C'$ 为 AC 的相当梁。通过求解相当梁 $A'C'$ 的支座反力 R_c，即梁 $C'D'$ 的支座反力 R_c，由此可求得 $C'D'$ 梁的其他未知量。

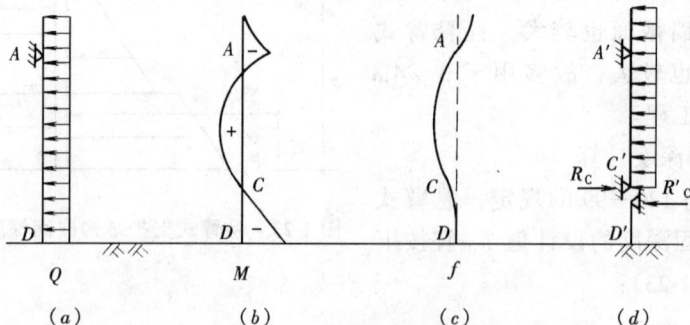

图 1-24 相当梁示意图

图 1-25 是嵌固支承单支点桩墙土
压力分布图，该桩墙在 D 点以下桩墙
的性状及土压力状况难以精确计算。
如将 D 点以下的土压力用一个力 E_{p2} 代
之，此时该桩墙求解未知量有三个，
即 T_{c1}、E_{p2} 及 h_d，而可利用的平衡方
程仅有两个，即 $\Sigma X = 0$，$\Sigma M = 0$，要
直接求解仍有困难。如将 D 点以下视
为固定端，则该桩墙与图 1-24 所示的
一端固定、一端简支的梁类似，只是
桩墙的荷载为三角形分布，而图 1-24
所示的梁是受到均布荷载作用。采用
这样的假设，嵌固支承单支点桩墙也
可用"相当梁法"来求解。

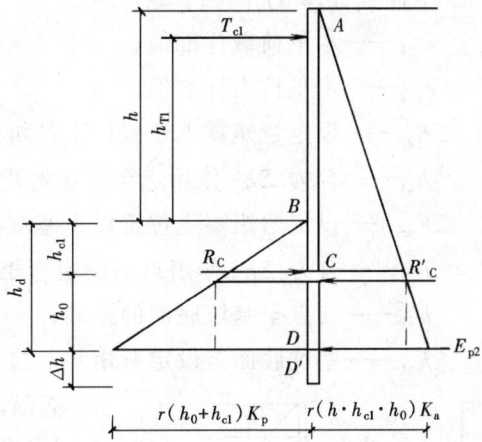

图 1-25 嵌固支承板桩

用上述"相当梁法"求解嵌固支承单支点桩墙支护结构，首先要找出桩墙的
反弯点 C。影响反弯点位置的因素有土的内摩擦角、粘聚力、桩墙后的地下水位
及地面荷载等。通过对不同长度和不同入土深度
的桩墙弯矩与挠曲线的研究，发现反弯点 C 与土
压力强度等于零的位置较接近，计算中可取该点
作为反弯点。由此引起的误差不大，但将使计算
大大简化。

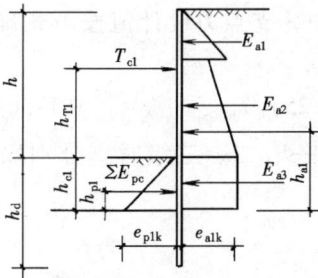

图 1-26 单层支点支护
结构支点力计算简图

1) 计算基坑底面以下支护结构反弯点的位置

在计算了作用于桩墙上的主动土压力和被动
土压力之后，可以按下式计算基坑底面以下支护
结构反弯点 C（设定弯矩零点的位置）至基坑底
面的距离 h_{c1}（图 1-26）：

$$e_{a1k} = e_{p1k} \tag{1-46}$$

对于均质无黏性土可按下式进行计算：

$$\gamma k_p h_{c1} = \gamma k_a (h + h_{c1})$$

即

$$h_{c1} = \frac{k_a h}{k_p - k_a} \tag{1-47}$$

2) 将桩墙 AC 段视为简支梁，利用静力平衡条件可求出单支点的支撑力
T_{c1}：

$$T_{c1} = \frac{h_{a1} \Sigma E_{ac} - h_{p1} \Sigma E_{pc}}{h_{T1} + h_{c1}} \tag{1-48}$$

上述式（1-46）～（1-48）中

e_{a1k}——水平荷载标准值；

e_{p1k}——水平抗力标准值；

ΣE_{ac}——设定弯矩零点位置以上基坑外侧各土层水平荷载标准值的合力之和；

h_{a1}——合力 ΣE_{pc} 作用点至设定弯矩零点的距离；

ΣE_{pc}——设定弯矩零点位置以上基坑内侧各土层水平抗力标准值的合力之和；

h_{p1}——合力 ΣE_{pc} 作用点至设定弯矩零点的距离；

h_{T1}——支点至基坑底面的距离；

h_{c1}——基坑底面至设定弯矩零点位置的距离。

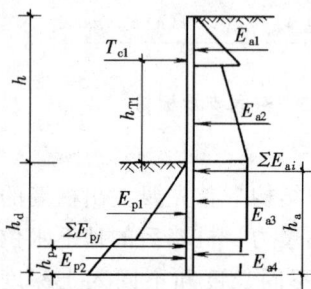

图 1-27　单层支点支护结构

嵌固深度计算简图

3）嵌固深度设计值 h_d 的确定

嵌固深度的设计值 h_d 应在固定端 D 点之下，根据 JGJ120—99，h_d 应满足下式（图 1-27）：

$$h_p \Sigma E_{pj} + T_{c1}(h_{T1} + h_d) - 1.2\gamma_o h_a \Sigma E_{ai} \geqslant 0 \qquad (1-49)$$

4）结构计算

单层支点支护结构的结构计算及截面设计要求与悬臂式支护结构相同。其中，支点力设计值按下式确定（JGJ120—99）：

$$T_{d1} = 1.25\gamma_o T_{a1} \qquad (1-50)$$

式中　γ_o——基坑侧壁重要性系数，基坑安全等级为一、二、三级时，分别取

1.10、1.00、0.9；

T_{c1}——支点力计算值。

5）支撑（锚杆）系统计算

支撑或锚杆一端固定在桩墙上部的围檩（腰梁）上，另一端则支撑到基坑对面的桩墙上或将锚杆锚固在土层中。

桩墙支点力 T_{c1} 的计算是按排桩中心距或桩墙单位宽度计算的，那么根据支撑或锚杆布置的间距，即可求得每一支撑或锚杆的轴力。例如，取单位宽度桩墙计算支点力 T_{c1}，其设计值为 T_{d1}，支撑（锚杆）间距 a，则支撑构件轴向力（或锚杆水平拉力设计值）可近似取支点力设计值 T_{d1} 乘以支撑点中心距 a。

支撑构件水平轴向力确定后，可对支撑构件进行受压计算。如果支撑长度过大，则应在支撑中央设置竖撑，以防止支撑在自重作用下挠度过大引起附加内力。

锚杆水平拉力设计值 T_d 确定后，要进行锚杆承载力计算和锚杆截面计算。锚杆的长度包括锚杆自由段、锚固段及外露长度。锚杆自由段长度不宜小于 5m

并应超过潜在滑裂面 1.5m，土层锚杆锚固段长度不宜小于 4m 并满足锚杆轴向受拉承载力的要求，锚杆倾角宜为 15°～25°，且不应大于 45°。锚杆水平间距不宜小于 1.5m。

6）围檩（腰梁）计算

围檩可采用型钢，如大型槽钢、H 型钢等，也可采用现浇混凝土结构。围檩可按多跨连续梁计算，当桩墙取单位长度计算时，作用在围檩上的均布荷载即为支点力，其支座反力为每一支撑的轴力（或锚杆的水平拉力），即支点力乘以支撑间距（图 1-28）。

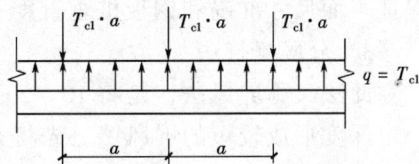

图 1-28　围檩计算简图

2．桩墙支护结构的施工

桩墙支护结构的施工根据挡墙系统的形式选取相应的方法。一般钢板桩采用打入法，而灌注桩及地下连续墙则采用就地成孔（槽）现浇的方法。灌注桩与地下连续墙的施工方法见第二章有关内容。下面介绍钢板桩及土层锚杆的施工方法。

（1）钢板桩施工

板桩施工要正确选择打桩方法、打桩机械和流水段划分，以便使打设后的板桩墙有足够的刚度和良好的防水作用，且板桩墙面平直，以满足基础施工的要求，对封闭式板桩墙，还要求板桩封闭合拢。

对于钢板桩，通常有三种打桩方法：

1）单独打入法

此法是从一角开始逐块插打，每块钢板桩自起打到结束中途不停顿。因此，桩机行走路线短，施工简便，打设速度快。但是，由于单块打入易向一边倾斜，累计误差不易纠正，因此，墙面平直度难以控制。一般在钢板桩长度不大（小于 10m）、工程要求不高时可采用此法。

2）围檩插桩法

要用围檩支架作板桩打设导向装置（图 1-29）。围檩支架由围檩和围檩桩组成，在平面上分单面围檩和双面围檩，高度方向有单层和双层之分，在打设板桩时起导向作用，双面围檩之间的距离，比两块板桩组合宽度大 8～15mm。

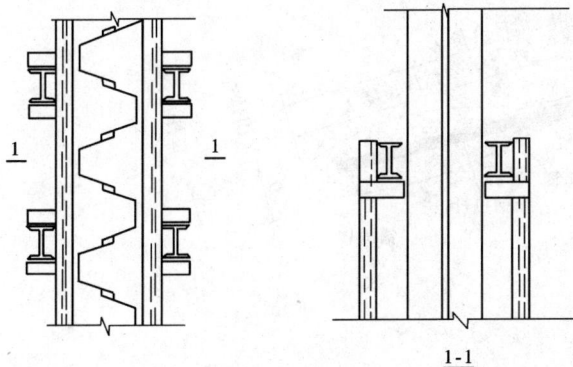

图 1-29　围檩插桩法

双层围檩插桩法是在地面上，离板桩墙轴线一定距离先筑起双层围檩支架，而后将钢板桩依次在双层围檩中全部插好，成为一个高大的钢板桩墙，待四角实现封闭合拢后，再按阶梯型逐渐将板桩一块块打入至设计标高。此法优点是可以保证平面尺寸准确和钢板桩垂直度，但施工速度慢，不经济。

3）分段复打法

此法又称屏风法，是将10～20块钢板桩组成的施工段沿单层围檩插入土中一定深度形成较短的屏风墙。先将其两端的两块打入，严格控制其垂直度，打好后用电焊固定在围檩上，然后将其他的板桩按顺序以1/2或1/3板桩高度打入。此法可以防止板桩过大地倾斜和扭转，防止误差累积，有利实现封闭合拢，且分段打设不会影响邻近板桩施工。

打桩锤根据板桩打入阻力确定，该阻力包括板桩端部阻力，侧面摩阻力和锁口阻力，桩锤不宜过重，以防因过大锤击而产生板桩顶部纵向弯曲，一般情况下，桩锤重量约为钢板桩重量的2倍。此外选择桩锤时还应考虑锤体外形尺寸，其宽度不能大于组合打入板桩块数的宽度之和。

地下工程施工结束后，钢板桩一般都要拔出，以便重复使用。钢板桩的拔除要正确选择拔除方法与拔除顺序。由于板桩拔出时带土，往往会引起土体变形，对周围环境造成危害，必要时还应采取注浆填充等方法。

(2) 土层锚杆施工

土层锚杆是国内外应用较广泛的一项实用新技术，它是将锚杆与滑裂面以外土体连成一个整体，再通过托架、横梁、锚头与桩墙结构连接，组成一个受力体，承受主动土压力、水压力，利用地层的锚固力，以维持被锚固体的稳定，见图1-30。

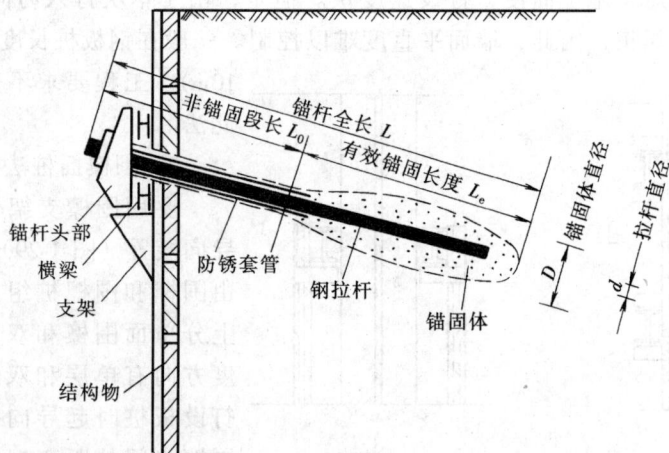

图 1-30　锚杆的组成

　　土层锚杆施工前要做好施工准备工作，如熟悉设计资料及工程地质、水文地质条件，查明施工地区的地下管线、构筑物等的位置，做好测量放线工作。

　　土层锚杆的施工方法是先用钻机在土层中钻孔，将锚杆（钢筋或钢绞线）插入孔内，灌入水泥净浆，经养护，待灌浆达到一定强度，锚杆与浆体的握裹力满足设计要求后，进行预应力张拉，使其形成有效的预应力后张体系，起到对桩墙的支撑作用，锚杆施工顺序见图1-31。

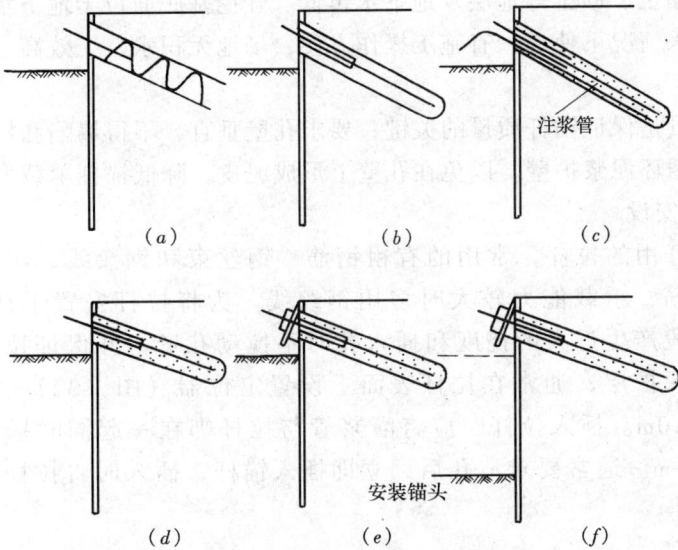

图 1-31　锚杆施工顺序示意图

(*a*) 钻孔；(*b*) 插放钢筋或钢绞线；(*c*) 灌浆；(*d*) 养护；

(*e*) 安装锚头，预应力张拉；(*f*) 挖土

　　1）钻孔机械的选择

　　用于土层锚杆的成孔机械，按工作原理可分为回转式、冲击式及回转冲击式三类。一般回转式钻机适用于一般土质条件；冲击式钻机适用于岩石、卵石等条件；而在黏土夹卵石或砂夹卵石地层中，用回转冲击式。土层锚杆亦可用改装的普通地质钻机成孔，即用一轻便斜钻架代替原来的垂直钻架，如 XU-300 型、XU-600 型、XU-100 型等。

　　成孔钻机的选择要考虑工程地质条件，钻孔长度要能达 40m，倾角变化范围 0°~90°，直径最大能达 250mm。在以小角度钻进时，钻机具有一定的稳定性。外形尺寸能适应在场地狭窄条件下工作，具有较好的机动性。

　　2）钻孔

　　钻孔工艺有水作业钻进法和干作业钻进法两种。应用较多的为水作业钻进

法，施工时在钻杆外设有套管，钻出的泥渣用水冲刷出钻孔，至水流不浑浊时为止。本法把成孔过程中的钻进、出渣、清孔等工序一次完成，可防止塌孔，不留残土，适用于各种软硬土层，特别适用于有地下水或土的含水率大及有流砂的土层，但施工现场积水较多。当土层无地下水时，用干作业钻进成孔，一般是先用螺旋钻成孔，清除废土，然后插入拉杆，施工时采取多个平行作业，钻出的孔洞用空气压缩机风管冲洗孔穴，将孔内壁残留废土清除干净。干作业钻进法适用于黏土、粉质黏土、砂土等地层及地下水位低、开挖基底面位于地下水位以上、锚杆处于非漫水情况下使用，有施工操作方便、场地无积水、工效高、适宜冬期作业等优点。

成孔质量是保证锚杆质量的关键，要求孔壁垂直，不得塌陷和松动。成孔避免用膨润土循环泥浆护壁，以免在孔壁上形成泥皮，降低锚杆承载力。

3）拉杆安设

土层锚杆用的拉杆，常用的有粗钢筋、钢丝束和钢绞线，承载能力较小时多用粗钢筋，承载能力较大时多用钢绞线。为将拉杆安置于钻孔的中心，防止非锚固段产生过大的挠度和插入孔时不搅动孔壁，并保证拉杆有足够厚度的水泥浆保护层，通常在拉杆表面上设置定位器（图1-32）。定位器的间距为 $1.5 \sim 2.0\text{m}$。插入拉杆时应将灌浆管与拉杆绑在一起同时插入孔内，放至距孔底50cm。通常要求清孔后，立即插入锚杆，插入时将拉杆有定位架的一面向下方。

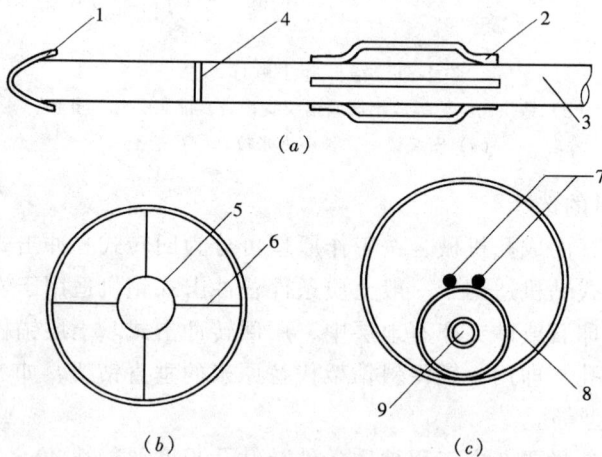

图1-32 粗钢筋拉杆用的定位器
1—挡土板；2—支承滑条；3—拉杆；4—半圆环；5—$\phi 38$ 钢
管内穿 $\phi 32$ 拉杆；6—35×3 钢带；7—$2\phi 32$ 钢筋；8—$\phi 65$ 钢
管，$l = 60$，间距 $1 \sim 1.2\text{m}$；9—灌浆胶管
（a）拉杆示意图；（b）定位器；（c）灌浆示意图

锚杆长期处于潮湿土体中，它的防腐问题相当重要，锚固段的拉杆，可通过拉杆的水泥砂浆锚固体来防腐蚀。非锚固段的拉杆可通过涂刷防锈漆，或涂刷一层防锈漆并用两层沥青玻璃布包扎作为防锈层。在无腐蚀土层中的临时性锚杆，使用期在 6 个月以内的，可不作防腐处理。

为保证非锚固段拉杆可自由伸长，可采取在锚固段与非锚固段之间设置堵浆器，或在锚杆的非锚固段处不灌注水泥浆，而填以干砂、碎石或低强度混凝土，或在每一根拉杆的自由部分套一根空心塑料管，或在锚杆的全长上都灌注水泥浆，但在非锚固段的拉杆上涂润滑油脂等方法。

4）灌浆

灌浆是土层锚杆施工中的一道关键工序。灌浆材料多用纯水泥浆，采用 32.5 级以上普通水泥，地下水如有腐蚀性，宜用抗腐蚀性水泥。水灰比为 0.4～0.45，为防止泌水、干缩和降低水灰比，可掺加 0.3% 的木质素磺酸钙。灌浆亦可用水泥砂浆，灰砂比 1:1 或 1:0.5（质量比），水灰比 0.4～0.5，如需早强可掺加水泥用量 0.3% 的食盐和 0.03% 的三乙醇胺。

灌浆方法分为一次灌浆法和二次灌浆法。一次灌浆法只用一根注浆管，注浆管端距孔底 50cm 左右，水泥浆在压浆泵的作用下通过注浆管送入钻孔内。对于压力灌浆锚杆，待浆液流出孔口时，将孔口用黏土等进行封堵，严密捣实，再用 2～4MPa 的压力进行补灌，稳压数分钟后才告结束。

二次灌浆法适用于压力灌浆锚杆，要有两根注浆管，二次注浆管的出浆孔应进行可灌密封处理。第一次灌浆时，灌浆压力为 0.3～0.5MPa，待灌满后，把注浆管拔出，待浆液初凝后进行第二次灌浆，灌注纯水泥压力为 2MPa 左右，稳压 2min，浆液冲破第一次灌浆体后，向土层扩散，增加了锚固体与周围土体的接触面，并使周围土体的抗剪强度提高，可以显著提高土层锚杆的承载能力。

5）张拉与锁定

锚杆张拉前，分别在拉杆上、下部位安设两道工字钢或槽钢横梁与护坡桩墙紧贴。

灌浆后锚杆养护 7d 再进行张拉，张拉时锚固段强度大于 15MPa 且达到设计强度等级的 75% 后方可进行。用千斤顶对拉杆进行预应力张拉，并按 0.8 倍设计荷载锁定。张拉时宜先采用小吨位千斤顶预拉，使横梁与托架贴紧，然后以大吨位千斤顶进行整排锚杆的正式张拉，宜采用跳位法或往复式张拉法，以保证拉杆与横梁受力均匀。在饱和软土中，由于预应力锚杆会产生蠕变现象，此外钢材的松弛、基坑支护位移和周围环境（温度、湿度、振动等）因素都会导致预应力减少，为此一般在张拉 3～5d 后，进行再次张拉。

三、支护结构监测

支护结构设计的准确性受到许多因素的影响，诸如土层的复杂性和离散性产生的偏差，土性参数受取样扰动及试验误差产生的偏差，设计计算假定产生的偏差，施工条件的改变及突发情况等随机因素产生的偏差，都将使支护结构设计计算的内力值与结构的实际工作状况往往难以准确一致。因此，在基坑开挖与支护结构使用期间，应当根据支护结构的重要性，对支护结构及周围环境实施应力监测、变形监测及地下水位的监测，以便随时掌握土层和支护结构内力的变化情况，以及邻近建筑物、地下管线和道路的变形情况。将监测值与设计计算值对比分析，随时采取必要的技术措施，保证在不造成危害的条件下安全地进行施工。

基坑和支护结构的监测项目，根据支护结构的重要程度、周围环境的复杂性和施工的要求而定，表1-5所列为重要的支护结构所需监测的项目，对其他支护结构可参照此增减。

支护结构监测项目与监测方法　　　　　　　表 1-5

监 测 对 象		监 测 项 目	监 测 方 法	备 注
支护结构	挡　墙	侧压力、弯曲应力、变形	土压力计、孔隙水压力计、测斜仪、应变计、钢筋计、水准仪等	验证计算的荷载内力、变形时所需监测的项目
	支撑（锚杆）	轴力、弯曲应力	应变计、钢筋计、传感器	验证计算的内力
	围 檩	轴力、弯曲应力	应变计、钢筋计、传感器	验证计算的内力
	立 柱	沉降、抬起	水准仪	观测坑底隆起的项目之一
周围环境及其他	基坑周围地面	沉降、隆起、裂缝	水准仪、经纬仪、测斜仪	观测基坑周围地面变形的项目
	邻近建（构）筑物	沉降、抬起、位移、裂缝等	水准仪、经纬仪等	通常的观测项目
	地下管线	沉降、抬起、位移	水准仪、经纬仪、测斜仪等	观测地下管线变形的项目
	基坑底面	沉降、隆起	水准仪	观测坑底隆起的项目之一
	深部土层	位移	测斜仪	观测深部土层位移的项目
	地下水	水位变化、孔隙水压	水位观测仪、孔隙水压力计	观测降水、回灌等效果的项目

　　基坑开挖前应做出系统的开挖监控方案，监控方案应包括监控目的、监测项目、监控报警值、监测方法及精度要求、监测点的布置、监测周期、工序管理和记录制度以及信息反馈系统等。监测点的布置应满足监控要求，基坑边缘以外 1～2 倍开挖深度范围内的需要保护物体均应作为监控对象，基坑监测项目的报警值应根据监测对象的有关规范及支护结构设计要求确定。各项监测的时间间隔可根据施工进程确定，当变形超过有关标准或监测结果变形速率较大时，应加密观测次数；当有事故征兆时，应连续监测。

第四节　深基坑降水与土方开挖

一、深基坑降水

（一）喷射井点

　　在基本知识中已讲述了明排水法降水及轻型井点降水的设计。当基坑开挖较深时，往往需要较深的降水，若降水深度超过 6m 时，一层轻型井点就不能收到预期成果，此时需要采用多级轻型井点。这将会增加井点设备数量、增大基坑挖土量、延长工期等，往往是不经济的。为此，可考虑采用喷射井点。

　　喷射井点降水是在井点管内部装设特制的喷射器，用高压水泵或空气压缩机通过井点管中的内管向喷射器输入高压水或压缩空气形成水气射流，将地下水经井点外管与内管之间的间隙抽出排走。根据工作流体的不同，喷射井点分为喷水井点与喷气井点，前者以压力水为工作流体，后者以压缩空气为工作流体。本法设备简单，排水深度大，可达 8～20m，适于基坑开挖较深、降水深度大（大于6m）、土的渗透系数为 3～50m/d 的砂土或渗透系数 0.1～3m/d 的粉砂、淤泥土、粉质黏土中使用。

　　1. 井点设备

　　喷射井点的设备主要有喷射井管、高压水泵（或空气压缩机）和管路系统（图 1-33）。

　　喷射井管分内管和外管两部分，内管下端装有喷射器，并与滤管相接，如图1-34 所示。喷射器由喷嘴、混合室、扩散室等组成。工作时，用高压水泵（或空气压缩机）把压力 0.7～0.8MPa（0.4～0.7MPa）的水经过总管分别压入井点管中，使水经过内外管之间的环形空隙进入喷射器。由于喷嘴处截面突然变小，使得喷射出的流速突然增大，高压水流高速进入混合室，使混合室内压力降低，形成瞬时真空。在真空吸力作用下，地下水经过滤管被吸收到混合室，与混合室里的高压水流混合，流入扩散室中。由于扩散室的截面顺着水流方向逐渐扩大，水流速度就相应减小，而水的压力却又逐渐增高，因而压迫地下水沿着井管上升流到循环水箱。其中一部分水用低压水泵排走,另一部分重新用高压水泵压入井点管作为高压工作水使用,如此循环,将地下水不断从井点管中抽走,使地下水位逐渐下降,达到设计要求的降水深度。采用流量为 $50 \sim 80 \text{m}^3/\text{h}$、压力为 $0.7 \sim 0.8 \text{MPa}$ 的多级高压水泵,每台约能带动 $25 \sim 30$ 根喷射井点管。

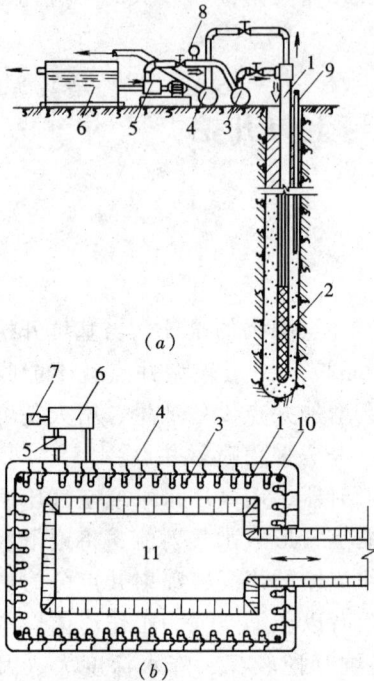

图 1-33　喷射井点设备及布置

(a) 喷射井点竖向布置;(b) 喷射井点平面布置

1—喷射井点;2—滤管;3—集水总管;4—排水总管;5—高压水泵;6—集水池;7—低压水泵;8—压力表;9—真空测定管;10—水位观测井;11—基坑

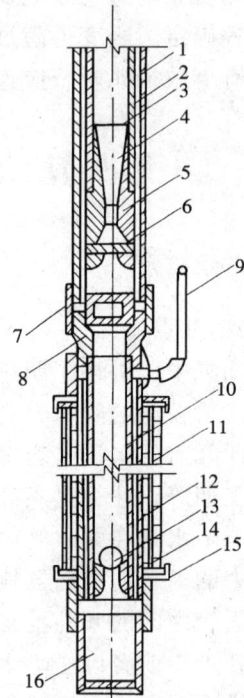

图 1-34　喷射井点管构造

1—外管;2—内管;3—喷射器;4—扩散管;5—混合管;6—喷嘴;7—缩节;8—连接座;9—真空测定管;10—滤管芯管;11—滤管有孔套管;12—滤管外缠滤网及保护网;13—逆止球阀;14—逆止阀座;15—护套;16—沉泥管

管路系统包括进水、排水总管(直径 150mm,每套长 60m)、接头、阀门、水表、溢流管、调压管等管件、零件及仪表。循环水箱采用钢板制作,尺寸为 $2.5 \text{m} \times 1.45 \text{m} \times 1.2 \text{m}$。

2. 井点布置及埋设

喷射井点的布置有单排布置(基坑宽度小于 10m)、双侧布置(基坑宽度大于 10m)及环形布置,布置要求与轻型井点基本相同。喷射井点管的间距一般为 $2 \sim 3 \text{m}$。

喷射井点管的埋设方法和轻型井点相似，冲孔直径一般为 400～600mm，冲孔深度比滤管深 1.0m 左右。冲孔时，为了防止喷射器磨损，宜用套管枪成孔，加水及压缩空气排泥，当套管内含泥量经测定小于 5% 时才下井管及灌砂，然后再将套管拔起，并将井管与总管相连。

3. 喷射井点的使用

使用时开泵压力要小些（小于 0.3MPa），以后再逐渐正常。抽水时如发现井管周围有泛砂冒水现象，应立即关闭井点管进行检修。工作水应保持清洁，试抽 2d 后应更换清水，以减轻工作水对喷嘴及水泵叶轮等的磨损，一般经 7d 左右即可稳定，开始挖土。

4. 喷射井点的计算

喷射井点的涌水量计算及确定井点管数量与间距、抽水设备等均与轻型井点计算相同。

（二）电渗井点

在深基础工程施工中，当土层的渗透系数小于 0.1m/d 时，单靠用真空吸力的一般降水方法已效果不大，此时，必须采用电渗井点降水。本法一般与轻型井点或喷射井点结合使用。

电渗井点是在降水井点管的内侧（靠基坑一侧）打入金属棒（钢筋、钢管等），连以导线，以井点管为阴极，金属棒为阳极，通入直流电后，土颗粒自阴极向阳极移动，称电泳现象，使土体固结；地下水自阳极向阴极移动，称电渗现象（图1-35）。在电渗与真空的双重作用下，强制黏土中的水从内向外流入井点管附近积聚，由井点管快速排除，使井点管能保持连续抽水，地下水位逐渐下降；而电极间的土层则形成电帷幕，由于电场作用而阻止地下水从四周流入坑内。

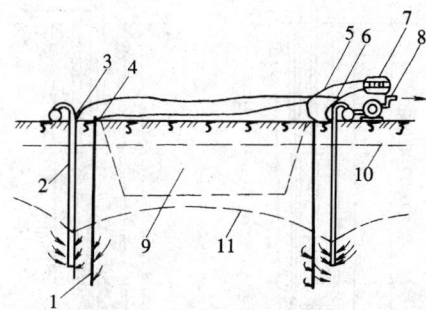

图 1-35 电渗井点构造与布置

1—阳极；2—阴极；3—用电线、扁钢将阴极连通；4—用钢筋或电线将阳极连通；5—阳极与发电机连接电线；6—阴极与发电机连接电线；7—直流发电机（或直流电焊机）；8—水泵；9—基坑；10—原有地下水位线；11—降低后地下水位线

1. 电渗井点的布置

在电渗排水中，作为阴极的井点管（轻型井点或喷射井点）沿基坑外围布置；作为阳极的钢管（直径 50～70mm）或钢筋（直径 25mm 以上）埋设在井点管环圈内侧，外露在地面上约 20～40cm，其入土深度应比井点管深 50cm，以保证水位能降到所需要的深度。阴阳极本身的间距，采用轻型井点时，一般为 0.8～1.0m；采用喷射井点时为 1.2～1.5m，并成平行交错排列。阴阳极的数量宜相

等，必要时阳极数量可多于阴极数量。

2．井点埋设与使用

电渗井点阴极埋设与轻型井点、喷射井点相同，阳极埋设可用 75mm 旋叶式电钻钻孔埋设。钻进时加水和高压空气循环排泥，阳极就位后，利用下一钻孔排出泥浆倒灌填孔，使阳极与土接触良好，减少电阻，以利电渗。如深度不大，亦可用锤击法打入。钢筋埋设必须垂直，严禁与相邻阴极相碰，以免造成短路，损坏设备。

电渗井点降水的工作电压不宜大于 60V，土中通电的电流密度宜为 0.5 ~ 1.0A/m^2。为了避免大部分电流从土表面通过而降低电渗效果，通电前应清除阴阳极间地面上的导电物，使地面保持干燥，有条件时涂上一层沥青绝缘。电渗降水时，由于电解作用产生的气体积聚在电极附近及表面，而使土体电阻加大，增加电能消耗，应采用间歇通电方式，即通电 24 小时后，停电 2 ~ 3 小时，再通电。

（三）深井井点

深井井点降水是在深基坑的周围埋置深于基底的井管，通过设置在井管内的潜水电泵将地下水抽出，使地下水位低于坑底。此法适于渗透系数较大（10 ~ 250m/d）、土质为砂类土、地下水丰富、降水深（＞15m）、面积大、时间长的情况，在有流砂的地区和重复挖填方地区使用，效果尤佳。

1．井点设备系统

由深井井管和潜水泵等组成（图 1-36）。井管由滤水管、吸水管和沉砂管三部分组成，可用钢管、塑料管或混凝土管制成，管径一般为 300 ~ 357mm，内径宜大于潜水泵外径 50mm。滤水管的长度取决于含水层的厚度、透水层的渗透速度及降水速度的快慢，一般为 3 ~ 9m。用钢管作滤管时，通常在钢管上分三段轴条（或开孔），在轴条（或开孔）后的管壁上焊 ϕ6 垫筋，外缠绕 12 号铁丝，间距 1m，与垫筋用锡焊焊牢，或外包 10

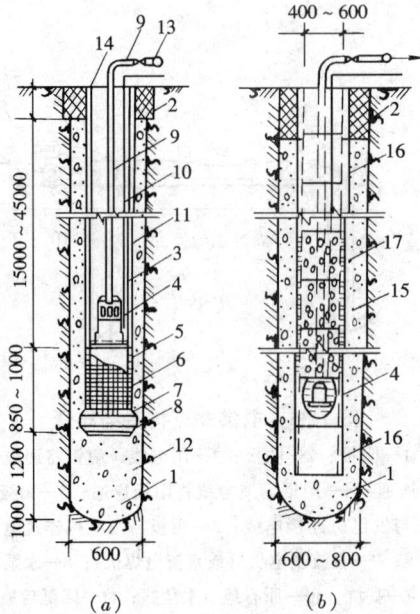

图 1-36　深井井点构造

（a）钢管深井井点；（b）无砂混凝土管深井井点
1—井孔；2—井口（黏土封口）；3—ϕ300 ~ 375 井管；4—潜水电泵；5—过滤段（内填碎石）；6—滤网；7—导向段；8—开孔底板（下铺滤网）；9—ϕ50 出水管；10—电缆；11—小砾石或中粗砂；12—中粗砂；13—ϕ50 ~ 75 出水总管；14—20mm 厚钢板井盖；15—小砾石；16—沉砂管（混凝土实管）；17—无砂混凝土过滤管

孔$/cm^2$ 或 41 孔$/cm^2$ 镀锌铁丝网各两层或尼龙网。吸水管连接滤水管，起挡土、贮水作用，采用与滤水管同直径的钢管制成。沉砂管在降水过程中，起对极少量通过砂粒的沉淀作用，一般采用与滤水管同直径的钢管，下端用钢板封底。可选用 QY-25 型或 QW-25 型、QW40-25 型潜水电泵。

2. 深井布置

深井井点一般沿基坑周围离边坡上缘 0.5 ~ 1.5m 呈环形布置；当基坑宽度较窄，亦可在一侧呈直线布置；对面积不大的独立深基坑，亦可采取点式布置。井点宜深入到透水层 6 ~ 9m，通常还应比所需降水的深度深 6 ~ 8m，间距一般相当于埋深，为 10 ~ 30m。深井井管的设计可参照轻型井点进行。

3. 深井井点埋设与使用

深井井点的成孔可采用泥浆护壁钻孔法，孔口设置护箱，以防止孔口坍方。钻孔直径比井管直径每边大 150 ~ 250mm。成孔后要进行清孔，然后立即安装井管，以防坍孔。井管安放应力求垂直对中，管顶部比自然地面高出 500mm 左右。井管滤管部分应放置在含水层适当的范围内。井管下沉后，及时在井管与土壁间填充粒径大于滤网孔径且符合级配要求的砂砾滤料，填滤料要一次连续完成，从底填到井口下 1m 左右，上部采用不含砂石的黏土封口。滤料填完后，要进行洗井，一般采用压缩空气洗井法，即将压缩空气通到井管下部，使井管中生成气水混合物，其密度小于 1，而井管外滤料中为泥水混合物，其密度大于 1，这样井管外的泥水混合物在内外管压力差的作用下流进管内，并被排走，如此反复，滤料中的泥土成分越来越少，直至清洗干净。

洗井完毕后，进行水泵、抽水控制电路的安装。安装完毕后应进行试抽水，满足要求后始转入正常工作。

井管使用完毕，用吊车将井管口套紧徐徐拔出，滤水管拔出洗净后再用，拔出所留孔洞用砂砾填充、捣实。

二、井点降水对地面沉降影响的预防措施

深基坑降水影响范围大，影响半径可达百米至数百米，由于地下水位下降，土层中含水量减少，有效应力增大，土体产生固结，引起基坑降水漏斗范围内地面产生不均匀沉降，危及沉降范围内已有建筑物和工程设施的安全。因此，在建筑物密集区进行降水施工时，必须采取措施消除或减少地面沉降，一般可采取下列措施：

（一）采用回灌井点技术

在建筑物与基坑之间设置回灌井点，在井点降水的同时，将抽出的地下水（或工业水）通过回灌井点连续地再灌入地基土层内，使降水井点的影响半径不超过回灌井点，从而保证建筑物范围内的地下水位不下降，防止降水引起的沉降

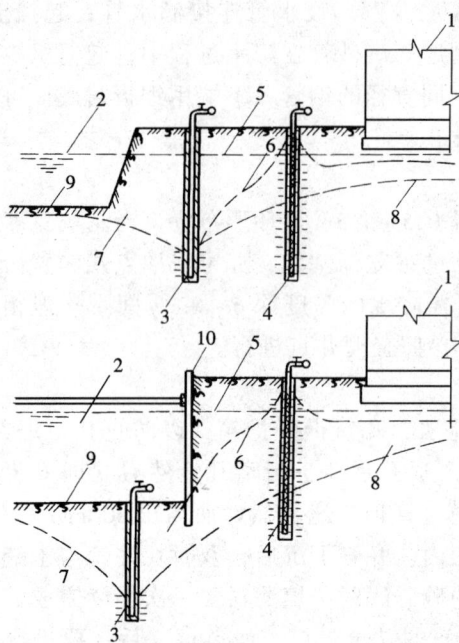

图 1-37 回灌井点布置示意
1—原有建筑物；2—开挖基坑；3—降水井点；
4—回灌井点；5—原有地下水位线；6—降灌井
点间水位线；7—降低后地下水位线；8—仅降
水时水位线；9—基坑底；10—挡土桩

（图 1-37）。

回灌井点系统由水源、流量表、水箱、总管、回灌井管组成。其工作方式恰好与降水井点系统相反，将水注入井点以后，水从井点向四周土层渗透，在土层中形成一个和降水井点相反的倒转漏斗（图 1-38）。回灌井点系统的设计，可按水井理论进行计算。回灌井点的井管滤管部分宜从地下水位以上 0.5m 处开始一直到井点底部，其构造与降水井点管基本相同。回灌井点与降水井点的间距不宜小于 6m。回灌井点的深度一般以控制在长期降水水位曲线以下 1m 为宜，并应设在渗透性较好的土层中。回灌井点的间距应与降水井点相适应。

回灌井点埋设方法与降水井点相同。回灌用水必须用清洁水，禁用混浊水，以避免产生孔眼堵塞现象。回灌水量应根据地下水位变化及时调整，尽可能保持抽灌平衡，

可在降水井点与回灌井点之间以及回灌井点与需保护的建筑物之间设置若干个水位观测井，以便随时掌握水位的变化情况，调节回灌水量。井点降水与回灌应同时进行，当一方停止运行时，另一方也要停止运行，恢复工作亦应同时进行。

（二）采用砂井、砂沟回灌

在降水井点与需保护的建筑物之间设置砂井作为回灌井，沿砂井布置一道砂沟，将降水井点抽出的水（或另找其他水源）适时、适量地排入砂沟，再经砂井回灌到地下，从而收到与回灌井点同样的效果。采用砂井、砂沟回灌的原理与回灌井点相同。

回灌砂井、砂沟与降水井点的距离一般不宜小于 6m，回灌砂井的深度一般控制在降水水位曲线以下 1m。回灌砂沟的沟底标高应设在渗透性高的土层内。回灌砂井可采用钻孔取土或袋装砂井方法施工，砂应用粗砂。

（三）采用钢板桩隔水

在降水井点与需保护的建筑物之间打设钢板桩。由于钢板桩的锁口有一定的

阻水作用，只要降水井点管底高于钢板桩底一定距离，则基坑内井点降水时就不会影响钢板桩外的地下水位。

（四）使降水速度减缓

在砂质粉土中降水影响范围可达80m以上，降水曲线平缓，为此可将井点管加长，使降水速度减缓，防止产生不均匀沉降。亦可在井点系统降水过程中，调小离心泵阀，减缓抽水速度。还可在邻近被保护建（构）筑物一侧，将井点管间距加大，需要时甚至停止抽水。

（五）防止将土粒带出的措施

根据土的粒径选择滤网，防止抽水过程中将土粒带出。另外，确保井点管周围砂滤层的厚度和施工质量，井点管上部1~5m范围内用黏土封孔，亦可防止将土粒带出。

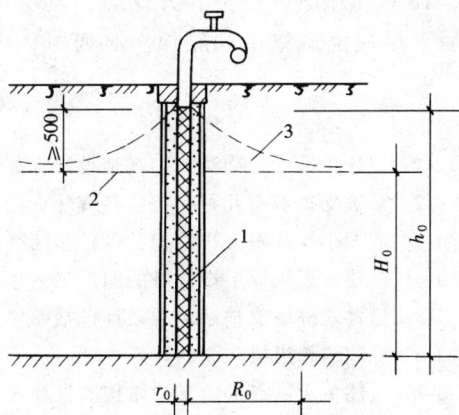

图 1-38　回灌井点水位图
1—回灌井点；2—原有地下水位线；
3—回灌后地下水位线
R_0—灌水半径（m）；r_0—回灌井点的计算半径（m）；h_0—动水位高度（m）；H_0—静水位高度（m）

三、深基坑土方开挖

深基坑土方工程，具有开挖深度大、土方挖方量大、土方开挖与基坑支护工况密切相关等特点。因此，在基坑土方开挖之前，应编制详细的土方开挖方案，并做好施工准备工作。

土方开挖应遵循先撑后挖的原则，即挖土至支撑（锚杆）标高，一定要待支撑（锚杆）加设并起作用后，再继续向下开挖，挖土方式一定要与支护结构的设计工况吻合。土方开挖宜分层、分段、对称地进行，使支护结构受力均匀，特别是在软土地区，要控制相邻开挖段的土方高差，防止因土方高差过大，产生推力使工程桩产生位移和变形。进行二层或多层开挖时，挖土机和运土汽车需下至基坑内施工，故在适当部位需留设坡道，以便运土汽车上下，坡道两侧有时需加固。挖土期间基坑严禁大量堆载，地面堆载数量绝对不允许超过设计支护结构时采用的地面荷载。土方开挖前要先降水后开挖，降水深度宜控制在坑底以下500~1000mm。基坑开挖时，挖方机械禁止直接压过支护结构的支撑杆件，必须跨越时，支撑杆件底部用土方填实，并用走道板架空。

深基坑开挖后，由于地基卸载，土体中压力减少，土的弹性效应将使基坑底面产生一定的回弹变形（隆起）。为了防止深基坑挖土后土体回弹、变形过大，施工中要设法减少土体中有效应力的变化，减少暴露时间，并防止地基浸水。因此，在基坑开挖过程中和开挖后，均应保证井点降水正常进行，并在挖至设计标高后，尽快浇筑垫层和底板。必要时，可对基础结构下部土层进行加固。

思 考 题

1-1 试述用最小二乘法确定场地设计标高的步骤。

1-2 基坑支护有哪几种类型？各有什么特点？

1-3 水泥土搅拌桩支护结构的设计包括哪些内容？如何计算？

1-4 简述水泥土深层搅拌桩的施工工艺过程。

1-5 悬臂式桩墙支护结构的设计包括哪些内容？如何计算？

1-6 试述"相当梁法"的计算原理。

1-7 试述单层支点桩墙支护结构的设计内容。

1-8 钢板桩施工有哪几种方法？

1-9 简述土层锚杆的施工内容。

1-10 喷射井点的设备组成有哪几部分？喷射井点如何布置及埋设？

1-11 电渗井点降水的原理是什么？

1-12 深井井点如何布置及埋设？

1-13 井点降水对地面沉降影响的预防措施有哪些？

1-14 深基坑土方开挖的施工要点是什么？

习 题

1-1 求图 1-39 所示场地的最佳设计平面（图示数据为地面标高），并计算挖填土方量，边长 $a = 20\text{m}$。

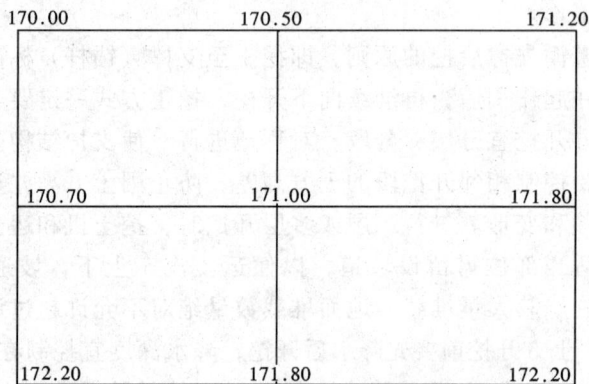

图 1-39 习题 1-1 图

1-2 某基坑开挖深度为 5m，地面荷载 $q = 15\text{kPa}$，土的内摩擦角 $\varphi = 15°$，粘聚力 $c = 10$ kN/m^2，土的重度 $\gamma = 18\text{kN/m}^3$，拟用水泥土搅拌桩支护，嵌固深度为 4.5m，试根据抗倾覆稳定性要求计算支护结构宽度。

第二章 深基础工程

学 习 要 点

    本章内容包括桩基础、地基深层加固及沉井施工。较为全面地介绍了钢筋混凝土预制桩的制作和各种沉桩方法及质量要求；重点分析了灌注桩施工的各种方法、适用范围及预防质量问题的措施；简要介绍了地基深层加固、沉井法施工的原理和方法。通过本章学习应了解钢筋混凝土预制桩的构造和制作要求，静力沉桩、振动沉桩和水冲沉桩的施工方法；重点掌握打入沉桩法的施工工艺、桩锤的选择、打桩顺序与土质和桩距的关系，产生桩锤回跃、贯入度变化和浮桩的原因，保证质量的技术措施。了解各类成孔灌注桩的工艺原理和施工要点，重点分析灌注桩易产生质量事故的原因及预防、处理的方法；了解地基深层加固的方法，掌握地基加固的原理和拟定加固方案的原则；了解沉井基础施工的方法。

第一节 桩 基 础 工 程

一、基本知识

（一）桩基础的作用和特点

    桩基础就是将沉入土中的桩，通过承台或梁与上部结构联系起来，以承受整个上部建筑重量的一种常用基础。桩是基础中的柱状构件，它通过以下两种工作原理与形式，来保证建筑物稳定和减少其沉降量：

    （1）使桩穿过软弱土层，让上部建筑结构的荷载传递到深处承载力较大的土层上。

    （2）使桩挤入软土层，在提高土壤密实度的同时与土共同作用，构成复合地基，以增强地基的承载力。

    桩基础具有承载能力高，抗拔力、抗水平力强，具有良好的抗震作用，施工的工业化和机械化程度高，可省去大量的土方和支撑工程以及排水降水工程，技术经济效果好，但需占用一定的地下空间等特点。

（二）桩的种类

（1）按桩的传力及作用性质分为端承型桩和摩擦型桩（图 2-1）。

1）端承型桩。端承型桩是指穿过软弱土层到达硬层（基岩或坚硬土层）上

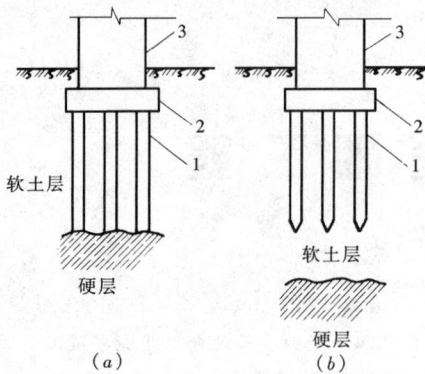

图 2-1

(a) 端承型桩；(b) 摩擦型桩

1—桩；2—承台；3—上部结构

的桩，桩顶上部荷载全部或主要由桩端阻力承受，桩侧阻力相对桩端阻力而言较小或可忽略不计。按承载性质和桩端阻力所占比例端承型桩又分为端承桩和摩擦端承桩两种：

a. 端承桩。是指在极限承载力状态下，桩顶荷载完全由桩端阻力承受的桩。

b. 摩擦端承桩。是指在极限承载力状态下，桩顶荷载主要由桩端阻力承受、部分由桩侧阻力承受的桩。

2）摩擦型桩。摩擦型桩是设置在软弱土层中的桩，其桩顶荷载全部或主要由桩侧阻力承受。根据桩侧阻力分担荷载的大小，摩擦型桩又分为摩擦桩和端承摩擦桩两种：

a. 摩擦桩。是指在极限承载力状态下，桩顶荷载完全由桩侧阻力承受的桩。

b. 端承摩擦桩。是指在极限承载力状态下，桩顶荷载主要由桩侧阻力承受、极少部分由桩端阻力承受的桩。

（2）按桩的制作与施工方法分为预制桩和灌注桩。

1）预制桩。预制桩是指先在工厂或施工现场采用一定材料预制成一定形式的桩，而后用沉桩设备将桩沉入土中。预制桩按桩沉入土中的方法有打入沉桩法、振入沉桩法、压入沉桩法、水冲沉桩法等。按桩身材料有木桩、钢筋混凝土桩、预应力混凝土桩、钢管桩、H 形钢桩、工字形钢桩等。

2）灌注桩。灌注桩就是先在桩位处成孔，然后向孔内填筑桩材料而成的桩。灌注桩按成孔方法有钻孔灌注桩、沉管成孔灌注桩、挖孔灌注桩、冲孔灌注桩、爆扩成孔灌注桩。按灌注的材料有混凝土灌注桩、钢筋混凝土灌注桩、砂石挤密桩、灰土挤密桩、素土挤密桩等。

（3）按成桩方法和挤土效应分为挤土桩（如沉管灌注桩，打入式预制桩等）、部分挤土桩（如预钻孔打入预制桩、打入式敞口桩、冲抓孔灌注桩）和非挤土桩（如钻孔灌注桩、挖孔灌注桩）等三种类型。

（4）按桩径大小分为大直径桩（$d \geqslant 800\text{mm}$）、中等直径桩（又称普通桩，$250\text{mm} < d < 800\text{mm}$）和小桩（$d \leqslant 250\text{mm}$）等三种。

二、钢筋混凝土预制桩施工

由于钢筋混凝土桩坚固耐久，不受地下水和潮湿变化的影响，可制成各种需

要的断面和长度，而且能承受较大的荷载，所以应用较广。预制桩的施工程序和
工作内容见图 2-2 所示。

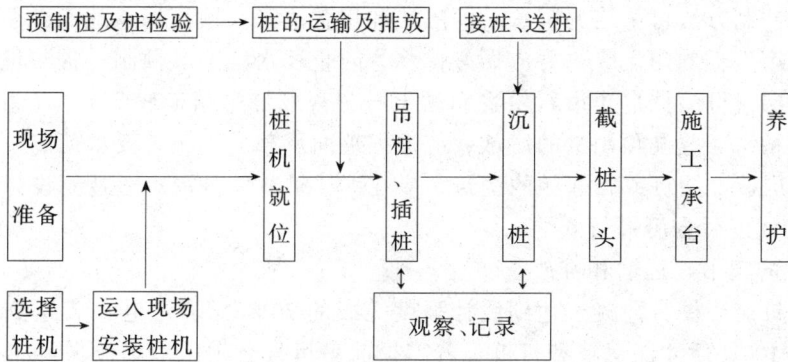

图 2-2　预制桩施工程序

（一）钢筋混凝土预制桩的制作、起吊、运输和堆放

钢筋混凝土预制桩分实心桩和空心管桩两种。实心桩为便于预制多做成方形
截面，边长一般为 200～500mm，可在工厂或施工现场预制。空心管桩则在工厂
采用离心法制成，与实心桩相比，可大大减轻桩的自重。由于受打桩架高度、吊
装、运输、受力情况及预制场地等原因的限制，单节桩的长度一般不超过 30m，
如单根桩较长时，可将桩分成几段（节）预制，在打桩过程中逐段接桩。

1. 钢筋混凝土预制桩的制作

由于预制桩细而长，抗横向变形性能较差，且沉桩时要受到数百乃至数千次
的冲击或施以很大的压力，所以对制作质量要求较高。钢筋混凝土预制桩的桩长
一般不得大于桩截面的边长或外直径的 50 倍。桩内钢筋骨架的主筋宜采用对焊
或搭接焊，主筋的接头位置应相互错开，在同一截面内（指在 35 倍主筋直径且
不小于 500mm 的范围内）的主筋接头数量，不得超过 50%。主筋直径不小于
14mm，至少 4 根主筋。主筋离桩顶的保护层厚度应严格控制。打入桩桩顶在 2～
3 倍桩身直径长度范围内，箍筋应加密，并增设钢筋网片。桩顶的钢筋网片是提
高该处混凝土抗冲击力的重要措施，网片的制作要采用点焊。桩尖处设置的钢筋
芯棒要与桩内主筋合拢互焊。预制桩钢筋骨架的偏差不得超过施工验收规范的规
定。

预制桩的混凝土浇筑应由桩顶向桩尖连续浇筑，严禁中断。桩表面应平整、
密实，掉角的深度不应超过 10mm，局部蜂窝和掉角的缺损总面积不得超过该桩
全部表面积的 0.5%，并不得过分集中；混凝土收缩产生的裂缝深度不得大于
20mm、宽度不得大于 0.25mm；横向裂缝长不得超过边长的一半（管桩或多边形
桩不得超过直径或对角线的一半）；桩顶和桩尖处不得有蜂窝、麻面、裂缝和掉
角；桩顶应制作平整，否则易将桩打偏或打坏，桩顶对角线之差小于 10mm，桩

顶平面对桩中心线的倾斜≤3mm，桩身横截面边长偏差应控制在±5mm，保护层厚度允许偏差±5mm。

桩的预制方法可采用并列法、间隔法和重叠法等。预制场地地面必须平整坚实，不得产生不均匀沉降，并应做好排水，防止浸水沉陷。预制时桩与桩之间应做好隔离层（可涂抹皂角滑石粉浆或黏土石灰膏或铺塑料薄膜等），以保证起吊时不相互粘结。叠浇预制桩的层数，应根据地面承载力和施工要求而定，一般不宜超过4层。上层桩或相邻桩的浇筑，应在下层桩或邻桩混凝土达到设计的强度等级的30%以后方可进行。

2. 桩的起吊、运输和堆放

预制桩需待桩身混凝土达到设计强度等级的70%后方可起吊，达到设计强度等级的100%后才能运输和打桩。若需提前吊运，必须采取措施并经强度和抗裂度验算合格后方可进行。起吊时，吊点位置应由设计决定。当吊点少于或等于3个时，其位置应按正、负弯矩相等的原则计算确定；当吊点多于3个时，其位置应按反力相等的原则计算确定。

打桩前，需将桩从制作处运至现场堆放或直接运至桩架前以便沉入。一般情况下，应根据打桩顺序和速度随打随运，这样可以减少二次搬运。运桩前应检查桩的质量，桩运到现场后还应进行观测复查，运桩时的支点位置应与吊点位置相同。

堆放场地应平整坚实，不得产生不均匀沉陷。垫木的位置应与吊点的位置相同，各层垫木应垫实并在同一垂直线上，堆放的层数不宜超过4层；不同规格的桩应分别堆放。

（二）沉桩前的准备工作

桩基施工前，应做好技术、物资、现场和组织准备工作。所编施工方案应包括：施工方法；沉桩机具设备的选择；现场准备工作；沉桩顺序与进度要求；现场平面布置；桩的预制、运输与堆放；质量与安全措施；劳动力、材料、机具设备供应计划等内容。现场准备包括：① 清除地上和地下的障碍物，加固危房和危险构筑物；② 平整施工场地，做好场地排水，并使场地能满足打桩所需的地面承载力；③ 抄平、放线、定桩位、测设水准点；④试桩等工作。工程桩施工之前，往往需要施工单位配合测试人员做试桩。规范规定：对于一级建筑桩基必须通过现场静载荷试验，并结合静力触探、标准贯入等原位测试方法综合确定单桩承载力标准值。同时试桩也为施工提供了有关依据和经验，以便正式施工时掌握。

（三）打入沉桩法施工

1. 打桩机械设备与选择

打桩用的机械设备，主要包括桩锤、桩架及动力装置三部分。在选择打桩机械设备时，应根据地基土质，桩的种类、尺寸和承载能力，工期要求，动力供应条件等因素综合考虑。

（1）桩锤。桩锤是对桩施加冲击，把桩打入土中的主要机具。桩锤的种类有落锤、柴油锤、单动汽锤、双动汽锤等。

落锤一般由铸铁制成，重 0.5～2t，构造简单，使用方便，仅需配上卷扬机和桩架即可组成打桩机，且能随意调整落距。适合于在黏土和含砾石较多的土中打桩。但锤击速度慢（每分钟约 6～20 次），效率低，且对桩的损伤较大，现几乎不用。

柴油桩锤设备轻便，打桩迅速，按构造分为筒式、活塞式和导杆式三种，重0.6～8t。它是利用燃油爆炸时产生的能量，推动活塞往复运动进行锤击打桩的（图 2-3）。常用以打设木桩、钢板桩和节长在 12m 以内的钢筋混凝土桩。但不适用于在硬土和松软土中打桩，并且由于噪声、振动和对空气的污染等公害，在城市中的施工受到一定限制。

单动汽锤和双动汽锤是以蒸气或压缩空气为动力的一种打桩机具。单动汽锤的冲击体只在上升时耗用动力，下降靠自重，锤重 3～15t，每分钟锤击数20～30次。单动汽锤落距小，击力较大，可以打各种类型的桩。双动汽锤利用蒸气或压缩空气将锤上举及下冲，增加了锤击能量。常用锤重 0.6～6t，每

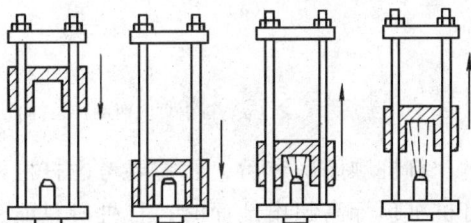

图 2-3　柴油打桩锤的工作原理（导杆式）

分钟击数 100～200 次。此种桩锤冲击力大，效率高，不仅适用一般打桩工程，还可用于打斜桩、水下打桩和拔桩，也可不用桩架打桩。

根据现场情况及机具设备条件选定桩锤类型之后，即可进一步确定桩锤重量的大小。桩锤过大，会过多地耗费能量；桩锤过小，又可能打不下桩。为了有效沉桩，并防止将桩顶打坏，应认真选择桩锤。

（2）桩架。桩架的作用是将桩提升就位，并在打桩过程中引导桩的方向，以保证桩锤能沿着所要求的方向冲击。桩架的组成主要包括底盘、竖架、导向杆、滑轮组和动力装置。桩架按行走方式可分为履带式、走轨式、滚筒式和轮胎式等。选择桩架时，应考虑桩锤的类型、桩的高度和施工条件等因素。

（3）动力装置。打桩工程中的动力装置是根据桩锤的类型而定的。动力装置包括驱动桩锤及卷扬机用的动力设备（蒸汽锅炉、空气压缩机等）、管道、滑轮组和卷扬机等。

2. 打桩

（1）打桩顺序。打桩顺序是否合理，直接影响打桩进度和桩基的施工质量。

确定打桩顺序时要综合考虑地形、土质、桩群的密集程度以及桩的类型等因素。

根据桩的密集程度，（桩距大小）打桩顺序一般分为：自中央向两侧打、自中央向四周打和逐排打（图 2-4）。自中央向两侧打和自中央向四周打的打桩顺序，适用于桩较密集（桩距小于 4 倍桩的直径）时的打桩施工，打桩时土壤对称地向外侧或向四周挤压，易于保证打桩工程质量。由一侧向单一方向进行的逐排打法，桩架单向移动，打桩效率高，但这种打法使土壤向一个方向挤压，地基土挤压不均匀，易导致后打的桩打入深度逐渐减小，最终将引起建筑物不均匀沉降。因此，这种打桩顺序适用于桩距大于 4 倍桩径时的打桩施工。

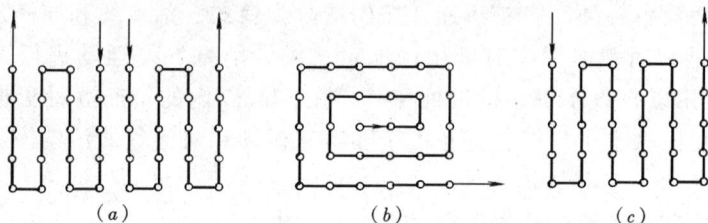

图 2-4　打桩顺序

(a) 自中央向两侧打；(b) 自中央向四周打；(c) 逐排打

打桩顺序确定后，还需要考虑打桩机是往后"退打"还是往前"顶打"。当打桩桩顶标高超出地面时，打桩机只能采取往后退打的方法，此时，桩不能事先都布置在地面上，只能随打随运。当打桩后，桩顶标高在地面以下时（一般采用送桩器将桩送入地面以下），打桩机则可以采取灵活的打桩方法（既可退打也可顶打）进行施工。这时，只要现场许可，所有的桩都可以事先布置好，避免二次搬运。另外，当桩基础设计的打入深度不同时，打桩顺序宜先深后浅；当桩的规格尺寸不同时，打桩顺序宜先大后小、先长后短。

（2）打桩工艺。打桩过程包括桩机的移动和就位、定桩、打桩、接桩、送桩和截桩等。

桩机就位时，桩架应平移，导杆中心线应与打桩方向一致，并检查桩位是否正确。然后将桩提升就位并缓缓放下插入土中，随即扣好桩帽（如桩顶不平时，用硬木垫平后再扣桩帽）和桩箍，校正好桩的垂直度，即可将桩锤缓缓落到桩顶上面轻击数锤，使桩沉入土中一定深度而达到稳定位置，再次校正桩位及垂直度，然后开始打桩。打桩时，应先用短落距轻打，待桩入土 1~2m 后，再以全落距施打。用落锤或单动汽锤时，最大落距不宜大于 lm；用柴油锤不超过 1.5m。桩入土的速度应均匀，锤击间隔时间不要过长，应连续施打。如中途停打，土将开始向桩周挤密，桩周孔隙水消失，再打时摩阻力增大而使桩难以打入。打桩时，应防止锤击偏心，以免桩产生偏位、倾斜，或打坏桩头、折断桩身。

打桩时，如桩正常沉入，桩锤应回跳小，贯入度（每击时桩的入土深度）变化均匀。若桩锤跳头，则说明锤太轻。如贯入度突然减小而回跳增大，则说明桩下有障碍物。若贯入度突然增大，则说明桩尖、桩身有可能遭到损坏；或接桩不牢，接头破裂；或下遇软土层、墓穴等。打桩过程中，如贯入度剧变，桩身突然发生倾斜、移位或有严重回弹，桩顶或桩身出现严重裂缝或破碎等情况，应暂停打桩，并及时研究处理。

当采用多节桩时，在沉桩过程中，就需在现场进行桩的接头连接，接桩的方法有法兰螺栓连接、焊接和硫磺胶泥锚接（简称浆锚法）等。前两种适用于各类土层，后一种只在软弱土层中使用。法兰连接常用于离心法生产的空心管桩的连接，法兰盘在制桩时预埋入桩的端面，接桩时，将上节桩吊起对正，用螺栓将两节桩对接面的法兰盘拧紧。焊接法是在制桩时在桩的端部预埋入角钢和钢板，接桩时，上下节桩对正无误后，用拼接角钢点焊固定；再次检查位置正确后，则进行焊接。施焊时，应两人同时对角对称地进行，以防止节点温度变形不匀而引起桩身的歪斜，焊缝要连续饱满。浆锚法接桩是在制桩时上节桩的下端预埋 4 根用螺纹钢筋制成的锚筋，在下节桩的顶端预留 4 个锚孔，接桩时将上节桩的锚筋对准插入下节桩锚孔中并保持上、下两桩端面间距约 200mm，此时安好临时夹箍，将融化的硫磺胶泥注满锚孔，并使其溢满桩端面约 10～20mm 厚，缓慢放下上节桩，使上、下桩胶接，待硫磺胶泥冷凝后，卸下夹箍，即可继续沉桩。浆锚法接桩常用于静力压桩时的接桩。

打桩完毕后，应将桩头或无法打入的桩身截去，以使桩顶符合设计标高。

（3）打桩的质量控制。打桩的质量控制包括两方面的内容：一是控制贯入度或沉桩标高；二是控制打桩的偏差以及桩身、桩顶不被打坏。

打桩系隐蔽工程施工，因此施工时应做好观测和打桩记录，要观测和记录桩的入土速度、锤的落距、每分钟的锤击次数，以此作为工程验收时鉴定桩质量的依据之一。

（四）其他沉桩方法简介

1. 振动沉桩

振动沉桩与打入桩的施工方法基本相同，其区别在于桩锤采用振动器（振动锤），利用固定在桩头上的振动锤所产生的振动力，通过桩身使土体强迫振动，桩与土之间的摩擦力随之减小，使桩在自重与振动力作用下沉入土中。

振动沉桩主要用于砂土、黄土、软土和亚黏土质中，不宜用在砾石和坚实的黏土中，在砂砾层中采用此法沉桩时需配以水冲洗。

2. 水冲沉桩

水冲沉桩法，就是利用高压水流冲刷桩尖下面的土壤，以减小桩下沉时的阻力和桩表面与土壤之间的摩阻力，使桩在自重及锤击（或振动力）作用下，很快沉入土中，待射水停止后，冲松的土沉落，又可将桩身挤紧。

水冲沉桩法适用于砂土和砾石土。但附近有房屋或构筑物时，由于水流冲刷易产生沉陷，故无有效措施时，不得采用此法。

3．静力压桩

静力压桩是利用压桩机的自重和配重，将预制桩压入土中的一种沉桩方法。与普通的打桩和振动沉桩相比，压桩方法无噪声、无振动，对周围环境和土层的干扰影响小，已被广泛应用。另外，由于桩在沉入时只承受静压力，而不受锤击，因此可减少含钢量，降低造价。其接桩方法也较简单，常采用浆锚法。

压桩机有液压式和卷扬机滑轮组式两种。近几年广泛应用的液压静力压桩机，沉桩速度快、压力大（其静压力可达 6 000kN）。静力压桩适用于软土地基上的沉桩施工。

三、灌注桩施工

灌注桩就是直接在桩位上成孔，而后向孔内灌筑桩材料而成的桩。近年来，灌注桩发展很快，与预制桩相比，有节省钢材、降低造价、在持力层顶面起伏不平时桩长容易控制等优点。其缺点是会发生缩颈、断裂等现象。

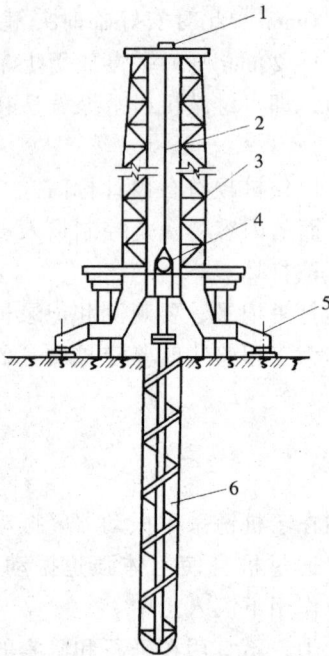

图 2-5　全叶螺旋钻机示意图
1—导向滑轮；2—钢丝绳；3—龙门架；4—动力箱；5—千斤顶支腿；6—螺旋钻杆

灌注桩按成孔方法分有钻孔灌注桩（包括钻孔扩底灌注桩）、沉管成孔灌注桩、挖孔灌注桩、冲孔灌注桩以及爆扩成孔灌注桩。灌注桩的一般施工程序是：成孔前准备→机械安装调试→成孔→灌注材料的准备与加工→成桩→桩头处理→施工承台→养护。

（一）钻孔灌注桩

钻孔灌注桩有干作业钻孔灌注桩和泥浆护壁钻孔灌注桩两种施工方式。

1．干作业钻孔灌注桩

干作业钻孔灌注桩适用于地下水位以上的桩基础的施工。它的施工程序是先用钻机在桩位处钻孔，成孔后放入钢筋骨架，而后灌注混凝土。钻孔机械有螺旋钻机、钻扩机、机动洛阳铲、机动锅锥钻等，可根据需要选用。

图 2-5 是螺旋钻机。它是利用动力旋转钻杆带动钻头旋转切削土，土渣沿着与钻杆一同旋转的螺旋叶片上升而排出。对于不同类别的土层，宜

换用不同形式的钻头。

钻到预定深度后，应用探测工具检查桩孔直径、深度、垂直度和孔底情况，将孔底虚土清除干净。混凝土应在钢筋骨架放入并再次检查孔内虚土厚度后灌注，坍落度要求 8～10cm。浇筑时应随浇随振。

2．泥浆护壁钻孔灌注桩

泥浆护壁钻孔灌注桩是在钻孔过程中为了防止孔壁坍塌，向孔内注入循环泥浆以保护孔壁，钻孔达到要求深度后，进行清孔，然后安放钢筋骨架、水下灌注混凝土而成的桩。其施工工艺流程如图 2-6 所示。

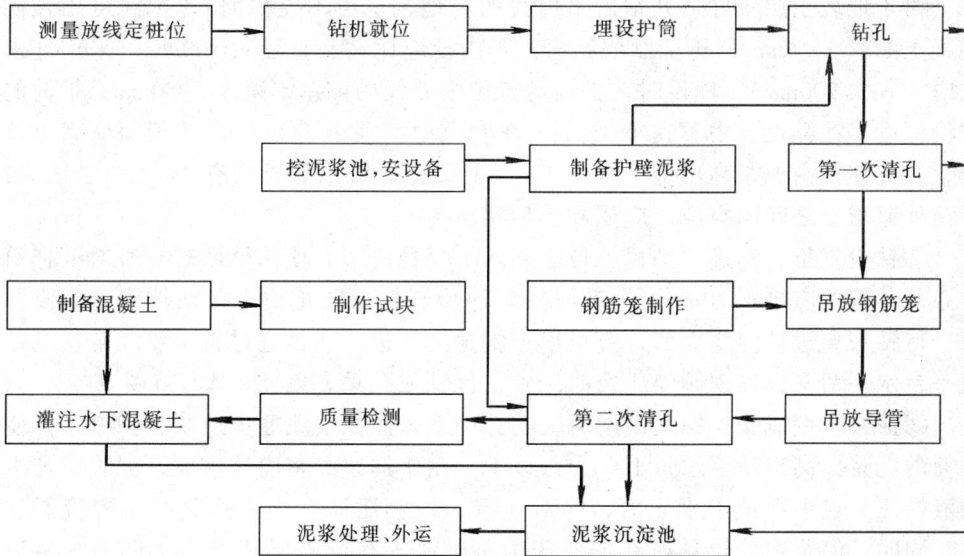

图 2-6　泥浆护壁成孔灌注桩施工工艺流程图

（1）钻孔机械设备

泥浆护壁成孔灌注桩所用的成孔机械有冲抓钻、冲击钻、回转钻机和潜水钻机等，常用回转钻机和潜水钻机两种。

回转钻机是目前灌注桩施工中应用最为广泛的钻孔机械。它由机械动力传动，配以空心钻杆和笼式钻头，可用正循环或反循环泥浆护壁方式钻进。这种钻机具有性能好、钻进力大、效率高、噪声和振动小、成孔质量好等优点。一般成孔直径为 1.0～2.5m，钻孔深度可达 50～100m。

潜水钻是将防水电机、变速机构和钻头组合一起，潜入水中钻孔，钻杆起悬吊和定位作用，钻孔时并不旋转。机架轻便，移动灵活，钻进速度快，钻孔直径可达 0.8～2m，钻孔深度可达 50m，而且钻孔时噪声较小，适宜于在地下水位较高的黏性土、淤泥、淤泥质土及砂土中钻孔。钻孔中，当局部遇到不厚的砂夹卵石层、孤石或强风化岩时，可更换特殊类型的钻头。

（2）施工工艺

①做好钻前准备工作。

A．根据建设单位提供的坐标控制点和水准点，经复核后进行测量放线并定桩位。

B．按施工现场平面布置要求，挖、砌泥浆池，制备护壁泥浆。

C．钻机进场、安装、调试。

D．在桩位处埋设护筒。在钻机就位之前，应在桩位处埋设好护筒，并应保证准确和稳定。护筒的作用是：定位、保护孔口，提高桩孔内泥浆压力，防止塌孔（对于地表土层较好、开钻后不坍孔的场地，也可不设护筒）。护筒可用预制混凝土圈或 3～5mm 厚钢板制成圆筒，其内径应比钻头直径大 100mm（采用冲击钻时，宜大 200mm）。埋设时，护筒与桩位中心线的偏差不得大于 50mm；护筒的埋设深度，在黏性土中不宜小于 1m，在砂土中不宜小于 1.5m；其顶面应高出地面，并应使孔内泥浆高出地下水位 1m 以上，在护筒顶部还开有 1～2 个溢浆口；护筒外壁与土之间的空隙，应用黏土填实。

②钻机就位、钻进。钻机就位必须水平、稳固，并使钻机回转中心对准护筒中心，其偏差应小于 20mm。开钻时宜轻压慢转，以防止钻头扰动护筒，造成漏浆，待钻头穿过护筒底面后，方可以正常速度钻进。在钻进过程中要经常检查钻机平台水平情况，发现倾斜应及时调整，保证成孔垂直偏差不大于 1%。

③泥浆护壁成孔。钻孔的同时应在孔中注入泥浆（或原土造浆）护壁，并使护筒的泥浆面高出地下水位 1～1.5m 以上。由于泥浆的密度比水大，泥浆所产生的液柱压力可平衡地下水压力，并对孔有一定侧压力，成为孔壁的一种液态支撑。同时，泥浆中胶质颗粒在泥浆压力下，渗入孔壁表层孔隙中，形成一层泥皮，从而可以保护孔壁，防止塌孔。泥浆除护壁作用外，还具有携渣排土、润滑钻头、降低钻头温度和减少钻进阻力等作用。

在黏土和粉质黏土中成孔时，可注入清水以原土造浆护壁；在砂土或容易塌孔的土层中成孔时，则应采用高塑性黏土或膨润土制备的泥浆护壁。注入泥浆的主要性能指标应符合：密度 1.1～1.15g/cm³，粘度 10～25s，含砂率 <6%，胶体率 ≥95%。

在成孔过程中应经常测定泥浆密度。注入泥浆密度宜控制在 1.1～1.15g/cm³，排出的泥浆密度宜为 1.2～1.4g/cm³，对易塌孔的土层排出的泥浆密度可增大至 1.3～1.5g/cm³。此外，对泥浆的粘度也应控制适当。粘度大，携渣能力强，但影响钻进速度；粘度小，则不利于护壁和排渣。泥浆中含砂率也不宜过大，否则会降低粘度，增加沉淀。

④清孔。当钻孔达到设计深度后，就应及时清孔。对稳定性差的孔壁宜用泥浆循环方法排渣清孔；对孔壁土质较好不易塌孔时，可用空气吸泥机清孔。

⑤吊放钢筋笼。灌注桩内钢筋骨架的设计长度，一般为桩长的 1/3 ～ 1/2，当钢筋骨架长度超过 12m 时，宜分段制成钢筋笼，分段吊放，上、下段钢筋笼连接宜采用焊接连接，且同一截面的接头面积不应超过总面积的 50%。钢筋搬运和吊装时，应防止变形，吊放入孔时，要对位准确，避免碰撞孔壁，就位后对钢筋笼固定要牢靠，既要防止钢筋笼坠落，又要防止灌注混凝土时使钢筋笼上浮移动。

⑥吊放导管，二次清孔。吊放浇筑混凝土的导管之后，在灌注混凝土之前，应对桩孔底进行第二次清孔。通常采用泵吸反循环法清孔。清孔过程中，应及时补充泥浆，使护筒内泥浆面保持稳定。灌注混凝土之前的泥浆性能指标和孔底沉渣厚度应符合下列规定：

A. 孔底 500mm 以内的泥浆密度应小于 $1.25g/cm^3$，含砂率 ≤ 8%，粘度 ≤ 28s；

B. 孔底沉渣厚度：端承桩 ≤ 50mm；摩擦端承桩、端承摩擦桩 ≤ 100mm；摩擦桩 ≤ 300mm。

⑦灌注水下混凝土。二次清孔结束后，应尽快灌注混凝土，其间隔时间，不应大于 0.5h，否则，应重新清孔。灌注水下混凝土一般采用导管法。水下混凝土的灌注是确保成桩质量的关键工序。水下混凝土灌注应连续进行，不得中断。每根桩的灌注时间应按初盘混凝土的初凝时间控制，最长不超过 8h。在灌注混凝土过程中要勤测混凝土顶面上升高度，时刻掌握导管埋入深度，要保证导管始终埋入混凝土 2～6m，既要避免导管埋入过深而导致导管堵塞，又要避免导管提升太快，导致将导管提出混凝土面而产生断桩。

每根桩混凝土灌注的最终高程应比设计的桩顶标高高出一定高度（即高出需凿除的泛浆高度，按设计要求定），以确保桩上泛浆凿除后，暴露的桩顶混凝土达到强度设计值。

（二）沉管成孔灌注桩

沉管成孔灌注桩又称套管成孔灌注桩或打拔管灌注桩。它是用锤击或振动的方法，将与桩的设计尺寸相适应的钢管（称套管）沉入土中成孔；当套管打到规定深度后，向管内放入钢筋骨架并灌注混凝土，随之拔出套管，并利用拔管时的轻锤击或振动将混凝土捣实。此种施工方法适用于在各种黏性土、稍密及松散砂土中的桩基础施工。尤其在有地下水、流砂和淤泥的土层施工，更显其优越性。

为了便于沉管和防止泥土进入管内，在套管下端设有预制钢筋混凝土桩靴（也称桩尖，图 2-7a）或用钢材制成的活瓣式桩尖（图 2-7b）。钢筋混凝土桩尖的混凝土强度等级不小于 C30。活瓣式桩尖应有足够的强度和刚度。采用混凝土桩尖时，先将桩尖埋设在桩位上，垫上缓冲材料后（一般用麻绳圈，兼有防止地下的泥水进入套管的作用），将吊起的钢管垂直套在桩尖上，二者的轴线应一致；

采用活瓣桩尖的钢管时，则应在沉管前，将活瓣合严。沉管如同打预制桩一样，应在沉管前检查套管的平面位置和垂直度，发现问题及时纠正处理。

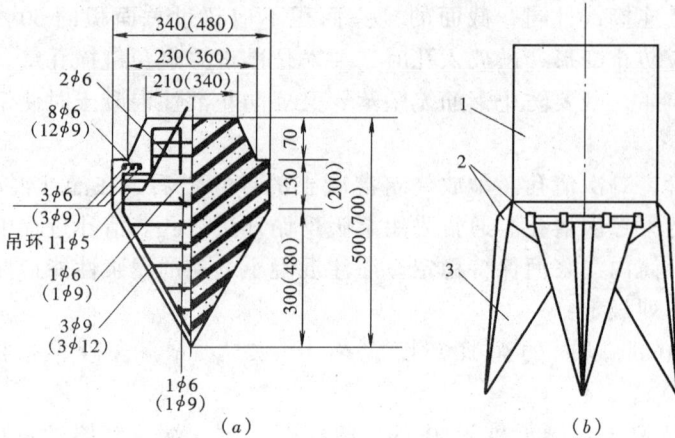

图 2-7 桩尖构造

(a) 钢筋混凝土桩尖；(b) 活瓣式桩尖

1—桩管；2—锁轴；3—活瓣

根据沉管方法和拔管时振动方法的不同，套管成孔灌注桩又分为锤击沉管灌注桩和振动沉管灌注桩。

沉管时，水和泥浆不得进入套管。如有发生此种情况的可能时，应在套管内先灌入高 1.5m 左右的混凝土，方可开始沉管。当套管沉至设计标高，或贯入度符合要求，且用测锤等检查管内无水或泥砂时，即可灌注混凝土。

灌注混凝土和拔管时应保证混凝土的质量。混凝土的坍落度宜为 6～8cm。每次向套管内灌注混凝土时，应尽量多灌。拔管前应先锤击或振动套管再开始拔管。拔管速度应控制在 1.5m/min 以内。根据桩承载力的要求不同，可分别采用单打法、复打法和反插法成桩。

(1) 单打法。即一次拔管成桩法。拔管时应边拔边振，每提升 0.5～1.0m，振动 5～10s 后，再拔管 0.5～1.0m，如此反复进行，直至全部拔出套管而成桩。

(2) 复打法。又分全桩复打、半复打和局部复打（图 2-8）。全桩复打是在同一桩孔内进行两次单打。局部复打则在拔管时，及时在缩颈的局部进行复打。复打施工必须在第一次灌注的混凝土初凝前进行，并应使前后两次沉管的轴线重合。

(3) 反插法。反插法是将套管每提升 0.5m，再下沉 0.3m（或提升 1m，下沉 0.5m），如此反复进行，直至套管完全拔出桩孔，此种方法在淤泥层中可消除缩颈现象，但易损坏活瓣桩尖。

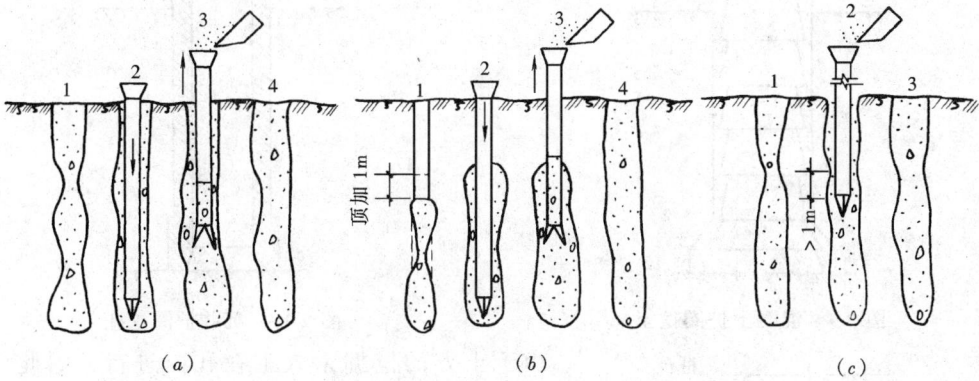

图 2-8　复打法示意图

（a）全桩复打；（b）半复打；（c）局部复打

1—单打桩；2—沉管；3—第二次浇成混凝土；4—复打桩

（三）人工挖孔灌注桩

近年来，在高层及超高层、重型及超重型建筑中，采用了大直径灌注桩，其桩径为 1~3m。由于桩径大，大多采用了人工挖孔灌注桩。

人工挖孔灌注桩是指桩孔采用人工挖掘方法成孔，然后安装钢筋笼，浇筑混凝土成为支承上部结构的桩基。人工挖孔桩的优点是：设备简单；施工现场较干净；无噪声、无振动；当土质复杂时，可直接观察或检验分析土质情况；桩底沉渣能清除干净，质量可靠；必要时，各桩孔可同时施工，施工速度快。即使在狭窄的场地仍能施工，桩底也可扩大成为扩底桩。

人工挖孔灌注桩施工时，为了预防孔壁坍塌，当土质不好、地质情况复杂时，常采用衬圈护壁。常用的井壁护圈以及施工方法如下：

（1）混凝土护圈

采用混凝土护圈进行挖孔桩施工，是由上至下分节开挖、分节浇筑护圈混凝土（图 2-9），挖至设计标高后，便可将桩的钢筋骨架放入圈井筒内，灌注桩基混凝土。

护圈的形式一般为斜阶形，每阶高 1m 左右，可用素混凝土浇筑，土质较差时可加少量钢筋。浇筑护圈的模板宜用工具式弧形钢模板拼成。为了省去模板，简化施工程度，也可采用喷射混凝土施工。

（2）沉井护圈

采用沉井护圈挖孔（图 2-10），是先在桩位的地面上制作钢筋混凝土井筒，然后在筒内挖土，井筒先靠其自重或附加荷载克服筒壁与土壁之间的摩擦阻力，随着挖土而逐步下沉。当桩身较长时，沉井可下沉一段，再在地面上浇筑一段，下沉至设计标高后，便可在筒内浇筑桩身混凝土。

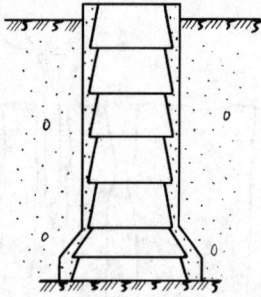

图 2-9 混凝土护圈挖土

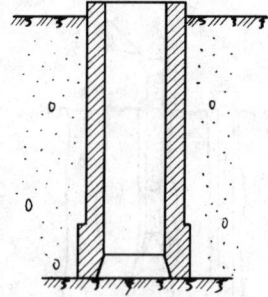

图 2-10 沉井护圈挖孔

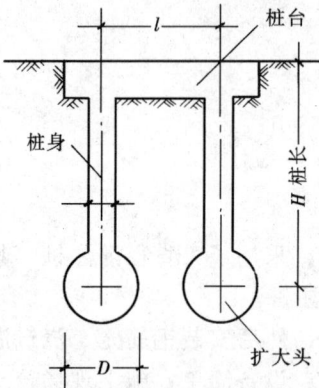

图 2-11 爆扩桩示意图

由于土方的挖掘系人工在孔内进行，因此，人工挖孔桩的施工应特别注意安全。施工时，孔内应用低压照明灯，并用小型鼓风机通过送风管向桩孔内送风。当有地下水时，应采取合理的施工排降水措施并防范流砂的产生，桩区地下水位的降低可用专设的降水井，也可用桩孔自身降水，降水时可能会引起混凝土护圈的下沉或断裂，须采取措施加以防范。土方的垂直运输可在桩孔上架立小型机架，用电动葫芦或卷扬机吊升出碴筒运土。

（四）爆扩灌注桩

爆扩灌注桩由桩身和扩大头两部分组成（图 2-11）。它是先用人力或机械钻孔（可直接钻成桩孔，亦可先钻一个小孔，再用炸药把小孔扩大，形成需要的桩孔），然后在桩孔底部放下炸药包，并填筑混凝土，借爆炸力挤压周围的土壤，形成所需要的扩大头（大蒜头），接着放入钢筋骨架、浇筑混凝土。其爆扩桩成孔与成桩的施工工艺见图 2-12 所示。

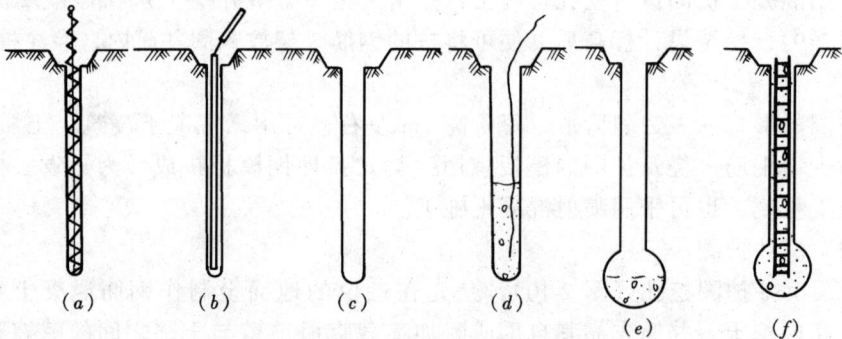

图 2-12 爆扩桩两次爆扩法施工过程

（a）钻导孔；（b）放下炸药；（c）炸扩桩孔；
（d）放下炸药包，灌入 50%扩大混凝土；（e）炸扩大头；（f）放下钢筋骨架灌注混凝土

（五）灌注桩的适用范围和质量控制

1. 灌注桩适用范围（表 2-1）

灌注桩适用范围　　　　　　　　　　表 2-1

项　　目		适用范围
泥浆护壁成孔	冲　抓 冲　击 回转钻	碎石土、砂土、黏性土及风化岩
	潜水钻	黏性土、淤泥、淤泥质土及砂土
干作业成孔	螺旋钻	地下水位以上的黏性土、砂土及人工填土
	钻孔扩底	地下水位以上的坚硬、硬塑的黏性土及中密以上的砂土
	机动洛阳铲（人工）	地下水位以上的黏性土、黄土及人工填土
套管成孔	锤击振动	可塑、软塑、流塑的黏性土，稍密及松散的砂土
爆　扩　成　孔		地下水位以上的黏性土、黄土、碎石土及风化岩

2. 灌注桩质量控制

灌注桩的质量控制应从以下几个方面进行控制：

（1）成孔深度。对于摩擦桩，必须保证设计桩长，当采用套管法成孔时，套管入土深度的控制以标高为主，并以贯入度（或贯入速度）为辅。对于端承桩，必须有足够的桩端承载力和尽量小的沉降，当采用钻、冲、挖成孔时，必须保证桩孔进入硬土层达到设计要求的深度，并将孔底清理干净；当采用套管法成孔时，套管入土深度的控制以贯入度（或贯入速度）为主，与设计持力层标高相对照为辅。

（2）钢筋笼制作与安装。钢筋笼宜分段制作，每段长度以 5～8m 为宜。搬运时应采取适当加固措施，防止扭转、弯曲。沉设钢筋笼时要对准孔位，吊直扶稳，缓缓下沉，避免碰撞孔壁。钢筋笼下放至设计位置后，应立即固定。两段钢筋笼连接时应采用焊接。灌注水下混凝土时，可在钢筋笼上设置定位钢筋环或混凝土垫块，或在沉设钢筋笼前在孔中对称设置几根导向钢管或导向钢筋，以确保保护层厚度。

（3）灌注混凝土。桩孔质量检查合格后，应尽快灌注混凝土。对于水下灌注混凝土和采用套管法从管内灌注混凝土的桩，在灌注过程中，应用浮标或测锤测定混凝土的灌注高度，以检查灌注质量。由于桩孔直径的偏差、新浇混凝土与孔壁周围土的互相挤压以及混凝土向孔壁的渗透等原因，为使灌注桩满足设计要求，混凝土的充盈系数（混凝土的实际灌注量与设计体积之比）不得小于1。由于灌注桩细长且垂直浇筑，灌注后会在桩顶形成强度较低的浮浆层，所以灌注高度应超过设计尺寸，以便在凿去浮浆层后，仍能符合设计标高。

第二节　地基深层加固

一、强夯地基加固

强夯法是用起重机械将 8～40t 的夯锤吊起，从 6～30m 的高处自由下落，对土体进行强力夯实的地基加固方法。强夯法是在重锤夯实法的基础上发展起来的，但在作用机理上，又与它有区别。强夯法属高能量夯击，是用巨大的冲击能（一般为 500～800kJ），使土中出现冲击波和很大的应力，迫使土颗粒重新排列，排除孔隙中的气和水，从而提高地基强度，降低其压缩性。强夯适用于碎石、砂土、黏性土、湿陷性黄土及杂填土地基的深层加固。地基经强夯加固后，承载能力可以提高 2～5 倍；压缩性可降低 200%～1000%，其影响深度在 10m 以上，国外加固影响深度已达 40m。是一种效果好、速度快、节省材料、施工简便的地基加固方法。其缺点是施工时噪声和振动很大，离建筑物小于 10m 时，应挖防震沟，沟深要超过建筑物基础深。

（一）机具设备

主要设备包括夯锤、起重机、脱钩装置等。

夯锤重 8～40t，最好用铸钢或铸铁制作，如条件所限，则可用钢板外壳内浇筑钢筋混凝土，夯锤形状有圆形和方形两种，圆形锤印易于重合，一般多采用圆形。锤的底面积大小取决于表面土质，对砂土一般为 2～4m²，黏性土为 3～4m²，淤泥质土为 4～6m²；夯锤宜设置若干个上下贯通的气孔，以减少夯击时空气阻力。

起重机一般采用自行式起重机。起重能力应大于 1.5 倍锤重。并需设安全装置，防止夯击时臂杆后仰。吊钩宜采用自动脱钩装置。

（二）强夯施工的技术参数

通常根据要求加固土层的深度 H（m），按下列经验公式选定强夯法所用的锤重 Q（t）和落距 h（m）：

$$H \approx K \cdot \sqrt{Qh} \tag{2-1}$$

式中　K——经验系数，一般取 0.4～0.7。

夯击点布置，一般按正方形或梅花形网格排列。其间距根据基础布置、加固土层厚度和土质而定，一般为 5～15m。

夯击遍数通常为 2～5 遍，前 2～3 遍为"间夯"，最后一遍为低能量的"满夯"。每个夯击点夯击数一般为 3～10 击。最后一遍只夯 1～2 击。

两遍之间的间隔时间一般为 1～4 周。对于黏性土或冲积土常为 3 周，若地下水位在 5m 以下，地质条件较好时，可隔 1～2d 或进行连续夯击。

对于重要工程的加固范围，应比设计的地基长、宽各加一个加固深度 H；对于一般建筑物，在离地基轴线以外 3m 布置一圈夯击点即可。

二、挤密桩地基加固

（一）灌注砂石挤密桩

灌注砂石挤密桩的施工方法与沉管成孔（打拔套管成孔）灌注混凝土桩类似，亦是先用桩机将带桩尖的钢套管打入土中形成桩孔并对土壤进行了加密，然后将砂石料灌入套管中，边振实边逐渐上拔套管，并且边补充填灌砂石料，甚至采用反插方法挤密砂石，再次挤密加固土壤，也可拔出套管后，再往孔中灌入砂石料进行捣实直至达到设计要求。这种方法主要适用于加固松软饱和土壤中的地基。

（二）灰土挤密桩

与砂石挤密桩施工方法类似。只是在拔管后，须分层向孔内填灌拌和好的灰土，并分层用捣实锤（机械带动）反复夯实，直至达到设计要求。这种桩适用于加固湿陷性黄土地基或其他软弱地基。

三、振动水冲桩加固地基

振动水冲桩加固地基的施工过程见图 2-13 所示，它是用起重机吊起振冲器，

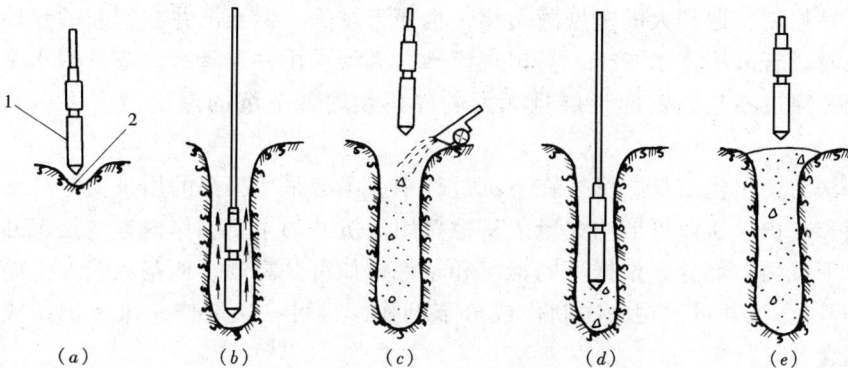

图 2-13　振冲碎石桩制桩步骤
（a）定位；（b）振冲下沉；（c）加填料；（d）振密；（e）成桩

启动潜水电机带动偏心块，使振冲器产生高频振动，同时开动水泵通过喷嘴喷射高压水流。在振动和高压水流的联合作用下，振冲器沉到土中的预定深度，然后经过清孔工序，用循环水带出孔中稠泥浆，此后就可以从地面向孔中逐段添加填料（碎石或其他粒料），每段填料均在振动作用下被振挤密实，达到所要求的密实度后提升振冲器；再于第二段重复上述操作，如此直至地面，从而在地基中形

成一根较大直径的密实桩体,并与原地基构成复合地基。

四、深层搅拌地基

深层搅拌是用于加固饱和软黏土地基的一种新方法。它是利用水泥、石灰等水硬性材料作为固化剂,通过特制的深层搅拌机械,在地基深处就地将软土和喷出的固化剂(浆液或粉状)强制搅拌,利用固化剂和软土之间所产生的一系列物理化学反应,使软土硬结,提高地基强度。根据所喷固化剂的材料和形态,深层搅拌有水泥粉喷桩、喷浆桩等。其施工工艺流程见图 1-2 所示。

第三节 沉 井 法 施 工

一、沉井施工的特点

沉井法是地下建筑施工的一种方法。其特点是:将位于地下一定深度的建筑物,先在地面制作,形成一个井状结构,然后在井内不断挖土,借井体自重而逐步下沉,形成一个地下建筑物。此法广泛使用于矿井,通风道、水泵房、取水用集水井及桥墩等工程。近年来,也大量用于地下油库、地下电厂及其他工厂、隧道的建造。沉井最适于在弱透水的土层中下沉,因为此时可用不排水下沉,速度快而方向易控制,遇到大的坚硬障碍物,也便于排除。但当沉井在饱和的粉砂类土中下沉时,若采用排水挖土,易出现流砂,必须采用井点降水,或采用水中挖土。当沉井穿过不甚紧密的土层且无大的障碍物时,下沉的深度最大可达数百米。

沉井法的突出优点是,沉井在下沉过程中,不必采用很深的用来支撑坑壁的防水围堰和支护、从而可节约大量的支撑费用。沉井的主要工作内容包括沉井制作和沉井下沉两个部分。根据不同情况和条件(如沉井高度、地基承载力、施工机械设备等),沉井可采用一次制作或分节制作,也可一次制作一次下沉,或制作与下沉交替进行。

二、沉井结构

沉井是由刃脚、井筒、内隔墙等组成的呈圆形或矩形的筒状钢筋混凝土结构。刃脚在井筒最下端,形如刀刃,在沉井下沉时起切入土中的作用。井筒是沉井的外壁,在下沉过程中起挡土作用。同时还需有足够的重量克服筒壁与土之间的摩阻力和刃脚底部的土阻力,使沉井能在自重作用下逐步下沉。内隔墙的作用是把沉井分成许多小间,减小井壁的净跨距以减小弯矩,施工时亦便于挖土和控制沉降。

三、沉井施工

沉井的施工程序，根据沉井的形状、尺寸、对沉井的设计要求、施工设备及各施工单位的经验和习惯而定。一般情况下，单个沉井的施工程序为：平整场地、测量放线、打桩、开挖基坑、搭设施工平台、整平基坑、铺砂垫层及承垫木、制作沉井及制作防水层、抽除承垫木及沉井内挖土下沉、封底、灌筑混凝土底板、拆除施工平台、拔桩及回填土等，如图2-14所示。当采用人工降低地下水位时，还需打设降水井点及拔除井点。

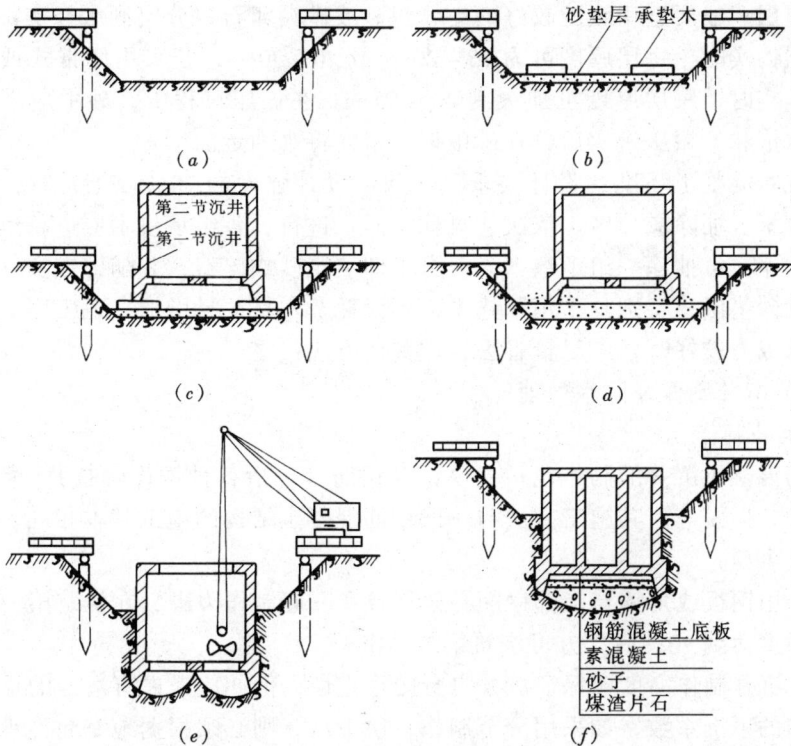

图2-14　沉井施工主要程序示意图

(a)打桩、开挖、搭台；(b)铺砂垫层、承垫木；(c)沉井制作；(d)抽取
承垫木后；(e)挖土下沉；(f)封底、回填、浇筑其他部分结构

(一)沉井制作前的准备工作

沉井制作前，是否需要先挖一定深度的基坑，应视土质情况、沉井结构的情况和沉井下沉所用施工方法而定。如土质承载力差，表土有草根不利于水力机械挖土，或根据井点设备要求，或采用大型机械挖去部分土方较为有利时，则应考虑先开挖一定深度的基坑再制作沉井。若先开挖基坑后制作沉井，则需增加打桩及搭台工作，以便于沉井制作和挖、运土等后续工序开展。如果不需要先开挖基

坑，或开挖较浅铺设砂垫层后与原地面基本相平时，则无需打桩及搭台。打桩或搭工作台时，应与必要的脚手架搭设一并考虑。

在基坑挖好后，若表土地基承载力较差时，应在其上铺砂垫层，再沿井壁周边刃脚下铺设承垫木，其主要目的是为了将沉井的重量扩散到更大的面积上，避免沉井混凝土在灌注后而尚未达到一定强度前，产生不均匀沉降而使沉井结构开裂。另外，砂垫层易于找平，便于铺设承垫木和抽除承垫木工作的进行。

砂垫层厚度及承垫木数量的确定方法，可参照地基基础设计规范，由计算来确定。

砂垫层一般要选用级配较好的中、粗砂或砂夹卵石，分层洒水夯实。当用平板振捣器捣实时，每层厚度可为 15 ~ 20cm 或 20 ~ 30cm，若采用履带式或振压机械进行压实时，每层厚度可加大到 40 ~ 50cm。在振压过程中，砂中应灌一部分水或灌水饱和，振压密实后，在砂中挖集水井将水抽走。

当沉井混凝土强度达设计要求（一般在设计强度的 70% 以上）时，可开始抽除承垫木。抽除应分区、依次、对称、同步进行。各组承垫木应进行编号，明确抽除次序。每抽除一组承垫木，刃脚下即填筑砂或碎石，并随即夯实。

铺设砂垫层，特别是采用承垫木，不仅耗费木材，且增加一道工序。故当基坑表面承载力较好时，应尽量省去，用其他方法代之。

（二）沉井制作及防水处理

1. 沉井制作

钢筋混凝土沉井的制作包括支模，绑钢筋（包括各种铁件焊接），灌筑混凝土及养护、拆模等。其施工方法与一般钢筋混凝土结构的施工基本相同。制作应注意以下事项：

（1）用钢板或角钢与上部钢筋骨架焊接在一起制作刃脚，在浇筑第一节沉井并待其强度达到 70% 后，方可浇筑第二节沉井。

（2）沉井制作高度应保证沉井自身的稳定性，但亦应考虑有适当的重量，以保证足够的下沉系数，如采用分节制作一次下沉，则必须根据地基允许承载力进行验算。其最大灌注高度可视沉井平面尺寸而定，但一般不宜大于 12m。在垫层或砖胎上进行第一节沉井的灌注高度宜为 1.0 ~ 2.0m。

（3）为减少下沉阻力，井壁在制作时应尽量做到光滑。

（4）沉井的实际尺寸与设计尺寸的偏差，不得超过规范规定的数值。

2. 沉井防水

沉井是否需要防水以及所采用的防水方案和材料，应根据结构的用途及地质条件而定。需作防水处理的施工方案和操作要求等，与钢筋混凝土结构的地下防水基本类似。但沉井防水层的保护层（水泥砂浆）要求较高，且表面要抹得光滑平整，以便下沉时沉井能顺利沉下和保护层不致脱落。保护层应在具有足够的强度后，方可开始下沉。

（三）沉井的下沉

沉井的下沉方法视沉井穿过的土层而定，一般分为排水下沉和不排水下沉两种：

（1）排水挖土下沉 当土质是透水性很低或漏水量不大的稳定土层，其涌水量每平方米的沉井面积不超过每小时 $1m^3$ 时，排水不会产生流砂，故可采用排水挖土下沉，其优点是挖土方法简单，容易控制下沉，下沉较均衡且易纠偏，达设计标高后又能直接检验基底土的平整，并可采用干封底，因此，容易加快工程进度、保证质量、节约费用，所以应尽量优先选用。采用排水挖土时，可采用人工挖土配以小型机具（台灵架、少先吊及手推车）吊运，也可采用抓斗挖土机配合以汽车运输，见图 2-15。

（2）不排水挖土下沉 当沉井穿过有较厚的亚砂土或粉砂层，且为含水量很大（＞30％～40％）的土层时，这时沉井下面的土层就不稳定，采用排水下沉就易出现流砂。采用不排水下沉时，下沉过程中，井内水位须高出井外水位 1～2m，才能防止流砂流入井内。采用不排水挖土可采用水力机械开挖及吸泥机械出土的方法，其方法具有机械化程度高、挖土效率高、工期短的优点。故在大型沉井施工中常采用，特别是靠近江、河、湖、海的岸边，水源充沛，排泥方便，

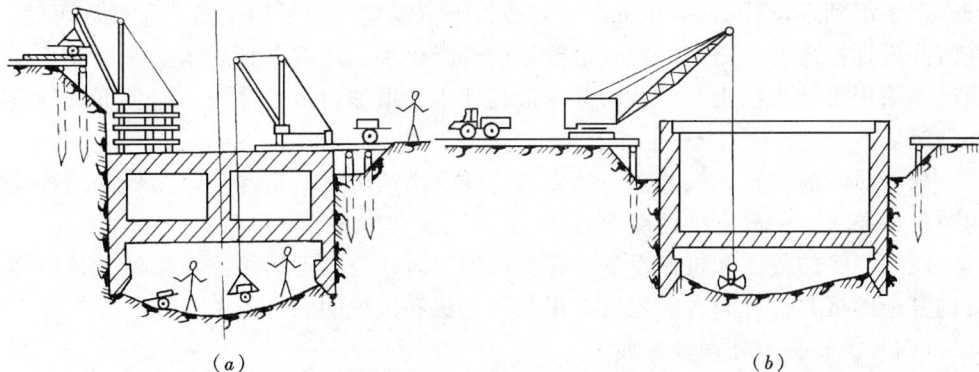

图 2-15 沉井挖土，运土示意图

（a）人工挖土小型机具吊运；（b）抓斗挖土汽车运输

应用更为广泛。并且此方法对排水和不排水的下沉方式均可适用。其缺点是耗电量大，管嘴易堵塞，要有必要的水源及排泥场所，土质过硬不易冲成泥浆，在不排水下沉的情况下，有时需潜水员配合工作。吸泥机及管路布置见图 2-16。其工作原理是：高压水泵将高压水通过管路输送给高压水枪，借高压水枪喷出的高压水将土冲成泥浆，高压水通过另外管道进入吸泥机，然后将泥水排出。

挖土时一般先挖"锅底"（中间部分），然后再挖刃脚附近的土，挖土设备要

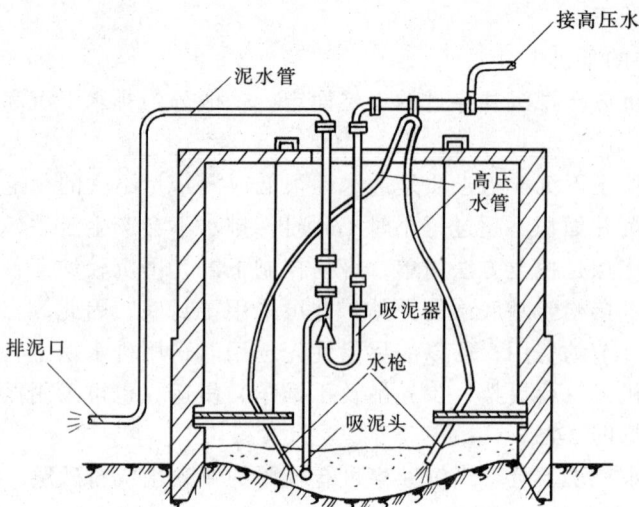

图 2-16　水力机械挖土示意图

均匀布置，使土面保持在同一水平上。否则沉井下沉不均，容易产生倾斜。另外，当沉井下部有梁时，应先将梁下土方超前开挖一部分，以免沉井下沉时，土将梁顶坏。沉井下沉时，每次不得超过 50cm 即须进行清土校正，然后再继续进行。在下沉到距设计标高 50cm 时，应放慢下沉速度。当采用干挖，条件许可时，在沉井设计标高处，提前放置一定数量的混凝土块，使沉井最后落实在混凝土块上。当采用不排水挖土时，可向井内适当注水，增加对沉井浮力，避免下沉过快和超沉。

随着时间的推移，沉井在下沉完毕后还会继续下沉一定深度，为保证结构使用时符合要求，一般下沉深度应有 3~5cm 至 5~10cm 的预留量。

沉井下沉的方法和机械设备，在实际施工时，应灵活运用。对于较大且内部结构复杂的沉井，可同时或先后采用几种方法和机械的综合施工。

（四）沉井基础处理及封底

沉井在施工完毕后，使用过程中还可能继续下沉（可延续 2~3 年之久）。为使下沉量不致过大和不均匀，尤其是在软弱土层中须在沉井封底前对基础进行处理。基础处理的做法是：当沉井沉到设计标高且基本稳定后（表现在 8 小时内下沉量不大于 10mm），先将超挖部分用煤渣填充夯实。在刃脚四周填以毛石，有时尚须铺设 10~30cm 厚的砂垫层，然后用素混凝土封底，见图 2-14（f）所示。

沉井封底有干封底和湿封底两种：干封底能保证混凝土的准确厚度及表面平整，且节约材料，保证质量。同时设备简单，进度快，省去以后的清理及抽水工作，所以应优先采用。其方法是：灌注混凝土时，在沉井中留一集水井，如有涌水，立即抽干，混凝土的灌注应从四角刃脚处开始，向中央推移。混凝土与集水井口预留铸铁管（抽水用），中间空隙处填以 C30 混凝土，并掺防水速凝剂等。待混凝土底板达 70％设计强度后，再进行封闭管口。

水下浇灌混凝土封底要注意保证混凝土质量。封底后井内水要排干，以便灌注钢筋混凝土底板。浇钢筋混凝土底板则构成地下结构。如在井筒内填筑素混凝土或砂砾石则构成深基础。在底板参与受力之前的期间，封底混凝土要承受沉井井底水的上浮力，故应有足够的强度。水下灌注混凝土采用竖管灌注法，竖管由多节钢管制成，使用时应进行有关水密、拔力试验，保证使用时不漏不裂。水下封底后，应检查封底混凝土质量，灌注钢筋混凝土底板前，抽水并凿去表层浮浆。

四、沉井纠偏

沉井的偏差包括倾斜和位移两种。产生偏差的原因很多，客观上的主要原因是土质不均匀或出现个别障碍物，主观上则是在施工时要求不严。

沉井下沉后的偏差应符合《地基基础工程施工质量验收规范》的要求。沉井施工时，要加强观测工作，随时发现，立即纠正。

沉井纠偏的方法主要有下列几种：

（1）当沉井向某侧倾斜时，可在高的一侧多挖土，使沉井恢复水平，然后再均匀挖土。

（2）当矩形沉井长边产生偏差时，可采用偏心压重进行纠偏（图 2-17）。

（3）小沉井或矩形沉井短边方向产生偏差时，应在下沉少的一侧外部用压力水冲井壁附近的土，并加偏心压重；在下沉多的一侧加一水平推力，以纠正倾斜。

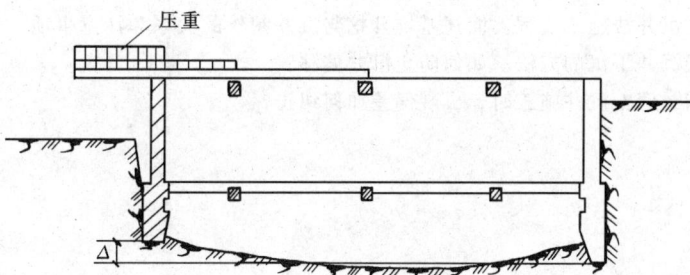

图 2-17　偏心压重纠偏示意图

（4）当直径相对其高度来说较小且为圆形沉井出现倾斜时，应在下沉多的方向挖土，下沉少的一侧加压重，并用钢绳从横向给沉井一定拉力，以纠正沉井倾斜。

（5）当采用触变泥浆润滑套时，可采用导向木法纠偏。

（6）沉井位移即沉井中心线与设计中心线不重合，可先一侧挖土，使沉井倾斜，然后均匀挖土，使沉井沿倾斜方向下沉到沉井底面中心线接近设计中心线位置时，再纠正倾斜。

思　考　题

2-1　简述桩基作用原理和桩的分类。

2-2　简述钢筋混凝土预制桩施工过程。

2-3　预制桩吊点位置如何确定？

2-4　为何要试桩？

2-5　打桩机械设备的组成及桩锤的种类有哪些？

2-6　打桩过程中应注意检查哪些主要问题？试分析桩锤产生回弹和贯入度发生变化的原因？

2-7　打桩顺序如何确定？

2-8　对打桩质量有哪些要求？如何判断打下的桩已符合设计要求？

2-9　试述打桩对周围的影响？解决挤土、振动、噪声可采取哪些有效的技术措施？

2-10　简述静力压桩过程。

2-11　接桩的方法有几种？各使用什么材料接桩？

2-12　何谓灌注桩？灌注桩有哪几种成孔方式？简述泥浆护壁钻孔灌注桩施工过程。

2-13　泥浆护壁的机理是什么？为何要二次清孔？

2-14　何谓复打法、反插法？反插法施工主要解决桩的什么事故？

2-15　简述人工挖孔桩的施工过程。人工挖孔桩施工中应注意哪些主要问题？

2-16　应从哪几个方面控制混凝土灌注桩的施工质量？

2-17　何谓强夯？如何布置夯击点？夯击遍数与夯击数是一回事吗？

2-18　何谓振动水冲桩和深层搅拌法？

2-19　简述深层搅拌法施工过程。

2-20　简述沉井法施工过程。简述基坑开挖与沉井制作的关系和注意事项。

2-21　简述沉井下沉的方法。如何防止沉井偏移？

2-22　何谓封底？沉井施工时，出现偏差如何纠正？

第三章 混凝土结构工程

学 习 要 点

本章包括混凝土结构工程施工的基本知识、高效钢筋、新型模板体系、高强高性能混凝土的施工技术和混凝土冬期施工等内容。学习时，应首先预习和掌握钢筋混凝土工程的基本知识，然后重点学习和掌握高效钢筋、新型模板体系的施工工艺以及高强、高性能混凝土施工技术，另外，应熟悉混凝土冬期施工方法。

第一节 基 本 知 识

混凝土结构工程是指按设计要求利用模板将钢筋和混凝土两种材料浇筑而成的各种形式和大小的构件或结构。它具有耐久、耐火、整体性、可塑性好、节约钢材、可就地取材等优点，在土木工程结构中占主导地位。按其施工方法分为装配式混凝土结构工程和现浇混凝土结构工程。装配式混凝土结构工程是指在预制厂（场）或施工现场预先制作好结构构件，再运至施工现场将其安装到设计位置；现浇混凝土结构工程则是在结构物的设计位置现场支模并整体浇筑而制成的混凝土结构。

混凝土结构工程由钢筋工程、模板工程及混凝土工程三部分组成。

一、钢筋工程

在钢筋混凝土结构中钢筋起着关键性的骨架作用。钢筋工程属于隐蔽工程，在混凝土浇筑后，其质量难以检查，所以在施工过程中要严格进行质量控制，建立起必要的检查和验收制度，并做好隐蔽工程记录。

（一）钢筋的分类

钢筋的种类很多，土木工程中常用的钢筋按生产工艺可分为：热轧钢筋、冷轧钢筋、冷拉钢筋、冷拔钢丝、热处理钢筋、碳素钢丝和钢绞线等；按力学性能可分为：HPB235级（Ⅰ级）钢筋、HRB335级（Ⅱ级）钢筋、HRB400级（Ⅲ级）钢筋和RRB400级钢筋；按化学成分可分为：碳素钢钢筋和普通低合金钢钢筋；按轧制外形可分为：光圆钢筋和变形钢筋（月牙筋、螺旋筋和人字形钢筋）；按钢筋在结构中的作用不同可分为：受力钢筋、架立钢筋和分布钢筋。

（二）钢筋的冷加工

在常温下对热轧钢筋进行加工称为"冷加工"，冷加工可以使强度较低的热轧钢筋的强度得以提高，是节约钢筋的有效方法之一。常用的冷加工的方法有冷拉、冷拔和冷轧三种。

1. 钢筋的冷拉

钢筋冷拉是将钢筋在常温下进行强力拉伸，使其拉应力超过该钢筋屈服点的某一限值，使其内部晶格产生滑动、弯曲、拉长、转动、扭曲甚至破坏，强迫钢筋产生塑性变形，达到提高钢筋强度和节约钢材的目的，并同时完成调直和除锈工作，但其塑性、韧性以及弹性模量都会有所降低。冷拉光圆热轧钢筋一般用于非预应力受拉钢筋，冷拉热轧带肋钢筋可用作预应力钢筋。冷拉钢筋一般不用作受压钢筋。

冷拉应力和冷拉率是钢筋冷拉的两个主要参数。钢筋的冷拉率 δ 是指钢筋达到冷拉控制应力时的总拉长值 ΔL（此拉长值包括钢筋的弹性和塑性变形）与钢筋的原长 L 之比，以百分数表示，即 $\delta = \Delta L / L$。钢筋冷拉后仍应有一定的塑性，屈服强度与抗拉强度也应保持一定比值，使钢筋有一定强度储备和软钢特性。所以规范规定，不同钢筋的冷拉应力和冷拉率应符合表 3-1 的要求。

钢筋冷拉的控制方法有控制冷拉应力法和控制冷拉率法两种。

冷拉控制应力及最大冷拉率　　　　　　　　　　　　　　　　表 3-1

钢筋的级别	钢筋直径（mm）	冷拉控制应力（MPa）	最大冷拉率（%）
Ⅰ级	≤12	280	10.0
Ⅱ级	≤25	450	5.5
	28～40	430	
Ⅲ级	8～40	500	5.0
Ⅳ级	10～28	700	4.0

（1）控制应力法　该法是以控制冷拉应力为主，当钢筋冷拉到规定的冷拉控制应力时，而冷拉率未超过表 3-1 中的最大冷拉率则认为合格。如果钢筋已达到规定的最大冷拉率，而冷拉应力还小于控制应力则认为不合格，应进行机械性能试验，按其实际级别使用。

（2）控制冷拉率法　该法是以一个测定的冷拉率指标来控制。即先通过试验确定冷拉率，然后算出拉长值，实际冷拉钢筋时，当其拉长值达到计算拉长值即可。测定同炉批钢筋（取样不少于 4 件）冷拉率时钢筋的冷拉应力应符合表 3-2 的要求，取其各试件冷拉率的算术平均值作为该批钢筋冷拉时的控制冷拉率。

测定冷拉率时钢筋的冷拉应力　　　　　　　　　　　**表 3-2**

钢筋级别	钢筋直径（mm）	冷拉控制应力（MPa）
Ⅰ级	≤12	310
Ⅱ级	≤25	480
	28～40	460
Ⅲ级	8～40	530
Ⅳ级	10～28	730

注：当钢筋平均冷拉率低于 1%时，仍应按 1%进行冷拉。

（3）冷拉方法　钢筋冷拉设备主要由拉力装置、承力结构、钢筋夹具及测量装置等组成，如图 3-1 所示。

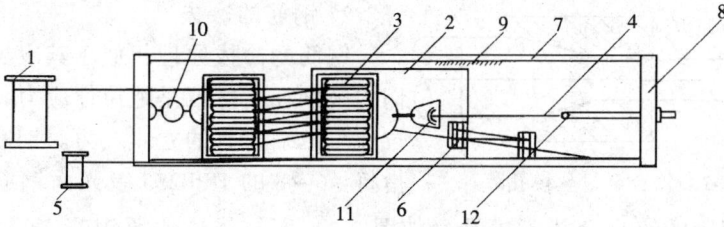

图 3-1　冷拉设备

1—卷扬机；2—张拉小车；3—冷拉用滑轮组；4—钢筋；5—小车回程用卷扬
机；6—小车回程用滑轮组；7—钢筋混凝土压杆；8—横梁；9—标尺；
10—电子秤传感器；11—张拉端夹具；12—固定端夹具

卷扬机冷拉设备的拉力 Q，根据所需要的最大拉力确定，即设备拉力要大于所需要的最大拉力。如忽略设备阻力，则设备拉力为：

$$Q \geqslant T \cdot \frac{f^m - 1}{f^{m-1}(f-1)} \tag{3-1}$$

式中　T——卷扬机牵引力；

　　　m——滑轮组工作线数；

　　　f——单个滑轮阻力系数，对钢轴套的滑轮，$f=1.04$。

若考虑设备阻力，则设备拉力为：

$$Q = T \cdot m \cdot \eta - F \tag{3-2}$$

式中　η——滑轮组的总效率，查表 3-3；

　　　F——设备阻力，由冷拉小车与地面的摩擦力及回程装置阻力组成，一般可取 5～10kN。

设备拉力 Q 应大于或等于钢筋冷拉时所需最大拉力的 1.2～1.5 倍。

钢筋冷拉速度 v（m/min）可按式（3-3）计算：

$$v = \pi \frac{Dn}{m} \qquad (3-3)$$

式中　D——卷扬机卷筒直径（m）；

　　　n——卷扬机卷筒转速（r/min）；

　　　m——滑轮组工作线数。

钢筋的冷拉速度，根据实践经验认为不大于 1.0m/min 为宜（拉直钢筋时可不受此限制）。

滑轮组总效率　　　　　　　　　　　　　　表 3-3

滑轮组数	3	4	5	6	7	8
工作线数 m	7	9	11	13	15	17
总效率 η	0.88	0.85	0.83	0.80	0.77	0.74

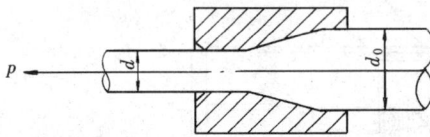

图 3-2　钨合金拔丝模孔

2. 钢筋的冷拔

钢筋的冷拔原理相似于其冷拉原理，它们的区别在于冷拉是纯拉伸应力，而冷拔是拉伸与压缩兼有的立体应力。钢筋的冷拔是指将 $\phi 6 \sim 8$ 的 HPB235 级光面钢筋在常温下强力通过特制的钨合金拔丝模孔（如图 3-2）而拉拔成比原钢筋直径小的钢丝，钢筋轴向被拉伸，径向被压缩，使其产生较大的塑性变形，其抗拉强度提高 $50\% \sim 90\%$，塑性降低，硬度提高。它主要是用来生产冷拔低碳钢丝。冷拔低碳钢丝按其力学性能分为甲、乙两级。甲级钢丝适用于作预应力筋；乙级钢丝适用于作焊接网、焊接骨架、箍筋和构造钢筋。

钢筋冷拔的工艺过程是：剥壳→扎头→润滑→拔丝。

钢筋的表面常有一层氧化铁锈渣硬壳，易使模孔损坏，并能使钢筋表面产生沟纹，造成断丝现象。因此，在拔丝前应用除锈剥皮机或用旧拔丝模进行清除，俗称剥壳。将剥壳钢筋端头放在轧头机上压细后，再通过润滑剂进入拔丝模进行拔丝工作。

影响钢筋冷拔质量的主要因素是原材料的质量和冷拔总压缩率 $\beta = (d_0^2 - d^2)/d_0^2$，式中，$d_0$ 为原材料钢筋直径；d 为成品钢丝直径。原材料的质量直接影响冷拔低碳钢丝的质量；而冷拔总压缩率则影响其抗拉强度的提高，总压缩率越大，抗拉强度提高就越高。

冷拔低碳钢丝不是一次冷拔就能达到总压缩率的。据实践经验，由 $\phi 6$ 拔成 $\phi 4$ 时，可由 $\phi 6 \rightarrow \phi 5 \rightarrow \phi 4$ 或由 $\phi 6 \rightarrow \phi 5 \rightarrow \phi 4.5 \rightarrow \phi 4$。冷拔次数应选择适宜，冷拔次数过多，易使钢筋变脆，且降低冷拔机的生产率。冷拔次数过少，每次压缩太大，不仅拔丝模损耗增加，而且易产生断丝和安全事故。为了保证冷拔低碳钢丝强度和塑性的相对稳定，必须控制其总压缩率和冷拔次数，冷拔次数和每次压缩率可查看表3-4。

钢丝冷拔次数参考表

表3-4

项次	钢丝直径（mm）	盘条直径（mm）	冷拔总压缩率（%）	冷拔次数和拔后直径（mm）					
				第1次	第2次	第3次	第4次	第5次	第6次
1	ϕ^b5	$\phi 8$	61	6.5 7.0	5.7 6.3	5.0 5.7	5.0		
2	ϕ^b4	$\phi 6.5$	62.2	5.5 5.7	4.6 5.0	4.0 4.5	4.0		
3	ϕ^b3	$\phi 6.5$	78.7	5.5 5.7	4.6 5.0	4.0 4.5	3.5 4.0	3.0 3.5	3.0

（三）钢筋焊接

钢筋采用焊接代替绑扎，可节约钢材，改善结构受力性能，提高工效，降低成本。

钢筋常用的焊接方法有：闪光对焊、电阻点焊、电弧焊、电渣压力焊、气压焊等，其焊接的效果与钢材的可焊性和焊接的工艺有关，在相同焊接工艺条件下，能获得良好的焊接质量的钢材，则称之为在这种焊接工艺条件下的可焊性好。钢筋的可焊性与其含碳量及合金元素数量有关，含碳量增加，则可焊性降低；含锰量增加，也影响焊接效果；而含适量的钛，可改善焊接性能。

钢筋焊接应该注意的问题：

①当环境温度低于 – 5℃，即为钢筋低温焊接，这时应调整钢筋焊接工艺参数，使焊缝和热影响区缓慢冷却。

②当风力超过4级时，应有挡风措施。

③当环境温度低于 – 20℃，不得进行焊接。

（四）钢筋的配料

钢筋配料是根据结构构件配筋图，计算各构件中钢筋的下料长度、根数及重量，并编制钢筋配料单，作为备料加工和结算的依据。这个过程称为钢筋的配料。

1. 下料长度的计算

根据结构构件受力的特点，钢筋往往需在中间弯曲，而在两端弯成弯钩。钢筋弯曲时，外皮伸长，内皮缩短，而轴线长度不变。但是设计图纸中所注明的尺寸为钢筋的外轮廓尺寸，且不包括端头弯钩长度，它是依据构件尺寸、保护层厚度以及规范要求等按外包尺寸进行计算的。因此，在钢筋的外包尺寸和轴线尺寸之间存在一个差值，称为量度差值。因此，钢筋下料时，其下料长度 = 各段外包尺寸之和 – 弯曲处的量度差值 + 两端弯钩增加长度。

量度差值和弯钩增加长度均与钢筋直径和弯心直径以及弯曲的角度等因素有关。

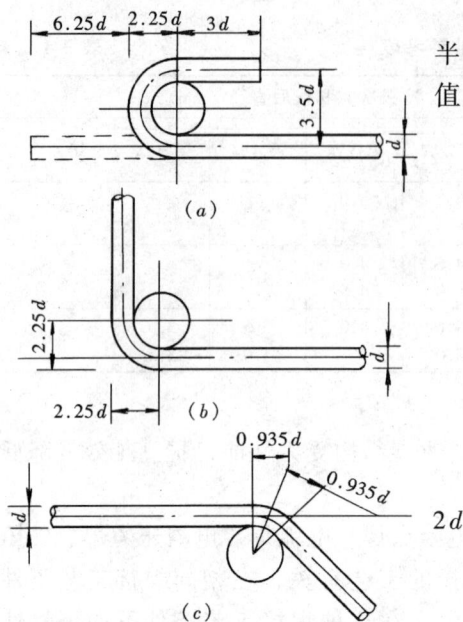

图 3-3 钢筋弯钩及弯曲计算

(a) 半圆弯钩；(b) 弯曲 90°；(c) 弯曲 45°

量度差值：$1.87d - 1.37d = 0.5d$

其他常用弯曲角的量度差值，见表 3-5。

当弯心的直径为 $2.5d$（d 为钢筋直径），半圆弯钩的增加长度和各种弯曲角度量度差值，其计算方法如下：

①半圆弯钩的增加长度（图 3-3a）

弯钩全长：$3d + \dfrac{3.5d\pi}{2} = 8.5d$

弯钩增加长度（包括量度差值）$= 8.5d - 2.25d = 6.25d$

②弯 90° 量度差值（图 3-3b）

外包尺寸：$2.25d + 2.25d = 4.5d$

中心弧线长：$\dfrac{\pi}{2} \times 1.75d = 2.7489d$

量度差值：$4.5d - 2.7489d = 1.75d$ 取

③弯 45° 时的量度差值（图 3-3 c）

外包尺寸：$2\left(\dfrac{2.5d}{2} + d\right)\tan 22°\ 30' = 1.87d$

中心弧线长：$\dfrac{\pi}{4} \times 1.75d = 1.37d$

钢筋弯曲量度差值　　　　　　　　　　　表 3-5

钢筋弯曲角度	30°	45°	60°	90°	135°
量度差值	$0.35d$	$0.5d$	$0.85d$	$2d$	$2.5d$

箍筋单根下料长度 = 箍筋周长 + 箍筋调整值

箍筋调整值为弯钩增加长度与弯曲量度差值之和，见表 3-6。箍筋的弯钩形式如图 3-4 所示。有抗震要求和受扭的结构，应按图 3-4 (a) 形式加工。在箍筋的设计和加工中应注意：(1) 箍筋弯钩的弯心直径应大于受力钢筋的直径，且不小于箍筋直径的 2.5 倍；(2) 弯钩平直部分的长度，对于一般结构，不宜小于箍筋直径的 5 倍，对于有抗震要求的结构，则不应小于箍筋直径的 10 倍。

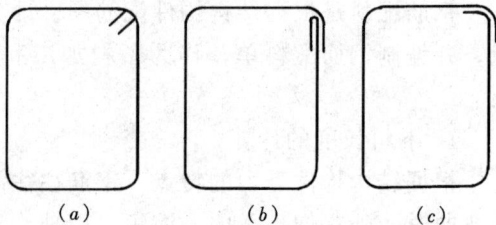

图 3-4 箍筋的弯钩形式

(a) 135°/135°；(b) 90°/180°；(c) 90°/90°

箍 筋 调 整 值 表 3-6

箍筋量度方法	箍筋直径（mm）			
	4 ~ 5	6	8	10 ~ 12
量外包尺寸	40	50	60	70
量内包尺寸	80	100	120	150 ~ 170

2．钢筋代换

在施工中，若存在钢筋种类、级别或规格与设计图纸中的要求不相符时，可以进行代换。钢筋代换的方法有等强代换和等面积代换。

（1）等强代换 当构件按强度控制时，可按代换前与代换后的钢筋强度相等的原则进行代换。

（2）等面积代换 当构件按最小配筋率配筋时，可按钢筋面积相等的原则进行代换。

在钢筋代换中应该注意的问题：

① 在代换前，必须充分了解设计意图和代换钢材的性能，严格遵守规范的各项规定；

② 必须满足构造的要求（如钢筋直径、根数、间距、锚固长度等）；

③ 当构件受抗裂、裂缝宽度或挠度控制时，应进行抗裂、裂缝宽度或挠度验算；

④ 对结构重要受力构件，不宜采用光面钢筋代换螺纹钢筋；

⑤ 在抗震区中对于框架结构，不宜以强度较高的钢筋代替原设计中的钢筋；当必须代换时，其代换钢筋检验强度实测值应符合要求：钢筋的抗拉强度实测值与屈服强度实测值的比值不宜小于 1.25；钢筋屈服强度实测值与钢筋的强度标准值的比值不宜大于 1.3；

⑥ 对于预制构件的吊环，只能采用未经冷拉的Ⅰ级热轧钢筋代换。

3．钢筋的加工

钢筋加工一般采用流水作业法进行。钢筋的加工一般包括冷拉、冷拔、焊接、除锈、调直、剪切、接长、弯曲、绑扎等工序。加工的形状、尺寸必须与设计要求相符合，满足《混凝土结构工程施工质量验收规范》规定的要求。

4．钢筋的绑扎与安装

钢筋加工后运至现场进行绑扎和安装。绑扎通常采用 20 ~ 22 号铁丝，要求绑扎位置准确、牢固；在同一截面内，绑扎接头的钢筋面积在受拉区中不得超过 25%，在受压区中不得超过 50%。不在同一截面的绑扎接头，中距不得小于其 1.3 倍搭接长度。搭接长度和绑扎点的位置要符合规范的规定。

二、模板工程

模板工程包括模板的选材、选型、结构设计、制作、安装和拆除等工序。

模板结构由模板和支撑两部分组成。模板是新浇混凝土结构构件成型的模型，使硬化后的混凝土的形状和尺寸符合设计要求；而支撑部分则是为了保证模板的形状和位置，并承受模板和新浇筑混凝土的自重荷载和施工荷载。

模板结构应符合基本要求：

（1）安全性　模板要有足够的承载力、刚度和稳定性。

（2）安装质量　安装后，模板拼缝严密不漏浆，确保成型后的混凝土结构或构件的形状尺寸和相互位置的正确。

（3）经济性　易于装拆，可多次周转使用，便于施工。

（一）模板的种类

模板按材料可分为：木模板、钢模板、竹模板、钢木模板、塑料模板、铝合金模板、玻璃模板、钢丝网水泥模板、钢筋混凝土模板等；按结构构件的位置可分为：基础模板、柱模板、梁模板、楼板模板和墙模板。根据结构特点，还发展应用着台模、滑模、爬模、筒子模和隧道模等专业整体移动式模板。在现代施工中，由于木模板受到材料限制及各方面不利因素的影响，因此，逐渐被钢模板所替代。

钢模板的一次性投资较大，但周转次数多。特别是组合钢模板，可以按设计要求灵活拼装成适应各种结构形式的多种尺寸，且构造合理，整体性好，浇筑成型的混凝土构件表面光滑，棱角整齐，装拆方便，因而得以广泛使用。

组合钢模板主要构件有钢模板、连接件和支承件。钢模板包括平模板和转角模板（转角模板有阴角模板、阳角模板和连接角模三种，主要用于结构的转角部位）；连接件包括：U形卡、L形插销、钩头螺栓、紧固螺栓、扣件、拉杆等；支承件包括钢楞、柱箍、支柱、卡具、斜撑、钢桁架、扣件式钢管脚手架等。

（二）模板的支撑

模板支撑是为了保证模板面板的形状和位置，并承受模板、钢筋、新浇筑混凝土自重以及施工荷载的临时性结构。它包括竖向支撑、横向支撑、斜撑以及连接件等。模板的竖向支撑主要有散拼装的钢管支架、支柱、高度可调的钢支撑及门形架等。在可调支撑系统的上端安装升降头，当新浇混凝土达到设计强度的50%时可通过升降头拆除模板，而支柱继续支撑混凝土结构，这就是早拆模板体系，可以加快模板周转速度、缩短工期、降低工程造价，因此在高层建筑现浇混凝土结构的楼板施工中被广泛推广。

（三）模板的设计

在施工过程中，当遇到一些特殊结构、新型体系的模板或超出适用范围的一般模板，则应对模板进行设计和验算，以确保安全、保证质量。

模板结构设计的内容包括选型、选材、荷载计算、结构设计、绘制模板施工图以及拟定制作、安装，拆除方案等。模板的设计需遵循以下原则：

（1）要确保构件的形状和尺寸及相互位置的正确；

（2）要使模板有足够的强度、刚度和稳定性，能够承受新浇混凝土的重量、侧压力和各种施工荷载；

（3）对拉螺栓和扣件应根据计算配置，支承柱应有足够的强度和稳定性；

（4）模板的配置应优先选用大块模板，使其种类和块数最少，镶拼量尽量少；

（5）保证混凝土浇筑时不漏浆，浇捣构件变形不大于2mm；

（6）力求构造简单、拆装方便。

在进行荷载计算时应考虑模板及支架的自重；新浇筑混凝土自重标准值；钢筋自重标准值；施工人员及施工设备荷载标准值；振捣混凝土时产生的荷载标准值；新浇混凝土对模板的侧压力标准值；倾倒混凝土时产生的荷载标准值以及风荷载标准值。计算荷载设计值时应乘以其相应的分项系数（按结构设计要求规定活荷载乘以1.4、恒荷载乘以1.2）。

（四）模板的安装和拆除

1. 模板的安装

模板的安装根据工程情况而定。一般情况可分为单块模板现场拼装、预组装成大板块吊装或预组装成整体模板吊装三种方式。预组装方式是提高模板安装质量、加快工程进度、加速模板周转的有效措施。模板组装一般采取错缝拼装以加强组装的整体刚度。模板安装后，应严格按图纸和规范进行检查。

2. 模板的拆除

在模板的施工设计阶段，就应考虑模板的拆除时间及拆除顺序，以使更多的模板参加周转，减少模板用量。模板的拆除时间，根据构件混凝土强度及模板所处的位置而定。

对于不承重的侧模，只要能保证混凝土构件表面及棱角不因拆模而损坏，即可拆除。

底模及其支架拆除时的混凝土强度应符合设计要求；当设计无具体要求时，混凝土强度应符合表3-7的要求方可拆除。

现浇结构底模拆除时的混凝土强度要求 表 3-7

构件类型	构件跨度（m）	达到设计的混凝土立方体抗压强度标准值的百分率（%）
板	≤2	≥50
	>2，≤8	≥75
	>8	≥100
梁、拱、壳	≤8	≥75
	>8	≥100
悬臂构件	—	≥100

预制构件模板的芯模或预留空洞的内模，应在混凝土强度能保证构件和空洞表面不发生塌陷和裂缝时方可拆除。

拆模应按一定的顺序进行，一般与安装模板的顺序相反。即应按先支后拆、后支先拆，先非承重部位、后承重部位以及自上而下的顺序进行。上层楼板正在浇筑混凝土时，下一层楼板及梁的模板支柱不得拆除，再下一层楼板及梁的模板支柱仅可拆除一部分，支柱间距不得大于 3m。

拆模时先拆除连接件，再逐块拆除模板。拆下的模板及零件应随拆随运，不得任意抛扔，模板运至堆放场地后应及时清理修整，按规格排放整齐。

拆模时应注意安全施工，防止大片模板脱落伤人。

三、混凝土工程

混凝土工程包括配料、搅拌、运输、浇捣、养护以及混凝土的质量检查等过程。在整个施工过程中各个工序之间紧密联系又相互影响，混凝土的最终质量是由其施工过程的每道工序决定的。混凝土的质量目标，就是在保证其外形准确的基础上，获得设计所需的强度、密实度和整体性。

（一）混凝土的配制

混凝土的配制应保证其硬化后能达到设计要求的强度等级，满足施工上对和易性的要求。在特殊工程中，还应使混凝土满足耐腐蚀、防水、抗冻、快硬和缓凝等要求。

1. 混凝土的原材料

混凝土是由水泥、砂、石、水和外加剂等原材料，按照一定配合比拌合而成。为保证混凝土的质量，应严格控制其材料的选用。

（1）水泥 一般工程应选用普通硅酸盐水泥，如有特殊要求的工程则按工程要求选用特种性能的水泥。例如：快硬高强混凝土应采用快硬水泥或高级硅酸盐水泥；防水混凝土宜采用有膨胀性或无收缩性的水泥；大体积混凝土应采用水化热较低的水泥；耐热耐酸混凝土则应分别选用耐热性和耐腐蚀性能较好的水泥。

水泥在储存、运输时，应防止受潮和损失强度，水泥出厂时间超过三个月或虽不足三个月但有受潮、结块、变质现象时，应经鉴定试验后，按试验得出的强度使用，且不宜用于重要结构部位。

（2）骨料　混凝土常用的骨料为砂、石。砂的质量需符合细度模数、孔隙率、坚固性、有害杂质最大含量等质量的要求。混凝土用砂以细度模数为 2.5～3.5 的中、粗砂最为合适；孔隙率不宜超过 45%。常用的石子有卵石或碎石。由于碎石表面粗糙，孔隙率和总表面积较卵石大，因此与水泥浆的粘结力强，用它拌制的混凝土强度较卵石混凝土强度高。石子的级配和最大粒径对混凝土质量影响较大。石子的最大粒径不得超过钢筋最小净距的 3/4；不超过构件截面最小尺寸的 1/4；不超过实心板厚的 1/3，且不得超过 40mm。

（3）水　凡可饮用的水都可作为混凝土拌制和养护用水，要求水中不含影响水泥硬化的有害杂质。污水、工艺废水、海水及含酸碱量超过 1% 的水，均不得用于混凝土中。

（4）外加剂　如果对混凝土有特殊要求的工程或季节性施工则可以用外加剂来改变混凝土的性能以适应结构的需要。常用的外加剂有减水剂、引气剂、促凝剂、缓凝剂、防水剂、抗冻剂、保水剂、膨胀剂和阻锈剂等。总之，使用外加剂已成为改善混凝土性能、发展混凝土技术的有效途径。

2. 混凝土的施工配料

混凝土工程中，施工配料是保证混凝土质量重要环节之一。影响施工配料的因素主要有两方面：一是未按砂、石骨料实际含水率的变化进行施工配合比的换算；二是称量不准确。由于混凝土设计配合比是根据完全干燥的砂石骨料配制的，但实际使用的砂石骨料一般都含有水分，而且含水量经常随气候的变化而改变，实际含水率的存在必然会改变原实验室设计配合比的水灰比、砂石比及浆骨比，这将直接影响混凝土的流动性、保水性、粘聚性和密实性。所以，在拌制混凝土时应及时测定砂石含水率，应将设计配合比换算为骨料在实际含水率情况下的施工配合比。

若设计配合比为：水泥:砂子:石子 = 1:X:Y，水灰比为 W/C；

现场测定的砂子含水率为 ω_x，石子的含水率为 ω_y；

则施工配合比应为：$1:X(1+\omega_x):Y(1+\omega_y)$，水灰比 W/C 不变（但用水量要减去砂石中的含水量）。

若设计配合比 1m³ 混凝土水泥用量为 C（kg），计算时为确保水灰比（W/C）不变，则换算后施工配料用量为：

水泥：$C' = C$（kg）

砂子：$G_{砂} = C \cdot X \cdot (1+\omega_x)$（kg）

石子：$G_石 = C \cdot Y \cdot (1 + \omega_y)$（kg）

水：$W' = (W - X \cdot \omega_x - Y \cdot \omega_y) \cdot C$（kg）

为严格控制混凝土的配合比，其每盘称量偏差不得超过以下规定：水泥和掺合料为 ±2%；砂石为 ±3%；水及外加剂为 ±2%。同时应对各种衡量器进行定期校验，保持准确；经常测定砂石含水率，雨天施工应增加测定次数。

3. 混凝土搅拌

混凝土搅拌，就是依据施工配料，将混凝土的原材料（水泥、粗细骨料、水及外加剂）按一定的顺序进行投放，均匀拌和的过程。现代施工中，机械搅拌已取代了人工拌制。

按搅拌的工作原理将搅拌机分为自落式搅拌机和强制式搅拌机两类。混凝土搅拌机依其出料容积（m³）×1000 标定其规格，常用规格有 250L、350L、500L 等，出料容积与装料容积之比称为出料系数，约为 0.65。选用搅拌机类型和规格应根据工程量的大小、混凝土的坍落度和骨料粒径等确定。

为了拌制出均匀优质的混凝土，除合理选用搅拌机外，还必须正确的确定搅拌制度，包括搅拌时间、进料容量以及投料顺序等。

搅拌时间 是指从原材料全部投入搅拌筒时起，到混凝土拌合物开始卸出时止所经历的时间。搅拌时间过短，混凝土拌和不均匀，强度及和易性均降低；搅拌时间过长，不仅降低了生产率，还会使混凝土的和易性和质量重新降低。为了获得和易性好、混合均匀的混凝土，所需搅拌的最短时间可按表 3-8 采用。

混凝土搅拌的最短时间（s）　　　　　　　　表 3-8

混凝土坍落度（cm）	搅拌机类型	搅拌机出料量/L		
		< 250	250 ~ 500	> 500
≤3	强制式	60	90	120
	自落式	90	120	150
>3	强制式	60	60	90
	自落式	90	90	120

投料顺序 即混凝土原材料投入搅拌筒内的先后次序，应从提高搅拌质量、减少机械磨损和混凝土的粘罐现象，减少水泥飞扬，降低电耗以及提高生产率等方面综合考虑。常用的投料方法有一次投料法、两次投料法。

一次投料法是将砂、石、水泥装入料斗，一次性投入搅拌机内，同时加水进行搅拌。对自落式搅拌机，常采用的投料顺序为：砂子（或石子）→水泥→石子（或砂子），将水泥加在砂、石之间，最后加水搅拌。

二次投料法又可分为预拌水泥砂浆法和预拌水泥净浆法以及水泥裹砂法（SEC 法）。预拌水泥砂浆法是先将水泥、砂和水加入搅拌筒内进行搅拌，成为均匀的水泥砂浆后，再加入石子搅拌成均匀的混凝土。预拌水泥净浆法是先将水泥和水充分搅拌成均匀的水泥净浆后，再加入砂和石子搅拌成混凝土。水泥裹砂法又称为 SEC 法，用这种方法拌制的混凝土称为造壳混凝土，又称 SEC 混凝土。在此基础上我国又开发了裹砂石法、净浆裹石法等较先进的搅拌工艺。和一次投料法相比，二次投料法可使混凝土强度提高约 15%。在强度相同的情况下，可节约水泥约 15% ~ 20%。

（二）混凝土的运输

搅拌好的混凝土应及时运至浇筑地点。在运输过程应保持混凝土的均匀性，避免产生分层离析、泌水、砂浆流失、流动性减小等现象。为此要求选用的运输工具不吸水、不漏浆；运输道路平坦，车辆行驶平稳；垂直运输的自由落差不大于 2m；溜槽运输的坡度不大于 30°，混凝土的移动速度不宜大于 1m/s；尽可能使运输路线短直，转运次数少，运输时间短；为保证混凝土的质量，应使混凝土在初凝之前浇筑完毕；尤其在滑模施工和不允许留施工缝的情况下，混凝土运输必须保证其浇筑工作能够连续进行。

混凝土的运输可分为水平运输和垂直运输。水平运输包括地面运输、楼面运输。

如果工程采用商品混凝土且运距较远时，地面运输多选用混凝土搅拌运输车或自卸汽车；如果混凝土在工地搅拌，则多用载重 1t 的小型机动翻斗车，近距离也用双轮手推车。楼面运输可用双轮手推车、皮带运输机，也可以用塔式起重机、混凝土泵等。混凝土垂直运输常用的工具有井架运输机、塔式起重机、混凝土泵和快速提升斗等。

在现代混凝土施工中，通常选用混凝土泵运输。泵送混凝土设备一般由混凝土泵、输送管和布料装置组成。泵送混凝土要求混凝土具有良好的可泵性。对原材料要求如下：

（1）粗骨料 应优先选用卵石。骨料的最大粒径 d_{max} 与输送管内径 D 之比：碎石小于 1/3，卵石小于 0.4。

（2）砂 宜用中砂，通过 0.315mm 筛孔的砂应不小于 15%。砂率应控制在 40% ~ 50%。

（3）水泥用量 每立方米混凝土水泥用量不少于 300kg。

（4）混凝土的坍落度 对于泵送混凝土，坍落度宜控制在 10 ~ 18cm 以内。

另外，为提高混凝土的流动性，减少输送阻力，防止混凝土离析，延缓混凝土的凝结时间，宜掺入适量的外加剂。常用的外加剂有减水剂和加气剂。

（三）混凝土的浇筑

混凝土浇筑就是将拌和好的混凝土浇灌到模板内，并振捣密实。它是混凝土工程施工的关键。浇筑后的混凝土应保持结构或构件的形状、位置和尺寸的准确性，应内实外光，表面平整，钢筋与预埋件的位置符合设计要求，新旧混凝土结合良好，并能使混凝土达到均匀密实和设计强度的要求。

1. 浇筑前的准备工作

浇筑前的准备工作包括：对模板及支架进行检查，清理模板上的油污，确保标高、位置尺寸正确，强度、刚度、稳定性及严密性满足要求；检查钢筋级别、直径、排放位置及保护层厚度是否符合设计和规范要求，认真做好隐蔽工程记录；准备和检查材料、机具，注意天气情况，不宜在雨雪天浇筑混凝土；做好施工组织工作和技术、安全交底工作。

2. 浇筑过程的一般要求

混凝土的浇筑过程如果遇到混凝土有初凝现象，则应再进行一次强力搅拌，方可入模，如果有离析现象则应重新搅拌才能浇筑。浇筑时不应超过混凝土的倾落高度，对于素混凝土或少筋混凝土，由料斗、漏斗进行浇筑时，不应超过2m；对于竖向结构，浇筑高度不超过3m；对于配筋较密或不便捣实的结构不宜超过60cm，否则应采用串筒、溜槽或振动串筒下料。为避免产生蜂窝和麻面现象，在浇筑竖向结构混凝土前，底部应先浇入50～100mm厚与混凝土成分相同的水泥砂浆。为使混凝土振捣密实，混凝土必须分层浇筑。除此之外，为确保混凝土的整体性，浇筑工作应连续进行。

3. 结构设计对浇筑过程的要求

（1）施工缝的留设 施工缝位置应在混凝土的浇筑之前确定，并宜留置在结构受剪力较小且便于施工的部位。一般柱留水平缝，梁、板、墙留垂直缝。柱子的施工缝宜留在基础的顶面、梁或吊车梁牛腿的下面、吊车梁的上面、无梁楼板柱帽的下面。有主次梁的楼板宜顺着次梁方向浇筑，施工缝应留置在次梁跨度的中间1/3范围内。

（2）框架结构浇筑 框架结构的主要构件有基础、柱、梁、楼板等。其中框架梁、板、柱等构件是沿垂直方向重复出现的，因此，一般按结构分层、分段施工。在每层每段中，浇筑顺序为先浇柱，后浇梁、板。剪力墙浇筑除按一般规定进行外，还应注意门窗洞口应两侧同时下料，浇筑高差不能太大，避免门窗洞口位置发生位移或变形。同时应先浇筑窗台下部，后浇筑窗间墙，以防窗台下部出现蜂窝孔洞。

（3）大体积混凝土浇筑 大体积混凝土是指长、宽、厚度均较大，施工时水化热引起混凝土内的最高温度与外界温度之差不低于25℃的混凝土结构。大体积混凝土结构整体性要求较高，通常不允许留施工缝。为保证结构的整体性和混凝土浇筑工作的连续性，应在下一层混凝土初凝之前将上层混凝土浇筑完毕。因此，必须保证混凝土搅拌、运输、浇筑、振捣各工序协调配合，应根据其结构形状、钢筋疏密等具体情况合理选用全面分层或分段分层或斜面分层等浇筑方案。应采取各项措施，避免因温度应力而使混凝土产生裂缝。

4. 混凝土的养护

混凝土浇筑完毕后，为保证水泥水化作用能正常进行，应在 4 ~ 12h 以内开始覆盖保湿养护，以创造必需的湿度和温度，使混凝土达到设计要求的强度。

对混凝土进行养护可以采用自然养护和蒸汽养护的方法。自然养护就是在混凝土浇筑后用适当的材料覆盖，并经常浇水湿润，使混凝土在常温环境条件下强度增长，其养护成本低、效果好，但养护时间长，一般混凝土浇水养护的时间不得少于 7d，对掺有缓凝剂或有抗渗要求的混凝土不得少于 14d；而蒸汽养护就是将构件放在充有饱和蒸汽或蒸汽空气混合物的养护室内，在较高的温度和相对湿度的环境中进行养护，以加速混凝土的硬化。

5. 混凝土质量检查

混凝土的质量检查包括施工前、施工中和施工后三个阶段。施工前主要检查原材料是否合格，配合比是否正确。施工中应检查原材料质量、配合比的执行情况，在浇筑地点检查坍落度，每一工作班至少检查两次，遇有特殊情况应及时检查，对混凝土的搅拌时间应随时检查。养护后应依据设计、验收规范和标准对混凝土强度、外观质量、结构构件的轴线、标高、截面尺寸和垂直度的偏差进行检查。有时还需进行抗冻性、抗渗性检查。

第二节　高效钢筋的施工工艺

一、冷轧带肋钢筋

冷轧带肋钢筋是利用冷轧工艺将热轧圆盘条钢筋生产成一种三面（或两面）带有月牙形横肋的钢筋。这种新型钢筋具有调直除锈、提高强度、节省钢材、提高质量等优点，已大量应用于土木工程中。

（一）冷轧带肋钢筋的技术指标

1. 冷轧带肋钢筋规格

冷轧带肋钢筋通常直径为 4 ~ 12mm，分为三面肋和两面肋钢筋，其尺寸、质量及允许偏差应符合表 3-9 规定。

三面肋和两面肋钢筋的尺寸、质量及允许偏差　　　　表 3-9

| 公称直径 d (mm) | 公称截面面积 (mm²) | 重 量 | | 横肋中点高 | | 横肋 1/4 处高 (mm) | 横肋顶宽 b (mm) | 横肋间距 | | 相对肋面积 f_r 不小于 |
		理论重量 (kg/m)	允许偏差 (%)	H (mm)	允许偏差 (%)			c (mm)	允许偏差 (%)	
4	12.6	0.099		0.30		0.24		4.0		0.036
5	19.6	0.154		0.32	±0.10	0.26		4.0		0.039
6	28.3	0.222		0.40		0.32		5.0		0.039
7	38.5	0.302		0.46	−0.05	0.37		5.0		0.045
8	50.3	0.395	±4	0.55		0.44	0.2d	6.0	±15	0.045
9	63.6	0.449		0.75		0.60		7.0		0.052
10	78.5	0.617		0.75	±0.10	0.60		7.0		0.052
11	95.0	0.746		0.85		0.68		7.4		0.056
12	113.1	0.888		0.95		0.76		8.4		0.056

注：1. 横肋 1/4 处高、横肋顶宽供孔型设计用；

　　2. 两面肋钢筋允许有高度不大于 0.5h 的纵肋。

2. 冷轧带肋钢筋的基本性能

（1）冷轧带肋钢筋强度、直径与盘条的对应关系，见表 3-10。

盘条与冷轧带肋钢筋直径对应关系　　　　表 3-10

冷轧钢筋级别	盘条直径 (mm)	冷轧钢筋直径	面缩率 (%)	冷轧钢筋级别	盘条直径 (mm)	冷轧钢筋直径	面缩率 (%)
650 级	8	6	43.7				
	6.5	5	40.8		11.4	10	23.05
800 级	6.5	5	40.8		10.2	9	22.14
	12	10.5	23.4	550 级	9.0	8	20.99
	11	9.5	25.4		8	7	23.44
550 级	10	8.5	27.8		7	6	26.53
	8		23.4		5.5	5	17.35
	7	6	26.5				

（2）冷轧带肋钢筋的强度和变形性能。

冷轧带肋钢筋的抗拉强度标准值见表 3-11。变形性能见表 3-12

冷轧带肋钢筋及预应力带肋钢筋抗拉强度标准值（N/mm²）　　　　表 3-11

钢筋级别	钢筋直径 (mm)	f_{stk} 或 f_{ptk}
550 级	（4）、5、6、7、8、9、10、11、12	550
650 级	（4）、5、6	650
800 级	5	800
970 级	5	970
1170 级	5	1170

注：1. f_{stk} 为冷轧带肋钢筋抗拉强度标准值；f_{ptk} 为预应力冷轧带肋钢筋抗拉强度标准值；

　　2. 表中括号内的直径，不宜作受力主筋。

冷轧带肋钢筋力学性能和工艺性能指标　　　　　表 3-12

钢筋级别	抗拉强度 σ_b（N/mm²）	伸长率		冷弯 180°
		δ_{10}（%）	δ_{100}（%）	$D =$ 弯心直径
550 级	≥550	≥8		$D = 3d$
650 级	≥650		≥4	$D = 4d$
800 级	≥800		≥4	$D = 5d$
970 级	≥970		≥4	$D = 5d$
1170 级	≥1170		≥4	$D = 5d$

受弯部位表面不得产生裂缝
$d =$ 钢筋公称直径

注：1. 伸长率 δ_{10} 的测量标距为 $10d$，δ_{100} 的测量标距为 100mm；
　　2. 对成盘供应的 650 级和 800 级钢筋，经调直后的抗拉强度仍应符合表中的规定。

冷轧带肋钢筋为无明显屈服点的硬钢，条件屈服强度采用 $\sigma_{0.2}$。其设计强度比光面钢筋提高了 71%。在制定的国家标准中对于 550 级钢筋，伸长率按 $\delta_{10} \geq$ 8% 计，650 级及以上的钢筋伸长率 $\delta_{100} \geq 4$% 计，使钢筋延性有较大的提高。

（3）钢筋的冷弯性能。

钢筋的冷弯性能以钢筋在常温下能承受的弯曲程度来表示。钢筋承受的弯曲程度越大，其冷弯性能越好。钢筋的冷弯性能一般用弯曲角度和弯心直径对钢筋直径的比值来表示。出现裂纹前的角度越大，弯心直径对钢筋直径的比值越小，则表示钢筋的弯曲程度越大，即钢筋的冷弯性能越好。从大量的检验结果表明，冷轧带肋钢筋的冷弯性能良好。

（4）钢筋的粘结锚固性能。

由于冷轧带肋钢筋表面有两面或三面呈月牙形横肋，大大的增加了摩阻力，避免了滑丝的问题，提高了构件的承载能力和抗裂性能，是一种具有很好的粘结锚固性能材料。

（二）钢筋的检查与验收

对进场的冷轧带肋钢筋的检查验收应符合国家标准《冷轧带肋钢筋》GB13788 的规定，每批钢筋应有出厂质量合格证明书，对于外形尺寸、表面质量及重量偏差的检查，按每批抽取 5%（但不小于 5 盘或 5 捆）的数量进行检验。对抗拉强度、伸长率和冷弯应提出较高要求，每盘都应检查钢筋的力学性能和工艺性能，即从每盘任一端截去 500mm 后取两个试样，一个做抗拉强度和伸长率试验，另一个做冷弯试验。如有一项指标不符合表 3-12 规定，则判定该盘钢筋不合格。对成捆供应的 550 级钢筋应逐捆进行检验。从每捆中同一根钢筋上截取两个试件，试验方法同前，如有一项不符表 3-12 的要求时，应从该捆中取双倍数量的试件进行复验，如仍有一个试样不合格，则判定该捆钢筋不合格。检验后的钢筋每盘或每捆都应有标牌，标明钢筋力学性能的试验结果。

（三）冷轧带肋钢筋的使用

550 级钢筋用于钢筋混凝土结构构件中的受力主筋、架立筋、箍筋和构造筋。650 级及以上等级钢筋用作预应力混凝土结构构件中的受力主筋。由于冷轧带肋钢筋是经冷加工强化的无明显屈服点的"硬钢",因此,不宜用作地震作用下对钢筋延性要求较高的框架梁、框架柱及圈梁的纵向主筋。

冷轧带肋钢筋末端可不制作弯钩。当末端制作 90°或 135°弯折时,钢筋的弯曲直径不宜小于钢筋直径的 5 倍。

对进场的冷轧带肋钢筋应按轧制的外形、级别标志,分类堆放。冷加工的钢筋易生锈,应注意防雨、防潮。存贮时间不宜过长。

冷轧带肋钢筋严禁采用焊接接头,但可制成点焊网片。

二、冷轧扭钢筋

冷轧扭钢筋是用 $\phi6 \sim 12$ 热轧圆钢,经冷拉、冷轧、冷扭成具有扁平螺旋状的钢筋,它不但具有较高的强度,而且与混凝土间的握裹力有明显提高。

冷轧扭钢筋的原材料采用 HPB235 热轧盘条光面钢筋,直径 $\phi6.5$、$\phi8$、$\phi10$ 和 $\phi12$。盘条进场后,应对每批盘钢筋根据不同厂别、规格进行复验,合格后再加工轧制。

制作工艺如下:圆盘钢筋从放盘架引出→钢筋调直、清除氧化皮→轧扁机将钢筋轧扁→轧扁钢筋通过扭转装置加工成具有连续螺纹曲面的麻花状钢筋→按预定长度切断。

冷轧扭钢筋必须检验抗拉强度和伸长率两个指标:抗拉强度 $\geqslant 580\text{N}/\text{mm}^2$,伸长率 $\geqslant3\%$。

试样应在距钢筋端头 500mm 以外任意部位切取,试件长 400mm。试件允许用不经扭转的扁钢代替,其结果与冷轧扭钢筋等效。试件每批取两件为一组,如有一项指标不合格,应在同批钢筋不同部位取两组复试,再有一项不合格,则该批冷轧扭钢筋为不合格,严禁用作受力主筋。

冷轧扭钢筋的规格按其原材料直径 $\phi6.5$、$\phi8$、$\phi10$ 和 $\phi12$ 分别有 $\phi^z6.5$、ϕ^z8、ϕ^z10 和 ϕ^z12。冷轧扭钢筋必须严格控制截面的厚度及螺距,表面不得有裂缝、刀痕、擦伤及油污。冷轧扭钢筋加工后易生锈,应尽早使用,储存期不宜超过一个月。

冷轧扭钢筋全部交点及接头均用铁丝绑扎,不得用焊接连接。

三、钢筋焊接网

钢筋焊接网是在工厂将纵向钢筋和横向钢筋分别以一定间距排列且互成直角,用电阻点焊将交叉点焊在一起形成的钢筋网。工程中的承重焊接网,钢筋直径一般为 $6 \sim 12\text{mm}$(最大可达 25mm),网格一般为 $100\text{mm} \times 100\text{mm}$ 至 $200\text{mm} \times 200\text{mm}$。

（一）钢筋焊接网的特点及用途

（1）加工工厂化，可减少劳动量，大大提高施工速度。

（2）钢筋焊接网的纵筋和横筋形成网状共同起粘结锚固作用，有利于防止混凝土裂缝的产生与发展。

（3）钢筋焊接网刚度大、弹性好、浇筑混凝土时钢筋不宜局部弯折，混凝土保护层厚度易于控制、均匀，从而提高了钢筋工程质量。

（4）钢筋焊接网具有较好的综合经济效益，可降低工程造价。

钢筋焊接网主要用于房屋建筑、道路桥梁、机场跑道、隧洞衬砌等的钢筋混凝土配筋和预应力混凝土结构的普通配筋。

（二）钢筋焊接网的技术规定

根据规程规定，焊接网宜采用550级冷轧带肋钢筋制作，也可采用510级冷拔光面钢筋制作。对于一片焊接网应采用同一类型的钢筋焊成，焊接网按形状、规格分为定型钢筋网和定制钢筋网两种。定型钢筋网在两个方向上的钢筋间距和直径可以不同，但在同一方向上钢筋应具有相同的直径、间距和长度。定制焊接网的形状、尺寸可根据设计和施工要求确定。

焊接网钢筋的直径为 4~12mm，考虑运输条件，焊接网长度一般不超过12m，宽度不宜超过4m。焊接网的纵向钢筋间距宜为100mm、150mm、200mm，另一方向的钢筋间距一般为100mm、150mm、200mm，有时可以达到400mm，个别情况甚至达1000mm。当焊接网横筋为单筋时，较细钢筋的公称直径应不小于较细的钢筋直径的0.6倍。焊接网焊点的抗剪力应不小于150与较粗钢筋公称横截面积的乘积。

焊接网钢筋的力学性能指标如表3-13所示。

钢筋焊接网的力学性能指标　　　　　　　　表 3-13

焊接网钢筋	钢筋直径 （mm）	强度标准值 （MPa）	强度设计值 （MPa）	弹性模量 （N/mm²）
冷轧带肋钢筋	4~12	550	360	1.9×10^5
冷拔光面钢筋	4~12	510	320	2.0×10^5

网片搭接是钢筋焊接网非常重要的构造要求。其搭接接头应设置在受力较小处。焊接网的搭接一般有三种方式：叠接法、扣接法和平接法。叠接法搭接方便、施工速度快，一般的工程结构中多采用叠接法搭接，有时也采用扣接法。当板较薄时，为了减少搭接处钢筋的厚度和保证板的受力筋维持同一有效高度，有些情况下也采用平接法；规程规定，单向板的下部受力钢筋焊接网和双向板短跨方向的下部钢筋不宜设置搭接接头，双向板的长跨方向可按规定设置搭接接头。

四、高效钢筋的施工工艺

（一）高效钢筋的连接

1. 带肋钢筋的套筒挤压

套筒挤压是将两根待接的钢筋先后插入一个优质钢套筒，然后用压接器在侧向加压，套筒塑性变形后即与变形钢筋紧密咬合达到连接钢筋传递内力的效果。它是目前较为稳定的一种钢筋连接方式，具有操作简单、省电、接头质量可靠、可全天候作业等优点。其工艺流程为：钢筋套筒验收→钢筋断料、刻划钢筋套入长度，定出标记→套筒套入钢筋，安装挤压机→开动液压泵、逐渐加压套筒至接头成型→卸下挤压机→接头外形检查。

施工中应注意以下三点：

（1）严格控制套筒质量关　钢筋连接套筒必须有适中的强度和良好的延性，其强度应高出被连接钢筋强度的 1.1 倍，当用优质碳素镇静钢（SPJ 型）套筒时，机械性能指标为：屈服强度 ≥310MPa，抗拉强度 ≥460MPa，伸长率 ≥20%。其挤压接头应符合《带肋钢筋套筒挤压连接技术规程》规定。

（2）选好设备及模具　挤压时应选用移动方便、经久耐用的设备，设备的模具接头质量要好，尽量使钢筋获得较为均匀的挤压力，达到接触均匀的效果。挤压连接所用的设备由挤压器、高压油泵以及小车、高压脚管等配件组成。

（3）严格按施工操作规程操作，遵守各项有关技术和安全规定。

挤压前应该清除钢筋端头浮锈和杂质，并在钢筋梁端做出标记，以便检查钢筋；对少数超公差或马蹄形端头的钢筋应做打磨或切除处理；针对进场的钢筋情况、设备及套筒进行各项性能试验和各种钢筋规格的连接试验。

挤压应从套筒中间开始，顺次向两端挤压，应认真检查定位标记，确保被接钢筋插到套筒中线；挤压时应将钢筋扶直，保证压接器与钢筋轴线垂直。

2. 钢筋锥螺纹连接

钢筋锥螺纹连接是利用钢筋端头加工成的锥形螺纹与内壁带有相同内螺纹的连接套筒相互拧紧后靠锥形螺纹相互咬合来传递钢筋的拉力或压力。其接头施工方便、成本低，被广泛采用。在使用中应该注意的要点为：

（1）严格控制螺纹现场加工质量　螺纹现场加工质量直接影响接头质量的强度与变形性能。根据《钢筋锥螺纹连接技术规程》JGJ109—96 规定：要求月牙饱满，无断牙、秃牙缺陷，且与牙形吻合，牙齿表面光洁的为合格品。

（2）严格控制锥螺纹连接套筒质量　锥螺纹连接套筒质量也是影响接头质量的重要因素，因此要严格控制材质，进行集中生产，保证产品的质量。

（3）控制好扭紧力矩值　根据《钢筋锥螺纹连接技术规程》要求连接钢筋时，应该对准轴线将钢筋拧入连接套，然后用力矩扳手拧紧。接头拧紧值应该满足表 3-14 所示的要求。

接头拧紧力矩值　　　　　　　　　　表 3-14

钢筋直径（mm）	16	18	20	22	25～28	32	36～40
拧紧力矩（N·m）	118	145	177	216	275	314	343

3. 镦粗直螺纹钢筋连接

镦粗直螺纹钢筋连接是我国近期开发成功的新一代钢筋连接技术。它通过对钢筋端部冷镦扩粗、切削螺纹，再用连接套筒对接钢筋。这种接头综合了套筒挤压接头和锥螺纹接头的优点，具有接头强度高、质量稳定、施工方便、连接速度快、应用范围广、综合效益好的特点。具有很强的推广应用价值。

使用中应该严格进行质量控制：钢筋的下料端面平直，允许少量偏差，应以能镦出合格头型为准；镦粗直螺纹接头的质量要稳定、螺纹规整；套筒要符合《镦粗直螺纹钢筋接头》规定，进场要严格核对产品的名称、型号、规格、数量、制造日期和生产批号、生产厂名等。

镦粗直螺纹钢筋连接的施工工艺为：钢筋端部扩粗；切削直螺纹；用连接套筒对接钢筋。其根据应用场合的不同可分为六种形式：

（1）标准型：套筒长度为 2 倍钢筋直径。用于正常情况下连接钢筋；

（2）加长型：用于钢筋转动较为困难的场合，通过转动套筒连接钢筋；

（3）扩口型：用于钢筋较难对中的场合；

（4）异径型：用于连接不同直径的钢筋；

（5）正反丝扣型：用于两端钢筋均不能转动而要求调节轴向长度的场合；

（6）加锁母型：用于钢筋完全不能转动，通过套筒连接钢筋，用锁母锁定套筒。

镦粗直螺纹钢筋具有接头强度高、质量稳定、施工方便、连接速度快、综合经济效益高等特点，因此被广泛运用在高层建筑、桥梁工程、核电站、电视塔等结构工程中。

4. 高效钢筋连接技术的检验

根据《钢筋机械连接通用技术规程》规定现场检验应分批进行，同一施工条件下采用同一批材料的同等级、同形式、同规格接头，以 500 个为一批进行验收，不足 500 个也作为一批，在每一批中应随机抽 3 个试件做单向拉伸试验，都满足规程中的强度等级要求时为合格品，如有一个试件的抗拉强度不符合要求，应再取双倍的试件进行复检，如仍有一个不符合要求则该批为不合格。在现场连续检验 10 批，其全部单向拉伸试件一次抽检均为合格时，验收批接头数量可扩大 1 倍。

（二）钢筋的焊接技术

1．闪光对焊

闪光对焊的原理是利用对焊机使两段钢筋接触，通过低电压强电流，使钢筋加热到一定的温度后，进行加压顶锻，使两根钢筋焊接在一起。它广泛应用于钢筋纵向连接及预应力钢筋与螺丝端的焊接。对于热轧钢筋宜选用闪光对焊，不能使用电弧焊。

2．电阻点焊

电阻点焊是利用电流在接触点（接触点处有强大的接触电阻）接触的瞬间产生的集中热量使焊点金属熔化而达到焊合。电阻点焊的工艺参数为电流强度、通电时间和电极压力。通电时间根据钢筋的直径和变压器级数而定。电极压力则根据钢筋级别和直径选择。

3．电弧焊

电弧焊的原理是利用弧焊机使焊条与焊件之间产生高温弧焊，是焊条和高温电弧范围内的焊件金属融化，融化的金属凝固后即形成焊缝或焊接接头。它广泛应用在钢筋的搭接和接长、钢筋骨架的焊接、钢筋与钢板的焊接、装配式结构接头的焊接和各种钢结构的焊接。

钢筋电弧焊的接头形式有四种：搭接焊接头、邦条焊接头、剖口焊接头和熔槽邦条焊接头。

4．电渣压力焊

电渣压力焊是利用电流通过渣池产生的电阻热将钢筋端部熔化，然后施加压力使钢筋焊接为一体。它使用于现浇钢筋混凝土结构中直径 14～40mm 的 HPB235、HRB335 级钢筋的竖向接长。

电渣压力焊的工艺参数为焊接电流、渣池电压和通电时间。

5．气压焊

气压焊是利用乙炔和氧混合气体燃烧所形成的火焰加热钢筋两端面，使其达到塑化状态，在压力作用下获得牢固接头的焊接方法。它适用于各种位置的直径为 16～40mm 的 HPB235、HRB335 级钢筋焊接接头。

五、高效钢筋在土木工程中的运用

（一）高效钢筋在房屋建筑中的应用

高效钢筋在国内的东南沿海及北京、天津、上海、珠江三角洲等地已开始应用。主要用在高层或超高层及多层住宅、写字楼、宾馆、学校、商店、仓库和厂房等建筑。使用部位包括楼板、屋面、墙体、地坪、基础、船坞和游泳池等。典型的工程有深圳地王大厦 81 层、高 325m，总建筑面积 27 万 m^2，所有楼板均采用焊接网，钢筋直径为 10mm 及 8mm、网格尺寸均为 200mm×200mm，公用各种型号焊接网 675t，是国内的大型高层建筑中较早使用焊接网的。深圳新世纪广场为一幢高 185.82m、52 层双塔楼多用途综合建筑，总面积为 19 万 m^2，在 14 万 m^2 的楼板中采用冷轧带肋钢筋焊接网 1500t。北京京皇广场 26 层、高 91.2m，总建筑面积 9.995 万 m^2，在 7.5 万 m^2 楼板中采用冷轧带肋钢筋焊接网 1300t，网片最大尺寸为 11.7m×2.0m。钢筋直径为 12mm 及 8mm，网格尺寸为 150mm×400mm，是国内在高层建筑中采用直径最大的冷轧带肋钢筋焊接网工程。广州市中水广场大楼 46 层、高 173.4m，总建筑面积为 7.8 万 m^2，从地下室到屋面，所有楼板的底筋为冷轧带肋钢筋手工绑扎，所有的楼板负筋和剪力墙分布筋均为冷轧带肋钢筋焊接网，共用焊接网 840t，是国内将焊接网用在高层剪力墙墙面配筋的最高建筑。另外，深圳市邮电信息枢纽大厦（46 层）、广州港澳江南中心大厦（54 层）以及深圳市世贸中心大厦（54 层）等工程中，都大量的采用焊接网，并取得了很好的效果。

（二）高效钢筋在桥梁中的应用

据不完全统计，国内在桥梁、路面及构筑物等方面应用焊接网的项目已有 180 多项。典型的工程有：江阴长江大桥的引桥，总共 6200m 长的桥面及组合 T 形梁上缘底板配筋均采用冷轧带肋钢筋焊接网。南京长江大桥和重庆嘉陵江黄花园大桥的桥墩等均采用钢筋焊接网。还有上海延安路高架桥、南干线高架桥、厦门海沧大桥、广州解放路立交桥、南京水西门立交桥、无锡梁湖大桥等都采用钢筋焊接网，均获得了良好的效果。

第三节　新型模板体系的施工工艺

在高层建筑和大型公共设施建设中，为了加快模板的周转使用和施工速度、减少现场作业量、降低工程费用以及提高工程质量，就需要有新型的模板体系与之相适应。新型模板体系包括大模板、滑动模板、爬升模板、台模、早拆模板和筒模板等大型工具式模板，其中大模板、滑动模板、爬升模板和筒模板用于竖向结构的快速施工，台模和早拆模板用于水平结构的快速施工。

一、大模板

大模板即大面积模板、大块模板，由于其模板的面积大，甚至可达一面墙，所以称为大模板。它是建造高层建筑特别是高层住宅和高层旅馆的重要手段，广泛用于高层建筑剪力墙和筒体混凝土结构施工。其特点是采用工具式大型模板，以工业化方法，在施工现场按照设计位置灌注混凝土承重墙体，具有结构整体性好、现浇混凝土墙面平整、装修工作量减少、模板周转快、工期较短、技术掌握较容易、劳动强度较低等。

（一）大模板构造

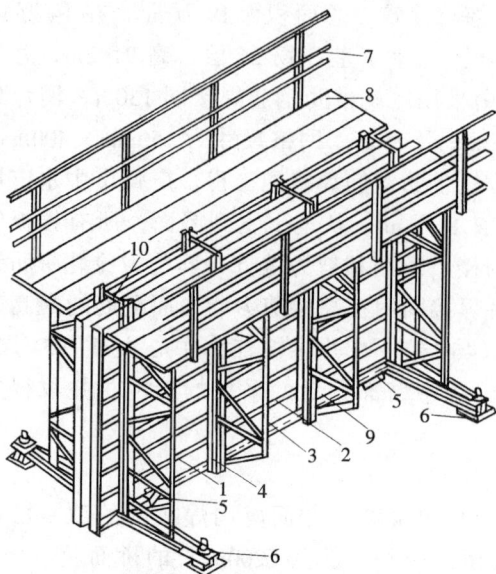

图 3-5 大模板构造示意图

1—面板；2—水平加劲肋；3—支撑桁架；4—竖楞；5—调整水平度的螺旋千斤顶；6—调整垂直度的螺旋千斤顶；7—栏杆；8—脚手板；9—穿墙螺栓；10—固定卡具

大模板由面板、骨架、支撑系统和附件组成，如图 3-5 所示。面板的作用是使混凝土墙面成型，具有设计所要求的外观；骨架的作用是固定板面，保证其刚度，并将所受到的荷载传递到支撑系统，通常由薄壁型钢或槽钢、扁钢、钢管等做成的横肋和竖肋组成。在采用木面板时，也可以用木楞作骨架；支撑系统的作用是将荷载传递到楼板、地面或下一层的墙体上，并调整面板到设计位置，在堆放时用以保持模板的稳定性；附件包括操作平台、爬梯、穿墙螺栓、上口卡板等。

（二）大模板的结构形式

1. 整体式大模板

模板高度等于建筑物的层高，长度等于房间的进深，一块大面板为房间一面墙大小。其特点是拆模后墙面平整光滑，没有接缝。但墙面尺寸不同时，不能重复利用，模板利用率低。

2. 拼装式大模板

用组合钢模板根据所需要的尺寸和形状，在现场拼装成大模板。其特点是可以重新组装，适应不同面板尺寸的要求，提高模板的利用率。

3. 模数式大模板

模板根据一定的模数进行设计，用骨架和面板组成各种不同形式的模板。其特点是适应建筑结构的要求，提高了模板的利用率。

（三）大模板的施工工艺

1. 施工准备

施工准备工作应当细致充分。首先应确定大模板平面组合方案，其决定于墙体的结构体系，一般有三种方案供选择：

（1）平模方案。一块墙面用一块平模，如图 3-6（a）适用于内浇外砖（内墙为现浇混凝土，外墙为

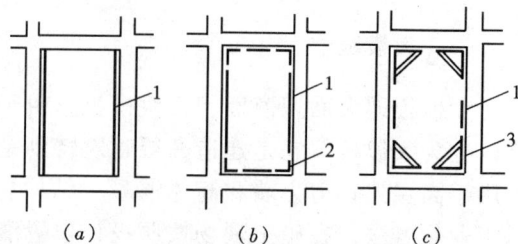

图 3-6 大模板平面组合方案

（a）平模方案；（b）小角模方案；（c）大角模方案

1—平模；2—小角模；3—大角模

砖砌体）或内浇外板（外墙为预制板）的结构。

（2）小角模方案。墙面以平模为主，两块墙面的转角处用∠100×10的小角模，如图3-6（b）适用于全现浇混凝土结构或内纵横墙同时现浇的结构。

（3）大角模方案。房间的四块墙面用四个大角模组合成一个封闭体系，如图3-6（c）适用于全现浇混凝土结构。

制定好大模板平面组合方案后，结合工程结构平面图，绘出大模板的平面布置图，在绘制模板布置图要求内外大模板分别编号；凡大模板的尺寸对称形式都相同的编为同一号，当尺寸相同而对称形式不同时，号以角码A、B、C等表示；尽可能的减少大模板的尺寸类型，必要时与其他的模板混用，以便快速安装模板，搞好现场管理。

2. 模板安装

在大模板安装前，先在楼面上弹出轴线和安装位置线，检查已绑扎的钢筋并做好隐蔽工程验收纪录，检查预埋构件以及预留的门窗框。

大模板的安装应严格按布置图分内外墙、按编号逐个就位，安装校正后用拉杆固定。对于高层现浇全剪力墙结构，大模板的安装顺序为先安装支撑架及外大模板（图3-7），后安装内墙大模板和外墙内侧大模板。对于内浇外板的大模板施工，先安装内横墙大模板，再安装外预制挂板。大模板的安装流向与分段施工流向一致，同类模板依次安装，形成相同操作，流水作业。

3. 模板拆除

大模板安装后，应分层浇筑模板内混凝土，每层厚度不超过600mm。对内浇外砖的角区构造柱，每层浇筑不超过300mm。墙体混凝土强度达1N/mm² 以上时即可拆模。

大模板拆模的流向为先浇先拆，后浇后拆，与施工流向一致。拆模的顺序与安装大模板的顺序相反。拆除时，先撬松，脱开后吊运。拆下的大模板应及时清除，并涂刷隔离剂。

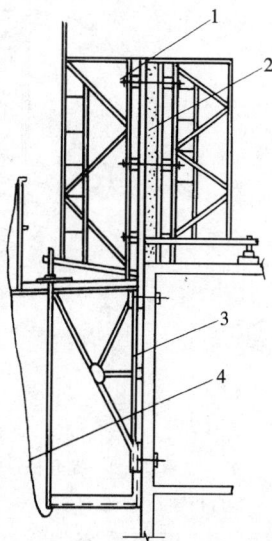

图 3-7　外大模板的安装
1—外模板；2—内模板；
3—外挂支撑；4—安全网

二、滑动模板

滑动模板是由模板结构系统和提升模板两部分组成，在液压装置控制下，千斤顶带着模板和操作系统沿爬升和间断自动向上爬升。主要用于筒塔、烟囱和高层建筑，也可以水平滑动，用于隧道、地沟等工程。

（一）滑动模板分类

按墙体模板做法不同可分为：一般滑模施工工艺、滑框倒模板施工工艺以及液压爬模施工工艺；按楼板做法的不同可分为：逐层空滑楼板并进施工工艺（又称逐层封闭法）、先滑墙体楼板跟进施工工艺、先滑墙体楼板降模施工工艺等。

（二）滑模装置

滑模装置由模板系统、操作平台系统、提升系统以及施工精度系统组成，如图 3-8 所示。

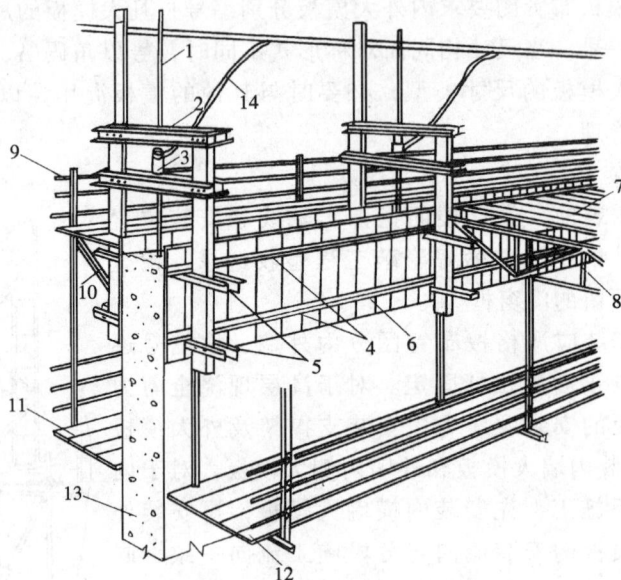

图 3-8   滑模装置组成示意图

1—支承杆；2—提升杆；3—液压千斤顶；4—围圈；5—围圈支托；6—模板；7—操作平台；8—平台桁架；9—栏杆；10—外挑三角架；11—外吊脚手；12—内吊脚手；13—混凝土墙体；14—油管

1. 模板系统

模板系统包括提升架、围圈和模板。提升架是为了保证模板分开一定距离；把作用在模板、吊脚手架和操作平台上所有的荷载传递给千斤顶。围圈起加劲模板作用，并把模板自重和模板滑动时的摩阻力等荷载传递给提升架。

2. 操作平台系统

操作平台系统包括操作平台、料台、吊脚手架、随升垂直运输设施等。操作平台供绑扎钢筋、浇筑混凝土、提升模板等施工时堆放材料和操作之用。料台是支撑在提升架上，作为运送混凝土及吊运、堆放材料和工具之用。吊脚手架主要供装饰混凝土表面、检查混凝土质量、调整和拆除模板等操作之用。

3. 提升系统

提升系统包括支撑杆、千斤顶和提升动力装置。支撑杆即是千斤顶向上爬升的轨道，又是滑模的承重支柱，承受施工过程中的全部荷载。千斤顶是带动模板滑动的核心动力装置，而提升动力装置主要对千斤顶的动力传动系统进行集中控制，尽量使千斤顶同步工作。

4. 施工精度控制系统

施工精度控制系统包括千斤顶同步、建筑物轴线和垂直度等的控制与观测设施等。千斤顶同步控制装置可采用限位卡档、激光控制仪、水平自动控制装置等，滑模过程中，要求各千斤顶的相对标高之差不得大于40mm，相邻两个提升架上千斤顶的升差不得大于20mm。垂直度观测可用激光铅直仪、经纬仪等。

（三）滑动模板的施工工艺

模板组装完毕并经检查，符合组装质量要求后，即可进入滑模施工阶段。在滑模过程中，绑扎钢筋、浇筑混凝土、提升模板这三个工序相互衔接，循环往复、连续进行。

模板滑升可分为初滑、正常滑升、末滑三个主要阶段。

初滑阶段是指工程开始时进行的初次提升模板阶段（包括在模板空滑后的首次继续滑升）。初滑阶段主要对滑模装置和混凝土凝结状态进行检查。其基本做法是：混凝土分层浇筑到模板高度的2/3（分层浇筑厚度200～300mm，分层间隔时间小于混凝土凝结时间），当第一层混凝土的强度达到出模强度时，进行试探性的提升，即将模板提升1～2个千斤顶行程30～60mm，观察并全面检查液压系统和模板系统工作情况。试升后，每浇筑200～300mm高度，再提升3～5个千斤顶行程，直至浇筑到距模板上口约50～100mm即转入正常滑升阶段。

正常滑升阶段是指经过初滑阶段后，浇筑混凝土、绑扎钢筋和提升模板这三个主要工序处于有节奏地循环操作中，混凝土浇筑高度保持与提升高度相等，并始终在模板上口约300mm内操作。

在正常滑升阶段，模板滑升速度是影响混凝土施工质量和工程进度的关键因素。原则上滑升速度应与混凝土凝固程度相适应，并应根据滑模结构的支撑情况来确定。当支撑杆不会发生失稳时（少数情况，如支撑杆经特别加固等），滑升速度可按混凝土强度来确定；当支撑杆受压可能会发生失稳时，滑升速度由支撑杆的稳定性来确定。在正常气温条件下，滑升速度一般控制在150～300mm/h范围内。

末滑阶段是配合混凝土的最后浇筑阶段，模板滑升速度应比正常速度稍慢。混凝土浇完后，尚应继续滑升，直至模板与混凝土脱离不致被粘住为止。

三、爬升模板

爬升模板是一种以钢筋混凝土竖向结构为支撑，利用爬升设备自下而上逐层爬升的模板体系。其主要应用于桥墩、筒仓、烟囱、冷却塔、高层建筑的墙体等施工。

（一）爬升模板的优点

爬升模板在竖向钢筋混凝土结构施工中，与滑模和大模板相比，有明显的优越性：

（1）滑模施工的模板需连续滑升，而爬升模板不需要连续爬升，作业顺序和节奏与大模板相似，操作人员易掌握。

（2）滑模施工的模板滑升，是在混凝土达到一定强度后进行的（出模强度），因此，若对模板滑升的时机把握不好，易使混凝土产生裂缝，影响混凝土的使用寿命。而模板的滑升时机与水泥的品种、浇筑混凝土时的气温、滑模的设计、安装质量等有关，难以把握。爬升模板只要混凝土达到拆模强度后即可脱模，与大模板相比，能保证混凝土结构的尺寸、表面质量和密实性，施工也安全可靠。

（3）大模板施工的模板，在脱模后，往往要有临时搁置，模板的安装对吊机依赖性很大，占用时间很长。而爬模则是利用自升装置实现自行爬升。

（二）爬升模板的组成

爬升模板是由大模板、爬架和爬升设备三部分组成，如图 3-9 所示。其中爬架是一种格式框架，由下部的附墙底座和上部支撑立柱组成，爬架的高度约为三个楼层，格构立柱截面一般为正方形，边长为 600～650mm，采用角钢或槽钢焊接而成。爬升设备可以选用电动环链葫芦、液压千斤顶、电动螺杆提升机以及小型卷扬机等。

（三）爬升模板的施工工艺

（1）拆除固定墙模板的对拉螺栓，利用安装在爬架顶部的提升设备，将大模板由 n-1 层提升到 n 层（如图 3-9a）。

（2）浇筑 n 层的混凝土墙体并养护到一定的强度，将提升设备固定于模板上，以模板为支撑点，利用提升设备，将爬架由 $n-2$ 层提升到 $n-1$ 层，并用穿墙螺栓与墙体拉接（如图 3-9b）。

（3）浇筑 $n+1$ 层混凝土墙体重复过程 1（图 3-9c）。

四、台模

台模又称飞模、桌模，它由面板和支架组成，如图 3-10 所示。一般是一个房间一块台模。可以整体安装、脱模和转运，利用起重机在施工中层层向上转运使用。台模适用于各种结构体系的现浇混凝土楼板的施工。

（一）台模的结构形式

1. 立柱式台模

立柱式台模如图 3-11 所示，其结构形式简单，加工容易，适用于各种结构形式的楼板施工。面板可以采用组合钢模板、支架的主次梁和立柱可以采用钢管。

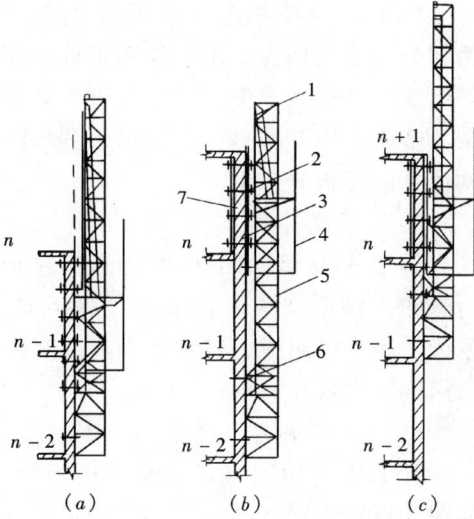

图 3-9　模板爬架子、架子爬模板示意图

1—模板与爬架提升葫芦；2—墙模穿墙对拉螺栓；

3—外模；4—操作平台；

5—爬架；6—爬架固定螺栓；7—内模

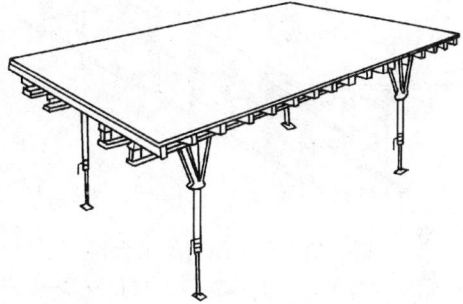

图 3-10　活动刚支柱台模

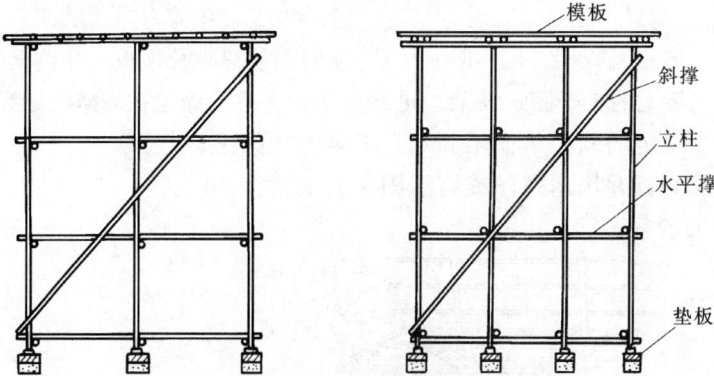

图 3-11　立柱式台模

2. 桁架式台模

桁架式台模可以整体脱模、转运，承载力强，装拆速度快，台模面积大，特别适用于大开间、大进深、无柱帽的现浇混凝土楼盖等的施工。

3. 悬架式台模

悬架式台模特点是台模自重和上部荷载不是传递到下层楼面，而是将台模支撑在混凝土柱或墙体的托架上，这样可以加快台模周转，缩短施工周期。台模面板可采用组合钢模板或胶合模板、支架由桁架、檩条、翻转翼板和剪力撑等组成。它适宜于框架剪力强结构和剪力墙结构体系的施工。

4. 门架式台模

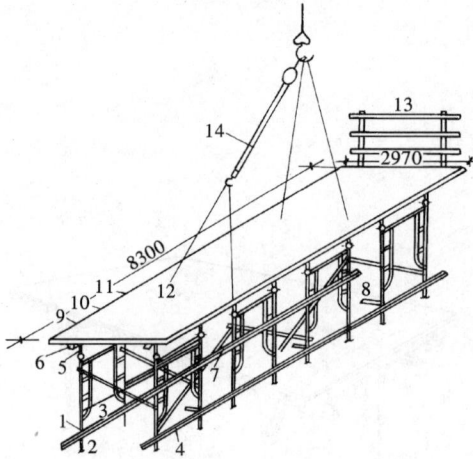

图 3-12　多功能门架式台模

1—门架式脚手架（下部安装连接件）；2—底托
（插入门式架）；3—交叉拉杆；4—通长角铁；5—
顶托；6—大龙骨；7—人字支撑；8—水平拉杆；
9—小龙骨；10—木板；11—薄钢板；12—吊环；
13—护身栏；14—电动环链

门架式台模如图 3-12 所示，它是由门架、交叉斜撑、水平架和可调底座等组成。其拼装简便、拆除后可作脚手架、节省费用等特点，广泛用于各种结构体系的楼板施工中。

5．构架式台模

构架式台模如图 3-13 所示，它是由碗扣式脚手架等各种承插式脚手架、主梁、檩条等组成，其特点和适用范围与门架式台模相同。

（二）台模的施工工艺

1．台模的组装（以 20K 台模为例，如图 3-14）

（1）铺放垫板和底部调节螺旋，并用钉子固定。

（2）将螺旋调到一定的高度后，后装承重支架和剪力撑，随即安装接长管和顶部调节螺旋及顶板，并调至同一高度。

（3）用顶板上的夹子固定纵梁，同 U 形螺栓将挑梁固定在支架规定高度位置。

（4）按照规定的间距将横梁固定在纵梁的挑梁上。

（5）铺设面板并用木螺丝或钉子固定在横梁上。

2．台模的脱模

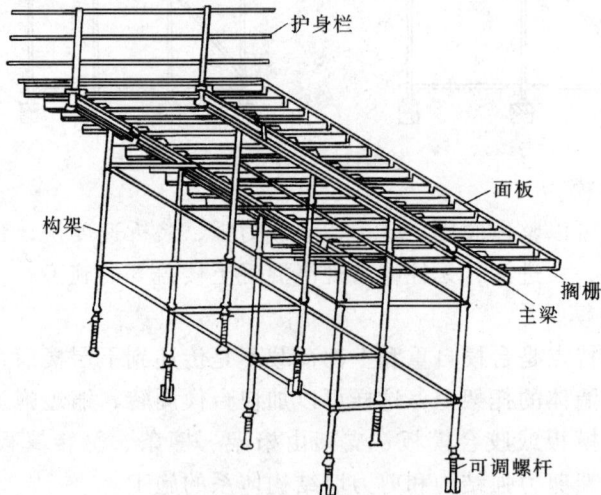

图 3-13　构件式台模

当梁、板混凝土达到设计强度80%时方可脱模。脱模前先将柱、梁模板（包括支撑立柱）拆除，然后松动台模顶部和底部的调节螺旋，使台面下降至梁底以下5cm以上时，即可将台模整体转移。

3. 台模转移

（1）台模下落脱模后（图3-15）所示，用撬棍撬起，将直径50mm的钢管滚杠垫在台模底部的木垫板下，每块垫板不少于4根。

（2）将台模推至楼层边缘，将起重机械的吊索挂在台模前边两个支柱上（图3-15e）。

（3）同时将台模内侧支柱用

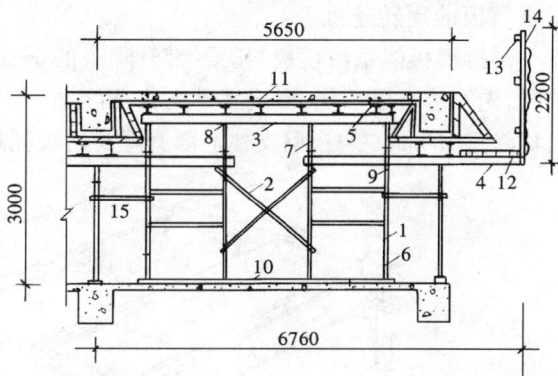

图 3-14　20K 台模构造

1—承重钢管支架；2—剪刀撑；3—工字钢纵梁；4—槽钢挑梁；5—铝合金横梁；6—底部调节螺旋；7—顶部调节螺旋；8—顶板；9—延伸管（或接长管）；10—垫板；11—九合板（或七合板）面板；12—脚手架；13—钢管护身栏；14—安全网；15—拉杆

两根绳系在结构柱上，当起重吊索微微吊起时，慢慢放松绳子，使台模继续慢慢向外滚动。当台模滚出约2/3时，放松吊索，使台模倾斜，同时将起重的另两根吊索挂在第三排支柱上（图3-15f），继续起吊台模即可飞出，然后吊至上一层使用。

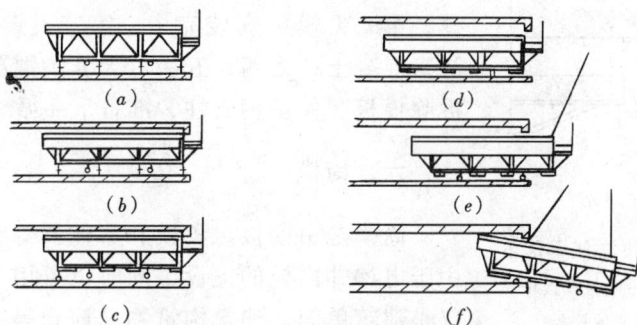

图 3-15　台模的施工过程示意图

五、早拆模板

早拆模板体系是在楼板混凝土浇筑 3～4d，达到设计强度的50%时，即可提早拆除楼板模板与托梁，但支柱仍然保留，继续支撑楼板混凝土，使楼板混凝土处于短跨度（支柱间距＜2m）受力状态，待楼板混凝土强度增长到足以承担自重和施工荷载时，再拆除支柱。

早拆模板体系能实现模板早拆，其基本原理实际就是用保留支柱，将拆模跨度由长跨改为短跨，所需的拆模强度降至混凝土设计强度的50%，从而加快了承重模板的周转速度。

早拆模板体系由模板、托梁、带升降头的钢支柱等组成,见图3-16。早拆模板安装时,先安装支撑系统,形成满堂支架,再逐个按区间将头上的支撑插板、托梁连同模板块降落100mm左右,钢支柱上部升降头的顶托板仍然支撑着混凝土楼板(图3-17)。

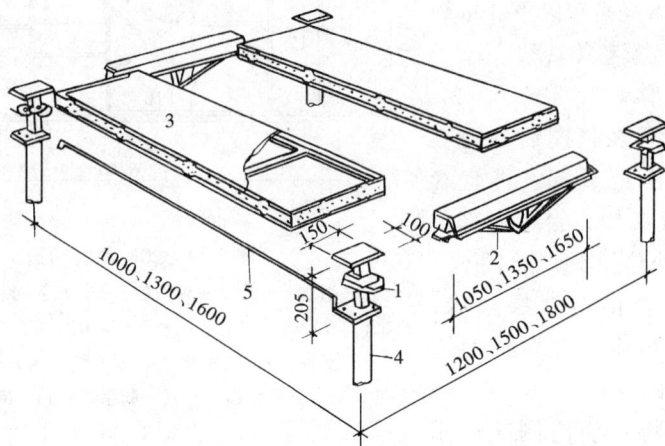

图 3-16　早拆模板体系

1—升降头;2—托梁;3—模板块;4—可调支柱;5—跨度定位杆

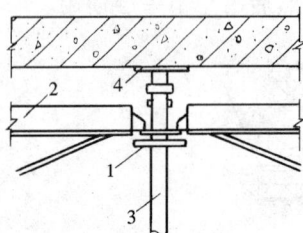

图 3-17　模板块与托梁落下

1— 托梁;2—托梁与模板块;

3—支柱;4—顶托板

早拆模板的施工工艺:第一天开始安装模板支撑;第二天模板安装完毕;第三天钢筋绑扎完毕,浇筑混凝土;第四、五、六天养护混凝土;第七天拆除模板,保留钢支柱,准备下一循环。

六、筒模

筒模是由模板、角模和紧伸器等组成。主要适用于电梯井内模的支设,同时也可用于方形或矩形狭小建筑单间、建筑构筑物及筒仓等结构。由于筒模具有结构简单、装拆方便、施工速度快、劳动工效高、整体性能好、使用安全可靠等特点,随着高层建筑的大量兴建,筒模被广泛应用。

筒模的模板为四面模板,采用大型钢模板或钢框胶合板模拼装而成。一个工程完后,模板可以整体拆散,再按工程需要的尺寸重新组装,满足不同尺寸电梯井的施工要求。

筒模的角模有固定角模和活动角模两种。固定角模即为一般的阴角钢模板(图3-18a)活动角模以开发出单铰链角模和三铰链角模等的多种不同构造形式。单铰链角模(图3-18b)只在转角处设铰链,三铰链角模(图3-18c)在转角和角模与平模相接处都设有铰链,这种角模收合比较灵活方便。

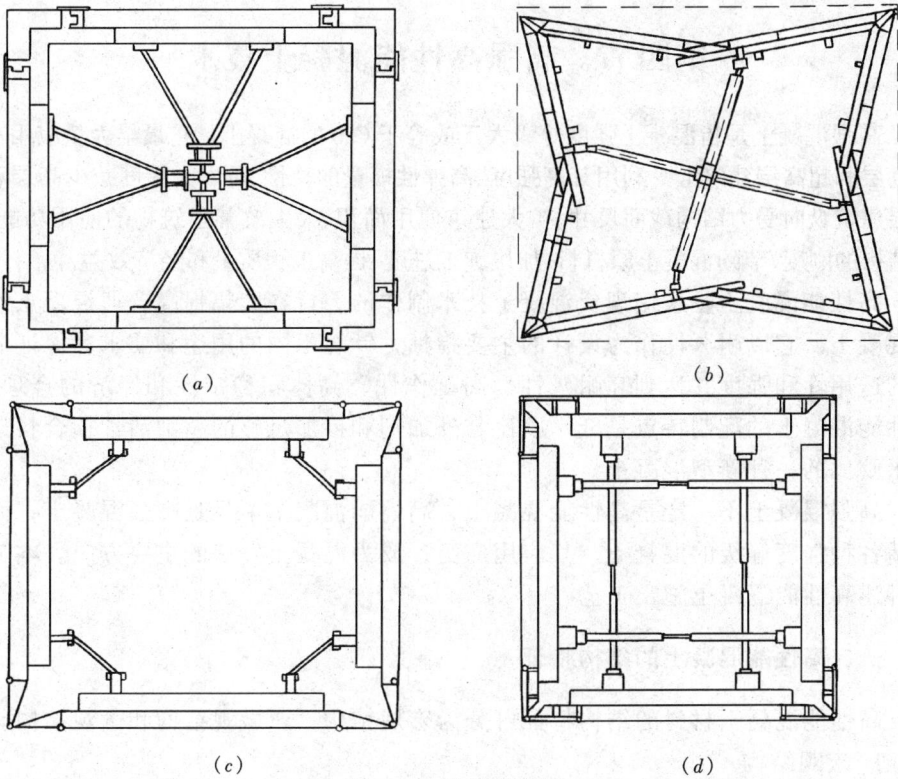

(a)

(b)

(c)

(d)

图 3-18　筒模示意图

紧伸器有集中式和分散操作式等多种形式。集中操作紧伸器（如图 3-18a）是通过转动中央调节螺杆，带动四面拉杆伸缩，使支撑在拉杆上的四面模板内外移位。分散操作式集中紧伸器是各面模板的内外移位，均通过各自的调节螺杆来完成，其形式较多，如图 3-18（b）、（c）、（d）所示。

筒模的施工工艺：

（1）在支模时，反转调节螺杆，使两面面模板向外推移和角模伸张，即可支模。

（2）在脱模时，通过螺旋调节螺杆，牵动两对面模板向内移动，使角模收缩，即可脱模。

（3）筒模的提升一般采用塔吊，先将筒模工作平台吊装上升，待工作平台上的支腿上升到一层预留洞时，自动弹入洞内，再将工作平台就位。然后将筒模吊运在平台上，调整紧伸器，使角模伸张，与平模成一个平面。为了解决在塔吊运输条件缺乏的情况下进行筒模的安装、拆卸和搬运工作，有的采用了自升筒模技术，即在原筒模和工作平台的基础上，增加提升架和提升机，将提升机固定在提升架底座上，通过四个导轮、四根钢丝绳及其紧伸器，将筒模和提升架互为提升，完成筒模提升操作施工。

第四节　高强高性能混凝土技术

高强混凝土是指混凝土强度等级大于或等于 C50 的混凝土。它最早大量应用在国外高层和超高层建筑上。利用其高强度、高弹性模量的特性,可以大幅度减少高层和超高层建筑纵向受力结构截面尺寸、扩大建筑使用面积、大大改善建筑物的使用功能、增加结构的刚度、节约混凝土原材料、加快施工进度、提高工程质量和经济效益。

高性能混凝土是采用现代混凝土技术制作的,旨在大幅提高普通混凝土性能的混凝土。它以耐久性作为设计的主要指标,针对不同的用途和要求,保证混凝土的适用性和强度并达到高耐久性、高工作性、高体积稳定性和经济的合理性。高性能混凝土的配制特点是低水胶比与外加剂和掺加足够的超细活性掺合料达到低水胶比的一种新型混凝土。

高强混凝土不一定是高性能混凝土,高性能混凝土不只是高强混凝土,而是包括各种强度等级的混凝土,其应用广泛,成为混凝土发展的主要方向。本节主要讲述高性能混凝土施工工艺。

一、高性能混凝土的结构特征

高性能混凝土材料的结构特征可分为宏观结构、亚微观结构和微观结构。

1. 宏观结构

从宏观结构来看普通混凝土的结构特征,混凝土是一种多孔 (空洞、毛细管)、多相 (固相、液相和气相)、非匀质的复杂体。而影响混凝土强度最主要因素是混凝土的孔隙率即 mm ~ μm 级的毛细孔。要求采用低水灰比,以尽量提高混凝土的密实度来减少混凝土的孔隙率,提高混凝土的强度;采用合理的配合比设计参数来改善混凝土的宏观结构以提高混凝土的拌合物的性能和硬化后混凝土的各种物理力学性能。因此,要求高性能混凝土孔隙率低,具有良好的孔分布。

2. 亚微观结构

从亚微观结构来看普通混凝土的水泥石,在混凝土中还存在很多的未水化的水泥颗粒,而且水灰比越小,未水化的颗粒越多,然而强度却越高 (不是水灰比越小,未水化的颗粒越多越好)。混凝土的收缩和徐变是由水泥水化产物的多少及结晶形态决定的,它及混凝土的强度、体积稳定性都是由水泥石的亚微观结构决定的。在相同的龄期的情况下,水泥水化越充分,水化产物越多,则硬化后混凝土的收缩和徐变越大;反之则越小。水泥水化产物的结晶形态越高,收缩和徐变越小;反之则越大。

混凝土的强度、体积稳定性都是由水泥石的亚微观结构决定的,在水泥石中应消灭或尽可能消灭 100nm 以上的有害孔,使混凝土的孔结构对混凝土的性能不造成负面影响。

由于骨料和水泥的弹性模量和热膨胀系数不同，以及在骨料和胶凝材料界面存在的过渡区的影响，混凝土的破坏常常发生在界面。

因此，对于高性能混凝土，要求不存在或有极少量的 100nm 以上的有害孔；水化物中 C—S—H 和 AF_t 多而 Ca（OH）$_2$ 少；包括矿物掺合料在内的未水化颗粒多，且具有最佳孔隙率和最佳水泥结晶度。高性能混凝土消除了骨料和水泥石的界面薄弱层，并使其界面粘结强度大于水泥石或骨料母体的强度。彻底改善混凝土的界面结构，消除因界面而影响混凝土性能的不利因素。

3. 微观结构

从微观结构看高性能混凝土，它是由各分子、分子键和原子等组成。如何根据微观结构来改变混凝土材料的性能还有待于进一步探讨。

二、高性能混凝土技术内容

高性能混凝土的基本要求是符合强度要求的前提下，达到高工作性和高耐久性。要达到高工作性的要求，必须用高性能混凝土外加剂改善混凝土拌合物的特性并确保混凝土拌合物优异特性的稳定性；要达到高耐久性，必须用高性能混凝土外加剂和超细活性掺合料，以改善硬化后混凝土内部结构，提高混凝土的密实度和保持其高度的体积稳定性。其技术内容如下：

1. 混凝土外加剂的选择

混凝土外加剂的选择是配置高性能混凝土的关键技术之一。就是应该选择与水泥适应性好、减水量高，且具有增强、增稠、减缩、保塑性能好的高性能混凝土外加剂。它能够提高混凝土流动性和密实性。

（1）高减水作用

高减水作用是指在用水量相同的情况下，使混凝土拌合物具有更大的流动性；在流动性相同的情况下，用水量更少，使混凝土更加密实，充分发挥超细活性掺合料"微粒效应"，大大地改善了混凝土内部的界面结构，进一步减少混凝土内部的缺陷，大幅度提高混凝土的结构强度和耐久性。

（2）增强作用

增强作用是指与其他外加剂相比，在掺量和混凝土配合比完全相同的条件下，混凝土的抗压强度增长 10% 以上。

（3）增稠作用

增稠作用是指能增加混凝土拌合物的稠度，以提高混凝土拌合物的抗离析性能。常用的增稠剂可分为纤维素和丙烯酸两类。纤维素类有羟基丙酰甲基纤维素、羟乙基甲基纤维素和羟乙基纤维素；丙烯酸类的有聚丙烯酰胺部分水化物、丙烯酰胺和丙烯酸共聚物等。

（4）减缩作用

减缩作用是指能减少混凝土的收缩，避免浇筑后的混凝土产生裂缝。同时还必须具有良好的保塑性能，使混凝土拌合物在相当长的时间内（120min 以上）保持高度的流动性，只有这样才能适应现代施工的需要。

（5）保塑作用

为了满足施工的需要，混凝土拌合物必须在一定时间内保持良好的流动性。混凝土拌制后，拌合物的流动性随着水泥水化的进程，逐渐失去流动性。一般的方法是在外加剂中复合缓凝剂。当然过多缓凝剂会延长混凝土的凝结时间，从而影响拆模时间和施工进度。

2．超细活性掺合料

超细活性掺合料的应用把混凝土技术向前推进了一大步。它是利用工业废料经过超细粉碎技术精制而成，能大量的取代水泥（取代量高达 30% ~ 60%），是真正的绿色建材。它在混凝土中，不但彻底改善了混凝土中亚微观结构，提高了粗骨料与砂浆的界面粘接强度，而且超细颗粒填充混凝土中各种形态的孔隙，起到了增强密实作用，从而大大提高混凝土的耐久性，还有调节混凝土拌合物的稠度作用，可进一步降低水灰比。

我国超细活性掺合料的种类有：硅灰、超细矿渣、粉煤灰、沸石粉和其他工业废渣的磨细粉。目前应用较多的有粉煤灰、超细矿渣和硅灰。根据国家标准规定，在配置高性能混凝土时宜采用其性能指标等于或好于Ⅰ级的粉煤灰。

3．骨料的选择

骨料的质量、性能及其粗细骨料的相对含量对高性能混凝土影响很大，在配置高性能混凝土时一定要重视对粗细骨料的选择。C80 以下高性能混凝土中石子最大粒径不宜超过 15mm，而 C100 混凝土最大石子粒径不宜大于 10mm。粗骨料的粒径，要同时满足混凝土强度等级和施工对粗骨料的粒径的要求。根据经验高性能混凝土粗骨料最佳的最大粒径见表 3-15。

粗骨料最佳粒径　　　　　　　　　　　　　　　　　　　　　表 3-15

强度等级	粗集料最大粒径	强度等级	粗集料最大粒径
C50 以下	按施工要求选择	C70	小于等于 20mm
C60	小于等于 25mm	C90 以上	小于等于 10mm

对于细骨料要选用颗粒级配好的、细度模数大于 2.7、含泥量和泥块含量小于 1.5% 的河砂；粗骨料的选择不但要骨料的抗压强度高、颗粒级配好、针片状含量少；而且还要考虑骨料最大粒径对混凝土拌合物流动性的影响。还应特别注意骨料的潜在碱活性，以防碱—骨料反应。

4．原材料的计量和搅拌

高性能混凝土对原材料的计量提出了更高的要求，砂石的计量采用二次计量方法，其计量误差应小于 1%，而水泥、外加剂和水的计量误差应小于 0.5%，以确保混凝土配合比的准确性。

对搅拌的要求也更高，由于高性能混凝土拌合物稠度较大，不易搅拌均匀，应适当延长时间，一般不小于 2min。所以在选用搅拌机的时候，应选用搅拌效果好的强制式搅拌机。

5. 高性能混凝土拌合物配合比设计

（1）高性能混凝土配合比设计的一般要求

高性能混凝土配合比设计的任务就是要根据原材料的技术性能、工程要求及施工条件，合理地选择原材料，确定能满足工程要求和技术经济指标的各项组成材料的用量。具体说，高性能混凝土配合比设计应符合以下要求：

①高耐久性

高性能混凝土配合比设计与普通混凝土不同，首先应满足耐久性的要求。因此必须考虑其抗渗性、抗冻性、抗化学侵蚀性、抗碳化性、体积稳定性、碱骨料反应等。

②强度

根据设计要求，配置出符合一定强度等级要求的混凝土。

③高工作性

一般新拌制混凝土的施工性用工作性评价，亦即混凝土在运输、浇筑以及成型中不分离、易于操作的程度，这是新拌混凝土的一项综合性能。

④经济性

混凝土配合比的经济性，是配合比设计时需要着重考虑的一个问题。在高性能混凝土中不能单考虑经济问题，应满足性能要求的前提下考虑经济问题。

（2）高性能混凝土配合比设计参数

①水胶比定则

在高性能混凝土中水灰比应称之为水胶比，"胶"应是水泥和超细掺合料重量的总和。与普通混凝土不同的是当水胶比低于 0.4 和超细掺合料的"微粒效应"共同作用下，水胶比与强度不再是一条直线，而是一条曲线，水胶比越小，曲线越陡，其斜率越大。

$$W/C = \frac{Af_{ce}}{f_{cu,o} + ABf_{ce}} \tag{3-4}$$

式中　　W/C——水胶比；

　　　　A、B——回归系数；

　　　　f_{ce}——水泥实际强度；

　　　　$f_{cu,o}$——混凝土配制强度。

②绝对体积法则

绝对体积法则是以粗骨料为骨架，其孔隙由细集料来填充；而细集料的空隙由水泥浆体和微气泡来填充，配合比设计就是按这一法则来确定混凝土各组分的数量，得到满足强度、耐久性、施工性和经济性的混凝土配合比。绝对体积法可用《普通混凝土配合比设计规程》中的公式来运算：

$$\frac{m_{co}}{\rho_c} + \frac{m_{go}}{\rho_g} + \frac{m_{so}}{\rho_s} + \frac{m_{wo}}{\rho_w} + 10\alpha = 1000 \tag{3-5}$$

式中　m_{co}、m_{go}、m_{so}、m_{wo}——分别表示每 $1m^3$ 的水泥、粗骨料、细骨料、水的用量（kg）；

　　　　　ρ_g、ρ_s——分别表示粗骨料、细骨料的表观密度（kg/m^3）；

　　　　　ρ_c——水泥的密度（kg/m^3），可取 2900～3100；

　　　　　ρ_w——水的密度（kg/m^3），可取 1000；

　　　　　α——表示混凝土的含气量百分数（%）。

③最小用水量法则

最小用水量法则适用于普通混凝土，同样也适用于高性能混凝土。也就是说，要使混凝土拌合物和流动性在满足施工要求的前提下，用水量尽量小，以求得最高的强度、密实度和最好的耐久性。

④最小水泥用量法则

对于高性能混凝土，最小水泥用量法则尤其重要，它是保证混凝土体积稳定性的一条重要技术措施。减少水泥用量不但可以减少水泥水化热，减少混凝土收缩，而且还能减少能源的消耗，使高性能混凝土成为可持续发展的绿色环保建材。

6. 确定高性能混凝土配合比

高性能混凝土配合比的确定方法是在原有的配合比的基础上，进一步加以优化，对优化后的配合比加以检验，最后确认是否成为高性能混凝土。

当然即使混凝土配合比优化了，搅拌、质量管理和质量控制上不去，还是得不到高性能混凝土，混凝土配合比只是第一步。

（1）砂率的优化

最佳砂率只有在石子最佳级配和砂子最佳级配的前提下获得的。达到最大密实度的最佳砂率是使其砂石混合料的空隙率最小。方法是以不同的砂率从 37%～50% 和石子充分混合后，装入一个不变性的桶中，在振动台上振动一定时间，刮平后称重，重量最大所对应的就是最佳混合比。设最大称重为 W_0，桶体积为 V_0，则其堆积密度为 ρ_0：

$$\rho_0 = \frac{W_0}{V_0} \tag{3-6}$$

砂石的混合表观密度为 ρ，最佳空隙率 α 为：

$$\alpha = \frac{\rho - \rho_0}{\rho} \tag{3-7}$$

最佳空隙率 α 约等于 16%，一般为 20% ~ 30%。

达到最佳流动性的最佳砂率如图 3-19。在水泥用量和用水量一定的条件下，随着砂率的增加，坍落度减少；但混凝土拌合物的粘度系数有一个最小值，它对应的砂率是混凝土拌合物具有最小粘度系数的最佳砂率。所以实际最佳砂率应同时考虑密实度和流动性两个因素。

（2）计算胶凝材料浆体体积

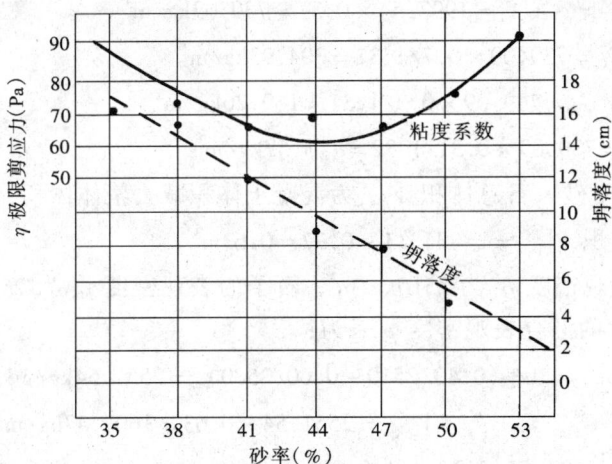

图 3-19　砂率与粘度系数＼坍落度＼极限剪应力之间的关系

胶凝材料浆体体积 V_j 等于砂石混合空隙体积 α 加上富余量 γ：

$$V_j = \alpha + \gamma$$

富余量取决于混凝土的工作性和外加剂掺量及其品质，根据经验，一般坍落度为 180 ~ 200mm，富余量 γ 为 8% ~ 15%。

（3）计算胶凝材料用量

根据混凝土的强度等级和外加剂掺量，根据经验确定水胶比 $W/(C+F)$。根据水泥表观密度 ρ_c，掺合料表观密度 ρ_h 及其掺合量 β、水胶比 $W/(C+F)$，计算 $1m^3$ 浆体的密度 ρ_j：

$$\rho_j = [1 + W/(C+F)] / \{(1-\beta)/\rho_c + \beta/\rho_h + [W/(C+F)]/1000\}$$

假设 C60 混凝土的水胶比 $W/(C+F)$ 为 0.31，粉煤灰掺量 β 为 30%，水泥表观密度 ρ_c 为 3100kg/m³，粉煤灰表观密度 ρ_h 为 2500kg/m³，则 $1m^3$ 浆体的密度 ρ_j：

$$\rho_j = \frac{1 + 0.31}{\frac{1 - 0.3}{3100} + \frac{0.3}{2500} + \frac{0.31}{1000}} = 1997.54 \text{kg/m}^3$$

1m³ 浆体中有 1997.54kg 胶凝材料。

（4）确定混凝土配合比

假设配制 C60 强度等级的混凝土，根据以上试验得到：

最佳砂率为 40%；砂石混合最佳空隙率 α 为 22%，富余系数 γ 为 15%；则 1m³ 混凝土中的浆体体积 V_j 和重量 G_j 分别为：

浆体体积 $V_j = \alpha + \gamma = 0.22 + 0.15 = 0.37$m³

浆体用量 $G_j = \rho_j + V_j = 1997.54 \times 0.37 = 739.09$kg/m³

水泥用量 $G_C = 739.09 \times 0.7/1.31 = 394.93$kg/m³

粉煤灰用量 $G_h = 739.09 \times 0.3/1.31 = 169.26$kg/m³

用水量 $G_w = 739.09 \times 0.31/1.32 = 173.57$kg/m³

1m³ 混凝土中砂、石总体积 V_{g+s} 为混凝土体积减去浆体体积：

砂、石总体积 $V_{g+s} = 1 - V_j = 1 - 0.37 = 0.63$m³

砂、石的表观密度 ρ_s 为 2510kg/m³，石子的表观密度 ρ_s 为 2580kg/m³，砂率为 40%，则砂石的混合表观密度 ρ_{g+s} 为：

$$\rho_{g+s} = 1/(0.40/2510 + 0.60/2580) = 2551.54 \text{kg/m}^3$$

砂石总用量 $G_{g+s} = \rho_{g+s} \times V_{g+s} = 2551.54 \times 0.63 = 1607.47$kg/m³

砂用量 $G_S = 1607.47 \times 40\% = 642.99$kg/m³

石用量 $G_g = 1607.47 - 642.99 = 964.48$kg/m³

（5）调整配合比

用 20L 试配混凝土，检验混凝土拌合物性能和硬化后混凝土的各种物理力学性能是否满足要求，如不满足要求，则调整浆体富余量、水胶比、砂率或外加剂用量等系数，直至满足为止。然后按标准方法测得混凝土拌合物的表观密度，对以上配比进行修正后作为正式混凝土配合比。

（6）验证性实验

混凝土配合比确定后，应做批量较大的试验，以验证混凝土拌合物以及硬化后混凝土各种物理力学性能是否稳定可靠。

验证试验的批量一般不少于 10 盘混凝土，用于验证各种性能的试验组数不少于 25 组。

6. 高性能混凝土质量控制技术

质量控制技术也是实施高性能混凝土的关键技术之一。必须制定相应的高性能混凝土的企业标准，包括原材料质量标准和混凝土拌合物性能质量标准及其相配套的实验方法，在生产混凝土时严格执行产品的质量标准。还必须制定适合于特定的高性能混凝土的施工技术规程，在施工时遵守施工技术规程的有关规定，严把质量关，把事故消失在萌芽状态。

三、高性能混凝土在工程中的应用

由于高性能混凝土以其优异的性能被广泛应用于高层建筑和大型桥梁工程中。譬如我国的赛格广场，它是目前国际国内采用高性能混凝土结构建筑中最高的建筑。该大厦总高度为 280m，地下 4 层，地上 70 层。地下连同裙房共 86 根钢管高性能混凝土柱，塔楼共 44 根钢管高性能混凝土柱，均采用高抛免振捣自密实高性能混凝土，一次高抛成型，既加快了施工速度，又提高了工程质量，减轻了工人的劳动强度，因此取得了良好的技术和经济效益。日本明石海峡大桥，其总长为 3910m，主跨距 1990m，缆索直径为 1.1m，由 37000 根 $\phi5$ 的钢丝绞成三跨双铰接加劲桁架悬索桥。塔高在海平面以上约 297m。水下部分结构浇筑总量为 142 万 m^3。其部分缆索锚固基础和桥墩均成功的运用了高性能混凝土，大大的节省了材料，为其在桥梁建筑中被广泛应用而奠定了良好的基础。

第五节　混凝土冬期施工

根据当地多年气温资料，室外日平均气温连续 5 天低于 5℃时，或最低气温降到 0℃或 0℃以下时，混凝土结构工程应采取冬期施工措施，并应及时采取气温突然下降的防冻措施，以达到混凝土强度的要求。

一、混凝土冬期施工原理

从温度与混凝土硬化的关系来看，温度的高低对混凝土强度的高低和增长速度有很大影响。只有混凝土在正温养护条件下，其强度才能持续不断地增长，并且随着温度的增高，混凝土强度的增长速度加快，当温度降低，水化反应变慢，混凝土强度增长将随温度的降低而逐渐变缓，特别是接近 0℃时，混凝土硬化就更慢，强度也更低。当温度低于 −3℃时，混凝土中的水会结冰，水泥颗粒不能和冰发生化学反应，水化作用几乎停止，强度也无法增大。

从冻结与混凝土质量的关系来看，如果混凝土在初凝前后遭受冻结，则由于水泥水化作用刚开始不久，混凝土本身尚无强度，会因大量游离水结冰膨胀而变得很松散，其最终强度会损失 50% 以上，其抗冻性、不透水性以及耐久性也会大大降低。如果混凝土终凝后再遭受冻结，则由于其本身强度还不能抵抗水结冰而引起的膨胀应力，混凝土经正温养护后仍要损失其最终强度。当混凝土具有一定强度足以抵抗其内部剩余水结冰而产生的膨胀应力时遭受冻结，混凝土的强度将不会受到损失，此强度称为混凝土冬期施工的临界强度。根据规范规定：硅酸盐水泥和普通硅酸盐水泥配制的建筑物混凝土，其临界强度为设计强度标准值的30%；对公路桥涵混凝土，其临界强度为设计强度标准值的40%；矿渣硅酸盐水泥配制的建筑物混凝土，其临界强度为设计强度标准值的40%；C10 或 C10 以下的混凝土不得低于 5MPa；对于火山灰粉煤灰水泥在冬期施工中不能采用。

二、冬期施工的工艺要求

1. 混凝土材料选择和要求

配置冬期施工的混凝土，应优先选用硅酸盐水泥和普通硅酸盐水泥。水泥强度等级不应低于 32.5 级，最小水泥用量不宜少于 $300kg/m^3$，水灰比不应大于0.6。使用矿渣硅酸盐水泥，宜采用蒸汽养护；使用其他品种水泥，应注意其中掺合材料对混凝土抗冻、抗渗等性能的影响。掺用防冻剂的混凝土，严禁使用高铝水泥。

冬期浇筑的混凝土，宜使用无氯盐类防冻剂。对抗冻性要求高的混凝土，宜使用引气剂或减水剂，其应符合国家标准《混凝土外加剂应用技术规范》的规定。

在钢筋混凝土中掺用氯盐类防冻剂时，氯盐掺量应严格控制，混凝土必须振捣密实，不宜采用蒸汽养护。

混凝土所用骨料必须清洁，不得含有冰、雪等冻结物及宜冻裂的矿物质。在掺用含有钾、钾离子防冻剂的混凝土中，不得混有活性材料。

2. 混凝土材料的加热

冬期拌制混凝土时应优先采用加热水的方法，当水加热仍不能满足要求时，再对骨料进行加热。水及骨料的加热温度应根据热工计算确定，但不得超过表3-16规定。

拌合物及骨料最高温度（℃） 表 3-16

项　　　目	拌合水	骨料
强度等级小于 42.5 的普通硅酸盐水泥、矿渣硅酸盐水泥	80	60
强度等级等于或大于 42.5 的普通硅酸盐水泥、矿渣硅酸盐水泥	60	40

3. 混凝土的搅拌

搅拌前，应用热水或蒸汽冲洗搅拌机，搅拌时间应较常温延长 50%。投料顺序为先投入骨料和已加热的水，然后再投入水泥。水泥不应与 80℃ 以上的水直接接触，避免水泥假凝。混凝土拌合物的出机温度不宜低于 10℃，入模温度不得低于 5℃。对搅拌好的混凝土应常检查其温度及和易性，若有较大的差异，应检查材料加热温度和骨料含水率是否有误，并及时加以调整。在运输过程中要防止混凝土热量的散失和冻结。

4. 混凝土的浇筑

混凝土在浇筑前，应清除模板和钢筋上的冰雪和污垢；并不得在强冻胀性地基上浇筑混凝土；当在弱冻胀地基上浇筑混凝土时，基土不得遭冻；当在非冻胀性地基上浇筑混凝土时，混凝土在受冻前，其抗压强度不得低于临界强度。当分层浇筑大体积混凝土结构时，已浇筑层的混凝土温度，在被上一层混凝土覆盖前，不得低于按热工计算的温度，且不得低于2℃。

对加热养护的现浇混凝土结构，混凝土的浇筑程序和施工缝的位置，应能防止在加热养护时产生较大的温度应力；当加热温度在40℃以上时，应征得设计人员的同意。

对装配式结构，浇筑承受内力接头的混凝土或砂浆，宜先将结合处的表面加热到正温；浇筑后的接头混凝土或砂浆在温度不超过45℃的条件下，应养护至设计要求的强度；当设计无专门的要求时，其强度不得低于设计的混凝土强度标准值的75%；浇筑接头的混凝土或砂浆，可掺用不致引起钢筋锈蚀的外加剂。

三、混凝土冬期养护方法

混凝土冬期养护方法有蓄热法、蒸汽加热法、电热法、暖棚法以及掺外加剂法等，每种方法均应保证混凝土在冻结以前，至少应达到临界强度。

（一）蓄热法

蓄热法是利用原材料预热的热量及水泥水化热，通过适当的保温，延缓混凝土的冷却，保证混凝土能在冻结前达到所要求强度的一种冬期施工方法。适用于室外最低温度不低于 −15℃ 的地面以下工程或表面系数（指结构冷却的表面积与其全部体积的比值）不大于15的结构。其具有施工简单、不需外加热源、节能、冬期施工费用低等特点。因此在混凝土冬期施工时应优先考虑采用。

蓄热法养护的三个基本要素是混凝土的入模温度、围护层的总传热系数和水泥水化热值。应通过热工计算调整以上三个要素，使混凝土冷却到0℃时，强度能达到临界强度的要求。

1. 蓄热法施工的热工计算

蓄热法施工的热工计算公式：

$$x = \frac{C_0 T_c + CH}{3.6M\,(T_P - T_a)} \times \frac{R}{\alpha}$$

式中　x——混凝土冷却到0℃时的延续时间，h；

　　C_0——混凝土的热容量，kJ/（m³·℃）；

　　T_C——混凝土开始养护时的温度，简称养护温度，℃；

　　C——每立方米混凝土的水泥用量，kg/m³；

H——每千克水泥的水化热，kJ/kg；

M——结构的表面系数，m^{-1}；

T_P——混凝土养护期间的平均温度，℃；

T_a——混凝土养护期间的室外平均气温，℃；

R——模板与保温材料的总热阻，$m^2 \cdot K/W$；

α——模板与保温材料的透风系数。

①结构表面系数 $M = F/V$

M 表示结构表面系数（m^{-1}）；F 表示结构的冷却表面积（m^2）；V 表示结构的体积（m^3）。

②混凝土开始养护时的温度（T_C）

混凝土开始养护的温度亦即混凝土浇筑完毕时的温度。除考虑运输、振捣的温度损失外，还应该考虑混凝土入模后被模板及保温材料吸去的一部分热量。混凝土由于模板和保温材料吸收热量引起的温度降低值可按以下公式计算：

使用两种以上的保温材料

$$T_C = \frac{C_0 T'_C + 0.3 C'_0 T_\alpha}{C_0 + 0.7 C'_0}$$

使用一种保温材料

$$T_C = \frac{C_0 T'_C + 0.5 C'_0 T_\alpha}{C_0 + 0.5 C'_0}$$

式中，C_0 表示混凝土的热容量，kJ/（$m^3 \cdot$℃）；T'_C 表示混凝土入模温度，℃；T_α 表示混凝土养护期间的室外平均气温，℃；C'_0 表示模板与保温材料的热容量，kJ/（$m^3 \cdot$℃）。

某种材料的热容量是指该材料能容纳的热量，为其重度、体积与比热容三者的乘积。当模板和保温材料的热容量小于 10% 的混凝土热容量时，可以考虑模板和保温材料吸收热量引起的温度降低值。

③混凝土养护期间的平均温度 T_P

该温度为一当量值，并非混凝土在冷却过程中真正的平均温度。混凝土的温度是逐步降低的，其强度增长亦是逐步减慢的，为简化计算而引入"混凝土养护期间平均温度"的概念，即假设混凝土处于某一恒温状态下达到临界强度所需的时间，正好等于其处于变温状态下达到临界强度的时间。平均温度 T_P 与混凝土结构的表面系数及混凝土浇筑完毕时的温度有关，查表 3-17 及公式：

$$T_P = \frac{T_C}{1.3 + 0.181 M + 0.006 T_C}$$

混凝土正温养护期间的平均温度　　　　表 3-17

表面系数	$\leqslant 3$	4 ~ 8	9 ~ 12	> 12
平均温度	（$T_C + 5$）/2	$T_C/2$	$T_C/3$	$T_C/4$

④混凝土养护期间的室外平均气温 T_a

该温度是根据当地历年气象资料，并结合当年长期气象预报来确定的。

⑤模板和保温材料的总热阻 R

$$R = \frac{1}{\alpha} + \Sigma \frac{h}{\lambda}$$

式中 α——保温材料表面散热系数，当热量由保温材料外表面传到空气时，α 取值为 23.3W/ $(m^2 \cdot K)$；

     h——模板或保温材料的厚度，m；

     λ——模板或保温材料的导热系数，W/ $(m \cdot K)$。常用材料的导热系数 λ 见表 3-18。

常用材料的导热系数 λ 见表   表 3-18

项次	材料种类	导热系数/ W·m⁻¹·K	项次	材料种类	导热系数/ W·m⁻¹·K
1	干燥混凝土	1.28	14	毛毡	0.06
2	潮湿混凝土	1.74	15	水泥袋纸、包装纸	0.07
3	木材（模板）	0.17	16	油布	0.19
4	钢（模板）	58	17	麻袋布	0.07
5	锯末、稻壳	0.09	18	麻刀	0.05
6	稻草、稻草垫	0.05～0.07	19	聚苯乙烯泡沫塑料	0.05
7	炉渣	0.19～0.29	20	泡沫混凝土、加气混凝土	0.09～0.21
8	水渣	0.15	21	蛭石	0.06
9	矿物棉	0.06～0.09	22	干土	0.14
10	胶合板	0.17	23	干砂	0.58
11	芦苇板	0.14	24	干而松的雪	0.29
12	木丝板、泡花板	0.12～0.16	25	冰	2.32
13	油毡、油纸	0.17	26	水	0.58

⑥混凝土的热容量 C_0

混凝土的热容量与混凝土比热及重度有关，当重度取 2400kg/m³ 时，比热一般波动在 0.84～1.05kJ/ $(kg \cdot ℃)$ 之间，由此，混凝土的热容量一般取 2010～2512kJ/ $(m^3 \cdot ℃)$。

⑦模板及保温材料的透风系数 α，参考表 3-19

⑧水泥水化热 H

水泥水化热与水泥品种、强度等级、用量及硬化时间有关，按表 3-20 选用。

2. 蓄热法施工混凝土强度的估算

透风系数 α 参考数 表 3-19

项次	保温层组成	透风系数	
		a_1	a_2
1	单层楼板	2.0	3.0
2	不盖模板的表面，用芦苇板、稻草、锯末、炉渣覆盖	2.6	3.0
3	密实模板或不盖模板的表面用毛毡、棉毛毡或矿物质覆盖	1.3	1.5
4	外层用第2项材料、内层用第3项材料做双层覆盖	2.0	2.3
5	外层用第3项材料、内层用第2项材料做双层覆盖	1.6	1.9
6	内外层均用第3项材料，中间夹间用第2项材料做3层覆盖	1.3	1.5

水泥水化热量值 表 3-20

水泥品种	水泥强度等级	每千克水泥的水化热/kJ		
		3d	7d	28d
普通硅酸盐水泥	62.5	314	354	375
	52.5	250	271	334
	42.5	208	229	292
矿渣水泥	32.5	146	208	271
火山灰水泥	32.5	125	169	250

蓄热法施工混凝土在养护延续时间内的强度，按经验公式计算：

$$f_{\text{cux}} = (A + BT_{\text{P}}) \sqrt{\frac{x}{24}}$$

式中 f_{cux}——混凝土养护 x 时间的强度，%；

   A——系数，硅酸盐水泥 $A = 12.65$；矿渣硅酸盐水泥 $A = 6$；

   B——系数，硅酸盐水泥 $B = 0.48$；矿渣硅酸盐水泥 $B = 0.85$；

   T_{P}——混凝土养护期间的平均温度，℃；

   x——混凝土冷却到0℃时的延续时间，h。

采用蓄热法时，宜用强度等级高、水化热大的硅酸盐水泥或普通硅酸盐水泥，掺用早强型外加剂，适当提高入模温度，外部早期加热；同时选用传热系数较小、价廉耐用的保温材料，如草帘、草袋等。此外，还可采用其他一些有利蓄热的措施，如地下工程用未冻结的土壤覆盖；用生石灰与湿锯末均匀拌合覆盖，利用保温材料本身发热保温；充分利用太阳的热能。

（二）蒸汽加热法

蒸汽加热养护分为湿热养护和干热养护两类。湿热养护是让蒸汽与混凝土直接接触，利用蒸汽的湿热作用来养护混凝土，常用的有棚罩法、蒸汽套以及内部通汽法。而干热养护则是将蒸汽作为热载体，通过某种形式的散热器，将热量传导给混凝土使其升温，一般分为毛管法和热模法两类。

（三）棚罩法

是在现场结构物的周围制作能拆卸的蒸汽室，如在地槽上部盖简单的盖子或预制构件周围用保温材料（木材、砖、篷布等）做成密闭的蒸汽室，通入蒸汽加热混凝土。本法设施灵活、施工简便、费用较少，但耗气量大，温度不易控制。适用于加热槽中的混凝土结构及地面上的小型预制构件。

（四）蒸汽套法

是在构件模板外再用一层紧密不透气的材料（如木板）做成蒸汽室，汽套与木板间的空隙约为150mm，通入蒸汽加热混凝土。此法温度能适当控制，加热效果取决于保温构造，设备复杂、费用大，可用于现浇柱、梁及肋形楼板等整体构件加热。

（五）内部通汽法

是在混凝土构件内部预留直径为 13～50mm 的孔道，再将蒸汽送入孔内加热混凝土。当混凝土达到要求的强度后，排除冷凝水，随即用砂浆灌入孔道内加以封闭。内部通汽法节省蒸汽、费用较低，但入汽端易过热产生裂缝。适用于梁柱、桁架等构件。.

（六）毛管法

是在模板内侧做成沟槽（断面可做成三角形、矩形或半圆形），间距 200～250mm，在沟槽上盖以 0.5～2mm 的铁皮，使之成为通蒸汽的毛管，通入蒸汽再加热。毛管法用汽少，但仅适用于以木模浇筑的结构，对于柱、墙等垂直构件加热效果好，而对于平放的构件，其加热不易均匀。

（七）电热法

电热法施工主要有电极法、电热毯法、工频涡流加热法、远红外线养护法等。

1. 电极法

在新浇筑混凝土的内部或表面每隔 100～300mm 的间距设置电极（$\phi6～12$）的短钢筋（或宽 40～60mm 的白铁皮），通以低压电源，由于混凝土的电阻作用，使电能转变为热能，产生热量对混凝土进行加热。

电极的布置应保证混凝土温度均匀，与钢筋的最小距离应符合表3-18规定。否则应采取适当的绝缘措施，振捣时要避免接触电极及其支架。

电极法加热应在混凝土浇筑后立即通电，通电前混凝土的外露表面应用锯末覆盖，并在其上洒 5% 食盐水以利养护。

2. 电热毯法

适用于以钢模板浇筑的构件。它由四层玻璃纤维布中间夹一电阻丝制成，尺寸根据钢模板背后的格的大小而定，约为 300mm × 400mm，电压 60V，功率每块

75W，通电后表面温度可达110℃，但应控制，不得大于35～40℃。

在混凝土浇筑前先通电将模板预热，浇筑后根据混凝土温度变化可断续送电养护。

3. 工频涡流加热法

是利用安装在钢模板上内穿单根导线的钢管通电以后产生涡流，对混凝土进行加热养护。本法适用于以钢模板浇筑的混凝土墙体、梁、柱和接头。其加热混凝土温度比较均匀，控制方便。但需制作专用模板，模板投资大。

4. 远红外线法

是利用远红外辐射器向新浇筑的混凝土辐射远红外线，使混凝土的温度得以提高，从而在较短时间内获得要求的强度。这种工艺具有施工简便、升温迅速、养护时间短、降低能耗、不受气温和结构表面系数的限制等特点，适用于薄壁结构、大模工艺、装配式结构接头等混凝土的加热。

（八）暖棚法

暖棚法是在所要养护的建筑结构或构件周围用保温材料搭起暖棚，棚内设置热源，以维持棚内的正温环境，使混凝土浇筑和养护如同在常温中一样。但暖棚搭设需大量材料和人工，能耗高，费用较大，一般只用于建筑物面积不大而混凝土工程又很集中的工程。采取暖棚法养护混凝土时，棚内温度不得低于5℃，并应保持混凝土表面湿润。

（九）掺外加剂法

在冬期混凝土施工中掺入适量的外加剂，使混凝土强度迅速增长，在冻结前达到要求的临界强度；或降低水的冰点，使混凝土能在负温下凝结、硬化。这是混凝土冬期施工的有效方法，可简化施工工艺，节约能源，还可改善其性能。但掺用外加剂的混凝土应符合冬期施工工艺要求的有关规定。

四、混凝土冬期施工质量检查

冬期施工的混凝土质量检查内容除包括一般常温下施工的各项检查内容之外，还须特别注意做好温度、强度及外加剂的质量与用量的检查。

（一）质量检查

（1）检查水和骨料的用量与加热温度；

（2）检查外加剂的质量和用量；

（3）检查混凝土出机温度和浇筑温度；

（4）增设不少于两组与结构同条件养护的试件，分别用于检查受冻前的混凝土强度和转入常温养护28d的混凝土强度。

（二）温度测定

（1）当采用蓄热法养护时，在养护期间至少每6h一次；

（2）对掺用防冻剂的混凝土，在强度未达到 $3.5N/mm^2$ 以前每 2h 测定一次，以后每 6h 一次；

（3）当采用蒸汽法或电流加热法时，在升温、降温期间每 1h 一次，在恒温期间每 2h 一次；

（4）室外气温及周围环境温度在每昼夜内至少应定时定点测量 4 次。

混凝土养护温度的测定方法应符合下列规定：

（1）全部测温孔均应编号，并绘制测温孔布置图；

（2）测量混凝土温度时，测温表应采取措施与外界气温隔离，测温表留置在测温孔内的时间不应少于 3min；

（3）测温孔的设置，应采用蓄热法养护时，应在易于散热的部位设置；当采用加热养护时，应在离热源不同的位置分别设置；大体积结构应在表面及内部分别设置。

思 考 题

3-1 试述钢筋与混凝土共同工作的原理。

3-2 简述钢筋混凝土施工工艺过程。试述钢筋的种类及其主要性能。

3-3 钢筋进场如何做检验？

3-4 钢筋冷加工有何作用？什么是冷拉和冷拔？钢筋冷拔与冷拉有何区别？

3-5 试述钢筋冷拉原理和冷拉控制方法。其控制的关键参数如何取值？如何进行质量检验？

3-6 试述钢筋的焊接方法。如何保证焊接质量？

3-7 准备钢筋时，如何进行翻样及作配料计算？如何计算钢筋的下料长度？

3-8 试述钢筋代换的原则及方法。

3-9 模板工程由哪些部分组成？各部分的作用是什么？木模板、钢模板、胶合板模板各有何特点？

3-10 模板必须符合哪些基本要求？设计模板应考虑哪些原则？

3-11 试述钢定型模板的特点及组成。

3-12 简述现浇结构工具式支撑的类型及构造。

3-13 不同结构的模板（基础、柱、梁板、楼梯）的构造有什么特点？

3-14 模板设计应考虑哪些荷载？

3-15 何时才能拆除混凝土构件的模板？现浇结构拆模时应注意哪些问题？

3-16 简述竖向构件如柱和墙、水平构件如梁和板的基本构件的模板构造。试画出柱和墙、梁和板的模板安装图。

3-17 试述混凝土原材料的质量控制要点。试分析水灰比、含砂率对混凝土质量的影响。简述外加剂的种类和作用。

3-18 混凝土制备时，如何确定施工配制强度？对施工配料的计量有何要求？混凝土配料时为什么要进行施工配合比换算？如何换算？

3-19 为什么混凝土搅拌时间太长或太短都不好？混凝土的最短搅拌时间与哪些因素有关？如何确定搅拌混凝土时的投料顺序？

3-20 混凝土现场运输，应满足哪些基本要求？如何保证所浇混凝土的整体性？

3-21 什么是施工缝？留设施工缝的原则是什么？对于各种构件（梁、柱、板等）的施工缝应留在何处？施工缝如何处理？

3-22 混凝土浇筑时应注意哪些事项？混凝土振实的原理是什么？振捣时间为什么不能太短或太长？捣实的特征有哪些？

3-23 大体积混凝土施工应注意哪些问题？

3-24 简述混凝土质量评定的基本方法。影响混凝土质量有哪些因素？在施工中如何才能保证质量？

3-25 冷轧带肋钢筋的特征有哪些？其基本性能和适用范围如何？

3-26 简述冷轧扭钢筋的特点和适用范围。

3-27 简述钢筋焊接网的特点和适用范围。

3-28 钢筋的连接方法有哪些？各自的适用范围如何？简述机械连接方法。

3-29 简述钢筋闪光对焊和钢筋电弧焊的原理。各适用何种对象？

3-30 钢筋电渣压力焊和气压焊的工艺过程如何？各适用何种对象？

3-31 钢筋套筒冷压连接和锥形螺纹钢筋连接的连接原理是什么？与焊接连接方法相比有何优缺点？各自适用何种对象？

3-32 钢筋连接的各种接头应如何进行质量验收评定？

3-33 简述大模板的构造和施工工艺。

3-34 简述滑动模板、爬升模板、台模、早拆模板、筒模各自特点和适用对象？其施工工艺如何？并对模板体系与普通散拼模板作优缺点比较。

3-35 何谓高强、高性能混凝土？高性能混凝土结构特征有哪些？

3-36 简述高性能混凝土配合比设计的一般要求和设计参数。

3-37 什么是混凝土冬期施工？低温对混凝土有何影响？什么是"临界强度"？为什么要规定冬期施工的"临界温度"？防止新筑混凝土受冻有哪些措施？

3-38 试分析混凝土产生质量缺陷的原因及补救方法。如何检查和评定混凝土的质量？

习　　题

3-1 一根直径 20mm，长为 25m 的 III 级钢筋，冷拉采用应力控制。试计算伸长值及拉力。

3-2 一根直径 20mm，长 24m 的 IV 级钢筋，经冷拉后，已知拉长值为 980mm，此时拉力为 200kN。试判断该钢筋是否合格。

3-3 冷拉设备采用 50kN 慢速电动卷扬机，卷筒直径为 400mm，转速 6.32r/min。5 门滑轮组，工作线数 $n = 11$，实测设备阻力为 10kN。现用应力控制法冷拉 III 级φ32 钢筋，电子秤装在张拉端。试求：①设备能力；②冷拉速度；③钢筋拉力；④电子秤负荷值。

3-4 今有一批直径为 28mm，长为 6～9m 的 HRB400 级钢筋，需要先对焊成 30m 长度，再进行冷拉，采用冷拉率控制时，取四根试件（同炉批），经试验测得当冷拉应力为 530MPa 时的冷拉率分别为 2.2%、2.6%、3.4%、3.0%。试确定：①冷拉率取值；②冷拉伸长值；③弹性回缩值（弹性模量 $E_s = 2.0 \times 10^5$ MPa）。

3-5　某建筑物有 5 根 L_1 梁，每根梁配筋如图 3-20 所示。试编制此 5 根 L_1 梁钢筋配料单。

3-6　某主梁主筋设计为 5ϕ25，现在无此钢筋，仅有 ϕ28 与 ϕ20 的钢筋，已知梁宽为 300mm，应如何代换？

3-7　某梁采用 C30 混凝土，原设计纵筋为 6 Ⓤ 20（$f_y = 310$MPa），已知梁断面 $b \times h = 300\text{mm} \times 600\text{mm}$，试用 HPB235 级钢筋（$f_y = 210$MPa）进行代换。

3-8　某剪力墙长 5700mm、高 2900mm，施工气温 25℃，混凝土浇筑速度为 6m³/h，采用组合式模板。试选用内、外钢楞。

图 3-20　L_1 梁配筋图

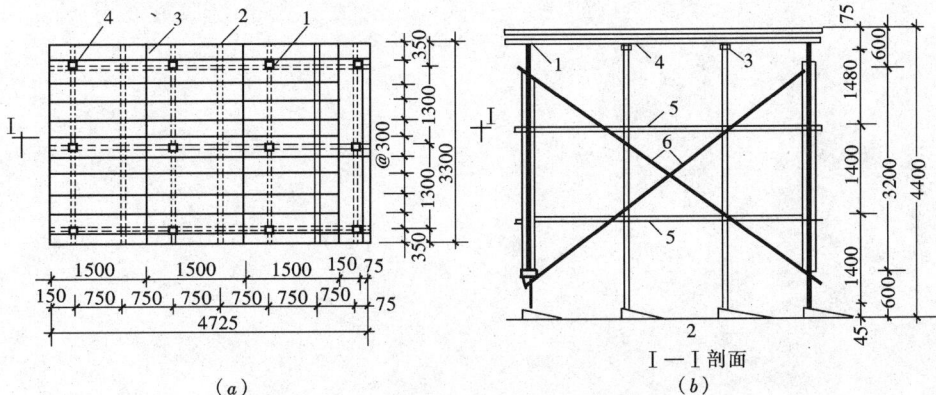

3-9　某框架结构现浇钢筋混凝土板，厚 150mm，其支模尺小为 3.3m×4.95m，楼层高为 4.5m，采用组合钢模及钢管支架（对接钢管）支模，模板结构布置如图 3-21 所示。试作配板设计，并验算内钢楞及支架承载能力。

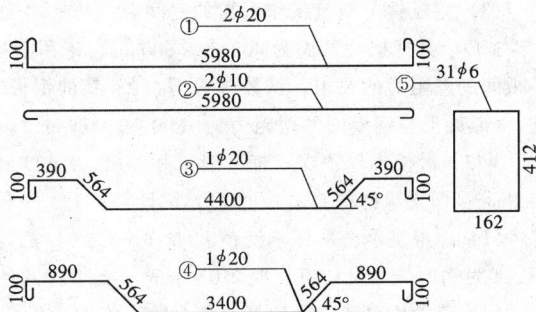

图 3-21　楼板模板的配板及支撑

（a）配板图；（b）Ⅰ—Ⅰ剖面

1—ϕ48×3.5 钢管支柱；2—钢模板；3—内钢楞 2□60×40×2.5；

4—外钢楞 2□60×40×2.5；5—水平撑 ϕ48×3.5；6—剪力撑 ϕ48×3.5

3-10　设混凝土水灰比为 0.61。已知设计配合比为水泥∶砂∶石子 = 260kg∶650kg∶1380kg，现测得工地砂含水率为 3%，石子含水率为 1%，试计算施工配合比。若搅拌机的装料容积为 400L，每次搅拌所需材料又是多少？

3-11　某高层建筑基础长、宽、高分别为 25m、14m、1.2m，要求连续浇筑混凝土。搅拌站设有三台 400L 搅拌机，每台实际生产率为 5m³/h。若混凝土运输时间为 24min，初凝时间取 2h，每浇筑层厚度为 300mm，试确定：

（1）混凝土浇筑方案；

（2）每小时混凝土的浇筑量；

（3）完成整个浇筑工作所需的时间。

3-12 某框架柱断面为 400mm×600mm，采用滑模施工，根据混凝土自重应大于混凝土与模板间的摩阻力的要求，试校核采用 1.2m 高的钢模时，滑升时混凝土是否会拉裂或被模板带起？（混凝土与钢模间的摩阻力为 1800～2400N/m²）。

3-13 滑模千斤顶支承杆一般采用 HPB 级 $\phi25$ 圆钢，模板下口至千斤顶上卡头的距离为 1800mm（即支承杆的自由长度 1）。试计算；

（1）一根支承杆所能承受荷载 N（$N = \phi \cdot A \cdot f$，其中 ϕ 为稳定系数，A 为支承杆横截面面积，f 为钢的强度设计值，取 210N/mm²。支承杆的计算长 $l' = 0.71$）；

（2）若滑模总荷载（包括全部自重、堆料、设备重及摩阻力）为 900kN，试求千斤顶及支承杆数量。

第四章　现代预应力混凝土结构工程

学 习 要 点

　　本章在学习预应力混凝土工程施工的基本知识基础上，重点学习现代预应力混凝土应用的高效预应力钢材和新型预应力锚固体系；现代预应力混凝土施工工艺，包括有粘结和无粘结预应力施工工艺。并在此基础上学习一些典型预应力混凝土房屋结构施工的基本知识。

第一节　基　本　知　识

　　预应力混凝土与普通钢筋混凝土相比，可有效利用高强钢材，提高使用荷载下结构的抗裂度和刚度，减小结构的截面尺寸，进而减轻结构自重、节省材料、而且耐久性好。因此，预应力混凝土在大柱网和大跨度结构中具有较大的发展前景和推广价值。预应力混凝土施工要增加一道预应力工序和建立预应力所需用的专用设备，且技术含量高，操作要求严格。因此，预应力混凝土的施工必须严格进行控制。

　　预应力混凝土施工目前主要是采用机械张拉的方法建立预应力，分为先张法和后张法。

一、先张法的工艺过程和工艺特点

　　先张法是在构件混凝土浇筑之前，先在台座或钢模上张拉预应力筋的施工方法（即先张拉预应力筋后浇筑混凝土）。其基本施工过程是：首先按台座（或钢模）和生产构件的尺寸所确定的预应力筋长度制作预应力筋；用张拉设备张拉安放在台座或钢模上的预应力筋，并通过锚夹具将预应力筋临时锚固在台座或钢模上；然后在其上浇筑混凝土构件并进行养护；待混凝土强度达到设计规定强度（一般不低于混凝土设计强度的75%）后放松预应力筋，借助混凝土与预应力筋的粘结，使混凝土产生预压应力。

　　先张法适用于工厂化生产中小型预应力混凝土构件。其生产工艺可分为长线台座法和短线钢模法。长线台座法是在较长的台面上一次张拉生产多个构件，具有设备简单、投资省的特点，是一种较经济的场地型生产方式；短线钢模法是在确定尺寸的钢模上一次张拉生产单个构件，具有可流水生产、蒸汽养护的特点，是一种生产效率较高的生产方式。

二、后张法的工艺过程和工艺特点

后张法是在构件或结构的混凝土达到规定强度后，直接在构件或结构上张拉预应力筋的施工方法（即先浇筑混凝土后张拉预应力筋）。其基本施工过程是：混凝土构件制作或现浇混凝土结构施工时，首先在设置预应力筋的部位预先留设孔道，接着浇筑混凝土并进行养护；待混凝土达到设计规定的强度（一般不低于混凝土设计强度的 75%）后，将预应力筋穿入孔道，用张拉设备张拉预应力筋并随即用锚具将其锚固在构件端部，使混凝土产生预压应力；最后进行孔道灌浆与封头。

近年来，为适应大柱网整体现浇楼盖结构施工，采用了后张无粘结预应力混凝土工艺。这种预应力体系借助构件两端的锚具传递预应力，施工中不需要留设孔道，不必灌浆，简化了工艺，给施工带来方便。

后张法适用于大型预制预应力混凝土构件和现浇预应力混凝土结构工程。在现代预应力混凝土工程中得到广泛应用。

三、预应力施工的基本工艺技术

1. 预应力筋的制作

预应力筋的制作，主要根据所用预应力筋的品种、锚具和张拉设备的形式来确定。单根粗钢筋的预应力筋制作工艺有：剪切下料、焊接接长、端头焊接锚具、冷拉加工等；预应力钢丝的预应力筋制作工艺有：剪切下料、编束、端头镦头等；钢绞线的预应力筋制作一般仅为剪切下料。各种预应力筋的下料应保证所需的下料长度，下料长度应通过计算确定。

2. 预应力筋的张拉

预应力筋的张拉有单根张拉和成组张拉。成组张拉时，应先调整各预应力筋的初预应力（一般为 $10\% \sigma_{con}$），使其长度、松紧一致，以保证张拉后各预应力筋的应力一致。

预应力筋张拉的控制应力应符合设计规定，如设计无具体规定时，按《混凝土结构工程施工质量验收规范》（GB50204—2002）的规定也不应低于设计的混凝土立方体抗压强度标准值的 75%。张拉程序有：$0 \rightarrow 1.05 \sigma_{con}$（持荷 2min）$\rightarrow \sigma_{con}$ 或 $0 \rightarrow 1.03 \sigma_{con}$；这两种张拉程序是等效的，可根据构件类型、预应力筋与锚具、张拉方法等选用。如在设计中预应力筋的松弛损失取大值，则张拉程序为：$0 \rightarrow \sigma_{con}$。

四、孔道的留设与孔道灌浆

有粘结预应力后张法施工需要进行孔道的留设与孔道灌浆。留设孔道的方法有钢管抽芯法、浇灌抽芯法和预埋金属波纹管法。前两种方法主要用于预应力构件的制作，而后一种方法则用于抽管不便的情况，如多跨曲线预应力布筋的现浇梁中。

孔道灌浆在预应力筋张拉后应尽快进行，以防止预应力筋锈蚀，同时也起到增加结构抗裂性和耐久性的作用。

第二节　高强预应力钢材

一、预应力钢材的品种与性能

现代预应力混凝土使用的高强度钢材主要包括：钢筋（冷拉钢筋、精轧螺纹钢筋）、钢丝（冷拔低碳钢丝、冷拔低合金钢丝、碳素钢丝）与钢绞线等三类。预应力钢材的发展趋势为高强度、低松弛和高耐久性。

（一）高强预应力钢材

1. 碳素钢丝

碳素钢丝（又称高强钢丝）是用优质高碳钢盘条经索氏体化处理、酸洗、镀铜或磷化后冷拔而成，其含碳量为 0.7% ~ 0.9%。

碳素钢丝的主要品种有：矫直回火钢丝和低松弛钢丝。

（1）矫直回火钢丝是冷拉钢丝经高速旋转的滚筒矫直并经回火处理而成。这种钢丝可消除钢丝冷拔中产生的残余应力，提高钢丝的比例极限、屈服强度和弹性模量，并改善塑性；同时获得良好的伸直性，施工方便；常用直径为 5mm。其力学性能指标为：抗拉强度分为三级：1470、1570 与 1670N/mm^2；伸长率不小于4%；反复弯曲次数不小于 4 次。从应力—应变曲线得知，其比例极限不小于抗拉强度的 75%，屈服强度不小于抗拉强度的 85%。

（2）低松弛钢丝是冷拉钢丝在张力状态下（抗拉强度的 30% ~ 50%）经回火处理而成。这种钢丝可大大降低应力松弛率（仅 2.5%），而且综合性能指标均优于矫直回火钢丝，其强度等级可达 1860N/mm^2。

2. 钢绞线

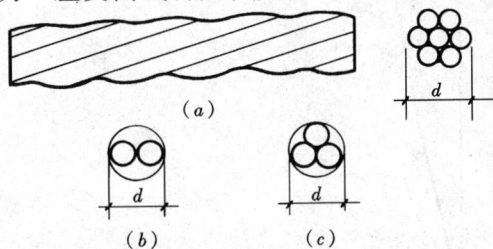

图 4-1　预应力钢绞线

（a）1×7 钢绞线；（b）1×2 钢绞线；（c）1×3 钢绞线；d—钢绞线公称直径

钢绞线是用多根冷拉钢丝在绞线机上成螺旋形绞合，并经回火处理而成。按其构造不同可分为：1×7、1×3 与 1×2 钢绞线（图 4-1）。1×7 钢绞线是由 6 根外层钢丝围绕一根中心钢丝（直径加大 2.5%）绞成。钢绞线的捻向有左捻和右捻两种，国际规定为左捻。钢绞线的捻距为钢绞线公称直径的 12～16 倍。1×3 与 1×2 钢绞线仅用于先张法预应力混凝土构件。

钢绞线按应力松弛不同可分为：普通松弛钢绞线与低松弛钢绞线。普通松弛钢绞线的直径为 12mm 与 15mm，其力学性能与矫直回火钢丝相同，但伸长率（标距 600mm）降为 3.5%。低松弛钢绞线的直径主要为 12.7mm 与 15.2mm，抗拉强度标准值为 1720N/mm² 与 1860N/mm²，伸长率为 3.5%。

钢绞线的整根破断力大，柔性好，施工方便，是重荷载、大跨度预应力混凝土结构的理想材料，具有广阔的发展前景。

（二）预应力钢材的性能

1. 应力—应变曲线

预应力钢材的应力—应变特性是研究预应力混凝土结构性能和施工工艺的基础。预应力钢材的力学性能都可以直接从其应力—应变曲线中找到，如比例极限、屈服强度、抗拉强度、伸长率以及应变硬化特性等。

预应力钢丝或钢绞线的应力—应变曲线见图 4-2。当钢丝拉伸到超过比例极限 f_p 后，$\sigma-\varepsilon$ 关系呈非线性变化。由于预应力钢丝或钢绞线没有明显的屈服点，一般把残余应变为 0.2% 时的强度定为屈服强度 $f_{0.2}$。当钢丝拉伸超过 $f_{0.2}$ 后，应变 ε 增加较快；当钢丝拉伸至最大应力时，应变继续发展，在 $\sigma-\varepsilon$ 曲线上呈现一水平段。

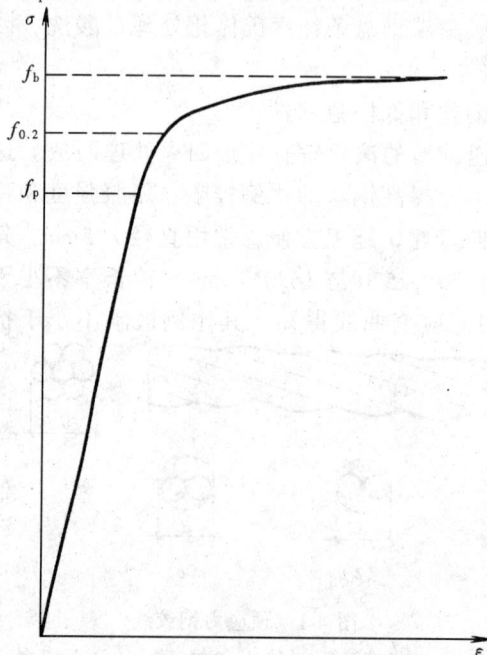

2. 应力松弛

预应力钢材的应力松弛是指钢材受到一定的拉力之后，在长度保持不变的条件下，钢材的应力随时间的增长而降低的现象，其降低值称为应力松弛损失。产生应力松弛的原因主要是由于金属内部结构错位运动使一部分弹性变形转化为塑性变形引起的。预应力钢材的松弛试验表明松弛率与以下因素之间存在的关系：

（1）松弛率与时间的关系

应力松弛初期发展较快，第一小

图 4-2   预应力钢丝的应力—应变曲线

时相当于 1000h 的 15% ~ 35%，以后逐渐减慢。一年的松弛率相当于 1000h 的 1.25 倍；50 年的松弛率为 1000h 的 1.725 倍。

（2）松弛率与初应力的关系

初应力大，松弛损失也大。当初应力 σ_i 大于极限强度 f_b 的 0.7 倍时，松弛率明显增大，呈非线性变化；而当 $\sigma_i \leqslant 0.5f_b$ 时，松弛率可忽略不计。

（3）松弛率与温度的关系

随温度的升高，松弛损失会急剧增加。根据国外试验资料，40℃时 1000h 松弛率约为 20℃时的 1.5 倍。

减少松弛损失的措施：一是采取超张拉程序 $0 \to 1.05\sigma_i \xrightarrow{\text{持荷 2min}} \sigma_i$，比一次张拉程序 $0 \to \sigma_i$ 可减少松弛损失 10%；也可采用 $0 \to 1.03\sigma_i$ 超张拉程序，松弛率虽增加了，但剩余预应力仍比 $0 \to \sigma_i$ 程序大。二是采用低松弛钢丝或低松弛钢绞线，其松弛损失可减少 70% ~ 80%。

3. 应力腐蚀

预应力钢材的应力腐蚀是指钢材在拉应力与腐蚀介质同时作用下发生的腐蚀现象。应力腐蚀的发生过程，可分为两个阶段：第一阶段，由于钢材表面的损伤、麻坑以及环境中存在活性离子，如 Cl^-，在拉应力作用下引起钢材表面的保护膜局部破裂，使新鲜表面与腐蚀介质接触而发生局部的电化学腐蚀，形成蚀孔，出现应力集中，产生微裂缝。第二阶段，在裂缝内形成独特的所谓"闭塞电池腐蚀"，拉应力阻止裂缝尖端生成保护膜或使保护膜不断破裂，电化学反应生的氢渗入裂缝前缘使材质脆化，加速裂缝沿晶界向纵深发展。应力腐蚀破裂的特征是钢材在远低于破坏应力的情况下发生断裂，事先无预兆而具有突然性，断口与拉力垂直。钢材的冶金成分和结构直接影响抗腐蚀性能。高强预应力钢筋的强度高、变形低、直径小，对应力腐蚀较为敏感。

二、预应力钢材的检验与使用

（一）钢材检验

预应力钢材出厂时，在每捆（盘）上都挂有标牌，并附有出厂证明书。

预应力钢材进场时，应按下列规定验收。

1. 碳素钢丝

钢丝应按批验收。每批应由同一钢号、同一直径、同一抗拉强度和同一交货状态的钢丝组成。

钢丝的外观应逐盘检查。钢丝表面不得有裂纹、小刺、劈裂、机械损伤、氧化铁皮、油迹等，但表面上允许有浮锈和回火色。钢丝直径的检查，按 10% 盘选取，但不得小于 6 盘。

钢丝外观检查合格后，从每批中任意选取 10% 盘（不少于 6 盘）的钢丝，从每盘钢丝的两端各截取一个试件，一个做拉力试验（抗拉强度与伸长率）、一个做反复弯曲试验。如有某一项实验结果不符合《预应力混凝土用钢丝》GB/T5223标准要求，则该盘钢丝为不合格品；并从同一批未经试验的钢丝盘中再取出双倍数量的试件进行复验。如仍有一个指标不合格，则该批钢丝为不合格品或逐盘检验，取用合格品。

2. 钢绞线

钢绞线的力学性能应抽样检验。从每批中选取 5% 盘（不少于 3 盘）的钢绞线，各截取一个试件进行拉力试验。如有某一项试验结果不符合《预应力混凝土用钢绞线》GB/T5224 标准要求，则该盘钢绞线为不合格品，其复验办法与钢丝相同。

热处理钢筋与精轧螺纹钢筋的验收，参见有关规程。

（二）钢材存放与加工

1. 预应力钢材存放

预应力钢材在运输和储存过程中如遭受雨露、湿气或腐蚀介质的侵蚀，易发生锈蚀，不仅降低质量，而且将出现腐蚀坑，有时甚至会造成钢材脆断。

预应力钢材运输与储存时应满足下列要求：

（1）预应力钢材长途运输时应用篷车或油布严密覆盖；

（2）预应力钢材储存时应架空堆放在有遮盖的棚内或仓库内，其周围环境不得有腐蚀介质；

（3）如储存时间过长，宜用乳化防锈剂喷涂表面。

2. 预应力钢材加工

高强预应力钢材的局部加热和急剧冷却，将引起该部位的马氏体组织脆性变态，小于允许张拉力的荷载即可造成脆断。因此，碳素钢丝、钢绞线和热处理钢筋等加工，不得采用加热、焊接和电弧切割。在预应力钢材近旁进行烧割或焊接操作时应非常小心，使预应力钢材不受过高温度、焊接火花或接地电流的影响。

第三节　新型预应力锚固体系

一、钢丝束镦头锚固体系

钢丝束镦头锚具是利用钢丝两端的镦粗头来锚固预应力钢丝的一种支承式锚具。镦头锚具加工简单，张拉方便，锚固可靠，成本较低，但对钢丝束的等长要求较严。常用的镦头锚具为 DM5 型，它又分为 A 型（即 DM5A 型，由锚杯和锚环组成，用于张拉端）和 B 型（即 DM5B 型锚板，用于固定端），如图 4-3 所示。

这种锚具适用于锚固任意根数的 $\phi^s 5$ 和 $\phi^s 7$ 钢丝束，锚固材料采用 45 号钢，锚杯和锚板调质热处理，硬度 HB251～283。锚杯底部（锚板）的锚孔，沿圆周分布，锚孔间距：对 $\phi^s 5$ 钢丝≥8mm；对 $\phi^s 7$ 钢丝≥11mm。

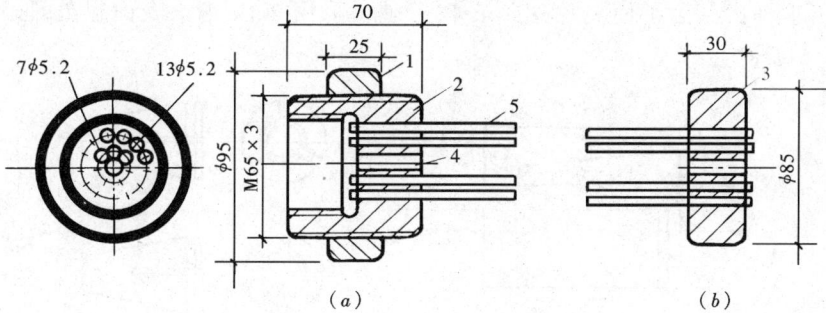

图 4-3　钢丝束镦头锚具（DM5 $\frac{A}{B}$ − 20）

（a）张拉端锚环与螺母；（b）固定端锚板

1—螺母；2—锚杯；3—锚板；4—排气孔；5—钢丝

多孔洞锚板的受力情况比较复杂。从试验情况看，危险截面发生在沿最外圈钢丝孔洞的圆柱截面上，主要是剪切破坏。因此，锚板的厚度 H_0，可按下式近似计算：

$$H_0 \geqslant \frac{N - 0.5N_n}{\tau\ (\pi d_n - md)} \qquad (4\text{-}1)$$

式中　N——镦头锚具的设计拉力（N），$N = f_{ptk} \cdot A_p$；

N_n——最外圈钢丝拉力（N）；

d_n——最外圈钢丝排列的直径（mm）；

m——最外圈钢丝的根数；

d——锚孔直径（mm）；

τ——锚板的抗剪容许应力，等于 $0.7f_y$（N/mm²）（f_y 为锚板的抗拉强度设计值）；

f_{ptk}——钢丝抗拉强度标准值；

A_p——钢丝的总截面面积（mm²）。

钢丝镦头可采用液压冷镦器进行。钢丝经过冷镦，理论上应与原钢丝等强，但限于镦头设备与操作条件，有时镦头强度稍低于钢丝强度。因此，《混凝土结构工程施工质量验收规范》（GB50204—2002）规定："钢丝的镦头强度不得低于钢丝强度标准值的 98％。"

二、钢绞线夹片锚固体系

（一）单孔夹片锚具

单孔夹片锚具由锚环和夹片组成，如图 4-4 所示。锚环的锥角为 7°，采用 45
号钢，调制热处理硬度 HB285 ± 15。夹片有三片式与二片式两种。三片式夹片按
120°铣分，二片式夹片的背面上部锯有一条弹性槽，以提高锚固性能。夹片的齿
形为锯齿形细齿。为了使夹片达到心软齿硬，采用 20Cr 钢，表面热处理硬度为
HRC58 ~ 61。

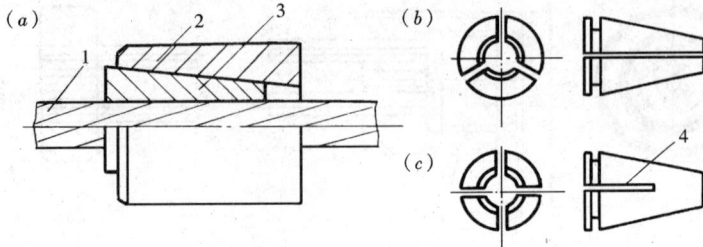

图 4-4　单孔夹片式锚具

（a）组装图；（b）三夹片；（c）二夹片

1—钢绞线；2—锚环；3—夹片；4—弹性槽

这种锚具主要用于无粘结预应力混凝土结构，也可用作先张法钢绞线夹具。
当采用斜开缝的夹片时也可锚固 7ϕ^s5 钢丝束。

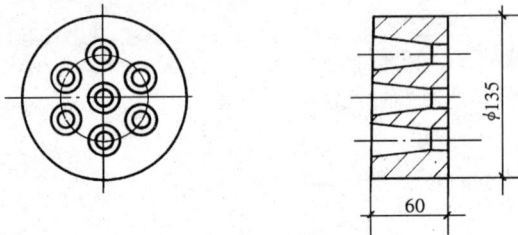

图 4-5　多孔夹片锚具

（二）多孔夹片锚具

多孔夹片锚具也称群锚，由
多孔的锚板（图 4-5）与夹片（图
4-4b、c）组成。在每个锥形孔内
装一副夹片，夹持一根钢绞线。
这种锚具的优点是每束钢绞线的
根数不受限制；任何一根钢绞线
锚固失效，都不会引起整束锚固
失效。

钢板的材料及锥形孔，与单孔夹片锚具的锚环相同。锚孔（锥形孔）沿圆周
排列，其间距：ϕ15 钢绞线 ≥ 33mm，ϕ12 钢绞线 ≥ 29mm。锚孔可做成直孔或倾
角 1:20 的斜孔，前者加工方便，但锚孔有摩擦损失。多孔锚与单孔锚的夹片是
通用的。

对于多孔夹片锚具，如采用大吨位千斤顶整束张拉有困难的情况下，也可采
用小吨位千斤顶逐根张拉锚固。目前较常用的夹片式锚具有 XM 型、QM 型和
OVM 型等。

（三）挤压锚具

挤压锚具是利用液压挤压机将套筒挤紧在钢绞线端头上的一种锚具，见图

4-6。套筒采用 45 号钢，调质，套筒内衬有硬钢丝螺旋圈。

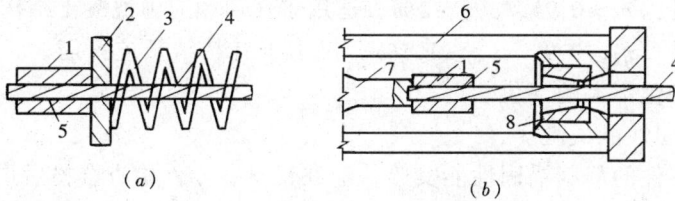

图 4-6　挤压锚具及其成型

（*a*）挤压锚具；（*b*）成型工艺

1—挤压套筒；2—垫板；3—螺旋线；4—钢绞线；5—硬钢丝衬圈；

6—挤压机机架；7—活塞杆；8—挤压模

挤压锚具组装时，挤压机的活塞杆推动套筒通过喇叭形挤压模，使套筒变细，硬钢丝衬圈碎断，咬入钢绞线表面，夹紧钢绞线，形成挤压头。挤压机的工作推力为 350 ~ 400kN。

从挤压头切开检查后看出，硬钢丝已全部脆断，一半嵌入外钢套，一半压入钢绞线，从而增加钢套筒与钢绞线之间的摩阻力；外钢套与钢绞线之间没有任何空隙，紧紧夹住。

这种锚具的锚固性能可靠，宜用于内埋式固定端。

三、预应力筋锚固组装件的静载锚固性能检验

预应力筋锚固体系是否安全可靠，不仅要看锚（夹）具各部件的质量是否合格，而且要看预应力筋锚具组装件的锚固性能是否满足结构要求。

（一）静载锚固性能

预应力筋锚固组装件的静载锚固性能，用锚具效率系数 η_a 表示。它表示预应力筋锚固组装件的实际拉断力与预应力筋的理论拉断力之比。考虑到预应力筋中各根钢材的应力一应变性能不同，首先出现断裂的钢材是延性较差的一根，因此，预应力筋的实际理论拉断力小于各根预应力钢材的强度之和，此降低值用预应力筋束的效率系数 η_p 表示。从而得出锚具效率系数 η_a 可按下式计算：

$$\eta_a = \frac{F_{apu}}{\eta_p f_{ptm} \cdot A_p} \tag{4-2}$$

式中　F_{apu}——预应力筋锚具组装件的实测极限拉力；

　　　f_{ptm}——试验用预应力钢材的极限抗拉强度平均值；

　　　A_p——预应力筋锚具组装件中各根预应力钢材总截面面积；

　　　η_p——预应力筋束的效率系数，对一般预应力工程近似取 0.97。

为保证所锚固的预应力筋在破坏时有足够的延性，极限应变 ε_{apu} 也必须满足一定的要求。因此，根据锚固性能要求的不同，将锚具分为两类：

Ⅰ类锚具：$\eta_a \geqslant 0.95$，$\varepsilon_{apu} \geqslant 2\%$；适用于任何预应力混凝土结构。

Ⅱ类锚具：$\eta_a \geqslant 0.9$，$\varepsilon_{apu} \geqslant 1.7\%$；仅用于有粘结预应力筋，且锚具位于预应力筋应力变化不大的部位。

（二）锚固性能试验

锚具组装件的静载锚固性能实验，应在锚具各零件检查合格后进行。

试件应由锚具的全部零件和预应力筋组成。组装时不得在锚固零件上添加影响锚固性能的物质（如金刚砂、石墨等），各根预应力筋应等长平行，其受力长度不应小于3m。

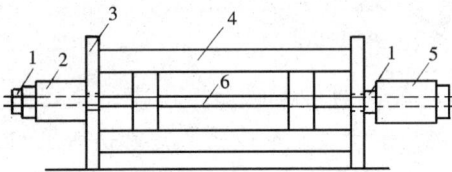

图 4-7 预应力筋—锚具组装件静载试验装置
1—锚具；2—试验用千斤顶；3—试验台端
钢板；4—试验台钢管压杆；5—张拉用
千斤顶；6—预应力筋

试验工作应在无粘结状态下将试件置于专门的试验台上进行（图4-7）。试验时先用张拉设备分四级（20%、40%、60%、80%）等速（每分钟约100N/mm²）张拉至预应力筋强度标准值的80%，锚固持荷1h后，再用实验设备逐步加载至破坏。对支承式锚具，也可先安装锚具，直接用实验设备加载。

试验过程中应观察和测量：预应力筋与锚具之间的相对位移、预应力筋破坏时的伸长值、破坏荷载、破坏部位及破坏形态等。全部试验结果均应做出记录，并据此计算锚具的效率系数 η_a 和预应力筋极限应变 ε_{apu}。

第四节 现代预应力混凝土施工工艺

一、有粘结预应力施工工艺

（一）金属波纹管留孔

金属波纹管留孔目前已成为有粘结后张预应力施工的主要留孔方法。它是由薄钢带（厚度在0.3mm左右）经专用卷管机压波后卷成。它具有重量轻、刚度好、弯折方便、连接简单、摩阻系数小、与混凝土粘结良好等优点，可做成各种形状的孔道，是现代后张预应力筋孔道成型用的理想材料。

1. 波纹管构造与基本要求

波纹管外形按照每两个相邻的折叠咬口之间凸出部（波纹）的数量分为单波纹和双波纹，见图4-8。波纹管内径为40～100mm，每5mm递增；波纹高度：单波为2.5mm，双波为3.5mm；波纹管长度，由于运输关系，每根为4～6m；波纹管用量大时，生产厂可带卷管机到现场生产，管长不限。

对波纹管的基本要求：一是在外荷载的作用下，有抵抗变形的能力；二是在浇筑混凝土过程中，水泥浆不得渗入管内。

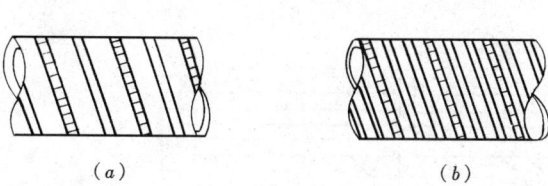

图 4-8 波纹管外形
（a）单波纹；（b）双波纹

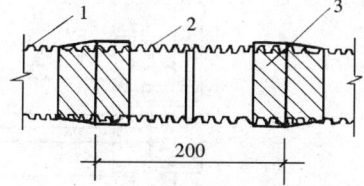

图 4-9 波纹管的连接
1—波纹管；2—接头管；3—密封胶带

2. 波纹管的连接与安装

波纹管的连接，采用大一号同型波纹管作接头管。接头管的长度为 200～300mm，用塑料管或密封胶带封口，见图 4-9。

波纹管的安装，应根据预应力筋的曲线坐标在侧模或箍筋上画线，以波纹管底为准。波纹管的固定，可采用钢筋托架（图 4-10），间距为 600mm。钢筋托架应焊在箍筋上，箍筋下面要用垫块垫实。波纹管安装就位后，必须用铁丝将波纹管与钢筋托架扎牢，以防浇筑混凝土时波纹管上浮而引起质量事故。

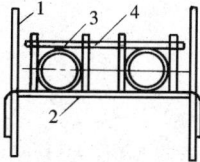

图 4-10 波纹管固定
1—箍筋；2—钢筋托架；3—波纹管；4—后绑的钢筋

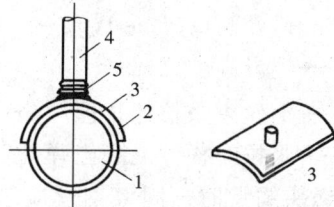

图 4-11 灌浆孔留设
1—波纹管；2—海绵垫片；3—塑料弧形压板；4—塑料管；5—铁丝绑扎

3. 灌浆孔的留设

灌浆孔与波纹管的连接，见图 4-11。其做法是在波纹管上开洞，其上覆盖海绵垫片与带注浆嘴的塑料弧形压板，并用铁丝扎牢（或穿铁钉固定）；再用增强塑料管插在注浆嘴上连接牢固，并将其引出梁顶面 400～500mm。灌浆孔的间距，对于预应力金属螺旋管不宜大于 30m，对于抽芯成形孔道不宜大于 12m。

（二）预应力筋的制作与穿束

预应力筋的制作，主要根据所用的预应力钢材品种、锚具形式及生产工艺等确定。现主要介绍钢丝束和钢绞线束的制作。

1. 钢丝束的制作

钢丝束的制作，一般包括下料、编束、镦头等工序。采用镦头锚具时，钢丝的下料长度 L，按照预应力筋张拉后螺母位于锚杯中部进行计算（图 4-12）。

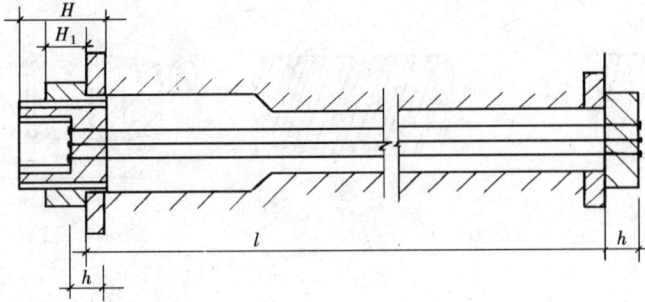

图 4-12 钢丝下料长度计算简图

$$L = l + 2h + 2\delta - K（H - H_1）- \Delta L - C \tag{4-3}$$

式中 l——孔道长度（mm），按实际丈量；

h——张拉端锚杯杯底厚度或固定端锚板厚度（mm）；

δ——钢丝镦头所需的预留量，取 10mm；

K——系数，一端张拉时取 0.5，两端张拉时取 1.0；

H——锚杯高度（mm）；

H_1——螺母高度（mm）；

ΔL——钢丝束张拉伸长值（mm）；

C——张拉时构件混凝土弹性压缩值（mm）。

采用镦头锚具时，同束钢丝应等长下料，其相对误差应不大于 $L/5000$。钢丝下料宜采用钢管限位下料法。钢丝切断后的断面应与母材垂直，以保证镦头质量。

钢丝束镦头锚具的张拉端扩孔长度一般为 500mm，以便钢丝穿入孔道后能伸出固定端一定长度进行固定端的锚板穿入和钢丝镦头。

钢丝编束与张拉端锚具安装同时进行。钢丝一端（必须是张拉端）先穿入锚杯并镦头，在另一端用细铁丝将内外圈钢丝按锚杯处相同的顺序分别编扎，然后将整束钢丝的端头扎紧，并沿钢丝束的整长度适当编扎几道。此端的锚具待穿束后再安装。

2. 钢绞线束的制作

钢绞线束的下料长度 L，当一端张拉另一端固定时可按下式计算：

$$L = l + l_1 + l_2 \tag{4-4}$$

式中 l——孔道的实际长度（mm）；

　　l_1——张拉端预应力筋外露的工作长度，应考虑工作锚厚度、千斤顶长度
与工具锚厚度等，一般取 600～800mm；

　　l_2——固定端预应力筋的外露长度，一般取 150～200mm。

　　钢绞线的切割，宜采用砂轮锯；不得采用电弧切割，以免影响材质。

　　钢绞线可单根或整束穿入孔道。采用单根穿入时，应按一定的顺序进行，以
免钢绞线在孔道内紊乱。采用整束穿入时，钢绞线应排列理顺，每隔 2～3m 用
铁丝扎牢。

　　3. 穿束

　　穿束指将预应力筋穿入孔道。穿束要考虑穿束时机和穿束方法。

　　根据穿束与浇筑混凝土之间的先后关系，可分为先穿束和后穿束两种。

　　（1）先穿束法

　　先穿束法即在浇筑混凝土之前穿束。此法穿束省力；但穿束应穿插在结构普
通钢筋绑扎施工中进行，否则将占用工期，束的自重引起的波纹管摆动会增大摩
擦损失，穿束后等待混凝土浇筑养护时间较长，加之束端保护不当易使预应力筋
生锈。先穿束法按穿束与预埋波纹管之间的配合，又可分为以下三种情况：

　　一是先放束后装管，即将预应力筋放入钢筋骨架内，然后将波纹管逐节从两
端套入并连接；

　　二是先装管后穿束，即将波纹管先安装就位，然后将预应力筋穿入。此法施
工较方便；

　　三是两者组装后放入，即在梁外侧的脚手上将预应力筋与套管组装后，从钢
筋骨架顶部放入就位，箍筋应做成开口箍。

　　（2）后穿束法

　　后穿束法即在浇筑混凝土之后穿束。此法可在混凝土养护期内进行，不占工
期，便于用通孔器或高压水通孔，穿束后即行张拉和灌浆，易于防锈，但穿束较
为费力。

　　穿束工作可由人工、卷扬机或穿束机进行。根据一次穿入数量，可分为整束
穿和单根穿。钢丝束应整束穿，钢绞线优先采用整束穿。

　　为方便穿过孔道，预应力束前端应扎紧并裹胶布，单根钢绞线的前端应套上
一个子弹头形的壳帽。对多波曲线束，应安特制的牵引头，推送穿束的同时在前
头牵引。

　　（三）预应力筋的张拉

　　1. 预应力筋的张拉方式

　　张拉预应力筋的方式很多，除常用的一端张拉、两端张拉、对称张拉、超张
拉等之外，下面简要介绍分批张拉、分段张拉、分阶段张拉、补偿张拉等。

　　（1）分批张拉

分批张拉是指在后张构件或结构中，多束预应力筋需要分批进行张拉的方式。由于后批预应力筋张拉所产生的混凝土弹性压缩对先批张拉预应力筋造成预应力损失，所以先批张拉的预应力筋张拉力应加上该弹性压缩损失值，或将弹性压缩损失平均值统一增加到每根预应力筋的张拉力内。

（2）分段张拉

分段张拉是指在多跨连续梁板分段施工时，统长的预应力筋需要逐段进行张拉的方式。对大跨度多跨连续梁，在第一段混凝土浇筑与预应力筋张拉后，第二段预应力筋用锚头连接器接长，以形成统长的预应力筋。

（3）分阶段张拉

分阶段张拉是指在后张传力梁等结构中，为了平衡各阶段的荷载，采取分阶段逐步施加预应力的方式。所加荷载不仅是外载（如楼层重量），也包括由内部体积变化（如弹性缩短、收缩与徐变）产生的荷载。梁的跨中处下部与上部纤维应力应控制在容许范围内。这种张拉方式具有应力、挠度与反拱容易控制，材料省等优点。

（4）补偿张拉

补偿张拉是指在早期的预应力损失基本完成之后再进行张拉的方式。采用这种补偿张拉，可克服弹性压缩损失，减少钢材应力松弛损失、混凝土收缩与徐变损失等，以达到预期的预应力效果。此法在水利工程和岩土锚杆中采用较多。

2. 张拉力和张拉程序

预应力筋的张拉力 P_j 按下式计算：

$$P_j = \sigma_{con} \cdot A_p \tag{4-5}$$

预应力筋的张拉程序（见第一节），主要根据构件类型、张拉锚固体系，松弛损失取值等因素确定。施工中各种张拉程序，均可分级加载。对曲线束，一般以 $0.2\sigma_{con}$ 为伸长起点，分二级加载（$0.6P_j$、$1.0\sigma_{con}$）或四级加载（0.4、0.6、0.8 和 $1.0\sigma_{con}$），每级加载均应量测伸长值。

3. 张拉伸长值校核

预应力筋张拉时，通过伸长值的校核，可以综合反映张拉力是否足够，孔道摩阻损失是否偏大，以及预应力筋是否有异常现象等。因此，对张拉伸长值的校核，要引起重视。

预应力筋张拉的计算伸长值 Δl 为：

$$\Delta l = (F_p l) / (A_p E_s) \tag{4-6}$$

式中　F_p——预应力筋的平均张拉力（kN）；取张拉端拉力与计算截面处扣除孔道摩擦损失后拉力的平均值；

　　　l——预应力筋拉伸段的实际长度（mm）；

　　　A_p——预应力筋的截面面积（mm²）；

E_s——预应力筋的弹性模量（kN/mm^2）。

预应力筋张拉伸长值的量测，应在建立初应力之后进行。其实际伸长值 ΔL 应等于：

$$\Delta L = \Delta L_1 + \Delta L_2 - C \tag{4-7}$$

式中　ΔL_1——从初应力至最大张拉力之间的实测伸长值；

ΔL_2——初应力以下的推算伸长值；

C——施加应力时，后张法混凝土构件的弹性压缩值和固定端锚具楔紧引起的预应力筋内缩值。

初应力的取值宜为 $10\% \sim 20\%$ σ_{con}（对曲线筋取上限），初应力以下的推算伸长值 ΔL_2，可根据弹性范围内张拉力与伸长值成正比的关系，用计算法或图解法确定。采用图解法时，以伸长值为横坐标，张拉力为纵坐标，将各级张拉力的实测伸长值标在图上（图 4-13），绘成张拉力与伸长值关系线 CAB，然后延长此线与横坐标交于 O' 点，则 OO' 段即为推算伸长值。此法以实测值为依据，比计算法准确。

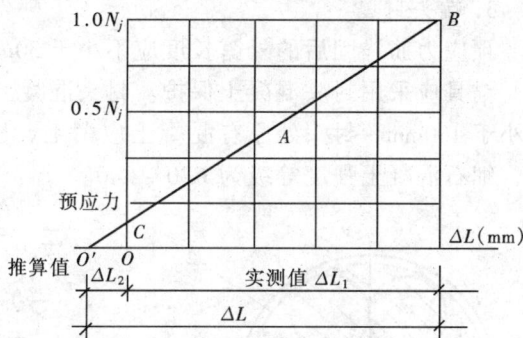

图 4-13　预应力筋实际伸长值图解

根据《混凝土结构工程施工质量验收规范》（GB50204—2002）第 6.4.2 条的规定：实际伸长值与设计计算理论伸长值的相对允许偏差为 ±6%。否则应暂停张拉，在采取措施予以调整后，方可继续张拉。

（四）孔道灌浆

预应力筋张拉后，孔道应尽快灌浆，因在高应力状态下钢筋容易生锈。

1. 灌浆材料

孔道灌浆用的水泥应具有较大的流动性、较小的干缩性与泌水性，其强度不应小于 20MPa。

灌浆用水泥应优先采用强度等级不低于 42.5 级普通硅酸盐水泥，水灰比为 0.4～0.45。水泥浆 3h 的泌水率宜控制在 2%，最大不得超过 3%。泌水应能在 24h 内全部重新被水泥浆吸收。为使孔道灌浆饱满，可在水泥中掺入适量的减水剂，如占水泥重 0.25% 的木质素磺酸钙，但不得掺入氯盐及其它对钢筋有腐蚀作用的外加剂。

2. 灌浆施工

灌浆前，孔道应湿润、洁净。灌浆用的水泥浆要过筛，在灌浆过程中应不断搅拌，以免沉淀析水。

灌浆设备采用灰浆泵。灌浆工作应连续进行，并应排气通顺。在灌满孔道并封闭排气孔后，宜再继续加压至 0.5 ~ 0.6MPa，稍后再封闭灌浆孔。对不掺外加剂的水泥浆，可采用二次灌浆法，以提高密实性。

构件立放制作时，曲线孔道灌浆后，水泥浆由于重力作用下沉，水分上升，造成曲线孔道顶部的空隙大。为了使曲线孔道顶部灌浆密实，在曲线孔道的上曲部位应设置泌水管。

3．端头封裹

预应力筋锚固后的外露长度应不小于 30mm，多余部分宜用砂轮锯切割。

锚具应采用封头混凝土保护。封头混凝土的尺寸应大于预埋钢板尺寸，厚度不小于 100mm。封头处原有混凝土应凿毛，以增加粘结。封头内应配有钢筋网片，细石混凝土强度等级为 C30 ~ C40。

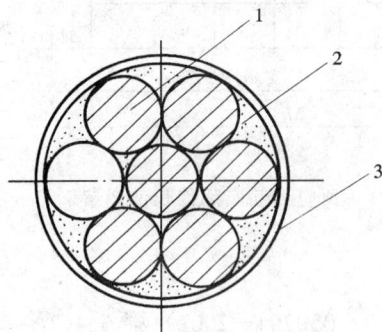

图 4-14　无粘结预应力筋
1—钢绞线或钢丝束；2—油脂；
3—塑料护套

二、无粘结预应力施工工艺

（一）无粘结预应力筋的制作

1．无粘结预应力筋的构造与制作工艺

无粘结预应力筋是指施加预应力后沿全长与周围混凝土不粘结的预应力筋。它由预应力筋、涂料层和外包层组成，见图 4-14。预应力筋可采用 $7\phi^s5$ 钢丝束，$\phi12$ 和 $\phi15$ 钢绞线。涂料层应采用防腐润滑油脂。外包层宜采用高密度聚乙烯护套，其韧性、抗磨性与抗冲击性好。

无粘结预应力筋的制作采用挤塑成型工艺。其工艺流程为：放线→涂油→包塑→冷却→收线，见图 4-15。

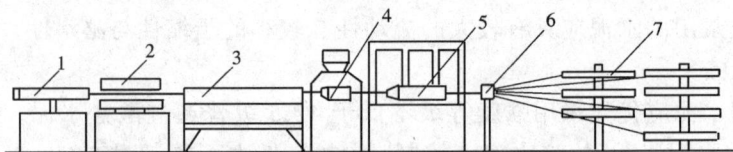

图 4-15　无粘结预应力筋生产线
1—收线装置；2—牵引机；3—冷却槽；4—挤塑机头；5—涂油装置；6—梳子板；7—放线盘

2．下料长度

无粘结筋的下料长度，与预应力筋的布置形状、所采用的锚固体系及张拉设备有关。

采用夹片式锚具时，无粘结筋的下料长度＝埋入构件（或结构）混凝土内的长度＋两端外露长度。两端外露长度，根据张拉设备与张拉方法而异。采用 YC-20 型千斤顶时，张拉端外露长度取 60cm。采用 YCN-18 型前置内卡式千斤顶时，张拉端外露长度取 25～30cm。固定端外露长度一般取 10cm。

（二）无粘结预应力筋的铺设

1．铺设顺序

在单向板中比较简单，与非预应力筋的铺设基本相同。

在双向板中，无粘结预应力筋需要配置成两个方向的悬垂曲线。无粘结筋相互穿插，施工操作较为困难，必须事先编出无粘结筋的铺设顺序。其方法是将各向无粘结筋各搭接点的标高标出，对各搭接点相应的两个标高分别进行比较，若一个方向某一无粘结筋的各点标高均分别低于其相交的各筋相应点标高时，则此筋可先放置。按此规律编出全部无粘结筋的铺设顺序。

无粘结预应力筋的铺设，通常是在底部非预应力钢筋铺设后进行。水电管线一般宜在无粘结筋铺设后进行，且不得将无粘结筋的竖向位置抬高或压低。支座处负弯矩钢筋通常是在最后铺设。

2．就位固定

无粘结预应力筋应严格按设计要求的曲线形状就位并固定牢靠。无粘结筋的垂直位置，宜用支撑钢筋或钢筋马凳控制，其间距为 1～2m。无粘结筋的水平位置应保持顺直。

在双向连续板中，各无粘结筋曲线高度的控制点用铁马凳垫好并扎牢。在支座部位，无粘结筋可直接绑扎在梁或墙的顶部钢筋上；在跨中部位，无粘结筋可直接绑扎在板的底部钢筋上。

3．张拉端固定

张拉端模板应按施工图中规定的无粘结预应力筋的位置钻孔。张拉端的承压板应采用钉子固定在端模板上或用点焊固定在钢筋上。

无粘结预应力曲线筋或折线筋末端切线应与承压板相垂直，曲线的起始点至张拉锚固点应有不小于 300mm 的直线段。

当张拉端采用凹入式做法时，可采用塑料穴模（图 4-16）或泡沫塑料、木块等形成凹口。

无粘结预应力筋铺设固定完毕后，应进行隐蔽工程验收，当确认合格后，方可浇筑混凝土。

混凝土浇筑时，严禁踏、压、撞、碰无粘结预应力筋、支撑钢筋及端部预埋件；张拉端与固定端混凝土必须振捣密实。

（三）无粘结预应力筋的张拉

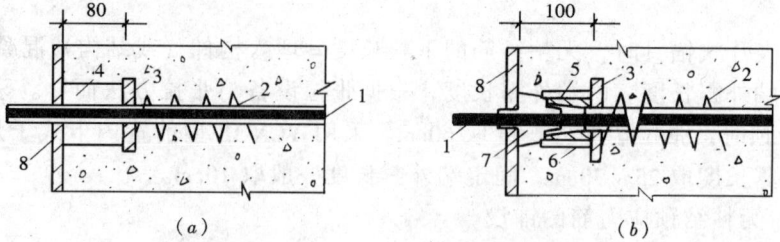

图 4-16 无粘结筋张拉端凹口做法

（a）泡沫穴模；（b）塑料穴模

1—无粘结筋；2—螺旋筋；3—承压钢板；4—泡沫穴模；5—锚环；
6—带杯口的塑料套管；7—塑料穴模；8—模板

无粘结预应力筋宜采取单根张拉。张拉设备宜选用前置内卡式千斤顶；锚固体系宜选用单孔夹片锚具，应满足 I 类锚具要求。

无粘结预应力筋由于摩阻损失小，用于楼面结构时曲率也小，因此不论直线或曲线形状在无粘结筋长度不大于 25m 时都可采取一端张拉。当筋长超过 50m 时，宜采取分段张拉与锚固。

无粘结预应力筋的张拉力、张拉顺序与张拉伸长值校核与一般预应力筋张拉相同。

（四）锚固区的防腐处理

无粘结预应力筋张拉完毕后，应及时对锚固区进行保护。锚固区必须有严格的密封防护措施，严防水汽进入，腐蚀预应力筋。无粘结预应力筋锚固后的外露长度不小于 30mm，多余部分宜用手提砂轮锯切割，但不得采用电弧切割。

在锚具与承压板表面涂以防水涂料，为了使无粘结筋端头全封闭，在锚具端头涂防腐润滑油脂后，罩上封端塑料盖帽。

对凹入式锚固区，锚具表面经上述处理后，再用微胀混凝土或低收缩防水砂浆密封。对凸出式锚固区，可采用外包钢筋混凝土圈梁封闭。对留有后浇带的锚固区，可采取二次浇筑混凝土的方法封端。

锚固区混凝土或砂浆净保护层最小厚度：梁为 25mm，板为 20mm。

第五节 预应力混凝土房屋结构施工

一、部分预应力现浇框架结构施工

部分预应力混凝土框架结构是在框架梁中施加部分预应力的一种现浇预应力混凝土结构体系。框架柱一般是非预应力的；对顶层边柱，有时为了解决配筋过多，也有采用预应力的。这种结构体系具有跨度大、内柱少、工艺布置灵活、结构性能好等优点，已广泛用于大跨度多层工业厂房、仓库及公共建筑。

（一）预应力筋孔道布置

预应力筋孔道直径，宜比钢丝束或钢绞线束的外径大 5 ~ 10mm，且孔道面积不应小于预应力筋净面积的二倍。

预应力筋孔道的最小净距，应大于粗骨料最大直径的 4/3；对于曲线筋孔道，竖直方向净距不应小于孔径 d；对使用插入式振动器穿过孔道振捣时，水平方向净距不应小于 $1.5d$（图 4-17）。

预应力筋保护层的最小厚度（从孔壁算起）：综合国内外资料及工程实践，对梁底取 50mm，对梁侧取 40mm。这样，预应力筋就有可能位于非预应力筋以内，裂缝宽度比混凝土表面处小些。

曲线孔道的曲率半径，对钢丝束，不宜小于4m。折线孔道的弯折处，宜采用圆弧线过渡，其曲率半径可适当减小。

图 4-17 孔道间距

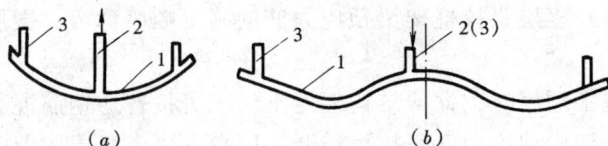

灌浆孔的设置，应考虑灌浆时水泥浆向两头流动的距离大致相等，见图 4-18。对双跨梁，灌浆管设置在中支座顶面处，可兼作泌水管用。此外，灌浆口也可设置在锚具处，从一头灌浆。

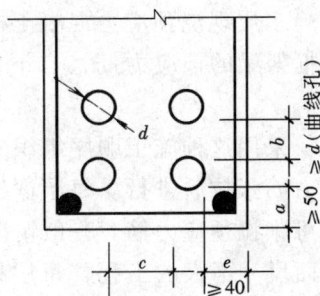

（a）　　　　　（b）

图 4-18 灌浆口设置
（a）单跨梁；（b）双跨梁
1—曲线孔道；2—灌浆孔；3—泌水管

（二）钢筋构造措施

根据框架结构施加预应力特点，以及为了解决预应力筋孔道与钢筋相碰问题，钢筋的构造采用以下措施：

（1）在框架梁的预应力筋弯折处，应加密箍筋或沿弯折处内侧设置钢筋网片，以加强预应力筋弯折区段的混凝土。

（2）框架梁的宽度 ≤350mm 时，可不设四肢箍，以免与预应力筋孔道相碰。

（3）框架梁的截面高度范围内有集中荷载作用时，应在该处设置附加箍筋，不宜采用吊筋，以免将预应力筋孔道挤弯。

（4）如框架梁的预应力筋及套管从钢筋骨架的顶部放入，可将箍筋先做成开口，待套管安放完毕后再封闭。

（三）多层框架混凝土浇筑与预应力张拉的施工顺序

根据大量工程实践，框架混凝土施工与预应力张拉可归纳为三种施工顺序：

1. 逐层浇筑、逐层张拉

多层现浇预应力混凝土框架结构施工时，浇筑一层框架梁的混凝土，张拉一层框架梁的预应力筋，自下而上逐层进行的施工顺序称为"逐层浇筑、逐层张拉"。

采用这种施工顺序组织施工时，上层框架梁混凝土浇筑应在该下层框架梁预应力筋张拉后进行。每层框架梁混凝土浇筑后又都必须养护到设计规定强度时，方可张拉预应力筋。一般情况下，框架梁混凝土养护所需时间较长，所以，对于平面尺寸不大的工程，每层框架梁混凝土养护与预应力筋张拉都要占用一些工期。对于平面尺寸较大的工程，则可划分施工段组织流水施工，以减少混凝土养护对工期的影响。

由于框架梁下支撑只承受一层施工荷载，预应力筋张拉后即可拆除，因此占用模板、支撑的时间和数量均较少。一般梁侧模板只需配置一套，梁底模及支撑需要配置两套。但是，预应力张拉专业队伍每层需要进场一次，花费时间较多。

2. 数层浇筑、顺向张拉

多层现浇预应力混凝土框架结构施工时，在浇筑 2~3 层框架梁混凝土之后，自下而上（顺向）逐层张拉框架梁预应力筋的施工顺序称为"数层浇筑、顺向张拉"。

采用这种施工顺序时，框架结构混凝土施工可按普通钢筋混凝土结构一样逐层连续施工，框架梁预应力筋张拉可错开一层自下而上逐层跟着张拉。这样，先浇筑的框架梁先张拉，基本消除了框架梁混凝土养护对工期的影响，并可使预应力筋张拉不占工期，工作紧凑。但这种施工顺序，底层框架梁支撑需承受上面两层施工荷载，因此，占用支撑和模板较多，预应力张拉专业队伍进场次数也较多，而且存在立体交叉作业，安全措施要求较高。采用这种施工顺序时，由于下层框架梁预应力筋张拉后所产生的反拱，会通过支撑对上层框架梁产生影响，因此，要求此时上层框架梁混凝土的强度应达到 C15。

3. 数层浇筑、逆向张拉

多层现浇预应力混凝土框架结构施工时，在浇筑 2~3 层框架梁混凝土之后，自上而下（逆向）逐层张拉框架梁预应力筋的施工顺序称为"数层浇筑、逆向张拉"。

采用这种施工顺序时，框架混凝土施工可按普通钢筋混凝土结构逐层浇筑数层后一起养护，待最上层梁的混凝土强度达到设计要求后，自上而下逐层张拉预应力筋，直至张拉工作全部结束。这就可以减少混凝土养护对工期的影响，加速工程进度，减少预应力张拉专业队伍进场次数和时间。但这种施工顺序，由于框架结构混凝土采用数层连续浇筑，底层框架梁支撑需承受上面几层施工荷载，因此，支撑受力大，支撑与底模配置层数多，占用时间长。适用于平面尺寸不大、层数不多（2～3层）的现浇预应力混凝土框架结构施工。

以上是多层现浇预应力混凝土框架结构施工时可采用的三种基本施工顺序。一个工程可根据具体情况选择一种施工顺序进行施工；也可采用两种施工顺序组合进行。工程实践表明，合理地安排好框架梁混凝土浇筑和预应力筋张拉的施工顺序，将对整个工程的工期、工程质量及经济效益等产生较大的影响。

（四）预应力混凝土框架梁施工工艺

多层现浇预应力混凝土框架结构具有跨度大、柱距大、施工荷载大和高空张拉等特点。因此，预应力框架梁施工与普通钢筋混凝土框架相比，难度更大，施工技术要求更严。

1. 模板的安装与拆除

预应力混凝土框架梁的特点：跨度大、自重大、层高也大，并考虑到预应力筋张拉前，楼板与次梁的荷载可能会传给框架梁，因此预应力框架梁支模时，支架的承载力应经过验算，以策安全。对底层框架梁的支撑，必须做好地基处理，防止不均匀沉陷。

预应力框架梁底模板的起拱值，考虑到梁张拉后产生的反拱可以抵消部分梁自重产生的挠度。因此，其起拱高度较小，仅为全跨长度的 0.5‰～1.0‰。

预应力框架梁的侧模板和楼板模板，应在预应力筋张拉前全部拆除，以避免施加预应力时模板束缚梁的混凝土自由变形，影响混凝土预应力的建立。框架梁底模板及支撑应在预应力筋张拉结束，孔道灌浆强度达到 15MPa 之后，方可拆除。

2. 混凝土浇筑

框架梁混凝土浇筑过程中，振动器不得触及螺旋管，以免损坏螺旋管而引起漏浆，堵塞孔道。同时，在梁端锚固区因钢筋密集，宜用小直径振动棒振捣密实，以免张拉时预埋钢板凹陷而引起质量事故。

为了防止螺旋管漏浆而引起孔道堵塞，在混凝土浇筑后应立即用通孔器通孔或用高压水冲孔。通孔器是用一段圆钢做成两端小、中间大的形状，其直径应比孔径小 10mm，长度为 60～80mm，两端栓有尼龙绳，以便来回拉动。如在混凝土浇筑前先穿预应力束，也可在混凝土浇筑过程中及时来回拉动预应力束，以防止偶尔漏浆引起预应力束与波纹管粘结，保证孔道畅通。

预应力框架梁一般应连续浇筑完毕，不留施工缝。在梁端处柱的施工缝位置应根据预应力筋锚固区局部承压的要求确定，必要时其施工缝位置应高出梁面 200～300mm。

二、无粘结预应力楼面结构施工

无粘结预应力混凝土楼面结构是在楼板中配置无粘结筋的一种现浇预应力混凝土结构体系。这种结构体系具有柱网大、使用灵活、施工方便等优点，但预应力筋的强度不能充分发挥，开裂后的裂缝较集中。采用无粘结部分预应力混凝土，可改善开裂后的性能与破坏特征。该体系广泛用于大开间多层和高层建筑的混凝土楼面结构，也可用于预应力混凝土框架梁中。

（一）预应力筋布置

预应力筋的布置根据楼面结构形式，有以下几种：

1．多跨单向平板

无粘结预应力筋采取纵向多波连续曲线配置方式。曲线筋的形式与板承受的荷载形式及活荷载与恒荷载的比值等因素有关。

2．多跨双向平板

无粘结预应力筋在纵横两方向均采用多波连续曲线配筋的方式，在均布荷载作用下其配筋形式有下列两种：

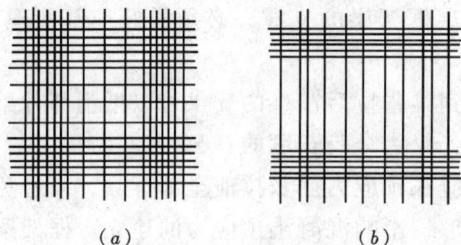

（a）　　　　　　　　（b）

图 4-19　多跨双向平板预应力筋布置方式
（a）按柱上板带与跨中板带布筋；
（b）一向带状集中布筋，另向均匀分散布筋

（1）按柱上板带与跨中板带布筋（图 4-19a）；

（2）一向带状集中布筋，另向均匀分散布筋（图 4-19b）。

3．多跨双向密肋板

在多跨双向密肋板中，每根肋中布置无粘结预应力筋，柱间采用双向无粘结预应力扁梁。

（二）细部构造

1．混凝土保护层

无粘结预应力筋保护层的最小厚度，应根据耐火等级及结构约束条件确定，见表 4-1、表 4-2（表中未填项要求采取特殊措施）。梁宽在 200～300mm 之间时，保护层可按表 4-2 取插算值；当混凝土保护层厚度不满足列表要求时，应使用防火涂料。

板的混凝土保护层最小厚度（mm）　　　　表 4-1

约束条件	耐火极限（h）			
	1	1.5	2	3
简支	25	30	40	55
连续	20	20	25	30

梁的混凝土保护层最小厚度（mm）　　　　　表 4-2

约束条件	梁宽	耐火极限（h）			
		1	1.5	2	3
简支	200	45	50	65	—
简支	≥300	40	45	50	65
连续	200	40	40	45	50
连续	≥300	40	40	40	45

2. 锚固区构造

（1）在平板中单根无粘结预应力筋的张拉端可设在边梁或墙体外侧，有凸出式或凹入式作法（图 4-20）。前者利用外包钢筋混凝土圈梁封裹，后者利用掺膨胀剂的砂浆封口。承压钢板的参考尺寸为 80mm × 80mm × 12mm 或 90mm × 90mm × 12mm，根据预应力筋规格与锚固区混凝土强度确定。螺旋筋为 $\phi6$ 钢筋、直径 70mm、3.5 圈，可直接点焊在承压板上。

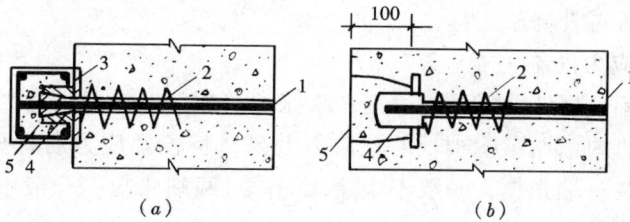

图 4-20　张拉端构造
（a）凸出式；（b）凹入式
1—无粘结预应力筋；2—螺旋筋；3—承压钢板；4—夹片锚具；5—混凝土圈梁

（2）在梁中成束布置的无粘结预应力筋，宜在张拉端分散为单根布置，承压钢板上预应力筋的间距为 60 ~ 70mm。当一块钢板上预应力筋根数较多时，宜采用钢筋网片。网片采用 $\phi6$ ~ 8 钢筋，4 ~ 6 片。

（3）无粘结预应力筋的固定端可利用镦头锚固板或挤压锚具采取内埋式作法（图 4-21）。对多根无粘结预应力筋，为避免内埋式固定端拉力集中使混凝土开裂，可采取错开位置锚固。

（三）大面积预应力楼板施工

大面积预应力楼板施工，应重点解决特长的预应力筋施工、分段流水施工等问题；同时，必须考虑施工中如何减少约束力，使楼板获得预期的预应力效果。

关于无粘结预应力筋的铺设与张拉中的一般问题，已在第四节阐述，不再重复。

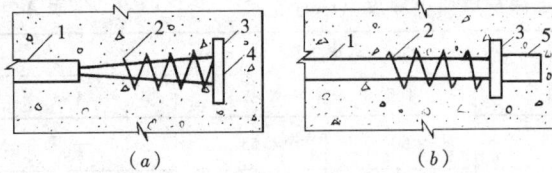

图 4-21 无粘结预应力筋固定端内埋式构造

(*a*) 钢丝束镦头锚板；(*b*) 钢绞线挤压锚具

1—无粘结筋；2—螺旋筋；3—承压钢板；
4—冷镦头；5—挤压锚具

1. 分段流水施工

楼面施工段的划分，应考虑结构特点、施工能力、模板周转、特长预应力筋施工，以及减少约束力等综合因素确定。分段施工，可减小后张阶段由于早期体积改变产生的位移量和约束力。施工段的长度一般为 30 ~ 40m。

第一施工段的混凝土浇筑后，即可进行第二段施工；但第二段混凝土的浇筑，应在第一段预应力筋张拉后方可进行。每段工期为 7 ~ 10d，模板需要配备两套（即两个施工段所需的数量）。如在大面积楼板上设置后浇带或伸缩缝，则两个施工段可独立进行，不受预应力筋张拉的影响。

沿预应力筋方向布置的剪力墙，会阻碍板中预应力的建立。在施工中为了消除这种效应的影响，对剪力墙采取三面留施工缝，与柱和楼板脱离，待楼板预应力筋张拉完毕后再补浇施工缝。

2. 特长预应力筋施工

为了防止特长多波曲线预应力筋一次张拉造成的摩擦损失过大，同时也为了减少众多的柱的约束而影响楼板的预应力效果，特长预应力筋宜分段接力张拉。每段的长度：对一端张拉，一般不大于 25m；对两端张拉，一般不大于 50m。具体做法有以下几种：

（1）预应力筋通长铺设、分段张拉

预应力筋通长铺设、分段张拉，见图 4-22 所示。这种做法是在第二段浇筑混凝土前必须将第一段预应力筋张拉完毕。由于预应力筋是连续铺至第二段的，因此在中间张拉时张拉设备应从预应力筋上方卡入。

如预应力筋通长铺设，楼板混凝土一次浇筑，则中间预留张拉口用专用千斤顶分段接力张拉。

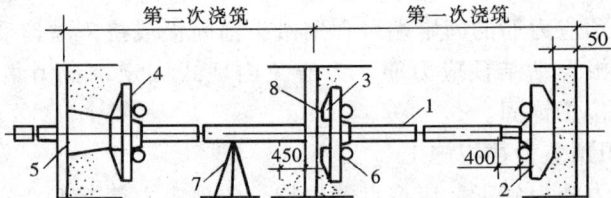

图 4-22 预应力筋通长铺设、分段张拉简图

1—无粘结预应力筋；2—固定端锚具；3—中间锚具；4—张拉端锚具；5—塑料穴模；6—横向钢筋；7—支架；8—模板

（2）预应力筋搭接铺设、分段张拉

预应力筋搭接铺设、分段张拉，见图 4-23 所示。预应力筋的张拉端设在板面的凹槽处；其固定端采用镦头锚板，埋设在楼板内。如预应力筋采取两端张拉，则两端都设有凹槽。在预应力筋搭接处，由于无粘结筋的高度减少而影响抗弯能力，可增加非预应力筋补足。

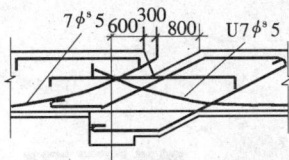

图 4-23　预应力筋搭接铺设、分段张拉筋

思　考　题

4-1　现代预应力混凝土使用的高强度钢筋主要有哪几种？性能如何？

4-2　如何进行预应力钢材的检验？

4-3　常见的新型预应力锚固体系有哪些？说明其锚固原理及其应用。

4-4　锚具的效率系数的含义是什么？

4-5　试述金属波纹管留孔的方法。

4-6　如何计算预应力筋的下料长度？计算时应考虑哪些因素？

4-7　预应力筋的穿束方法有哪些？各有何特点？

4-8　预应力筋的张拉如何进行？张拉伸长值如何校正？

4-9　预应力筋张拉后，为什么应及时进行孔道灌浆？孔道灌浆有何要求？

4-10　无粘结预应力的施工工艺如何？其端部锚固区如何处理？

4-11　试述多层框架梁混凝土浇筑与预应力张拉的施工顺序。

4-12　试述无粘结预应力楼面结构的施工方法。

习　　题

4-1　已知某 24m 跨后张预应力梁，其直线孔道长度均为 23800mm，内穿预应力钢丝束为 $14\phi^P5$（$f_{ptm} = 1770N/mm^2$，$E_s = 2.05 \times 10^5 N/mm^2$，单根钢丝截面积 $19.63mm^2$）；固定端采用 DM5B-14 型锚具（厚度为 25mm），张拉端采用 DM5A-14 型锚具，其锚杯高度为 60mm，杯底厚度为 25mm，螺母厚度为 22mm。张拉控制应力取 $0.75f_{ptm}$。试计算：

①施工采用 $0 \rightarrow 1.03\sigma_{con}$ 张拉程序时，张拉该钢筋束的最大张拉力；

②预应力钢丝的下料长度（不计张拉时混凝土的弹性压缩值）。

4-2　某 15m 跨预应力混凝土屋面梁，混凝土强度等级为 C40，弹性模量 $E_c = 3.25 \times 10^4 N/mm^2$，梁中配置两束预应力束，每束均为 $4\phi^s15.2$ 钢绞线（单根截面积 $A_s = 139mm^2$），其抗拉强度 $f_{ptm} = 1860N/mm^2$，$E_s = 1.95 \times 10^5 N/mm^2$，采用 OVM 夹片锚具，采用金属波纹管，孔道长度 14.8m。试计算：

①施工采用 $0 \rightarrow 1.03\sigma_{con}$ 张拉程序（$\sigma_{con} = 0.75f_{ptm}$），张拉时的孔道摩擦损失为 $31.9N/mm^2$，试计算张拉预应力筋的计算伸长值；

②实际张拉施工时，按张拉应力的 10% 作为初预应力，从初应力至最大张拉力之间的实测伸长值为 104.5mm，不计混凝土构件的弹性压缩值，但张拉时固定端锚具的内缩值为 5mm，试问实际伸长值与计算论伸长值的相对允许偏差为多大？是否满足要求？

第五章 结构吊装工程

本章在学习结构吊装工程施工的基本知识基础上，进一步学习钢结构和大跨度空间结构的基本吊装工艺方法。

第一节 基 本 知 识

结构吊装是指使用起重机械将预制构件或构件组合单元，安装到设计位置上的施工工艺过程。结构吊装工程是装配式结构建筑施工的一个主要分部工程。本节主要介绍起重机的选择，并介绍装配式结构构件的一般吊装工艺、结构的吊装方案等基本知识。

一、起重机械的选择

起重机械是装配式结构吊装工程的主导施工机械，构件的吊装往往取决于所选的起重机械；各种结构的吊装也要求选用与之相适应的起重机械。

（一）起重机类型选择

结构吊装工程常用的起重机类型有：自行式起重机（包括履带式起重机、轮胎式起重机、汽车式起重机）、塔式起重机，以及各种桅杆式起重机（包括独脚桅杆、人字桅杆、悬臂桅杆、牵缆式起重机）等，选择起重机的类型应根据以下几点进行：

1. 结构的跨度、高度、构件重量和吊装工程量等；

2. 施工现场条件；

3. 本企业和本地区现有的起重设备状况；

4. 工期要求；

5. 施工成本要求。

普通单层装配式结构的吊装宜选用履带式起重机，因其对吊装现场路面要求不高，可以负荷行走，变幅、回转方便；如果现场路面硬度满足，也可选用汽车式起重机或轮胎式起重机。履带式起重机转移施工现场常需要平台车运送，而汽车式起重机对交通道路路面的破坏性小，开赴吊装现场迅速、方便，故较能满足流动性施工的要求，应用较为广泛。对偏远、交通不便地区的吊装工程，可选用桅杆式起重机，这样往往可提早开工，满足进度要求，且成本低；桅杆式起重机移动不便，但稳定性较好，可用于吊装大跨空间结构（如网架结构）。多层装配式结构的吊装由于上层构件安装高度高，常选用塔式起重机；对于高层或超高层装配式结构，则常选用附着式塔式起重机或爬升式塔式起重机。

（二）起重机型号选择

选择起重机型号的原则是：所选起重机的起重量 Q、起重高度 H 和工作幅度（回转半径）R 等三个工作参数必须同时满足结构吊装要求。

1. 起重量 Q（钩于起重机吊钩以下的全部重量）计算

（1）单机吊装起重量： $\qquad Q \geqslant Q_1 + Q_2$ (5-1)

式中 $\quad Q_1$——构件重量（t）；

$\qquad Q_2$——索具重量（t）。

（2）双机抬吊起重量： $K(Q_主 + Q_副) \geqslant Q_1 + Q_2$ (5-2)

式中 $\quad Q_主$——主机起重量（t）；

$\qquad Q_副$——副机起重量（t）；

$\qquad K$——起重量降低系数，一般取 0.8。

2. 起重高度 H（从停机面至吊钩的高度）计算

起重高度计算式为： $\qquad H \geqslant H_1 + H_2 + H_3 + H_4$ (5-3)

式中 $\quad H_1$——安装支座表面高度（m），从停机面算起；

$\qquad H_2$——安装间隙（m），视具体情况而定，一般取 0.2～0.3m；

$\qquad H_3$——绑扎点至构件吊起后底面的距离（m）；

$\qquad H_4$——索具高度（m），绑扎点至吊钩的距离。对多点绑扎且绑扎点高度

$\qquad\qquad$ 不同时，可合并计算（$H_3 + H_4$）。

3. 工作幅度 R（起重机回转中心至吊钩的水平距离）计算

工作幅度计算式为： $\qquad R = F + L\cos\alpha$ (5-4)

式中 $\quad F$——起重臂下铰点中心至起重机回转中心的水平距离，其数值可由起重

$\qquad\qquad$ 机技术参数表查得；

$\qquad L$——起重机的起重臂长度；

$\cos\alpha$——起重臂仰角的余弦。

一般情况下，当起重机可以不受限制地开到构件吊装位置附近去吊装构件时，对工作幅度没有什么要求。计算了起重量 Q 和起重高度 H 之后，即可查阅起重机工作性能表或性能曲线来选择起重机型号及起重臂长度，并可查得在一定起重量 Q 和起重高度 H 下的工作幅度 R，作为确定起重机开行路线及停机位置时参考。但当起重机不能直接开到构件吊装位置附近去吊装构件时，对工作幅度

就有限制。这时需要根据此限制，并根据所需起重量 Q 和起重高度 H 要求查阅起重机工作性能表或性能曲线来选择起重机型号及起重臂长度。

当起重机的起重臂需要跨过已吊装好的构件上空去吊装构件时（如跨过屋架吊装屋面板），还要考虑避免使起重臂与已吊装好的构件相碰。为此，要计算最小起重臂长度（$L_{\min}$），即：

$$L_{\min} \geq l_1 + l_2 = \frac{h}{\sin\alpha} + \frac{f+g}{\cos\alpha} \tag{5-5}$$

式中 h——起重臂下铰点中心至构件的吊装支座顶面（如吊装屋面板时的屋架顶面）的高度；

f——起重钩跨过吊装支座顶面的水平距离；

g——起重臂轴线与吊装支座间的水平距离；

α——起重臂的仰角 $\left(\alpha = \arctan\sqrt[3]{\dfrac{h}{f+g}}\right)$。

根据 $L_{\min}$ 查阅起重机工作性能参数来选用适当的起重臂，并根据查得的 F 和实际选用的 L 和 α 值代入式（5-4）计算出工作幅度 R。

二、构件的吊装工艺

构件的基本吊装工艺包括构件的绑扎、起吊、就位、临时固定、校正和最后固定。对于不同的构件，其具体吊装工艺也有所不同。在此以较为典型的柱和框架为例进行介绍。

（一）构件的绑扎与吊升

构件的绑扎主要包括确定绑扎点位置和绑扎方法。合理的绑扎方法既可以防止构件受力变形或破坏，也可以方便构件的吊装作业。

1. 柱的绑扎与吊升

柱身的绑扎点和绑扎位置要保证柱身在吊装过程中受力合理，不发生变形和断裂。一般中、小型柱绑扎一点（单机起吊）；重型柱或配筋少而细长的柱绑扎两点甚至两点以上（单机起吊或两机起吊），以减少柱的吊装弯矩。必要时，需经吊装应力和裂缝控制计算确定吊点位置。

柱的绑扎按其起吊后柱身是否保持垂直状态，分为斜吊绑扎法和直吊绑扎法。斜吊绑扎法的绑扎锁扣位于柱的同一侧，起吊后，柱身与基础杯底不垂直，给轴线对位带来一定不便；但起重臂杆长度要求小，起吊迅速，用于柱的宽面抗弯能力满足吊装的情况。直吊绑扎法适用于柱的宽面抗弯能力不足，必须将预制柱翻身后窄面向上以增大刚度，再绑扎起吊。此法需用铁扁担（或在柱的绑扎点处设柱销）将吊索跨过柱顶，故要求较长的起重臂杆。

柱的起吊按其吊升过程中柱身升起的特点分为旋转法和滑行法。单机起吊时，旋转法为起重机边起钩、边旋转，使柱身绕柱脚旋转，柱身立直后吊离地面。其要点是起吊时保持柱脚不动，柱的布置要求吊点、柱脚中心和杯口中心三点共圆（即位于起吊半径所构成的圆弧上）；此法吊升柱的震动小，但柱的布置占地较大，对起重机的机动性要求高，要求能同时进行提升和回转两个动作，故一般需采用自行式起重机（图5-1）。滑行法为起重机不旋转、只提升吊钩，使柱脚在吊钩上升过程沿地面向吊点位置滑行，直到柱身立直后吊离地面。其要点是柱的吊点要布置在杯口旁并以杯口中心两点共圆。此法吊升柱身受震动，但柱的布置方便，占地较小，对起重机性能要求较低。故通常在起重机及场地受限时采用此法（图5-2）。

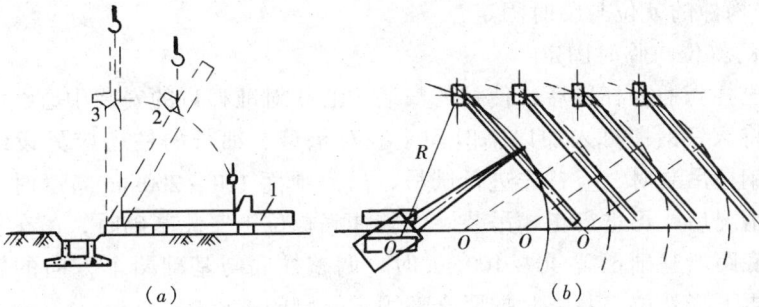

图 5-1 旋转法吊柱

（*a*）旋转过程；（*b*）平面布置

1—柱子平卧时；2—起吊中途；3—直立

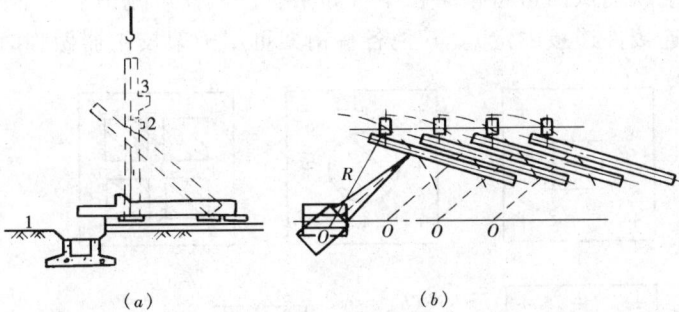

图 5-2 滑行法吊柱

（*a*）滑行过程；（*b*）平面布置

1—柱子平卧时；2—起吊中途；3—直立

2. 桁架（屋架）的绑扎与吊升

桁架（屋架）多为平卧叠浇或制作，吊装前先要翻身扶直，然后起吊至预定地点临时排放。这类构件一般跨度和高度较大，且受力平面外刚度小，必要时在

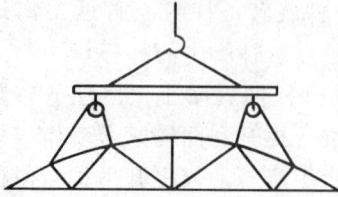

图 5-3　横吊梁四点绑扎屋架

起吊前须临时加固。扶直时的绑扎点一般设在屋架上弦的绑扎吊点位置上。屋架的绑扎点与绑扎方式、屋架的形式和跨度有关，绑扎点的位置和数量一般由设计确定，否则应进行吊装验算。屋架绑扎时吊索与水平面的夹角 α 不应小于 45°，以免屋架上弦杆承受过大的压力使构件受损。通常跨度小于 18m 的屋架可采用两点绑扎法，大于 18m 的屋架可采用三点或四点绑扎法。大跨屋架吊装因起重机的起吊高度不够时，可采用横吊梁（图 5-3）。

（二）构件的就位与临时固定

1. 柱的就位与临时固定

混凝土柱脚插入杯口后，使柱的安装中心线对准杯口的安装中心线，然后在柱脚四周将八只钢楔打入加以临时固定。对重型、细长的柱还应另设缆风绳锚固。对于钢柱吊装时，应首先进行试吊，吊离地面 100~200mm 高度时，检查索具和吊车情况后，再进行正式吊装。调整柱底板位于安装基础时，吊车应缓慢下降，当柱底距离基础位置 40~100mm 时，调整柱底与基础两个方向的轴线，对准位置后再下降就位，并临时拧紧全部固定柱脚的螺栓螺母。

2. 桁架（屋架）的就位与临时固定

桁架类构件因高度大，就位后易倾倒。故屋架在安装支座上进行轴线对位后须做好临时固定。第一榀桁架的临时固定必须牢靠，它也是第二榀桁架的支撑。一般可采用四根缆风绳从两边将桁架拉牢（如果有抗风柱可先吊装，然后将桁架与抗风柱之间的连接件连接固定）。其他各榀桁架可用桁架校正器做临时固定。

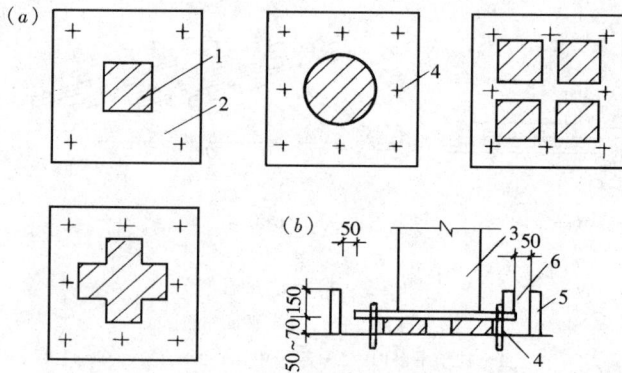

图 5-4　钢柱标高块的设置

（a）几种形式的标高块；（b）立模灌浆

1—标高块；2—基础表面；3—钢柱；4—地脚螺栓；5—模板；6—灌浆口

（三）构件的校正与最后固定

1.柱的校正与最后固定

柱的校正包括平面定位轴线、标高和垂直度的校正。平面定位轴线偏差在临时固定前进行对位时已校正好；混凝土柱的标高偏差则在吊装之前已在基础杯底抄平时，按柱的实际制作偏差进行了调整；钢柱的标高偏差可通过基础表面浇筑标高块（图5-4）的方法进行校正。故在此的校正主要为校正柱的垂直度偏差，其方法多采用经纬仪观测，用钢钎或钢管校正器、螺旋千斤顶（重型柱时）进行校正，如图5-5、5-6所示。

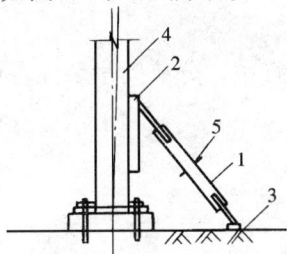

图 5-5 钢管撑杆校正法
1—钢管校正器；2—头部摩擦板；3—底板；4—钢柱；5—转动手柄

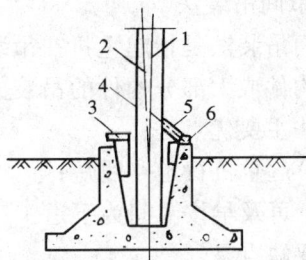

图 5-6 千斤顶斜顶法
1—柱中线；2—铅垂线；3—楔块；4—柱；5—千斤顶；6—卡座

柱在校正完后要及时进行最后固定。混凝土柱的最后固定是在柱底部与杯口间的间隙之间浇筑混凝土，使柱子在杯口以下的部分完全嵌固在基础内。浇筑工作分两次进行，第一次浇至临时固定楔块下，待混凝土强度达到设计强度的25%后，拔去楔块，再浇筑混凝土至杯口顶面。钢柱的最后固定是在校正后随即将锚固螺栓拧紧固定，并进行钢柱柱底灌浆。

2.桁架的校正与最后固定

桁架主要校正垂直度偏差。混凝土屋架多采用两架经纬仪在跨外两侧同时观测（也可在桁架上吊线锤观测），用屋架校正器进行校正。屋架支承面出现的间隙垫入薄钢片，校正无误后，立即用电焊焊牢作为最后固定。焊接时，应在屋架两端的不同侧同时施焊，以防因焊缝收缩导致桁架倾斜。其他形式的桁架校正方法也与之类似。

三、结构的吊装方案

（一）结构的吊装方法

按构件的吊装次序，结构的吊装方法可分为以下几种：

1.分件吊装法

分件吊装法是指起重机在单位吊装工程内每开行一次只吊装一种构件的方

法。

本法的主要优点是：

（1）施工内容单一，准备工作简单，因而构件吊装效率高，且便于管理；

（2）可利用更换起重臂长度的方法分别满足各类构件的吊装（如采用较短起重臂吊柱，接长起重臂后吊屋架）。

主要缺点是：

（1）起重机行走频繁；

（2）不能按节间及早为下道工序创造工作面。

2．节间吊装法

节间吊装法是指起重机在吊装工程内的一次开行中，分节间吊装完各种类型的全部构件或大部分构件的吊装方法。

本法主要优点是：

（1）起重机行走路线短；

（2）可及早按节间为下道工序创造工作面。

主要缺点是：

（1）要求选用起重量较大的起重机，其起重臂长度要一次满足吊装全部各种构件的要求，因而不能充分发挥起重机的技术性能；

（2）各类构件均需运至现场堆放，吊装索具更换频繁，管理工作复杂。

3．综合吊装法

综合吊装法是指建筑物内一部分构件采用分件吊装法吊装，一部分构件采用节间吊装法吊装的方法。此法吸收了分件吊装法和节间吊装法的优点，是建筑结构中较常用的方法。普遍做法是：采用分件吊装法吊装柱、柱间支撑、吊车梁等构件；采用节间吊装法吊装屋盖的全部构件。

（二）构件的平面布置

构件的平面布置是指构件吊装前在施工场地平面上布置其排放位置，其主要目的是方便构件的吊装。构件的平面布置应根据起重机性能、构件制作及吊装方法，并结合施工场地情况来确定。基本原则为：

1．满足吊装顺序的要求。

2．简化机械操作，即将构件堆放在适当位置，使起吊安装时，起重机的跑车、回转和起落吊杆等动作尽量减少。

3．保证起重机的行驶路线畅通和安全回转。

4．"重近轻远"，即将重构件堆放在距起重机停点比较近的地方。单机吊装接近满荷载时，应将绑扎中心布置在起重机的安全回转半径内，并应尽量避免起重机负荷行驶。

5．要便于进行下述工作：检查构件的编号和质量；清除预埋铁件上的水泥砂浆块；对空心板进行堵头；在屋架上、下弦安装或焊接支撑连接件；对屋架进行拼装、穿筋和张拉等。

6. 便于堆放。重屋架应按上述第四点办理，对于轻屋架，如起重机可以负荷行驶，可两榀或三榀靠柱子排放在一起。

7. 现场预制构件要便于支模、运输及浇筑混凝土，以及便于抽芯、穿筋、张拉等。

第二节　钢结构吊装

本节主要介绍一般单层和高层钢结构建筑的结构吊装施工技术。

一、单层钢结构厂房吊装

（一）钢结构吊装准备

结构吊装前，首先要认真编制施工组织设计，包括：计算钢结构构件和连接件数量；选择吊装机械；确定流水程序；确定构件吊装方法；制定进度计划；确定劳动组织；规划钢构件堆场；确定质量标准、安全措施和特殊施工技术等。

1. 基础准备

基础准备包括轴线误差量测、基础支撑面的准备、支撑面和支座表面标高与水平度的检验、地脚螺栓位置和伸出支撑面长度的量测等。

柱子基础轴线和标高是否正确是确保钢结构安装质量的基础，应根据基础的验收资料复核各项数据，并标注在基础表面上。

基础支撑面的准备有两种做法：一种是基础一次浇筑到设计标高，即基础表面先浇筑到设计标高以下 20～30mm 处，然后在设计标高处设角钢或槽钢制导架，测准其标高，再以导架为依据用水泥砂浆仔细铺筑支座表面；另一种是基础预留标高，安装时做足，即基础表面先浇筑至距设计标高 50～60mm 处，柱子吊装时，在基础面上放钢垫板（不得多于三块）以调整标高，待柱子吊装就位后，再在钢柱脚底板下浇筑细石混凝土。

基础支承面、支座和地脚螺栓的允许偏差须满足《钢结构工程施工质量验收规范》（GB50205—2001）中的有关规定。

2. 钢构件检验

钢构件外形和几何尺寸正确，可以保证结构安装顺利进行。为此，在构件吊装之前应根据《钢结构工程施工质量验收规范》中的有关规定，仔细检验钢构件的外形和几何尺寸，如有超出规定的偏差，在吊装之前应设法消除。此外，为便于校正钢柱的平面位置和垂直度、桁架和吊车梁的标高等，需在钢柱的底部和上部标出两个方向的轴线，在钢柱底部适当高度处标出标高准线，对于吊点亦应标出，便于吊装时按规定吊点绑扎。

（二）钢结构吊装工艺

钢结构单层厂房的结构构件种类、形式与普通混凝土单层厂房相类似，结构吊装采用的起重机械也基本相同；但对于钢结构，构件的具体构造和连接形式又有其自身的特点。

1. 钢柱的吊装与校正

钢柱的吊装方法与装配式混凝土柱相似，亦为旋转法和滑行法吊装。对重型钢柱可采用双机抬吊的方法进行吊装。钢柱就位是将柱脚插入基础锚固螺栓进行固定。

钢柱经过初校，待垂直度偏差控制在 20mm 以内方可使起重机脱钩，垂直度用经纬仪检验，如有偏差，用螺旋千斤顶校正。钢柱位置的校正，对于重型钢柱可用螺旋千斤顶加链条套环托座沿水平方向顶校钢柱。校正后在柱四边用 10mm 厚的钢板定位，并用点焊固定。钢柱复校后，再紧固锚固螺栓。

2. 钢桁架的吊装与校正

钢桁架多用悬空吊装，为使钢桁架在吊起后不致发生摇摆而与其他构件碰撞，起吊前在其支座的节间附近用麻绳系牢，随吊随放松，以保证其正确位置。

桁架的绑扎点要保证桁架吊装不变形，否则应做好临时加固。钢桁架的侧向稳定性较差，如果吊装机械的起重量和起重臂长度允许，可经扩大拼装后进行组合吊装，即在地面上将两榀桁架及其上的天窗架、檩条、支撑等拼装成整体，一次进行吊装，这样不仅可提高吊装效率，也提高了钢桁架的侧向稳定性。桁架的临时固定可用临时螺栓和冲钉。

钢桁架临时固定后要校正垂直度和弦杆的正直度。垂直度可用挂线锤球检验，而弦杆的正直度则可用拉紧的测绳进行检验。钢桁架安装的允许偏差须满足《钢结构工程施工质量验收规范》的有关规定。钢桁架的最后固定，用点焊或高强螺栓固定。

二、高层钢结构建筑吊装

（一）钢结构吊装准备

高层钢结构吊装除一般的准备工作之外，还应做好以下特有的准备工作：

1. 钢构件的预检和配套

钢构件的预检项目有外形尺寸、螺孔大小和间距、预埋件位置、焊缝剖口、节点摩擦面、构件规格数量等。构件的内在制作质量以制造厂质量报告为准。至于构件预检的数量，一般是关键构件全部检查，其他构件抽查 10% ~ 20%，预检时应记录所有的预检数据。

钢构件的加工质量与施工安装有直接关系，要充分认识钢构件预检的重要性。预检的具体做法根据工程条件而定。

高层钢结构吊装是根据规定的安装流水顺序进行的，钢构件必须按照安装流水顺序的需要配套供应到现场。但制造厂的钢构件往往是分批供货，与结构安装顺序不一致，因此，高层钢结构施工时有时需要设置钢构件的中转堆场，作为存储、配套整理构件和构件检查与修复之用，以保证将合格的构件按安装流水顺序的需要及时送到现场。

配套中应特别注意附件（如连接板等）的配套，否则一个小小的零件会影响到整个安装进度，一般可将零星附件用螺栓或铁丝直接临时固定在安装节点上。

2. 钢柱基础检查

第一节钢柱直接安装在钢筋混凝土柱基底板上。钢结构的安装质量和工效同柱基的定位轴线、基准标高有直接关系。安装单位对柱基的预检重点为：定位轴线间距、柱基面标高和地脚螺栓预埋位置。

3. 标高块设置及柱底灌浆

为精确控制钢结构上部结构的标高，在钢柱吊装前要根据钢柱预检结果（实际长度、牛腿与柱底间距离、钢柱底板平整度等），在柱子基础表面浇筑标高块（如图5-4）。标高块用无收缩砂浆，立模浇筑，其强度不宜小于 $30N/mm^2$，标高块顶面须埋设厚度为 $16\sim20mm$ 的钢面板。待第一节钢柱吊装、校正和锚固螺栓拧紧固定后，进行钢柱柱底灌浆。灌浆前应在钢柱底板四周立模板，用水清洗基础表面，排除积水；浇灌的砂浆应能自由流动，灌浆要从一边连续进行。浇灌后及时做好覆盖养护。

（二）钢结构构件的安装与校正

1. 钢柱的安装与校正

高层钢结构建筑柱子多是 $3\sim4$ 层为一节，节与节之间用坡口焊连接。在吊装第一节钢柱时，应在预埋的地脚螺栓上加设保护套，以防钢柱就位时碰伤螺栓丝牙。吊柱前应预先将操作挂篮、爬梯等置于施工需要的部位上。柱子吊点处可设置临时吊耳，其吊装可用单机回转法起吊，较细长的钢柱可采用双机抬吊。

柱子就位后，先调整标高，再调整位移，最后调整垂直度。为了控制安装误差，对高层钢结构先确定标准柱，即能控制框架平面轮廓的少数柱子，一般是选择平面转角柱为标准柱。校正时一般取标准柱的柱基中心线为基准点，用激光经纬仪以基准点为依据对标准柱的垂直度进行观测，柱子顶部固定有测量目标靶。除基准柱外，其他柱子的误差量测不用激光经纬仪，通常用丈量法，即以标准柱为依据，在角柱上沿柱子外侧拉设钢丝绳组成平面封闭状方格，用钢尺丈量距离，超过允许偏差者则进行调整。

2. 钢结构梁的安装与校正

钢梁在吊装前，应检查柱子牛腿标高和柱子间距，主梁吊装前，应在梁上装好扶手杆和扶手绳，一般在钢梁上翼缘的开口处设吊点，吊点位置取决于钢梁的跨度。根据梁柱尺寸，有时可将梁、柱在地面组装成排架进行整体吊装，以减少高空作业，加快吊装进度。

安装框架主梁时，要根据焊缝收缩量预留焊缝变形量。同时，对柱子的垂直度进行监测，以保证柱子除预留焊缝收缩值外，各项偏差均符合规范规定。

在每一节柱子的全部构件安装、焊接、栓接完成并经验收合格后，才能从地面引测上一节柱子的定位轴线。

3. 钢结构构件的连接与固定

施工现场钢结构的柱与柱、柱与梁、梁与梁的连接按设计要求，可采用高强螺栓连接、焊接连接以及二者并用的方式连接。为避免焊接变形造成错孔，导致高强螺栓无法安装，对焊接和高强螺栓并用的连接，应先栓后焊。

高强螺栓的拧紧，应从螺栓群中央顺序向外逐个拧紧，以使接头处连接板搭叠密贴。为减少先拧与后拧的预应力的差别，高强螺栓的拧紧必须分初拧和终拧两步进行。初拧的扭矩为终拧扭矩的50%，使连接板达到密贴。高强螺栓的终拧，根据高强螺栓的种类，采用专用扳手进行。

施工现场接头的焊接方法主要是手工电弧焊，有条件的可采用气体保护焊。手工电弧焊当风力大于5m/s时，气体保护焊当风力大于3m/s时，要采取防风措施才能进行焊接。

第三节　大跨度空间结构吊装工艺

常见的装配式大跨度空间结构吊装主要有混凝土大跨度屋盖（如飞机库）结构、空间钢网架结构等。根据其结构形式和现场施工条件的不同，可选择不同的吊装方法。在此仅按吊装工艺方法介绍几种典型的吊装方法：

一、高空拼装法

高空拼装法目前多用于钢网架结构的吊装。其方法是先在设计位置搭设满堂或部分拼装支架，然后直接将网架杆件和节点吊运到拼装支架上进行拼装；或先将网架杆件和节点预拼成小拼单元，再将其吊运到拼装支架上进行整体拼装。采用焊接节点的网架（如焊接球节点钢管网架）时，对安全防火应充分重视。故此法用于螺栓连接（包括螺栓球、高强螺栓）的非焊接节点的各种类型网架较为适宜。

搭设拼装支架时，拼装支架支撑立杆的位置应与网架下弦节点的位置一致，在拼装支架底部用垫板分布荷载，防止地面受力过大产生变形和沉陷。拼装支架高度要方便操作，如用千斤顶调整网架高度，则拼装支架表面距网架下弦节点以

80mm 左右为宜。

网架在拼装前应按照设计图纸将网架的各轴线标在拼装支架上，并在网架各支点位置处按起拱高度设置安装支座（或千斤顶）。网架的拼装顺序应便于保证拼装的精度以减少累积误差。在拼装过程中，应随时检查杆件的轴线位置、标高，如发现大于施工工艺的允许偏差时，应及时纠正。图 5-7 为拼装顺序示意图，图中大箭头表示网架总的拼装顺序，小箭头表示每榀钢桁架的拼装顺序。

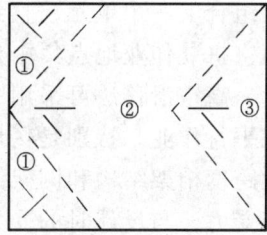

图 5-7　网架的拼装顺序

高空拼装法对施工场地、起重设备的能力要求不高，但要搭设满堂或部分拼装支架，高空作业量大，且网架几何尺寸的总调整较麻烦，特别是拼装支架发生移动、沉降时，校正困难，影响网架的安装精度。

二、高空滑移法

高空滑移法用于大跨度桁架结构和钢网架结构吊装。其方法是先用起重机将网架的分块（榀）单元吊到屋盖一端搭设的拼装支架上，然后利用牵引设备将其逐步水平滑移到设计位置，就位后拼装成整体。按滑移顺序有逐条滑移和累计滑移。逐条滑移是起吊一个单元，即将其滑移到设计位置。此法所需的牵引力小（采用滚动摩擦更为有利），且安装方便，但当高空拼装地点分散，常需要搭设较多的脚手架。累计滑移（图 5-8）是吊装一网架单元，就与前一单元进行拼接，

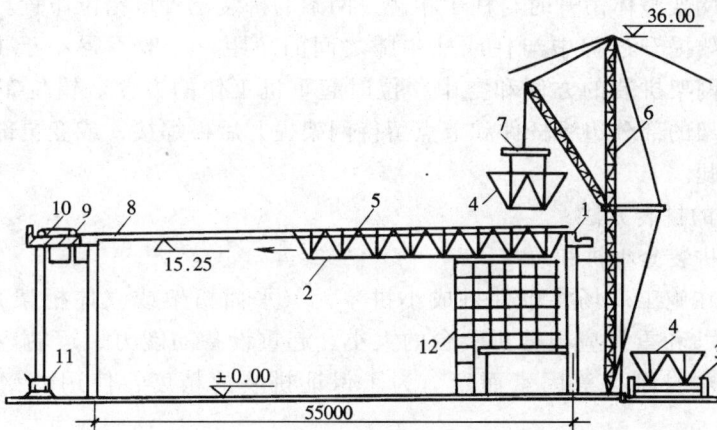

图 5-8　累积滑移法安装网架结构

1—天沟梁；2—网架；3—拖车架；4—网架分块单元；5—拼装节点；6—悬臂桅杆；7—1 字形铁扁担；8—牵引线；9—牵引滑轮组；10—反力架；11—卷扬机；12—脚手架

一起平移一段距离，然后再吊装拼接一个单元，如此依次进行；每滑移一次再拼装组合上一个单元，直到远端滑移到设计位置为止。此法所需的牵引力较大，但高空拼装作业地点集中在起点一端，搭设脚手架较少。

高空滑移法可采用一般土建单位常用的施工机械，同时还有利于室内土建施工平行作业，特别是场地狭窄、起重机械无法出入时更为有效。故这种新工艺在大跨度桁架结构和网架结构安装中常常采用。由于在起吊和平移过程中，网架单向受力，与设计时的受力状态不同，因此，网架结构形式宜采用上、下弦正放类型，宜减少临时加固。当网架安装跨度大于 50m 时，为减少网架平移时的挠度，宜在跨中增设支点。

三、整体吊升法

整体吊升法是焊接球节点网架吊装的一种常用方法。它是在地面（单层建筑）或在网架设计位置的下层楼边上（多层建筑）将网架一次拼装成整体，然后采用吊升设备将网架整体吊升到设计位置就位固定。此法不需要高大的拼装支架，高空作业少，易保证整体焊接质量，但需要大起重量的起重设备，技术较复杂。因此，此法较适合焊接球节点钢管网架。

根据所用设备的不同，整体吊升法又可分为多机抬吊法、拔杆提升法、捯链提升法和电动螺杆提升法等。不论哪种方法，都要合理确定网架吊点的位置。

（一）网架的拼装

1. 拼装位置的确定

为防止网架整体吊升时与柱子相碰，网架的拼装位置可错位布置。错开的距离取决于网架提升过程中与柱或柱牛腿之间的净距，一般不得小于 10 ~ 15cm，同时要考虑网架拼装的方便和空中移位时起重机工作的方便。错位布置有困难时，可将网架的部分边缘杆件和节点留待网架提升后再焊接，或变更部分影响网架的柱子牛腿。

2. 网架的拼装方法

网架的拼装分小拼和总拼。

小拼是在施工现场将单件拼成小拼单元（平面桁架或立体桁架），每一小拼单元的尺寸和重量应根据拼装台的大小、起重设备的能力、运输条件、钢结构分段后的本身刚度等因素而定。为了保证拼装的精度，使用的钢尺必须校验。

总拼是在工地整体拼装位置将小拼单元拼成整个网架。工地拼装所用的临时支柱可为小钢柱支承或砖墩（顶面做 10cm 厚的细石混凝土找平），网架边缘临时支柱离地面高度约 80cm，其余临时支柱的高度按网架的起拱高度要求相应提高。网架底部留出的空间要便于进行焊接作业。

网架的拼装，关键是控制好各轴线的尺寸（要预放焊接收缩量）和起拱要求。网架的尺寸根据轴线量出，并标在临时支柱上。

网架的焊接主要是杆件（钢管）与节点（焊接球）的焊接。一般用等强度对接焊。为安全起见，在对接处增焊 6～8mm 的贴角焊缝。壁厚大于 4mm 的焊件，宜做坡口焊。拼装时先上弦、后下弦，最后装斜腹杆，待两榀小拼单元间的钢管全部放入并矫正后，再逐根焊接钢管。

（二）网架的吊装

1. 多机抬吊法

此法适用于网架重量和安装高度都不大的中、小网架结构（多在 40m×40m 以内）。安装前先在地面上进行错位拼装，即拼装位置与安装轴线错开一定距离。拼装后用多台起重机（如两台或四台履带式或汽车式起重机）将网架整体提升到安装支座位置以上，在空中移位后下落就位固定。

如网架重量较小，或起重机的起重量都满足要求时，宜将起重机布置在网架两侧（图 5-9），这样只要四台起重机同时回转，即完成网架空中位移的要求。

多机抬吊的关键是各起重机起吊、回转速度一致。否则，易造成有的起重机会超负荷、网架受扭、焊缝开裂等事故。为此，应尽量选择速度一致的起重机。

网架吊离地面支承后要检查网架吊点和吊索情况，确保网架起吊平稳；垂直吊升网架高过安装支座位置 30cm 左右，平移至就位轴线位置上空并缓慢下落就

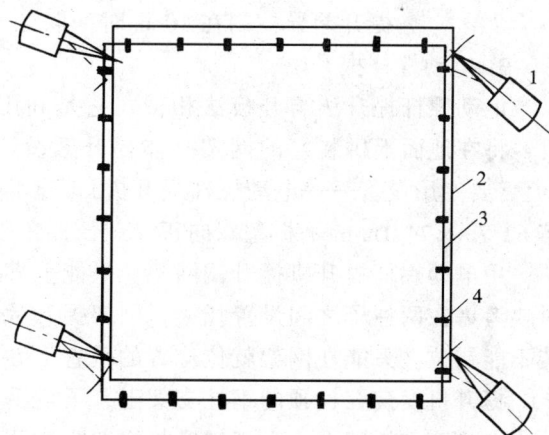

图 5-9　起重机在两侧抬吊网架
1—起重机；2—网架拼装位置；
3—网架安装位置；4—柱子

位；网架就位时，为使网架支座中线准确地与支座中线吻合，可事先在网架四角各拴一根钢丝绳，利用捯链进行对线就位。

2. 拔杆提升法

拔杆提升法所用的拔杆构造简单、稳定性好、起重量较大，在我国多用于大型焊接球节点钢管网架的吊装。网架先在地面上错位拼装，然后用多根独脚拔杆将网架提升到安装支座位置上空，然后空中移位、下落就位。

空中移位是此法的关键。空中移位是利用每根拔杆两侧起重滑轮组中的水平力不等而使网架产生水平移动。网架空中位移时，每根拔杆同一侧滑轮组的钢丝

绳徐徐放松，而另一侧则不动，从而使网架失去平衡，向钢丝绳未放松的一侧移动，直至放松停止钢丝绳重新拉紧为止。网架空中需位移的方向和位移量，决定了拔杆的选择和平面布置。

网架安装时的计算荷载为：

$$Q = (K_1 Q_1 + Q_2 + Q_3) K \qquad (kN)$$

其中　　Q_1——网架自重（kN）；

　　　　Q_2——附加设备（包括屋盖结构中的桁条、通风管和安装用脚手架等）的自重（kN）；

　　　　Q_3——吊具自重（kN）；

　　　　K_1——荷载系数，取 1.1（如网架重量经过精确计算可取 1.0）；

　　　　K——由提升差异引起的受力不均匀系数，如网架重量基本均匀，各点提升差异控制在 10cm 时，取 1.3。

3. 电动螺杆提升法

电动螺杆提升法与升板法相似，它是利用升板工程中使用的电动螺杆提升机，将在地面上拼装好的网架整体提升至设计标高。此法不需要大型起重设备（但需要专用设备——电动螺杆提升机），施工控制容易，提升平稳。国内某体育馆 62.7m×74.1m 的平板型双向正交斜放四角锥焊接球钢管网架即用此法安装。

用电动螺杆提升机提升钢网架，只能垂直提升，不能水平移动。为此，设计时要考虑在两柱子之间设置托梁，网架提升后，其支点坐落在托梁上。网架的拼装不能错位，只能在网架就位位置的垂直下方原位拼装。

提升机安装在柱顶的钢柱支架上，下设垂直吊杆，在吊杆下设托架，钢网架的支点坐落在托架上。由于提升机安装在柱顶的钢柱支架上，故施工时要采取相应措施保证结构的稳定性。

提升机设置的数量和位置，既要考虑吊点反力与提升机的提升能力相适应，又要考虑使各提升机的负荷相接近。提升网架时要注意同步控制，提升过程中随时纠正提升偏差，待网架提升到托梁以上时安装托梁，待托梁固定好后网架即可下落就位。

4. 捯链提升法

捯链提升法是利用捯链（也称神仙葫芦或手拉葫芦）提升网架的方法。它是根据网架下弦提升吊点的位置和数量，在安装支座的结构环梁上安置相应数量的捯链，用吊索将捯链与网架吊点连接。提升网架时，每个捯链安排一名工人，在统一指挥下同步拉动捯链，使网架缓缓提升。

采用的捯链起重量一般在 3~5t，起升高度为 3m。当提升一个起升高度后，用固定索将网架临时固定，然后重新回调捯链，进行再一次网架的提升，直到将网架提升到设计位置。这种方法适合焊接球节点网架，设备简单，施工方便。

由于捯链只能垂直提升网架，为使网架提升能通过结构环梁，需将网架部分边缘杆件留待提升后再焊接。网架提升过程中要随时进行同步控制，及时纠正提升偏差。

四、整体顶升法

整体顶升法是将屋面结构在地面上就位拼装或现浇后，利用千斤顶的顶升及柱块的轮番填塞，将其顶升到设计标高的一种垂直吊装方法。此法所需设备简单，顶升能力大，容易掌握。但为满足顶升需要，柱的截面尺寸一般较大。目前此法在国内还只用于净空不高和尺寸不大的薄壳结构吊装中。

根据千斤顶安放位置的不同，顶升法可分为上顶升法和下顶升法两种。

（一）上顶升法

上顶升法也称为柱块法，它是将千斤顶倒置固定于柱帽（柱帽为支托屋面结构的支座）下，在顶升屋盖过程中，同时配合砌筑柱块，从而逐步将屋盖顶升至设计位置。图 5-10 为柱块的组装部件和临时垫块及其顶升过程示意图。图 5-10 中：（a）千斤顶 2 及柱帽 1 搁置在基础 4 上，千斤顶下放入临时垫块 3；（b）千斤顶进油，顶升一个工作行程；（c）安装条形临时垫块 5，千斤顶回油，在其升起的空间内安放方形临时垫块 3；（d）重复以上工作循环，换入方形柱块 6；（e）重复以上工作循环，换入门形柱块 7。

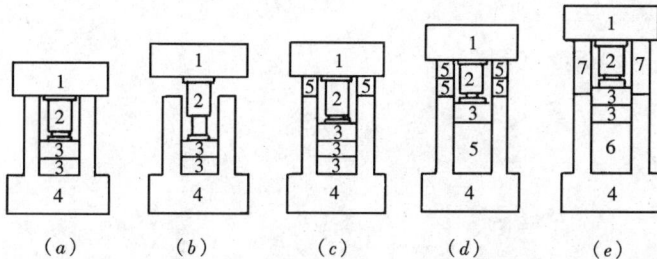

图 5-10　上顶升法柱块组合及其顶升过程

门形柱块安装时要坐浆，柱块间用焊接连接。当壳体顶升到一定高度（一般在 1.5 ~ 1.8m）后，及时用混凝土封闭开口，以增加柱子的整体性。顶升过程中，应特别注意结构的稳定性，以确保施工安全。上顶升法的稳定性好，但高空作业较多。

（二）下顶升法

下顶升法的特点是千斤顶在顶升过程中始终位于柱基上，每次顶升循环即在千斤顶上面填筑一个柱块，无需临时垫块，屋盖随柱徐徐上升，直至设计标高为止。下顶升的高空作业少，但在顶升时稳定性较差，所以工程中一般较少采用。

思 考 题

5-1 如何选择起重机械？

5-2 试述柱子、屋架的基本吊装工艺。

5-3 试述构件平面布置的基本原则。

5-4 试述钢结构柱的安装与校正方法。

5-5 试述钢结构构件的连接与固定方法

5-6 大跨度空间结构有哪些典型的吊装方法？各有哪些特点？

5-7 试述网架结构的拼装和吊装方法，并分析其应用特点。

习 题

5-1 某单层厂房选用履带起重机吊装屋面板，已知屋面板的吊装支座顶面（屋架顶面）距地面的高度为18m，两屋架间距为6m，所选履带吊的起重臂下铰点中心距地面的高度为1.8m。吊装时要求起重臂轴线与屋架的水平距离不小于1m。试确定安装屋面板时所需的最小起重臂长度（L_{min}）。

第六章 防水工程

学 习 要 点

　　本章内容包括基础知识、新型建筑防水卷材施工和新型建筑防水涂料施工。在基础知识中，主要总结了在专科阶段已讲授过的防水工程施工的基本内容，包括屋面防水的分类、沥青卷材防水屋面的施工、刚性防水屋面、地下工程防水分类、地下工程卷材（沥青卷材）防水、地下工程防水、混凝土结构防水等内容，目的是帮助同学们复习已学习过的内容。在新型建筑防水卷材施工和新型建筑防水涂料施工中，介绍了当前新型防水卷材、防水涂料的分类和特点，以及施工方法。同学们在学习中应重点掌握高聚物改性沥青防水卷材（涂料）和合成高分子防水卷材（涂料）的应用。

第一节 基 本 知 识

一、防水工程分类

　　防水工程按所用材料不同，可分为柔性防水和刚性防水两大类。柔性防水用的是对变形相对不敏感的柔性材料，包括各类卷材和涂膜材料。刚性防水用的是对变形相对敏感的刚性材料，主要是砂浆和混凝土材料。

　　防水工程按工程部位又可分为屋面工程防水和地下工程防水两大类。

二、屋面防水工程

（一）沥青卷材防水屋面

1. 沥青卷材防水屋面构造

　　卷材屋面是采用沥青防水卷材、高聚物改性沥青防水卷材、合成高分子防水卷材等柔性防水材料，通过不同施工工艺及施工方法，将其粘贴成一整片能防水的屋面覆盖层。施工方法通常有热施工、冷施工及机械固定等。沥青卷材防水屋面构造如图 6-1 所示，其传统施工方法多采用沥青胶热粘贴法进行逐层铺贴。

2. 材料要求

（1）沥青

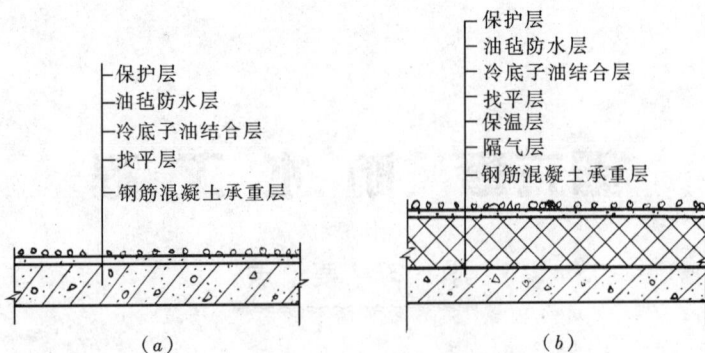

图 6-1　油毡屋面构造层次示意图

（a）不保温油毡屋面；（b）保温油毡屋面

在屋面防水工程中多采用 10 号、30 号建筑石油沥青、60 号道路石油沥青或其熔合物。一般不宜使用普通石油沥青、纯沥青或焦油沥青，其耐老化性能差。针入度、延度、软化点是划分沥青牌号的依据，根据针入度指标确定标号，每个牌号则应保证相应的延度和软化点。

（2）冷底子油

冷底子油是一种液化沥青，它是由 10 号或 30 号建筑石油沥青，加入挥发性溶剂配制而成的溶液，一般现配现用。采用 10 号、30 号石油沥青与轻柴油或煤油配制的为慢挥发性冷底子油（重量配合比为 4:6），采用 60 号石油沥青与汽油配制的为快挥发性冷底子油（重量比为 3:7）。冷底子油黏度小，能渗入基层，待溶剂挥发后，在基层表面形成一层粘结牢固的沥青薄膜，使之具有一定的憎水性，并能有效地提高沥青胶与基层的粘结力。

（3）沥青防水卷材

用原纸、纤维织物、纤维毡等胎体材料浸涂沥青，表面撒布粉状、粒状或片状材料制成可卷曲的片状防水材料，称为沥青防水卷材。有纸胎、玻纤胎沥青油毡、玻璃布、黄麻织物沥青油毡及铝箔胎沥青油毡等五种。卷材屋面工程用油毡一般应采用不低于 350 号的石油沥青油毡。沥青防水卷材的不透水性、纵向拉力、柔性和耐热度等应符合国家有关规定。

（4）沥青胶

沥青胶是粘贴油毡的胶结材料。它是一种牌号的沥青或两种以上牌号的沥青按适当的比例混合熬化而成；也可在熬化的沥青中掺入适当的滑石粉（一般为 20%～30%）或石棉粉（一般为 5%～15%）等填充料拌和均匀，形成沥青胶（玛蹄脂）。掺入填料可以改善沥青胶的耐热度、柔韧性、粘结力，延缓老化，节约沥青。在试配沥青胶时，必须对耐热度、柔韧性、粘结力三项指标全面考虑，尤其要注意耐热度。耐热度太高，冬季易脆裂；太低，夏季易流淌。熬制时，必须严格掌握配合比、熬制温度和时间，遵守有关操作规程。一般加热温度不应高于240℃，使用温度不宜低于190℃，切忌升温太快。

3.沥青油毡屋面防水层施工

（1）基层要求

基层质量的好坏，对保证油毡铺贴质量关系密切，施工时必须重视．一般采用水泥砂浆、细石混凝土或沥青砂浆找平层作为基层。沥青砂浆可增强油毡与找平层的粘结力，但需热施工，一般应用较少；水泥砂浆配合比为1∶3（体积比），或沥青砂浆重量配合比为1∶8（60号或75号石油沥青∶砂）。找平层厚为15～35mm，找平层应平整坚实，采用水泥砂浆找平层时，水泥砂浆抹平收水后应二次压光，充分养护，不得有松动、起壳、起砂等现象。在与突出屋面结构的连接处以及在基层的转角处。均应做成钝角或半径为100～150mm的圆弧形。找平层应留分格缝，缝宽一般为20mm，且应留在预制板支承边的端缝处。其纵横向最大间距，当找平层采用水泥砂浆时，不宜大于6m；采用沥青砂浆时，则不宜大于4m。并于缝口上先单边点粘一层卷材，每边的宽度不应小于100mm。

待水泥砂浆找平层基本干燥后，将基层清扫干净，于铺贴油毡前1～2天涂刷冷底子油一遍（沥青砂浆找平层可不必刷冷底子油），涂刷要薄而均匀，不得有漏刷、麻点和起砂现象，也可用机械喷涂，但应在水泥砂浆凝结初期进行，以保证砂浆中的水泥充分水化，确保找平层质量。待冷底子油干燥后，立即铺贴油毡，以防基层浸水。

（2）油毡铺贴

铺贴沥青防水卷材，每层沥青胶的厚度宜为1～1.5mm；面层沥青胶的厚度宜为2～3mm；沥青胶应涂刮均匀，不得过厚或堆积。

油毡铺贴方向应根据屋面坡度或屋面是否受振动而确定。当屋面坡度小于3%时，宜平行屋脊铺贴；坡度大于15%或屋面受振动时，为防止油毡下滑，应垂直屋脊铺贴；坡度在3%～15%之间时，可平行也可垂直屋脊铺贴，卷材屋面坡度不宜超过25%，否则，应在短边搭接处采取防止卷材下滑措施，如在搭接处将卷材用钉子钉入找平层内固定。另外，在叠层铺贴油毡时，上、下层油毡不得互相垂直铺贴。

铺贴油毡应采用搭接方法，搭接宽度与铺贴方法有关。上、下两层油毡应错开1/3幅油毡宽，相邻两幅油毡短边搭接缝应错开不小于500mm，各层油毡的搭接宽度，长边不应小于70mm，短边不应小于100mm。平行屋脊的搭接缝，应顺流水方向搭接；垂直屋脊的搭接缝，应顺主导风向搭接。各层油毡的搭接缝必须用沥青粘结材料仔细封严，以防翘边渗漏。

铺贴多跨和有高低跨的房屋时，应按先高后低、先远后近的顺序进行。对同一坡面，应先做好屋面排水比较集中部位（屋面与落水口的连接处、檐口、天沟和变形缝等处），并应由屋面最低标高处向上施工，使油毡按水流方向搭接。

卷材铺贴方法有满粘法、空铺法、条粘法、点粘法等四种。满粘法（又称全粘法），即在铺贴防水卷材时，卷材与基层采用全部粘结的施工方法，是一种传统的施工方法，如过去常采用此种方法进行石油沥青防水卷材三毡四油叠层铺贴，适用于屋面面积较小、屋面结构变形不大、找平层干燥的屋面条件。空铺法，即在铺贴防水卷材时，卷材与基层仅在四周一定宽度内粘结，其余部分不粘结的施工方法，铺贴时，应在槽口、屋脊和屋面的转角处及突出屋面的连接处，卷材与找平层应满涂沥青胶粘结，其粘结宽度不得小于 800mm，卷材与卷材的搭接缝、卷材与卷材之间应满粘，适用于基层湿度过大、找平层的水蒸气难以由排汽道排入大气的屋面。条粘法，即在铺贴防水卷材时，卷材与基层采用条状粘结的施工方法，每幅卷材与基层的粘结面不少于两条，每条宽度不应小于 150mm，在搭接缝、卷材与卷材之间等处亦应满粘，适用于采用留槽排汽不能可靠解决卷材防水层开裂和起鼓的无保温层屋面或基层潮湿的排汽屋面。点粘法则指铺贴卷材时，卷材与基层采用点状粘结的施工方法，要求每平方米面积内至少有 5 个粘结点，每点面积不小于 100mm×100mm，搭接缝、防水层周边一定范围内与基层均应满粘牢固，适用温差较大而基层又十分潮湿的排汽屋面。

油毡铺贴应避免铺斜、扭曲和出现未粘结现象；避免沥青胶粘结层过厚或过薄，滚压时应将挤出的沥青胶及时刮平、压紧、赶出气泡并予封严。

用绿豆砂作保护层时，应将清洁的绿豆砂预热至 100℃ 左右，随刮涂热沥青胶，随均匀铺撒热绿豆砂，并滚压与沥青胶粘牢。

（二）刚性防水屋面

刚性防水屋面是指在屋面结构层上施工一层刚性防水层的防水屋面。其中有细石混凝土防水层、补偿收缩混凝土防水层、预应力混凝土防水层等多种。现就细石混凝土防水施工简述如下：

混凝土水灰比不应大于 0.55；每立方米混凝土水泥最小用量不应小于 330kg；含砂率宜为 35%～40%；灰砂比应为 1:2～1:2.5。细石混凝土防水层中的钢筋网片，施工时应放置在混凝土的上部，离防水层上表面 10mm。应使分格缝的位置在屋面板的支承端、屋面转折处、屋面与突出屋面结构的交接处，并应与屋面结构层的板缝对齐。分格缝的间距不应大于 6m，缝宽宜为 20～40mm，缝内用油膏嵌封，上面用卷材作保护层。

普通细石混凝土中掺入减水剂或防水剂时，应准确计量，采用机械搅拌、机械振捣，提高混凝土的密实度。每个分格板块的混凝土应一次浇筑完成，不得留施工缝，抹压时不得在表面洒水、加水泥浆或撒干水泥。混凝土收水后应进行二次压光。混凝土浇筑后应及时进行养护，养护时间不应少于 14d，养护初期屋不得上人。

三、地下防水工程

地下工程的防水方案，一般可分为三类：

（1）防水混凝土结构

依靠防水混凝土本身的抗渗性和密实性来进行防水，本身既是承重、围护结构，又是防水层，被广泛地采用。

（2）表面防水层

即在结构物的外侧增加防水层以达到防水目的。常用的防水层有水泥砂浆、卷材防水层等。可根据不同的工程对象、防水要求及施工条件选用。

（3）渗排水防水层

即利用盲沟、渗排水层等措施把地下水排走，以达到防水的目的。适用于重要的、面积较大的、地下水为上层滞水且防水要求较高的地下建筑。

现仅就卷材防水层、防水混凝土施工方法介绍如下：

（一）卷材防水层

卷材防水层是用沥青胶将几层油毡粘贴于需防水结构的外侧而形成的防水层。它具有良好的韧性和延伸性，能适应振动和微小变形；对酸、碱、盐溶液具有良好的耐腐蚀性，但卷材机械强度低、吸水率大、耐久性差、施工操作繁杂，出现渗漏时难以修补。因此，卷材防水层只适于铺贴在形式简单的整体的钢筋混凝土结构基层上，以及整体的以水泥砂浆、沥青砂浆或沥青混凝土为找平层的基层上。

卷材防水层施工的铺贴方法，按其与地下防水结构施工的先后顺序分为外防外贴法和外防内贴法两种。

外防外贴法施工是在地下建筑墙体做好后，直接将卷材防水层铺贴在墙上，然后砌筑保护墙，如图 6-2 所示。外防内贴法施工是在地下建筑墙体施工前先砌筑保护墙，然后将卷材防水层贴在保护墙上，最后施工地下建筑墙体（如图6-3），在地下室墙外侧操作空间很小时多用外防内贴法。

（二）防水混凝土结构

1. 防水混凝土分类

（1）普通防水混凝土

普通防水混凝土是通过调整混凝土的配合

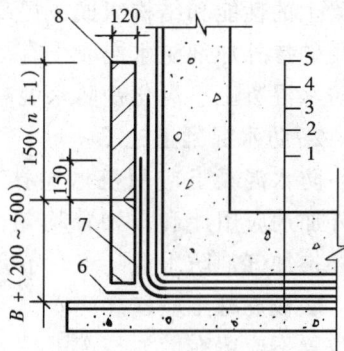

图 6-2 外贴法

1—垫层；2—找平层；
3—卷材防水层；4—保护层；
5—构筑物；6—油毡；
7—永久保护墙；8—临时性保护墙
B—板厚；n—卷材层数

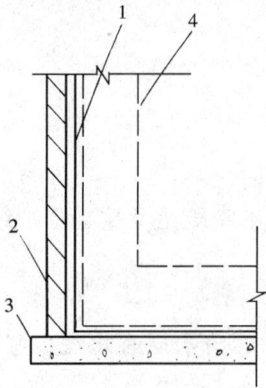

图 6-3　内贴法
1—卷材防水层；
2—保护墙；3—垫层；
4—尚未施工的构筑物

比来提高混凝土的密实度，以达到提高其抗渗能力的一种混凝土。混凝土是非匀质材料，它的渗水是通过孔隙和裂缝进行的。因此，控制其水灰比、水泥用量和砂率来保证混凝土中砂浆的质量和数量，以抑制孔隙的形成、切断混凝土毛细管渗水通路，从而提高混凝土的密实性和抗渗性能。

水泥强度等级不宜低于 32.5 级，要求抗水性好、泌水性小、水化热低，并具有一定的抗腐蚀性。细骨料要求颗粒均匀、圆滑、质地坚实、含泥量不大于 3%的中粗砂，砂的颗粒级配适宜，平均粒径 0.4mm 左右。粗骨料要求组织密实、形状整齐，含泥量不大于 1%，颗粒的自然级配适宜，粒径 5 ~ 30mm，最大不超过40mm，且吸水率不大于 1.5%。

防水混凝土的配合比应根据设计要求和实际使用材料通过试验选定。且按设计要求的抗渗强度提高 0.2 ~ 0.4MPa。每立方米混凝土的水泥用量（包括细粉料在内）不小于 320kg，但也不宜超过 400kg/m^3。含砂率以 35% ~ 40%为宜，灰砂比应为 1:2 ~ 1:2.5，水灰比不大于 0.55，坍落度不大于 50mm。

（2）掺外加剂的防水混凝土

掺外加剂的防水混凝土是在混凝土中掺入一定的有机或无机的外加剂，改善混凝土的性能和结构组成，提高混凝土的密实性和抗渗性，从而达到防水目的。常用的掺外加剂防水混凝土有：三乙醇胺防水混凝土、加气剂防水混凝土、减水剂防水混凝土、氯化铁防水混凝土。

2. 防水混凝土施工

防水混凝土应用机械搅拌，搅拌时间不应少于 2min。掺外加剂的混凝土，其外加剂应用拌和水稀释均匀，不得直接投入，其搅拌时间可延长至 3min，但搅拌掺加气剂防水混凝土时不宜过长，应控制在 1.5 ~ 2min。

底板混凝土应连续浇灌，不得留施工缝。墙体一般只允许留设水平施工缝。其位置不应留在剪力与弯矩最大处或底板与侧壁交接处，一般宜留在高出底板上表面不小于 200mm 的墙身上，施工缝的形式如图 6-4 所示。

为了使接缝严密，继续浇筑混凝土前，应将施工缝处混凝土凿毛，清除浮粒和杂物，用水清洗干净并保持湿润，再铺上一层厚 20 ~ 50mm 与混凝土成分相同的水泥砂浆，然后继续浇筑混凝土。

防水混凝土终凝后，即应覆盖浇水养护 14 天以上，凡掺早强型外加刑或微膨胀水泥配制的防水泥凝土，更应加强早期养护。拆模时，结构表面温度与周围

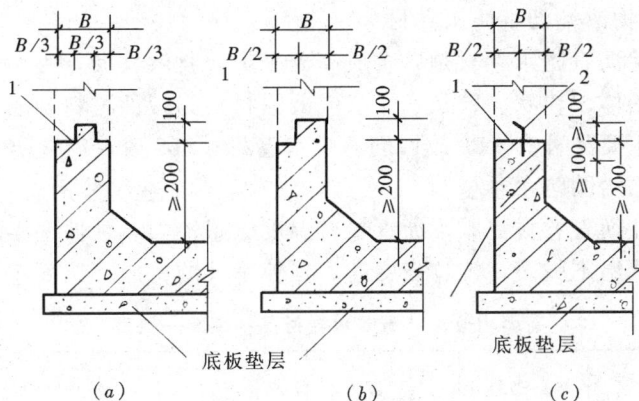

图 6-4　施工缝接缝形式

(a)、(b) 企口式 (适于壁厚 30cm 以上的结构);

(c) 止水片施工缝 (适于壁厚 30cm 以下的结构)

1—施工缝; 2—2 ~ 4mm 金属止水片

气温的温差不得超过 15℃。地下结构应及时回填，不应长期暴露，以避免因干缩和温差产生裂缝。

第二节　新型建筑防水卷材施工

近些年，随着我国建筑防水技术的发展，传统的纸胎石油沥青防水卷材由于自身缺陷，使用比例有很大下降，而以高聚物改性沥青防水卷材、合成高分子防水卷材为代表的新型防水卷材以其优良的性能正成为卷材防水的主导品种。

一、新型建筑防水卷材的分类及特点

目前使用的新型建筑防水卷材主要有两大类，即高聚物改性沥青卷材和合成高分子卷材。图 6-5 为高分子卷材屋面防水构造。

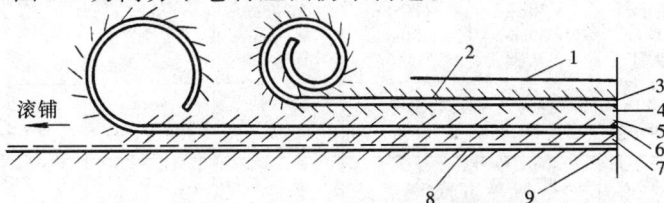

图 6-5　高分子卷材防水层构造图

1—着色剂; 2—上层胶粘剂; 3—上层卷材; 4, 5—中层胶贴剂;

6—下层卷材; 7—下层胶贴剂; 8—底胶; 9—层面基层

（一）高聚物改性沥青防水卷材

高聚物改性沥青防水卷材是以合成高分子聚合物改性沥青为涂盖层，纤维织物或纤维毡为胎体，粉状、粒状、片状或薄膜材料为覆面材料制成的可卷曲的条状防水材料。主要品种有 APP 改性沥青防水卷材、SBS 改性沥青防水卷材、高聚物改性沥青聚乙烯胎防水卷材等。

高聚物改性沥青卷材克服了沥青卷材温度敏感性大、延伸率小的缺点，具有高温不流淌、低温不脆裂、抗拉强度高、延伸率大的特点，见表 6-1。

高聚物改性沥青防水卷材品种性能一览表　　　表 6-1

项　目	APP 改性沥青防水卷材	SBS 改性沥青防水卷材	高聚物改性沥青聚乙烯胎防水卷材	沥青复合胎柔性防水卷材	自粘橡胶沥青防水卷材		
					PE 膜覆面	无覆面	铝箔覆面
耐热度	110 ~ 130℃	90 ~ 100℃	（MEE）（PEE）85 ~ 90℃ 90 ~ 95℃	85 ~ 90℃	—	—	80 ~ 85℃
低温柔度（3s 弯 180°无裂纹）	− 5 ~ − 15℃（r = 15mm）	− 5 ~ − 25℃（r = 15mm）	− 5 ~ − 10℃ − 10 ~ − 15℃（r = 15mm）	− 5 ~ − 10℃（r = 15mm）	− 25℃（r = 10mm）	− 20℃（r = 10mm）	− 20℃（r = 10mm）
胎体品种	聚酯胎玻纤胎	聚酯胎玻纤胎	聚乙烯膜	聚酯毡、玻纤毡 + 网格布 + 网格布	无胎	无胎	无胎
拉力（N）	400 ~ 800 300 ~ 400（纵）200 ~ 300（横）	400 ~ 800 300 ~ 400（纵）200 ~ 300（横）	100 ~ 140（纵）100 ~ 140（横）	500 ~ 600 400 ~ 600 400 ~ 500 300 ~ 600	130	—	100
断裂伸长率（%）	20 ~ 40	20 ~ 40	200 ~ 250	20 ~ 30	450	200	450
不透水性	0.3MPa 0.15 ~ 0.2MPa ×30min ×30min 无渗漏	0.3MPa 0.15 ~ 0.2MPa ×30min ×30min 无渗漏	0.3MPa 0.15 ~ 0.2MPa ×30min ×30min 无渗漏	0.3MPa 0.15 ~ 0.2MPa ×30min ×30min 无渗漏	0.2MPa ×120min 无渗漏	0.2MPa ×120min 无渗漏	0.2MPa ×120min 无渗漏
参考	JC/T559—94	JC/T560—94	JC/T633—96	JC/T690—98	JC840—99	JC840—99	JC840—99
适用范围	屋面及地下防水适用于耐热性能要求较高地区	屋面及地下防水适用于耐寒性能要求较高地区	屋面及地下防水	造价偏低的屋面及地下防水	非外露部位的卷材防水密封	补强密封材料	外露屋面防水密封

选择、应用高聚物改性沥青防水卷材应注意下述方面：

（1）采用热熔施工的方法施工的高聚物改性沥青卷材的厚度必须达到 4mm、3mm，3mm 厚以下的卷材和自粘型橡胶沥青卷材一般采用冷粘法施工。

（2）表面覆 PE 膜的高聚物改性沥青防水卷材，在以冷粘法进行搭接缝处理时，应消除 PE 膜对冷粘剂的隔离作用。

（3）在地下室等长期泡水的环境中应用的高聚物改性沥青防水卷材不宜使用以含棉、麻等易腐烂的植物纤维为胎体的卷材。

（二）合成高分子防水卷材

合成高分子防水卷材是以合成橡胶、合成树脂或它们两者的共混体为基料，加入适量的化学助剂和填充料等，经不同工序加工而成的可卷曲的条状防水材料。主要品种有三元乙丙橡胶防水卷材、氯化聚乙烯橡胶共混防水卷材、氯丁橡胶防水卷材、聚氯乙烯卷材等。

合成高分子防水卷材具有传统的纸基石油沥青油毡无可比拟的高强度和高延伸率，很好的高低温性能，有的合成高分子防水卷材还具有很好的弹性，很好的耐久性，几乎所有的合成高分子防水卷材都有很轻的质量，并可采用单层冷粘施工法施工，改善了施工环境。其主要品种及性能见表 6-2 和表 6-3。

主要合成分子防水卷材品种性能一览表　　　　　　　　　　　表 6-2

项　　　目	合成橡胶防水卷材					
	三元乙丙橡胶防水卷材	氯化聚烯橡胶共混防水卷材	氯丁橡胶防水卷材	氯磺化聚乙烯橡胶防水卷材	丁基再生橡胶防水卷材	再生橡胶卷材
① 拉 伸 强 度（MPa）	≥8	≥7	5.5	≥3.5	≥3.0	≥2.0
② 断裂伸长率（%）	≥450	≥400	350	≥140	≥200	≥160
③直角撕裂强度（N/cm）	≥280	≥245	≥245			≥80
④臭氧老化 臭氧浓度（PPhm）	500	500	50			
⑤拉伸（%）静态 40℃168h	40 无裂纹	40 无裂纹	40 无裂纹			
⑥ 热老化 80℃168h 拉伸强度变化率（%）	−20～40	−20～20	−20～50		−20～20	−20～50

续表

项　目	合成橡胶防水卷材					
	三元乙丙橡胶防水卷材	氯化聚乙烯橡胶共混防水卷材	氯丁橡胶防水卷材	氯磺化聚乙烯橡胶防水卷材	丁基再生橡胶防水卷材	再生橡胶卷材
⑦断裂伸长率变化率（%）	≤30	≤30	≤35		≤30	50～－30
⑧不透水性水压（MPa）×保持时间（min）	0.3×30 无渗漏	0.3×30 无渗漏	0.1×30 无渗漏	0.1×30 无渗漏	0.3×30 无渗漏	0.3×30 无渗漏
⑨脆性温度（℃）	－45	－40	－30	低温柔性 －25℃φ10	低温弯折性 －30	低温弯折性 －20
产品标准	（参考 HG2402—92 标准）	（参考 JC/T684—1997 标准）				
应用范围	耐臭氧性好，耐候性能好、弹性大、质轻、适应变形能力强、冷粘法施工、价格高，适用于外露及非外露屋面防水工程、地下室防水高档工程	耐臭氧性好、耐候性能好、弹性大、质轻，适用变形能力强、冷粘法施工，粘结性能好，价格偏高，适用于外露及非外露屋面防水工程、地下室防水中、高档工程	具有较好的强度和延伸率，有很好的粘结性能，冷粘法施工，用于屋面、地下、水坝防水	具有耐臭氧性能好、耐化学药品、耐腐蚀性能力强，阻燃、防霉等性能，冷粘法施工	价格低廉、有一定强度及延伸率，冷粘法施工。有一定适应变形能力。屋面防水工程、地下室防水工程。中、低档工程	价格低廉、有一定强度及延伸率，冷粘法施工，有一定适应变形能力，非外露屋面防水工程、地下室防水工程。中、低档工程

主要合成高分子防水卷材品种性能一览表　　　　表 6-3

项　目	合成树脂类防水卷材			
	聚氯乙烯卷材（p型）	增强型氯化聚乙烯卷材	非增强型氯化聚乙烯卷材	聚乙烯卷材
拉伸强度≥（MPa）	15.0	8.0～12.0	8.0～12.0	13.0～20.0
断裂伸长率≥（%）	250	10	200～300	450
低温弯折性	－20℃无裂纹	－20℃无裂纹	－20℃无裂纹	

续表

项　目	合成树脂类防水卷材			聚乙烯卷材
	聚氯乙烯卷材 （p 型）	增强型氯化 聚乙烯卷材	非增强型氯化 聚乙烯卷材	
抗渗透性	2×10^5Pa × 24h 无渗漏	2×10^5Pa × 24h 无渗漏	2×10^5Pa 无渗漏	
热老化 80℃，178h 拉伸 强度变化率（%）	− 20 ~ 20	− 20 ~ 20	− 20 ~ 20	
断裂伸长率变化率（%）	− 20 ~ 20	− 20 ~ 20	− 20 ~ 20	
抗穿孔性，500g 锤 ϕ12.7 钢珠	落差 300mm 无穿孔	同左	同左	抗戳穿力(N) 0.5mm 厚 > 50N
产品标准	参考 GB12952—91 标准	参考 GB12953—91 标准	参考 GB12953—91 标准	
应用范围	外露及非外露 屋面防水工程； 地下室防水工程； 隧道、水库、垃 圾厂防水	外露及非外露 屋面防水工程； 地下室、水池、 防水工程	外露及非外露 屋面防水工程； 地下室、水池、 防水工程	水库、 水坝、垃 圾掩埋场、 污水处理 场及地下 室防水工 程等

选择应用合成高分子卷材应考虑下述五个方面：

（1）合成高分子卷材的品种。

卷材的主体合成高分子材料的品种是决定卷材性能的主要因素。如三元乙丙橡胶防水卷材、氯化聚乙烯橡胶共混防水卷材的耐老化性能好，聚乙烯卷材、聚氯乙烯卷材等热塑性防水卷材的整体性能好，应根据使用要求选择卷材的品种。

（2）注意不同生产厂家相同品种卷材的性能可能有较大的差异，这主要是生产厂家配方不同造成的。

（3）制造因素。

合成高分子防水卷材因制造方法不当，成型工艺条件不当，表面处理不好，均可能存有残留应力或降低耐老化能力，使防水卷材出现性能缺陷。因此，应用前应对选定的卷材进行复检，杜绝不合格的产品进入施工现场。

（4）形状因素。

合成高分子防水卷材的老化，首先从表面开始，因此适当提高厚度可延长使用寿命。

（5）配套技术因素。

合成高分子防水卷材的应用效果，需要通过必要的配套胶粘剂、基底处理剂、表面保护涂料、补强剂、密封剂及必要的配件、机具等，保证防水层具有可靠的整体性。因此，应用合成高分子卷材，应全面考虑配套措施。

二、高聚物改性沥青防水卷材施工

高聚物改性沥青防水卷材一般采用热熔法施工，它用火焰加热器熔化卷材底层的改性沥青熔胶后直接与基层粘贴，铺贴时不需涂刷胶粘剂，其施工工艺流程为：

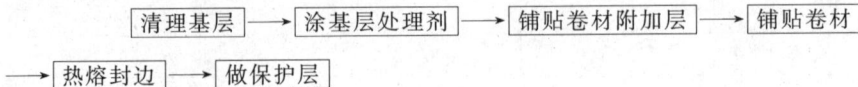

清理基层 ⟶ 涂基层处理剂 ⟶ 铺贴卷材附加层 ⟶ 铺贴卷材

⟶ 热熔封边 ⟶ 做保护层

（一）清理基层

基层要保证平整，无空鼓、起砂，阴阳角应呈圆弧形或钝角，尘土、杂物要清理干净，保持干燥。

（二）涂刷基层处理剂

高聚物改性沥青卷材施工，按产品说明书配套选用基层处理剂，如将氯丁橡胶沥青胶粘剂加入工业汽油稀释，搅拌均匀，用长把滚刷均匀涂刷于基层表面上，常温经过4小时后，开始铺贴卷材。

（三）附加层施工

一般用热熔法使用改性沥青卷材施工防水层，在管根、阴阳角、檐口等细部要先铺贴改性沥青卷材附加层，附加层的范围应符合设计和技术规范的规定。

（四）铺贴卷材

卷材的层数、厚度应符合设计要求。厚度不应小于3mm，双层铺贴时，上、下两层卷材的搭接缝应错开1/3～1/2幅宽。将改性沥青防水卷材剪成相应尺寸，用原卷心卷好备用，铺贴时随放卷随用火焰喷枪加热基层与卷材的交接处。喷枪距加热面300mm左右，经往返均匀加热，趁卷材的材面刚刚熔化时，将卷材向前滚铺、粘贴。搭接部位应满粘牢固，搭接宽度满贴法时为80～100mm。

（五）热熔封边

将卷材搭接处用喷枪加热，趁热使二者粘牢固，以边缘挤出沥青为度；末端收头用密封膏嵌填严密。

（六）防水保护层施工

对于上人屋面可按设计要求做各种刚性防水层屋面保护层。不上人屋面可在防水层表面涂刷氯丁橡胶沥青胶粘剂，随即撒石子，要求铺撒均匀，粘结牢固；也可在防水层表面涂刷银色、反光涂料。

对于地下室卷材防水保护层，平面做水泥砂浆或细石混凝土保护层；立面防水层施工完后，应及时稀撒石渣后抹水泥砂浆保护层。

三、合成高分子防水卷材的施工

合成高分子卷材一般采用冷粘法施工，它需用专用胶粘剂粘贴，将合成高分子卷材粘贴在基层上，其施工工艺程序为：

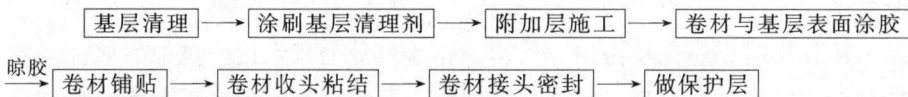

基层清理 → 涂刷基层清理剂 → 附加层施工 → 卷材与基层表面涂胶

晾胶 → 卷材铺贴 → 卷材收头粘结 → 卷材接头密封 → 做保护层

（一）基层清理

基层表面为水泥砂浆找平层，找平层要求表面平整。当基层面有凹坑或不平时，可用 107 胶水泥砂浆嵌平或抹层缓坡。基层在铺贴前应做到洁净、干燥。

（二）涂刷基层处理剂

在基层涂刷基层处理剂的作用是隔绝基层渗透的水分和提高涂刷基层表面与合成高分子卷材之间的粘结能力，它相当于石油沥青卷材施工时所涂刷的冷底子油，故又称底胶。常用的基层处理剂为聚氨酯底胶，它是由聚氨酯甲乙组份按 1:3（重量比）的比例配合，搅拌均匀而成，也可以由聚氨酯材料按甲:乙:二甲本为 1:1.5:1.5 的比例配合搅拌均匀而成。要注意的是，基层处理剂应与卷材胶粘剂材性相容。底胶大面积涂刷前，用油漆刷蘸底胶在阴阳角、管根、水落口等细部复杂部位均匀涂刷一遍，然后用长把滚刷在大面积部位涂刷。涂刷底胶应厚薄一致，不得有漏刷、花白等现象。底胶涂刷后在干燥 4～12h 后再进行后道工序。

（三）附加层施工

在阴阳角、管根、水落口等部位必须先做附加层，可采用自粘性密封胶或聚氨酯涂膜，也可铺贴一层合成高分子防水卷材处理，铺设范围应根据设计要求和技术规范确定。

（四）卷材与基层表面涂胶

卷材涂胶时，先将卷材铺展在干净平整的基层上，用长把滚刷蘸满搅拌均匀的胶粘剂，涂刷在卷材的表面，涂胶的厚度要均匀且无漏涂，但在沿搭接部位留出 100mm 宽的无胶带。静置 10～20min，当胶膜干燥且手指触摸基本不粘手时，用原卷材筒将刷胶面向外卷起来，卷时要端头平整，直径不得一头大一头小，并要防止卷入砂粒和杂物，保持洁净。

基层表面涂胶应在底胶干燥后进行，用长把滚蘸满胶粘剂涂刷在基层表面，不得在一处反复涂刷，防止粘起底胶或形成凝聚块，细部位置可用毛刷均匀涂刷，静置晾干即可铺贴卷材。

必须指出的是，合成高分子卷材都有其专用配套胶粘剂，不得错用或混用，以免影响防水卷材的粘贴质量，如三元乙丙防水卷材常用 CX-404 胶。

（五）卷材铺贴

卷材及基层已涂的胶基本干燥后（手触不粘，一般 20min 左右），即可进行铺贴卷材施工。卷材的铺贴应以流水口下坡开始。先弹出基准线，然后将已涂刷胶粘剂的卷材一端先粘贴固定在预定部位，再逐渐沿基线滚动展开卷材，将卷材粘贴在基层上。

铺贴屋面卷材时，应先从檐口、天沟、排水口等处排水比较集中的部位，按标高由低向高的顺序铺；应将卷材顺长方向铺，并使卷材面与流水坡度垂直，卷材的搭接要顺流水方向，不应铺成逆向。铺贴平面与立面相连的卷材，应由下向上进行，使卷材紧贴阴阳角。铺展时对卷材不可拉得过紧，且不得有皱折、空鼓等现象。注意卷材配制应减少阴阳角接头。

卷材铺贴后，要做好排气、压实工作。可以在铺完一卷卷材后，立即用干净松软的长把滚刷从卷材的一端开始，朝卷材的横向顺序用力滚压一遍，以排除卷材粘结层间的空气。排除空气后，可用外包橡胶的铁辊滚压，使卷材与基层粘结牢固，垂直部位应手持压辊滚压。

（六）卷材收头粘结

为了防止卷材末端剥落，造成渗水，卷材末端收头必须用聚氨酯嵌缝膏或其他密封材料嵌固封闭。

（七）卷材接头粘贴

合成高分子卷材搭接宽度，满贴法 80mm，空铺、点粘、条粘法 100mm。卷材搭接要用专门的卷材接缝胶粘剂，用油漆刷均匀涂刷在翻开的卷材接头的两个粘结面上，静置干燥 20min，即可从一端开始粘合，操作时用手从里向外一边压合，一边排除空气，并用手持小铁压辊压实，边缘用聚氨酯嵌缝膏封闭。

（八）保护层施工

在合成高分子卷材铺贴完成，质量验收合格后，非上人屋面用长把滚刷在卷材表面涂刷着色保护涂料；上人屋面根据设计要求做成块状等刚性保护层。

地下室防水层做完后，一般平面为水泥砂浆或细石混凝土保护层，立面为砌筑保护墙或抹水泥砂浆保护层，外做防水层的也可贴有一定厚度的板块保护层。

第三节　新型建筑防水涂料施工

一、新型建筑防水涂料的分类及特点

建筑防水涂料是近些年建筑防水工程中应用范围最广泛的另一大类重要的防水材料。防水涂料在应用前是可流动或黏稠的液体，经现场涂刷后固化形成一层有着一定厚度和弹性的整体涂膜防水层。防水涂料具有防水卷材所不具有的一些特点，它防水性能好，固化后可形成无接缝的防水层；操作方便，可适应各种形状复杂的防水基面；与基层粘结强度高；有良好的温度适应性，施工速度快，易于维修等。

新型防水涂料的品种较多，按成膜的成分分类，可以分为合成高分子涂料和高聚物改性沥青涂料。合成高分子涂料包括聚氨酯系列涂料、丙烯酸酯类系列涂料、硅橡胶类系列防水涂料。高聚物改性沥青涂料包括 SBS 改性沥青涂料、水浮型氯丁橡胶沥青等。按涂料的溶剂类型分类，可分为溶剂型涂料、水乳型涂料和反应型涂料。溶剂型涂料是以各种有机质使高分子材料溶解成液态的涂料，涂刷后溶剂挥发而成膜，如氯丁橡胶涂料以甲苯为溶剂。水乳型涂料是以水作为分散介质，使高分子材料及沥青材料等形成乳状液，水分蒸发后成膜，如丙烯酸酯乳液等。反应型涂料是以一个或两个液态组分构成的涂料，涂刷后经化学反应形成涂膜，如聚氨基甲酸酯橡胶类涂料。主要防水涂料的品种性能见表 6-4。

主要防水涂料品种性能一览表 表 6-4

项目	合成高分子涂料			复合型涂料	改性沥青涂料	
	聚氨酯涂料	丙烯酸酯类防水涂料	硅橡胶防水涂料	聚合物—水泥基复合涂料	SBS 改性沥青涂料	阳离子氯丁胶乳改性沥青涂料
性能指标	①常用双组分型，含固量94%以上；②表干时间4h；③强度1.65~2.45MPa；④延伸率300%~450%；⑤一般不适用于潮湿基面上施工，粘结强度≥1 MPa；⑥低温柔性-30℃；⑦抗裂性好2mm（膜厚1.2~1.5mm）	①抗裂能力强≤4mm；②粘结性能好≥1.4MPa；③延伸率大≥800%；④表干时间超过2h；⑤单组分、水乳型，5℃以下不能施工；⑥耐老化性能好；⑦可制成多种颜色有装饰效果	①有微渗透能力，可渗入基层0.3mm左右；②抗渗能力强，迎水面达1~1.5MPa，背水面0.3~0.5MPa；③粘结强度高≥0.4MPa；④抗裂性好，涂膜厚0.5~0.8m，基层裂缝小于2.5mm时涂膜无裂缝；⑤延伸率≥420%；⑥可在潮湿基层上施工；⑦成膜速度快表干<45min；⑧无毒无味，水乳型	①水乳型涂料和无机粉料（双组分型）；②强度≥1.5MPa；③延伸率≥150%；④含固量≥65%；⑤水为稀释剂可在潮湿层使用，粘结强度≥1.0MPa；⑥低温柔性-10℃（R=5mm）；⑦表干时间≤2h；⑧抗裂性好；⑨不透水性：0.3MPa，30min不渗漏	①单组分水乳型改性沥青涂料；②耐热度80℃；③低温柔性-20℃；④能在潮湿基层使用，粘结强度≥0.3MPa；⑤抗裂性1mm（膜厚0.3~0.4mm）；⑥需加胎体补强	①单组分水乳型改性沥青涂料；②含固量≥54%；③耐热度80℃、5h不流淌；④低温柔性-15℃；⑤能在潮湿基层使用，粘结强度≥0.2MPa；⑥抗裂性2mm；⑦需加胎体补强

项目	合成高分子涂料			复合型涂料	改性沥青涂料	
	聚氨酯涂料	丙烯酸酯类防水涂料	硅橡胶防水涂料	聚合物—水泥基复合涂料	SBS改性沥青涂料	阳离子氯丁胶乳改性沥青涂料
应用范围	①卷材防水的基层处理剂；②合成高分子卷材的补强密封材料；③厕浴间、地下室防水；④Ⅲ、Ⅳ级屋面防水，或Ⅰ、Ⅱ级屋面多道防水设防中的一道防水层；⑤一般不可外露使用（耐候型改性聚氨酯涂料可外露使用）；⑥修补材料	①外墙墙面防水；②合成高分子卷材表面防水装饰层；③厕浴间防水；④Ⅲ、Ⅳ级屋面防水，或Ⅰ、Ⅱ级屋面多道防水设防中的一道防水层；⑤可以外露使用；⑥修补材料	①地下防水；②厕浴间、厨房及楼地面防水；③等级为Ⅲ、Ⅳ级的屋面防水，也可做Ⅰ、Ⅱ级屋面多道防水设防中的一道防水层	①厕浴间、外墙等防水；②等级Ⅲ、Ⅳ级屋面防水，或Ⅰ、Ⅱ级屋面多道防水设防中的一道防水层	①用于低档屋面、地下防水工程；②修缮工程；③隔气层等多道防水设防中的一道防水层	同左

选择和应用防水涂料应注意以下几方面：

（1）防水涂料的品种和主要成分，决定了涂膜的主要性能。如聚氨酯涂料，弹性好，固化层耐水性好，但耐紫外光能力差，一般不得外露使用等；丙烯酸酯类涂料，耐候性能好，可外露使用，可配成各种颜色，兼有装饰效果。因此，应根据工程特点选择不同品种的防水涂料。

（2）同一类型防水涂料因配方设计不同，防水涂料性能有较大差异，因此不同的生产厂家的产品应用效果会有一定的差距。

（3）防水涂料的含固量与用量的关系：防水涂料经涂布后固化成膜，成膜后重量即为涂料中的固体成分值，即：涂料的含固量＝（成膜后重量）／（涂料量）×100％，对于相同比重的涂料，含固量越高的，在单位面积上涂布后成膜厚度越大，而向大气中挥发的溶剂或水分越少。因此，应尽可能选用含固量较高的涂料。

（4）防水涂料的胎体材料应用要合理。

为提高防水涂料的强度，改性沥青涂料在应用时必须加铺胎体材料，一般为玻璃网格布或聚酯无纺布等，当用纤维补强后应注意保证每单层涂料层的实际厚度，才能达到理想的使用效果。

二、高聚物改性沥青防水涂料及合成高分子防水涂料的施工

高聚物改性沥青防水涂料及合成高分子防水涂料在使用时其设计总厚度小于3mm，称为薄质涂料，薄质涂料一般采用涂刷法或喷涂法施工；胎体材料有湿铺法和干铺法两种，一般施工工艺程序为：

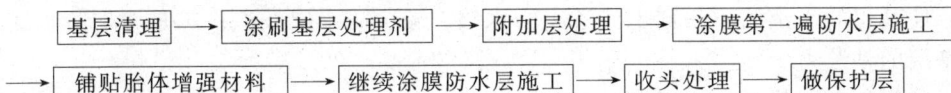

基层清理 → 涂刷基层处理剂 → 附加层处理 → 涂膜第一遍防水层施工
→ 铺贴胎体增强材料 → 继续涂膜防水层施工 → 收头处理 → 做保护层

（一）施工准备工作

1．基层清理

涂刷防水层施工前，先将基层表面的杂物、砂浆硬块等清扫干净，基层要平整、无空鼓、无起砂。基层的干燥程度应视涂料特性而定，对高聚物改性沥青涂料，为水乳型时，基层干燥程度可适当放宽；为溶剂型时，基层必须干燥。合成高分子涂料，基层必须干燥。

2．配料和搅拌

采用双组分涂料时，每份涂料在配料前必须先搅匀。配料应根据材料的配合比现场配制，严禁任意改变配比。配料时要求计量准确，主剂和固化剂混合偏差不得大于±5%。

涂料混合时，应先将主剂放入搅拌容器或电动搅拌器内，然后放入固化剂，立即开始搅拌，并搅拌均匀，搅拌时间一般为3~5min。

搅拌的混合料颜色要均匀一致。如涂料稠度太大而涂布困难时，可掺加稀释剂，切忌任意使用稀释剂，否则会影响涂料性能。

双组分涂料每次配制数量应根据每次涂刷面积计算确定，混合后的材料存放时间不得超过规定的可使用时间，不应一次搅拌过多致使涂料发生凝聚或固化而无法使用。单组分涂料一般由铁桶或塑料桶密闭包装，打开桶盖后即可施工，但由于涂料桶装量大，易沉淀而产生不匀质现象，故使用前还应进行搅拌。

3．涂层厚度及涂刷间隔时间控制

涂层厚度是涂膜防水质量最主要的技术要求。在涂刷防水涂料时，不能一次涂成规定的总厚度，而应分层分遍涂布，而每遍涂膜不能太厚，如果涂膜过厚，会出现涂膜表面已干燥成膜而内部涂料的水分或溶剂却不能蒸发或挥发的现象。但每遍涂膜过薄，又会降低生产效率。因此，在涂膜防水施工前，应根据涂料性质及设计总厚度通过试验确定施工分层厚度及涂刷遍数，一般以每平方米用量来控制。

各种防水涂料都有不同的干燥时间（表干和实干）。薄质防水涂料分层施工

时，要求每遍涂刷必须待前遍涂膜实干后才能进行。薄质防水涂料每遍涂层表干时实际上已基本达到了实干。因此，可用表干时间来控制涂刷间隔时间。涂膜的干燥快慢与气候有较大关系，气温高，干燥就快；空气干燥，湿度小且有风时，干燥也快。

（二）涂刷基层处理剂

涂膜防水层施工前，在基层上应涂刷基层处理剂，其作用一是堵塞基层毛细孔，使基层的水蒸气不易向上渗透至防水层，减少防水层鼓泡；二是增加防水层与基层的粘结力。

基层处理剂的种类有以下三种：

水乳型防水涂料，可用掺 0.2% ~ 0.5% 乳化剂的水溶液或软水将涂料稀释，其用量比例一般为防水涂料∶乳化剂水溶液（或软水）= 1∶0.5 ~ 1。如无软水，可用冷开水代替，切忌加入一般天然水或自来水。

溶剂型防水涂料由于其渗透能力比水乳型防水涂料强，可直接用涂料作基层处理，如溶剂型氯丁胶沥青防水涂料或溶剂型再生胶沥青防水涂料等。若涂料较稠，可用相应的溶剂稀释后使用。

高聚物改性沥青防水涂料也可用沥青溶液（冷底子油）作为基层处理剂，或在现场以煤油∶30 号石油沥青 = 60∶40 的比例配制而成的溶液作为基层处理剂。

基层处理剂涂刷时，应用力薄涂，涂刷均匀，覆盖完全，待其干燥后再进入下道工序施工。

（三）附加涂膜层施工

涂膜防水层施工前，在管根部、落水口、阴阳角等部位必须先做附加涂层，附加涂层的做法是在附加层涂膜中铺设玻璃纤维布，用板刷涂刮驱除气泡，将玻璃纤维布紧密地贴在基层上，不得出现空鼓或折皱，阴阳角部位一般为条形，管根部位应裁成块形布铺设，可多次涂刷涂膜。

（四）涂膜防水层施工

防水涂料的涂布可采用涂刷法或机械喷涂法。

涂刷法一般采用棕刷、长柄刷、圆辊刷蘸防水涂料进行涂刷，也可边倒涂料边用刷子刷匀，涂刷立面应用蘸刷法。倒料应注意控制涂料均匀倒洒，不可在一处倒得太多，否则涂料难以刷开，造成厚薄不匀现象，涂刷时应避免将气泡裹进涂层中，如遇起泡应立即消除。前遍涂层干燥后，应将涂层上的灰尘杂质清理干净后再进行后一遍涂层涂刷。

机械喷涂法是将防水涂料倒入喷涂设备内，通过喷枪将防水涂料均匀地喷涂于基层表面的工艺。其主要用于黏度较小的高聚物改性沥青防水涂料和合成高分子防水涂料的大面积施工。

涂料涂布应分条或按顺序进行。分条进行时，每条宽度应与胎体增强材料宽度相一致，以避免操作人员踩踏刚涂好的涂层。每次涂布前，应严格检查前遍涂层是否有缺陷，如气泡、露底、漏刷、胎体增强材料皱折、翘边、杂物混入等现象，如发现上述问题，应先进行修补再涂布后遍涂层。

应当注意，涂料涂布时，涂刷致密是保证质量的关键，涂刷时应按规定的涂层厚度均匀、仔细地涂刷。各道涂层之间的涂刷方向相互垂直，以提高防水层的整体性和均匀性。涂层间的接槎，在每遍涂刷时应退槎 50~100mm，接槎时也应超过 50~100mm，避免在搭接处发生渗漏。

（五）铺设胎体增强材料

在第二遍涂刷涂料时或第三遍涂刷前，即可加铺胎体增强材料，铺贴方法可采用湿铺法或干铺法。湿铺法是边倒涂料边涂刷、边铺贴的方法；干铺法则是在前一遍涂层干燥后，边干铺胎体增强材料，边在已展平的表面上用橡皮刮板均匀满刮一道涂料。无论采用湿铺法或干铺法，必须使胎体增强材料铺贴平整，不起皱、不翘边、无空鼓。要使胎体材料全部网眼浸满涂料、上下两层涂料能良好结合，确保防水效果。

在层面铺胎体增强材料时，要注意铺设方向，一般平行于屋脊铺设，当屋面坡度大于 15% 时，为防止胎体增强材料下滑，宜垂直于屋脊铺设。胎体增强材料的搭接应顺流水方向，搭接时，其长边搭接宽度不小于 50mm，短边搭接宽度不小于 70mm，采用二层胎体增强材料时，上、下层不得相互垂直铺设，搭接缝应错开，其间距不应小于幅宽的 1/3。

胎体增强材料铺设后，应严格检查表面是否有缺陷，如有缺陷应及时修补完整，使它形成一个完整的防水层，然后才能在其上继续涂刷涂料。面层涂料应至少涂刷两遍以上，以增加涂膜的耐久性。如面层做粒料保护层，可在涂刷最后一遍涂料时，随时铺撒覆盖粒料。

（六）收头处理

为防止收头部位出现翘边现象，所有收头均应用密封材料压边，压边宽度不得小于 10mm。收头处的胎体增强材料应剪裁整齐，如有凹槽时，应压入凹槽内而不得出现翘边、皱折、露白等现象，否则应先进行处理，然后再涂密封材料。

（七）保护层施工

屋面保护层可用绿豆砂、云母、蛭石、浅色涂料，也可用水泥砂浆、细石混凝土或块状材料等刚性保护层，但采用水泥砂浆、细石混凝土或块材保护层时，应在防水涂膜与保护之间设置隔离层，以防止因保护层的伸缩变形，将涂膜防水层破坏而造成渗漏。另外，刚性保护层与女儿墙、山墙之间应预留宽度为 30mm 的缝隙，并用密封材料嵌填严密。

地下室的防水涂膜保护层做法，底板、顶板应采用 20mm 厚 1:2.5 水泥砂浆层和 40~50mm 厚的细石混凝土保护，顶板防水层与保护之间宜设置隔离层，侧墙背水面应采用 20mm 厚 1:2.5 水泥砂浆层保护，侧墙迎水面宜选用软保护层或 20mm 厚 1:2.5 水泥砂浆层保护。

思 考 题

6-1 当前使用的新型建筑防水卷材有哪几类？与一般沥青卷材相比有什么特点？

6-2 试述高聚物改性沥青防水卷材的施工要点。

6-3 试述合成高分子防水卷材的施工要点。

6-4 当前使用的新型建筑防水涂料有哪几类？选用时要注意什么问题？

6-5 简述防水涂料的施工的要点。

第七章 装饰工程

学 习 要 点

1. 了解抹灰的组成、作用和方法；掌握抹灰的质量标准及检验方法。

2. 了解装饰抹灰的种类，掌握装饰抹灰面层的常见做法。

3. 了解玻璃幕墙的种类、构造和做法。

4. 掌握板块饰面、壁纸裱糊的施工工艺及质量要求。

5. 了解油漆和涂料的种类、性能；掌握油漆和刷涂料的施工要点。

6. 了解装饰工程的新材料、新工艺和新方法发展方向。

装饰工程主要包括抹灰、饰面、玻璃幕墙、油漆、刷浆和裱糊工程等内容，着重介绍其材料、施工方法、质量标准、检验方法。

装饰工程包括抹灰、饰面、刷浆、油漆、裱糊、花饰、铝合金和玻璃幕墙等工程，是建筑施工的最后一个施工过程。具体内容包括内外墙面和顶棚的抹灰；内外墙饰面和镶面；楼地面的饰面；内墙裱糊；花饰安装；门窗等木制品和金属品；油漆及墙面涂料等。其作用是保护墙面免受风雨、潮气等侵蚀，改善隔热、隔声、防潮功能，提高卫生条件以及增加建筑物美观和美化环境。

装饰工程施工工程量大、工期长、用工量多，它与装饰用材料和施工工艺密切相关。近年来我国在这方面有很大提高，但继续改革装饰材料和施工工艺，提高施工质量，仍然具有重要意义。

第一节 抹 灰 工 程

一、灰的分类和组成

抹灰工程按材料和装饰效果分为一般抹灰和装饰抹灰两大类。一般抹灰用石灰砂浆、水泥混合砂浆、水泥砂浆、聚合物水泥砂浆、膨胀珍珠岩水泥砂浆和麻刀灰、纸筋灰、玻璃丝灰等材料。一般抹灰按质量要求和相应的主要工序分为普通抹灰和高级抹灰两种。普通抹灰为一底层、一面层两遍完成。主要工序为分层赶平、修正和表面压光；中级抹灰为一底层、一中层、一面层，三遍完成。要求阳角找方，设置抹筋（又称冲筋）控制厚度和表面平整度，分层赶平、修整和表面压光。高级抹灰为一底层、几遍中层、一面层，多遍完成。要求阴阳角找方，设置抹筋，分层赶平、修整和表面压光。

抹灰所以分层抹灰，是为了粘结牢固、控制平整度和保证质量。如一次涂抹太厚，由于内外收水快慢不同会产生裂缝、起鼓或脱落，亦造成材料浪费。抹灰层一般分为底层、中层（或几遍中层）和面层，见图 7-1。底层（又称头度糙或刮糙）的作用是与基体粘结牢固并初步找平；中层（又称二度糙）的作用是找平；面层（又称光面）是使表面光滑细致，起装饰作用。各抹灰层的厚度根据基体的材料、抹灰砂浆种类、墙体表面的平整度和抹灰质量要求以及各地气候情况而定。抹水泥砂浆每遍厚度宜为 7～10mm；抹石灰砂浆和水泥混合砂浆每遍厚度宜为 5～7mm；抹面用麻刀灰、纸筋灰等罩面时，经赶平压实后，其厚度一般不大于 3mm。因为罩面层厚度太大，容易收缩产生裂缝，影响质量与美观。抹灰层的总厚度，应视具体部位及基体

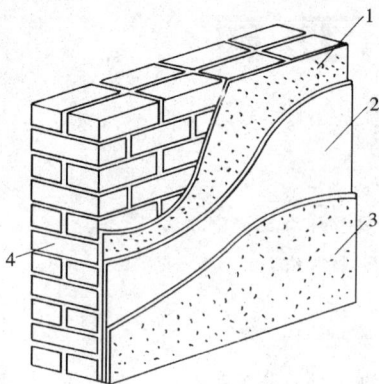

图 7-1 抹灰的组成
1—底层；2—中层；
3—面层；4—基体

材料而定。顶棚为板条、空心砖、现浇混凝土时，总厚度不大于 15mm；顶棚为预制混凝土时，总厚度不大于 18mm。内墙为普通抹灰时，总厚度不大于 18mm；高级抹灰总厚度不大于 25mm。外墙抹灰总厚度不大于 20mm；勒脚和突出部位的抹灰总厚度不大于 25mm。装配式混凝土大板和大模板建筑的内墙面和大楼板地面，如平整度较好，垂直偏差少，其表面可以不抹灰，用腻子分遍刮平，待各遍腻子粘结牢固后，进行表面涂料即可，总厚度为 2～3mm。

装饰抹灰种类很多，其底层多为 1:3 水泥砂浆打底，面层可为水刷石、水磨石、斩假石、干粘石、假面砖、拉条灰、喷涂、滚涂、弹涂、仿石、彩色抹灰等。

二、一般抹灰施工

（一）施工顺序

在施工之前应安排好抹灰的施工顺序，目的是为了保护好成品。一般应遵循的施工顺序是先室外后室内、先上面后下面、先顶墙后地面。先室外后室内，是指先完成室外抹灰，拆除外脚手，堵上脚手眼再进行室内抹灰。先上面后下面，是指在屋面防水工程完成后，室内外抹灰最好从上层往下层进行。高层建筑施工，当采用立体交叉流水作业时，也可以采取从下往上施工的方法，但必须采取相应的成品保护措施。先顶墙后地面，是指室内抹灰一般可采取先完成顶棚和墙面抹灰，再开始地面抹灰。一般应在屋面防水工程完工后进行室内抹灰，以防止

漏水造成抹灰层损坏及污染。

（二）基层处理

为了使抹灰砂浆与基体表面粘结牢固，防止抹灰层产生空鼓现象，抹灰前应对基层进行必要的处理。对凹凸不平的基层表面应剔平，或用1:3水泥砂浆补平。对楼板洞、穿墙管道及墙面脚手架洞、门窗框与里墙角接缝处均应用1:3水泥砂浆分层嵌缝密实。对表面上的灰尘、污垢和油渍等事先均应清除干净，并洒水湿润。墙面太光的要凿毛，或用掺加10％ 108胶的1:1水泥砂浆薄抹一层。不同材料相接处，应用宽纸质胶带粘结，以防抹灰层因基体温度变化胀缩不一而产生裂缝。在内墙面的阳角和门洞口侧壁的阳角、柱角等易于碰撞之处，宜用强度较高的1:2水泥砂浆制作护角，其高度应不低于2m，每侧宽度不小于50mm，对砖砌体基体，应待砌体充分沉实后方可抹底层灰，以防砌体沉陷拉裂抹灰层。

（三）抹灰施工

抹灰施工，按部位分墙面抹灰和顶棚抹灰；按施工要求分为普通墙面抹灰和高级墙面抹灰。为控制抹灰层厚度和墙面平整度，用水泥砂浆先做出灰饼和标筋（图7-2），标筋干后以标筋为平整度的基准进行底层抹灰。如用水泥砂浆或混合砂浆，应待前一层砂浆达到七八成干后，方可抹后一层。中层砂浆凝固前亦可在层面上交叉划出斜痕，以增强与面层的粘结。

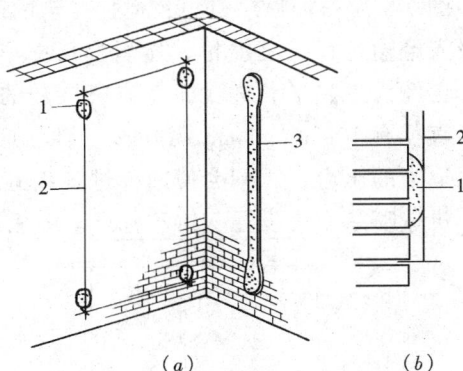

图 7-2　抹灰操作中的标志和标筋

（a）抹灰操作中的标志和标筋；

（b）标志的剖面

1—标志；2—引线；3—标筋

顶棚抹灰先在墙顶四周弹出水平线，以控制抹灰层厚度，然后沿顶棚四周抹灰并找平。顶棚面要求表面平顺，无抹纹和接槎，与墙面交角应成一直线。如有线脚，宜先用准线拉出线脚，再抹顶棚大面，罩面应两边压光。

抹灰质量要求如表7-1所列。

一般抹灰的允许偏差和检验方法　　　　　　　　　　　　　　　　　　表 7-1

项　次	项　　　目	允许偏差（mm）		检　验　方　法
		普通抹灰	高级抹灰	
1	立面垂直度	4	3	用2m垂直检测尺检查
2	表面平整度	4	3	用2m靠尺和塞尺检查
3	阴阳角方正	4	3	用直角检测尺检查

续表

项 次	项　　目	允许偏差（mm）		检 验 方 法
		普通抹灰	高级抹灰	
4	分格条（缝）直线度	4	3	拉 5m 线，不足 5m 拉通线，用钢直尺检查
5	墙裙、勒脚上口直线度	4	3	拉 5m 线，不足 5m 拉通线，用钢直尺检查

注：1. 普通抹灰，本表第 3 项阴角方正可不检查；

　　2. 顶棚抹灰，本表第 2 项表面平整度可不检查，但应平顺。

　　抹灰亦可用机械喷涂，把砂浆搅拌、运输和喷涂有机衔接起来进行机械化施工。图 7-3 为一种喷涂机组，搅拌均匀的砂浆经过振动筛进入集料斗，再由灰浆泵吸入经输送管送至喷枪，然后经压缩空气加压砂浆由喷枪口喷出喷涂于墙面上，再经人工找平、搓实即完成底层灰的全部施工。喷枪的构造如图 7-4 所示。喷嘴直径有 10mm、12mm、14mm 三种。应正确掌握喷嘴距墙面或顶棚的距离和选用适当的压力，否则会使回弹过多或造成砂浆流淌。

　　机械喷涂亦需设置灰饼和标筋。喷涂所用砂浆的稠度比手工抹灰为稀，故易

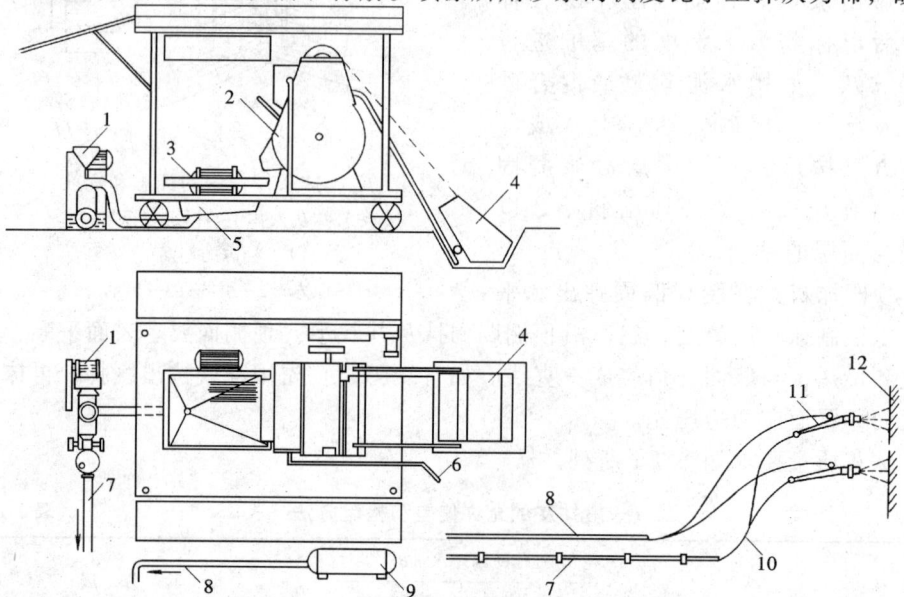

图 7-3　喷涂抹灰机组

1—灰浆泵；2—砂浆拌机；3—振动筛；4—上料斗；5—集料斗；

6—进水管；7—砂浆；8—压缩空气；9—空气压缩机；

10—分叉管；11—喷枪头；12—垫层

干裂，为此应分层喷涂，以免干缩过大。喷涂目前只用于底层和中层，而找平、搓毛和罩面等仍需手工操作。

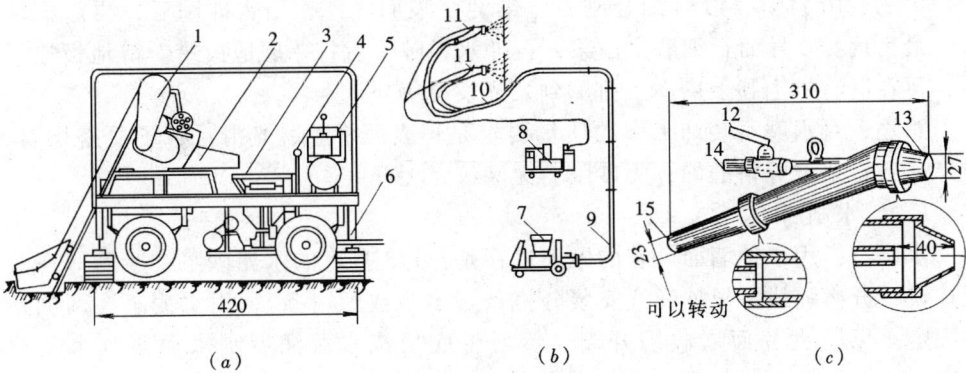

图 7-4 喷涂机械示意图

1—砂浆机；2—储浆槽；3—振动筛；4—压力表；5—空压机；
6—支架；7—送浆泵；8—空压机；9—输浆钢管；10—输浆胶管；
11—喷枪头；12—调节阀；13—枪嘴；14—接送气管；15—接送浆管

三、装饰抹灰施工

装饰抹灰是采用装饰性强的材料，或用不同的处理方法以及加入各种颜料，使建筑物具备某种特点的色调和光泽。随着建筑工业的发展和人民生活水平的提高，这方面有很大发展，也出现不少新的工艺。

装饰抹灰的底层与一般抹灰要求相同，只是面层根据材料及施工方法的不同而具有不同的形式。下面介绍几种常用的饰面施工：

（一）水磨石

水磨石多用于地面或墙裙。水磨石的制作过程是：1:3 水泥砂浆打底的砂浆终凝后，洒水湿润，刮水泥素浆一层作为粘结层，找平后按设计的图案镶嵌分格条，分格条有黄铜条、铝条、不锈钢条或玻璃条，其作用除可做成花纹图案外，还可防止面层面积过大而开裂。安设时两侧用素水泥浆粘结固定。然后再刮一层水泥素浆，随即将具有一定色彩的水泥石子浆（水泥:石子 = 1:1 ~ 1:2.5）填入分格网中，抹平压实，厚度要比嵌条稍高 1 ~ 2mm，为使水泥石子浆罩面平整密实，并可补撒一些石子，使表面石子均匀。待收水后用滚筒滚压，再浇水养护，然后应根据气温、水泥品种，2 ~ 5d 后开磨，以石子不松动、不脱落，表面不过硬为宜。

磨石分三遍进行：

第一遍用 60 ~ 80 号粗金刚石盘磨，磨至石子外露，磨平、磨匀、磨出全部分格条，再用水冲洗稍干后，批上同色水泥浆一遍，养护 2d。

第二遍用 100～150 号中金刚石，磨至表面光滑，用水冲洗，稍干后，上同色水泥浆补砂眼，养护 2d。

第三遍用 180～240 号细金刚石，细磨至表面光滑，用水冲洗后，再涂刷草酸，最后用 280 号油石细磨出白浆，再冲水，晾干后打一层地板蜡。待地板蜡干后，再在磨石机上扎上磨布，打磨到发光发亮为止。

总之，对水磨石装饰工程的质量要求是：表面平整、光滑；石子显露均匀，色泽一致；条位分格准确；无砂眼、无磨纹；无漏磨。

（二）水刷石

水刷石多用于外墙面。它的施工过程是：1:3 打底的水泥砂浆终凝后，在其上按设计分格弹线，根据弹线安装分格条（木条或塑料条），用水泥浆在两侧粘结固定，以防大片面层收缩开裂。然后将底层浇水湿润后刮水泥浆（水灰比 0.37～0.4）一道，以增强与底层的粘结。随即抹上稠度为 5～7cm、厚 8～12mm 的水泥石子浆（水泥:石子 = 1:1.25～1:1.5）面层，拍平压实，使石子密实且分布均匀。待面层凝结前，即用棕刷蘸水自上而下刷掉面层水泥浆，使表面石子完全外露为止，并用水冲洗表面水泥浆，为使表面洁净，可用喷雾器自上而下喷水冲洗。水刷石的质量要求是石粒清晰、分布均匀、色泽一致、平整密实，不得有掉粒和接茬的痕迹。

（三）干粘石

在水泥砂浆上面直接干粘石子的做法，称为干粘石。其做法同样是先在已硬化的 1:3 底层水泥砂浆层上按设计要求弹线分格，根据弹线镶嵌分格条，将底层浇水润湿后，抹上一层 1:2～1:2.5 的水泥砂浆层，同时将配有不同颜色或同色的粒径 4～6mm 的石子甩在水泥砂浆层上，并拍平压实。不得把砂浆拍出来，以免影响美观，要使石子嵌入深度不小于石子粒径的一半，待有一定强度后洒水养护。上述为手工甩石子，亦可用喷枪将石子均匀有力地喷射于粘结层上，用铁抹子轻轻压一遍，使表面平整。干粘石的质量要求是石粒粘结牢固、分布均匀、不掉石粒、不露浆、不漏粘色、颜色一致。

（四）斩假石、剁斧石

在水泥砂浆上面（底层）养护硬化后弹线分格并粘结分格条。洒水湿润后，刮素水泥砂浆一道，随即抹 1:1.25（水泥:石渣）内掺 30% 石屑的水泥石渣浆罩面层。罩面层应采取防晒措施，并养护 2～3d，待强度达到实际强度的 60%～70% 时，用斩子将面层斩毛者为斩假石；用剁斧将面层剁毛者为剁斧石。面层的剁斩纹应均匀，方向和深度一致，棱角和分格缝周边留 15mm 不剁。一般斩、剁两遍，即可做出近似用石料砌成的墙。

剁、斩工作量大，后来出现仿斩石的新施工方法。其做法与剁斧石基本相同，不同处是表面纹路不是剁出，而是用钢箆子拉出。钢箆子用一段锯条夹以木柄制成。待面层收水后，钢篦子沿导向的长木引条轻轻划纹，随划随移动引条。待面层终凝后，仍按原纹路自上而下拉刮几次，即形成与斩假石相似效果。仿斩假石做法见图7-5所示。

（五）喷涂、滚涂与弹涂饰面

1. 喷涂饰面

用挤压式灰浆泵或喷斗将聚合物水泥砂浆经喷枪均匀喷涂在墙面基层上。根据涂料的稠度和喷射压力的大小，以质感区分，可喷成砂浆饱满、呈波纹状的波面喷涂和表面布满点状颗粒的粒状喷涂。基层为1∶3水泥砂浆，喷涂前须喷或刷一道胶水溶液（108胶∶水 = 1∶3），使基层吸水率趋于一致和喷涂层粘结牢固。喷涂层厚3～4mm，粒状喷涂应连续三遍完成，波状喷涂必须连续操作，喷至全部泛出水泥浆但又不致流淌为好。在大面喷涂后，按分格位置用铁皮刮子沿靠尺刮出分格缝。喷涂层凝固后再喷罩面层。质量要求表面平整，颜色一致，花纹均匀，不显接槎。

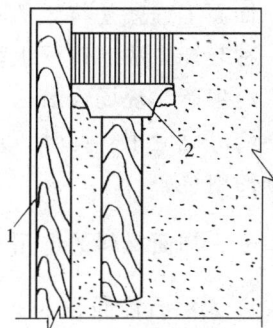

图7-5　拉假石做法
1—木靠尺板；
2—废锯条制抓耙

2. 滚涂饰面

在基层上也抹一层厚3mm的聚合物砂浆，随后用带花纹的橡胶或塑料滚子滚出花纹。滚子表面花纹不同即可滚出多种图案。最后喷罩有机硅防水剂。

滚涂砂浆的配合比为水泥∶骨料（砂子、石屑或珍珠岩）= 1∶（0.5～1），再掺入占水泥20%量的108胶和0.3%的木钙减水剂。手工操作，滚涂分干滚和湿滚两种。干滚时滚子不蘸水、滚出的花纹较大，工效较高，湿滚时滚子反复蘸水，滚出花纹较小。滚涂工效比喷涂低，但便于小面积局部应用。滚涂是一次成活，多次滚涂易产生翻砂现象。

3. 弹涂饰面

在基层上喷或刷涂一遍掺有108胶的聚合物水泥色浆涂层，然后用弹涂器分几遍将不同色彩的聚合物水泥浆弹在已涂刷的涂层上，形成1～3mm大小的扁圆花点。通过不同的颜色组合和浆点所形成的质感，相互交错、互相衬托，由近似于干粘石的装饰效果；也有做成单色光面、细麻面、小拉毛拍平等多种花色。

弹涂的做法是：在底层水泥砂浆上，洒水润湿，待干至60%～70%时进行弹涂。先喷刷底色浆一道，弹分格线，贴分格条，弹头道色点，待稍干后即弹两道色点，最后进行个别修弹，再进行喷射或刷涂树脂罩面层。

弹涂器有手动和电动两种，后者工效高，适合大面积施工。

第二节 饰面板（砖）工程

饰面工程就是将天然石饰面板、人造石饰面板和饰面砖安装或镶贴在基层上的一种装饰方法。饰面板块的种类繁多，而随着建筑工业化的发展，墙板构件转向工厂生产、现场安装，一种将饰面与墙板制作结合并一次成型的装饰墙板也日益得到广泛应用。此外，还有大块安装的玻璃幕墙等，进一步丰富和扩大了装饰工程的内容。

一、饰面材料的选用和质量要求

1. 天然石饰面板

大理石饰面板用于高级装饰，如门头、柱面、墙面等。要求板表面不得有隐伤、风化等缺陷，光洁度高，石质细密，无腐蚀斑点，色泽美丽，棱角齐全，底面平整。要轻拿轻放，保护好四角，切勿单角码放和码高，要覆盖好存放。

花岗石饰面板宜用于台阶、地面、勒脚、柱面和外墙等。要求棱角方正，颜色一致，不得有裂纹、砂眼、石核等隐伤现象，当板面颜色略有差异时，应注意颜色的和谐过渡，并按过渡顺序将饰面板排列放置。

2. 人造石饰面板

常用的人造石饰面板有预制水磨石和人造大理石饰面板。用于室内外墙面、柱面等。要求表面平整，几何尺寸准确，面层石粒均匀、洁净，颜色一致。

3. 饰面砖

常用饰面砖有釉面瓷砖、面砖和锦砖等。要求饰面砖的表面光洁、色泽一致，不得有暗痕和裂纹。釉面砖的吸水率不得大于18%。

二、饰面板的施工

（一）板块饰面的安装

一般情况下，小规格板材采用镶贴法，大规格板材（边长>400mm）或镶贴高度超过1m时，采用安装法。

1. 小规格板材的施工

先用1:3水泥砂浆打底划毛，待底层灰凝固后，找规矩，厚约12mm，弹出分格线，按粘贴顺序，将已湿润的板材背面抹7~8mm厚水泥砂浆或2~3mm聚合物素浆粘贴，然后用木锤轻轻敲，并使用靠尺找平找直。

2. 大规格板材的施工

（1）安装前的准备工作

1）板材安装前，应先检查基层平整情况，如凹凸过大应先进行平整处理。

2）安装饰面板的墙面、柱面抄平后，分块弹出水平线和垂直线进行预排和编号，确保接缝均匀。

3）在基层事先绑扎好钢筋网，与结构预埋件连接牢固。

4）将饰面板块用钻头打出圆孔（图7-6）。

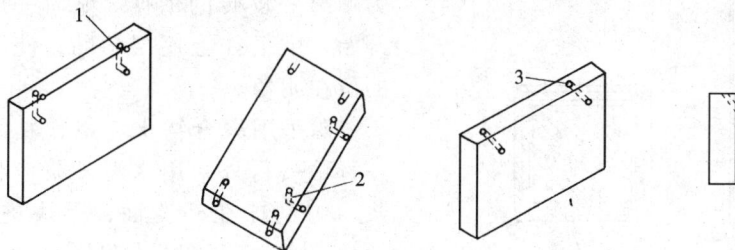

图 7-6　饰面板材打眼示意图

1—墙面打一面牛鼻子眼；2—碳脸打三面牛鼻子眼；3—墙上打斜眼

（2）安装

1）饰面板安装时用铜丝或不锈钢丝把板块与结构表面的钢筋骨架绑扎固定，防止移动，且随时用托线板靠直靠平，保证与板交接处四角平整（图7-7、图7-8）。

2）板块与基层间的缝隙（即灌浆厚度）一般为 20～50mm。用 1:2.5水泥砂浆分层灌注，每层灌注高度 200～300mm，待初凝后再继续灌浆，直到距上口 50～100mm 停止。

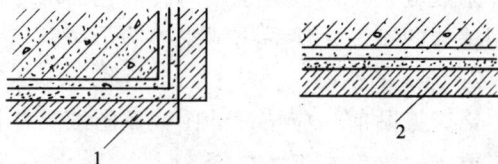

图 7-7　碳脸和墙面安装固定示意图

1—碳脸绑扎法；2—墙面绑扎法

3）室内安装镜面或光面的饰面板，接缝处应与饰面相同颜色的石膏浆或水泥浆填抹。室外安装的镜面和光面的饰面板接缝，干接时用干性油腻子填抹。

4）安装固定后的饰面板，需将饰面清理干净，如饰面层光泽受到影响，可以重新打蜡出光。要采取临时措施保护棱角。

（二）饰面砖镶贴

1.釉面瓷砖的镶贴

釉面砖镶贴前应经挑选、预排，使规格、颜色一致，灰缝均匀。基层应扫净，浇水湿润，用1:3水泥砂浆打底，并找平划毛，打底后养护1～2d方可镶贴。镶贴前按砖实际尺寸弹出横竖控制线，找出水平标准和皮数。接缝宽度应符

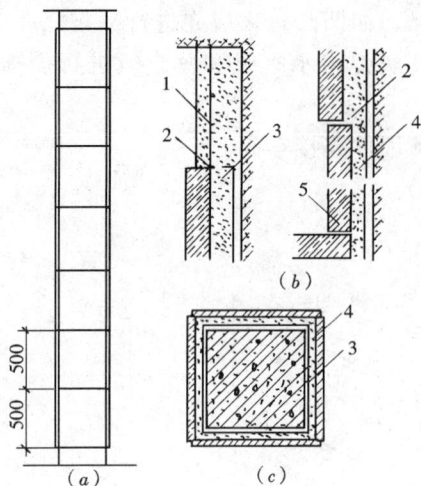

图 7-8 柱面块材划分和安装固定示意图
(a) 立面；(b) 纵断面；(c) 横断面
1—白灰砂浆纸筋灰罩面；2—铜丝绑扎；
3—φ6 钢筋；4—水泥砂浆灌缝；
5—大理石踢脚板

合设计要求，一般宽约为 1~1.5mm。然后用废瓷砖按粘结层厚度用混合砂浆贴成灰饼，找出标准，灰饼间距约为 1.5~1.6m。阳角处要两面挂直。镶贴时先浇水湿润底层，根据弹线稳好尺寸板，作为贴第一皮砖的依据。贴时一般从阳角开始，由下往上逐层粘贴，使不成整块的留在阴角。

除采用聚合物水泥浆作粘结层可抹一行贴一行外，用水泥砂浆应将粘结砂浆均匀刮抹在砖背面，逐块进行粘贴。从涂抹水泥浆到贴砖和修整缝隙，全部工作宜在 3h 内完成，并注意随时用棉丝或干布将缝中挤出的浆液擦净。

用砂浆粘结时，用小铲把轻轻敲击；用聚合物水泥浆粘结时，用手轻压，并用橡皮锤轻轻敲击，使其与基层粘结紧密牢固。并用靠尺随时检查平直方正情况，修正缝隙。室外接缝应用水泥浆或水泥砂浆嵌缝；室内接缝宜用与砖同色的水泥浆嵌缝。待嵌缝材料硬化后，用棉丝或用稀盐酸刷洗，然后用清水冲洗干净。

2. 锦砖的镶贴

锦砖镶贴前，应按设计图案及图纸尺寸核实墙面实际尺寸，根据排砖模数和分格要求，绘制施工大样图。

基层用 1:3 水泥砂浆打底，找平搓毛，洒水养护。贴前弹出水平、垂直分格线，然后湿润墙面，并在底层上刷素水泥浆一道，再抹一层 2~3mm 厚 1:0.3 水泥纸筋灰或 3mm 厚 1:1 水泥砂浆（掺 2%乳胶）粘结层，用靠尺刮平，抹子抹平。同时将锦砖底面朝上铺在木垫板上，缝里抹水泥浆，并用软毛刷子刷净底面浮砂，薄薄涂上一层粘结灰浆，然后逐张拿起，清理四边余灰，按平尺板上口沿线由下往上对齐接缝粘贴于墙上。粘贴时应仔细拍实，使其表面平整。待水泥砂浆初凝后，用软毛刷将护纸刷水润湿，约半小时后揭纸，并检查缝的平直大小，校正拨直。待嵌缝材料硬化后，用稀盐酸溶液刷洗，并随即用清水冲洗干净。

三、饰面板工程质量标准和检验方法

饰面板安装的允许偏差和检验方法见表 7-2。

饰面板安装的允许偏差和检验方法   表 7-2

| 项次 | 项 目 | 允许偏差（mm） | | | | | | | 检验方法 |
| | | 石 材 | | | 瓷板 | 木材 | 塑料 | 金属 | |
		光面	剁斧石	蘑菇石					
1	立面垂直度	2	3	3	2	1.5	2	2	用 2m 垂直检测尺检查
2	表面平整度	2	3	—	1.5	1	3	3	用 2m 靠尺和塞尺检查
3	阴阳角方正	2	4	4	2	1.5	3	3	用直角检测尺检查
4	接缝直线度	2	4	4	2	1	1	1	拉 5m 线，不足 5m 拉通线，用钢直尺检查
5	墙裙、勒脚上口直线度	2	3	3	2	2	2	2	拉 5m 线，不足 5m 拉通线，用钢直尺检查
6	接缝高低差	0.5	3	—	0.5	0.5	1	1	用钢直尺和塞尺检查
7	接线宽度	1	2	2	1	1	1	1	用钢直尺检查

第三节 铝合金与玻璃幕墙

铝合金是以铝为基体而加入其他元素构成的新型合金，它除具备必要的机械性能外，还具有一些特殊的装饰性能，表面经阴阳电化处理后，具有古铜、青铜、金黄、银白等颜色，轻盈美观，适合室内吊顶、墙体和门窗等装饰。

一、铝合金吊顶

铝合金吊顶由龙骨、T 形骨、铝角条、吊杆和饰面板等组成。施工时，先在

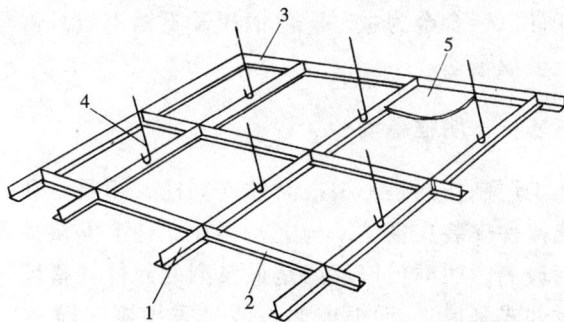

图 7-9 铝合金吊顶（搁置式）

1—大 T；2—小 T；3—角条；4—吊件；5—饰面板

结构基层上，按设计要求弹线，确定龙骨及吊点位置。一般上人大龙骨的中距不应大于1200mm，吊点距离为900～1200mm；不上人大龙骨中距为1200mm，吊点距离为1000～1500mm。再于墙面和柱面上，按吊顶高度要求弹出标高线，然后

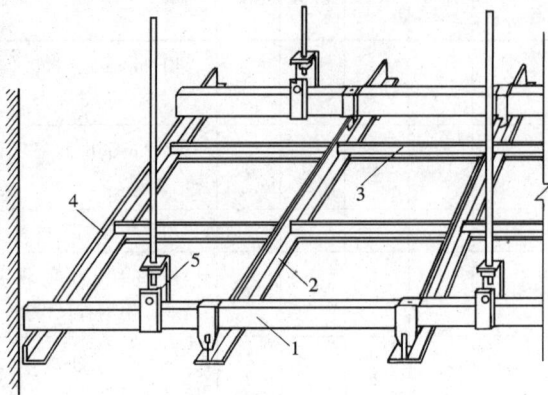

图7-10　铝合金吊顶（锚固式）

1—大龙骨；2—大T；
3—小T；4—角条；5—大吊挂件

在吊点位置将龙骨与结构连接固定，可采用：在吊点位置用射钉枪射入一枚带孔的50mm钢钉，用18号铅丝将钢钉与龙骨固定；在吊点位置预埋吊箍，用吊杆连接，或用钻孔装入膨胀螺栓连接吊杆，另一端连接固定龙骨。采用吊杆时，吊杆端头螺纹部分长度不应小于80mm，以便于有较大的调节量。将大龙骨与吊杆连接固定后，按标高线调整大龙骨的标高，使其在同一水平面上，再用50mm钢钉，以500～600mm间距把铝角条钉在四周墙面上，然后与房间四周用尼龙丝拉出十字中心线，按天花板规格纵横布设，组成吊顶的托层。饰面板的铺设方式有两种：一种是搁置式，见图7-9，用于跨度较小的平顶，在龙骨架上逐块铺设即可；另一种是锚固式见图7-10，即将铝合金条板或纸面石膏板等板块按设计要求用射钉或自攻螺钉固定于龙骨架上。铝合金吊顶龙骨必须固定牢固，并应互相交错拉牵，加强吊顶的稳定性。吊顶的水平面拱度要均匀、平整，不能有起伏现象。T形龙骨纵横都要平直，四周铝角应水平。

　　玻璃幕墙是用金属杆件作骨架、玻璃作面板的建筑幕墙。金属杆件有铝合金、彩色钢板、不锈钢板等，玻璃可采用透明玻璃，也有各种镀膜玻璃。在我国玻璃幕墙的金属杆件以铝合金为主，彩色钢板及不锈钢板只占很小比重，所以本书重点讨论铝合金玻璃幕墙。

二、元件式幕墙——明框幕墙

　　元件式幕墙在工厂制作的是一根根元件（立柱、横梁）和一块块玻璃，再运往工地将立柱用连接件安装在主体结构上，再在立柱上安装横梁，形成幕墙镶嵌槽框格后安装固定玻璃。明框玻璃幕墙是最典型的元件式幕墙（整体式隐框玻璃幕墙也可归属为元件式幕墙），明框玻璃幕墙是采用镶嵌槽夹持方法安装玻璃的幕墙。按照镶嵌槽组成的方法，可分为整体镶嵌槽式、组合镶嵌槽式、混合镶嵌槽式、隐窗型、隔热型五种。

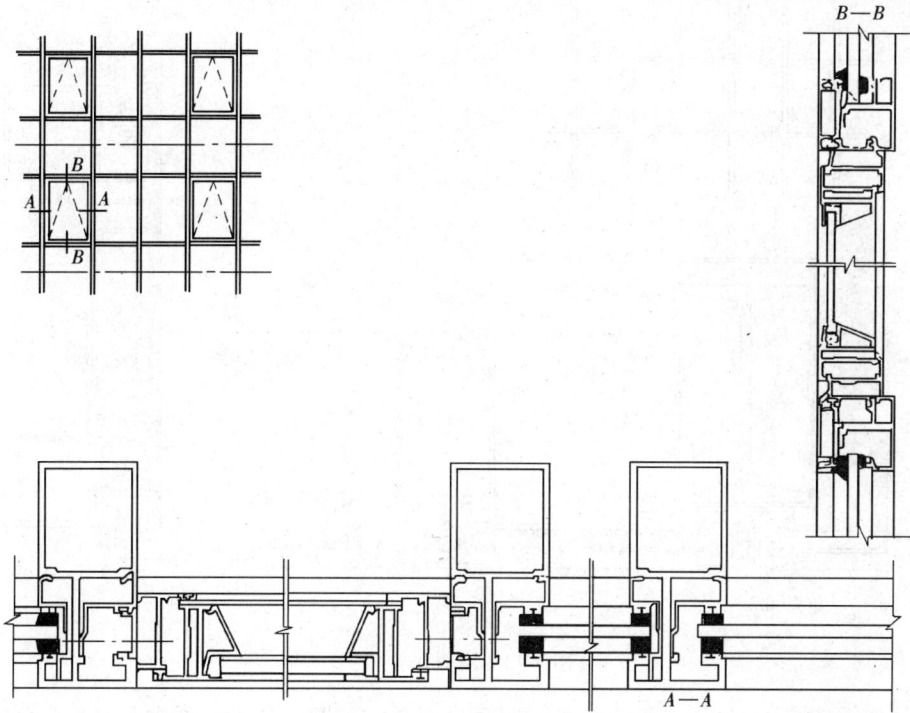

图 7-11　整体镶嵌槽式

（一）整体镶嵌槽式（见图 7-11）

镶嵌槽和杆件是一个整体构件，镶嵌槽外侧槽板与杆件是整体连接的，在挤压型材时就是一个整体，安装玻璃时采用投入法，定位后固定的方法有三种：干

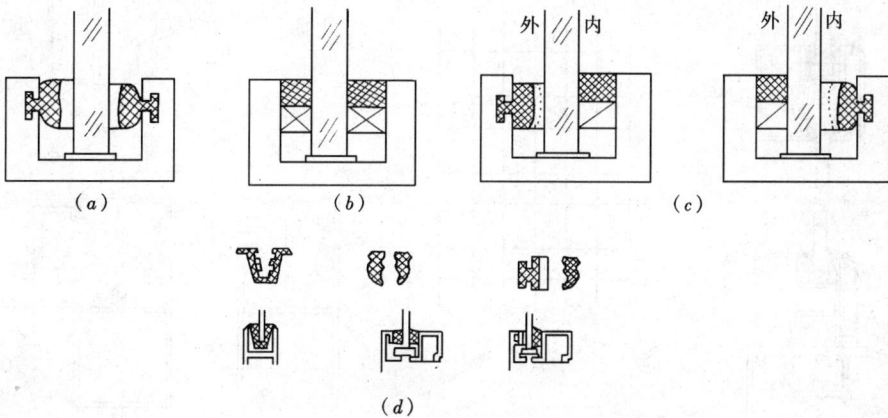

图 7-12　整体镶嵌槽式玻璃固定的方法

（a）干式装配；（b）湿式装配；（c）混合装配；（d）常用玻璃密封条

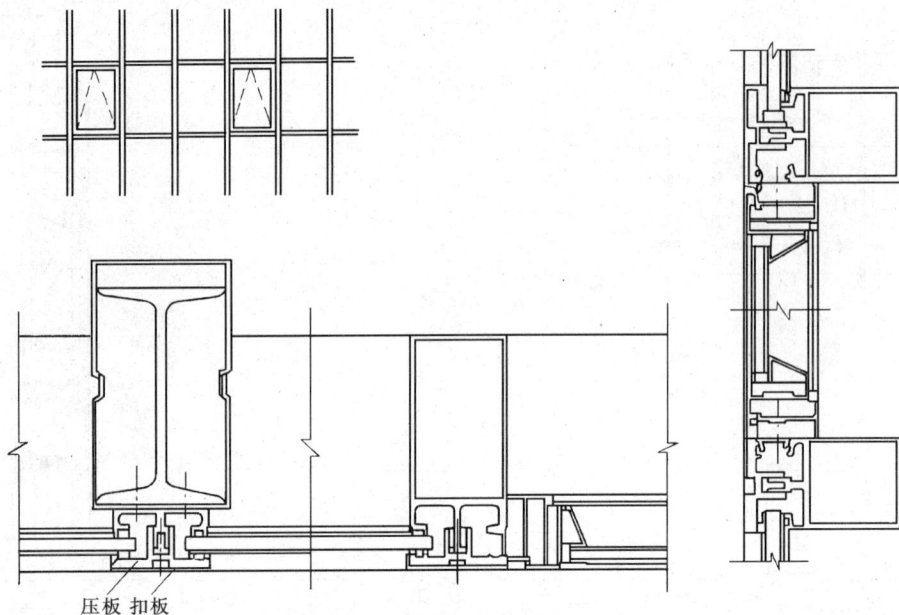

图 7-13 组合镶嵌槽式

式装配（见图 7-12*a*）、湿式装配（见图 7-12*b*）和混合装配（见图 7-12*c*）。混合装配又分为从外侧安装玻璃和从内侧安装玻璃两种。所谓干式装配是采用密封条嵌入玻璃与槽壁的空隙将玻璃固定，密封条的形式随型材断面形状而异，主要形式见图 7-12（*d*）。湿式装配是在玻璃与槽壁的空墙内注入密封胶填缝，密封胶

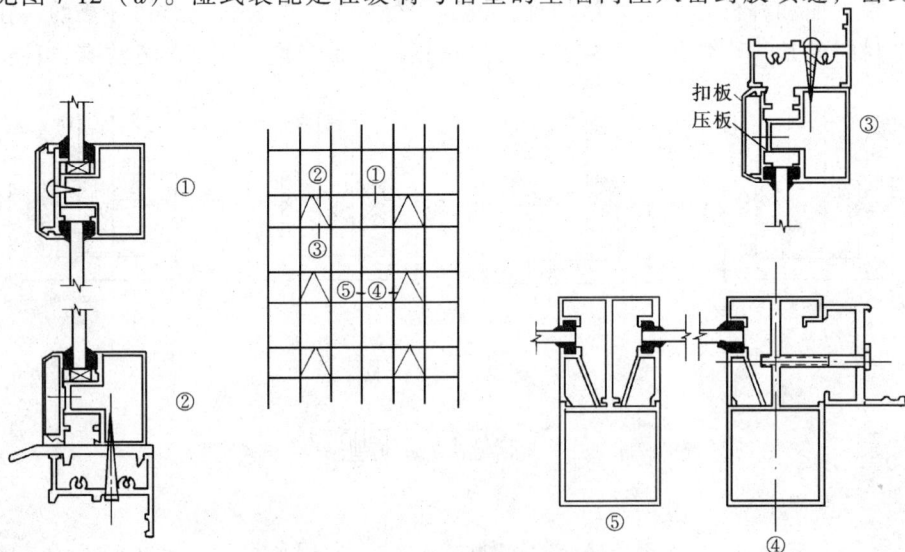

图 7-14 混合镶嵌槽式（外侧装玻璃）

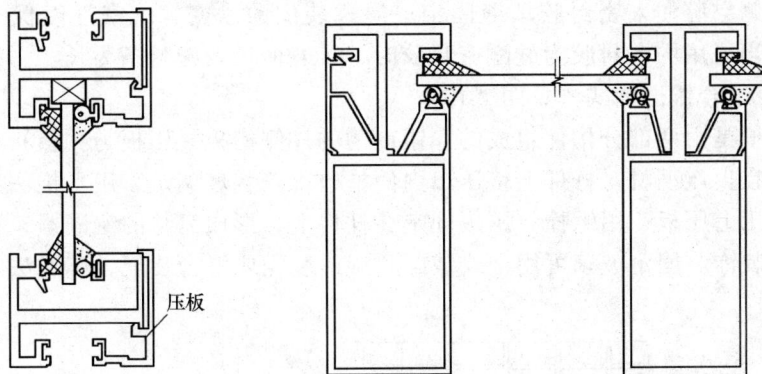

图 7-15 混合镶嵌槽式（内侧装玻璃）

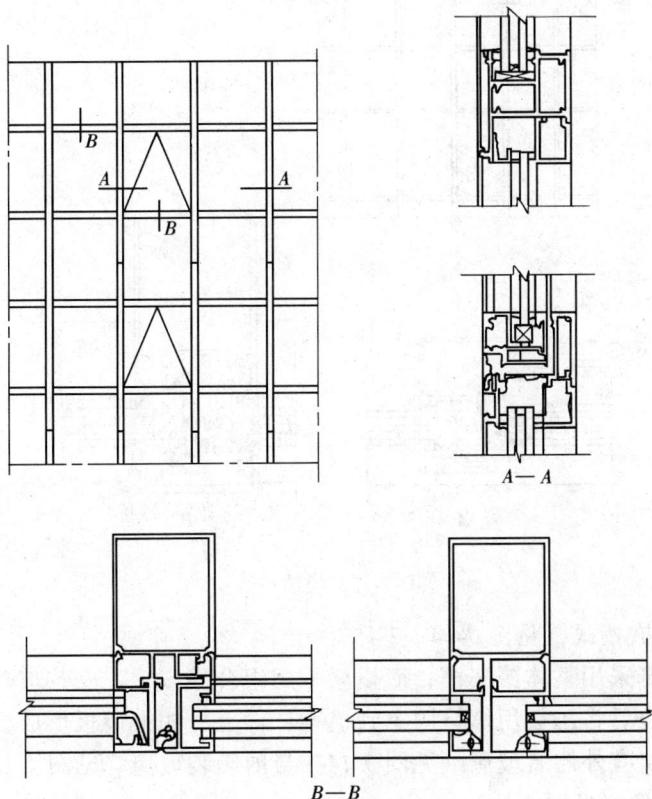

A—A

B—B

图 7-16 隐窗型

固化后将玻璃固定，并将缝密封起来；混合装配是一侧空腔嵌密封条，另一侧空腔注入密封胶填缝密封固定。从内侧安装玻璃时，外侧先固定密封条，玻璃定位后，对外侧空腔注入密封胶填缝固定。湿式装配的水密、气密性能优于干式装配，而且当采用的密封胶为硅酮密封胶时，其寿命远较密封条为长。

（二）组合镶嵌槽式（见图 7-13）

镶嵌槽是由两部分构件组成的。镶嵌槽的外侧槽板（压板与扣板）与杆件是分离的，在生产型材时杆件上挤压出内侧槽壁，安装玻璃是采用平推法，待玻璃定位后，压上压板，用螺栓将压板固定在杆件上，形成完整的镶嵌槽，在压板外侧扣上板装饰。固定玻璃可用干式装配、湿式装配或混合装配，其做法与整体镶嵌槽式一样。

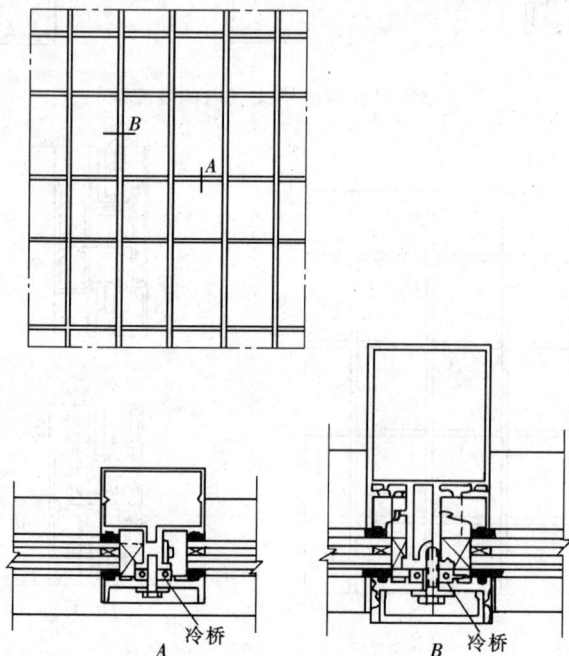

图 7-17　隔热型

（三）合镶嵌槽式（见图 7-14、7-15）

一般是立梃采用整体镶嵌槽，而横梁采用组合镶嵌槽，安装玻璃采用左右投装法，玻璃定位后将压板用螺钉固定到横梁杆件上，扣上口板形成横梁完整的镶嵌槽。安装玻璃有外侧装玻璃（见图 7-14）与内侧装玻璃（见图 1-15）两种。

（四）隐窗型（见图 7-16）

带开启扇的普通幕墙为避免一般普通幕墙开启扇处开启扇框料突出幕墙杆件，是这段杆件形成变粗的外观而采取的措施，即将立梃两侧镶嵌槽间隙采取不对称布置，使一侧间隙大到能容纳开启扇框料嵌入立梃内部，这样开启扇处就没有突出立梃杆件的开启扇框料，外观上固定部分与开启部分杆件一样粗细，形成上下左右线条一样大小，其余做法均同整体镶嵌槽式。

（五）隔热型（见图7-17）

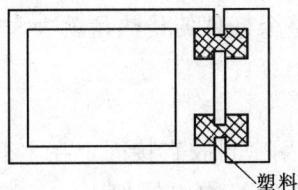

图7-18 嵌入式

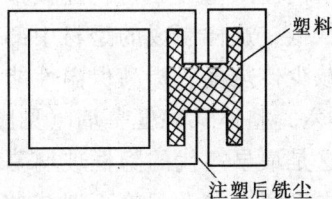

图7-19 整体挤压浇筑式

这是采用断热型材制作的普通幕墙。一般普通玻璃幕墙的铝合金杆件有一部分外露在玻璃外表面，杆件壁经过两块玻璃的间隙一直延伸到室内。由于铝合金的导热系数大，铝合金杆件形成一条传热量大的通路，降低了幕墙的保温性能，为了提高幕墙的保温性能，就要采用断热型材来制作幕墙。

断热型材有两种类型：一种是嵌入式（见图7-18），嵌入式是将型材设计成

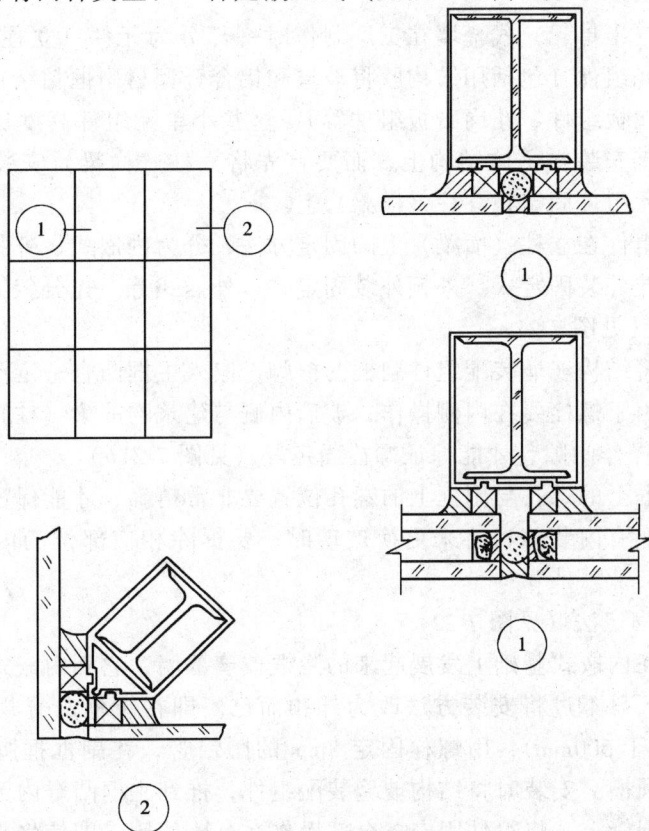

图7-20 整体式隐框幕墙

两部分，分别挤压，再用塑料连接件将它们连成一个整体杆件；另一种是整体挤压浇筑式（见图 7-19），型材挤压时是一个整体，在适当部位挤压出连接槽，在连接槽内注入塑料后再将连接槽两侧铝合金壁铣掉铝型材就断开。由于塑料的导热系数低，这样制成的型材中部有一个"冷桥"，整个杆件的传热量就大大降低，达到减少传热量、提高保温性能的目的。

（六）整体式隐框幕墙（见图 7-20）

这是最早一代的隐框玻璃幕墙，是将玻璃用硅酮密封胶直接固定在主框格体系的立梃和横梁上。施工时先将立梃和横梁安装在建筑物主框架上，安装玻璃时，要采取辅助固定装置，将玻璃定位后再涂胶，待密封胶固化后能承受作用时，才能将辅助固定装置拆除。因此，它只有在早期局部使用的小面积幕墙时适用，并且更换玻璃非常困难。在大量、大面积使用玻璃幕墙的今天，除个别局部小幕墙外，已不再采用。

三、元件单元式幕墙——隐框幕墙

元件单元（半单元）式幕墙在工厂制作时一部分为元件（立柱、横梁），另一部分为小单元组件（包括用结构胶将玻璃和铝合金型材副框粘结在一起组成的装配组件、金属板组件、花岗石板组件等），这些小单元组件高度比一个楼层高度小，不能直接安装在主体结构上，而要首先将立柱（横梁）安装在主体结构上，再将小单元组件固定在立柱（横梁）上。

按小单元组件在立柱（横梁）上的固定方法，分为内嵌式、外扣式、外挂内装固定式、外挂外装固定式、外顿外装固定式、外插式等。先分叙如下：

1. 内嵌式（见图 7-21a）

内嵌式是将结构玻璃装配组件副框的框脚，嵌入主框凸脊一定深度，用螺栓将两者固定。由于螺栓要在内侧操作，玻璃内侧与建筑物的梁（柱）之间要有不小于 300mm 的操作间隙，才能保证螺栓固定好（见图 7-21b）。

同时，主框上的螺孔与副框上的螺孔位置要非常精确，才能保证嵌入后对孔安装。如果内侧有内装修，将来更换玻璃时，要拆除相应部位的内装修才能进行。

2. 外扣式固定法（见图 7-22）

外扣式是在内嵌式基础上发展起来的隐框玻璃幕墙，它和内嵌式使用的是同一类型的型材，只不过将安装方法改为外扣而已。即在主框凸脊规定的位置上（一般间距不大于 500mm），用螺栓固定 8mm 的圆铝管，在副框框脚的相应位置上开一开口长圆槽。安装时将结构玻璃装配组件，推到主框凸脊内圆管上方，组件下落，扣在圆管上，将组件固定。全部操作在幕墙外侧，即使将来更换玻璃也在外侧进行，不会损坏内装修，但是它对主框上圆管的位置及副框中开槽位置的

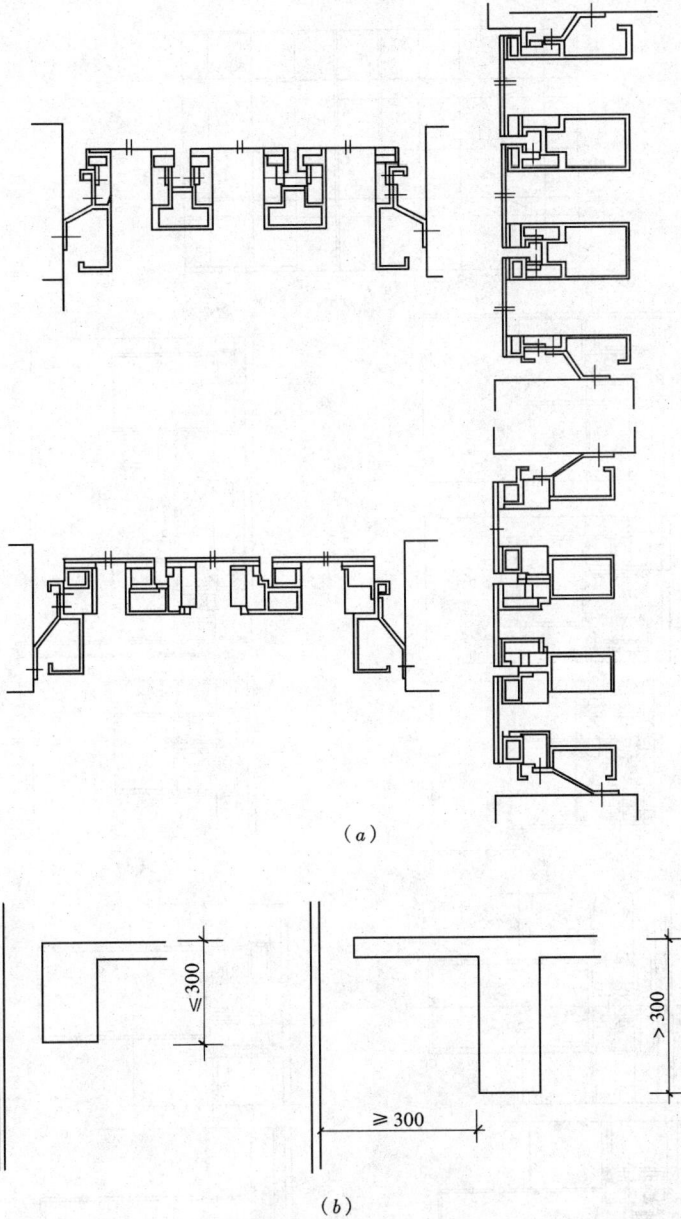

（a）

（b）

图 7-21　内嵌式固定法

（a）固定方法；（b）操作间隙

配合精度要求很高，否则将会影响装配固定质量。

3. 外挂内装固定式固定法（见图 7-23）

安装结构玻璃装配组件时，先将组件挂在横梁下方的挂钩上，再在内侧将组

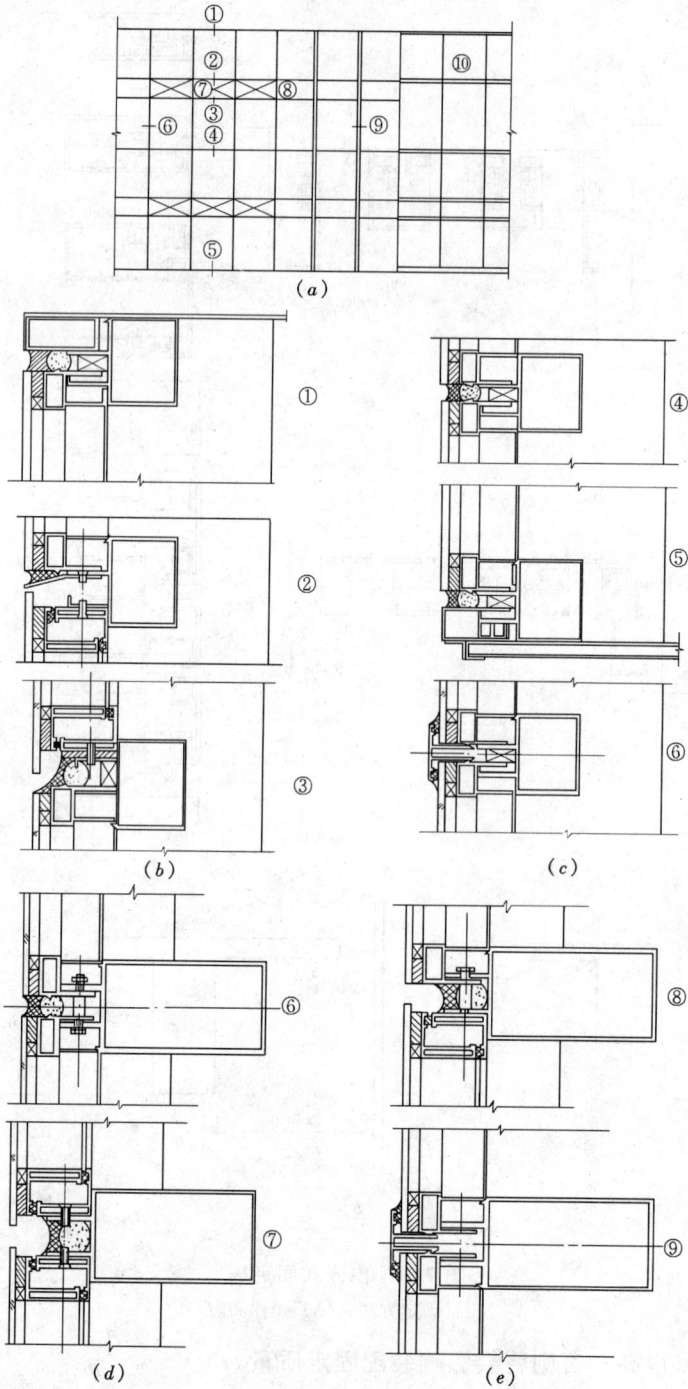

图 7-22 外扣式固定法

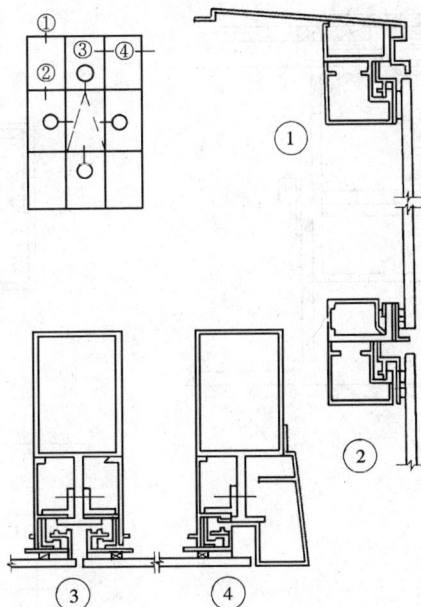

图 7-23　外挂内装固定式固定法

件其余三面用固定片固定到组框上。它和内嵌式一样，安装固定片要在幕墙内侧操作，要求内侧要有操作间隙，但它的固定片可随主框上的孔自由移动。不像内嵌式那样要求精确对孔，这比内嵌式方便，它在建筑物上使用的部位受一定限制，即那些内侧没有操作间隙的部位无法安装固定而不能使用。

4.外挂外装固定式固定法（见图7-24）

外挂外装固定式安装时，将组件挂在横梁的挂钩上，组件其余三方用固定片固定到主框上，安装固定片全部在外侧操作。可在建筑物任何部位采用，并且更换玻璃时也不会影响内侧（不需拆除内装修，有内装修的房间仍可照常工作、生活），但从法国罗纳公司一次风压试验中可以看出，它对固定件的强度、刚度要求很高，即固定件在设计风荷载下不能破坏，不能挠曲，螺钉和螺母的配合要精确，在设计风荷下要保证螺钉不断，不拔脱，否则组件就会掉落。

5.外顿外装固定式固定法（见图7-25）

它和外挂外装固定式的区别在于，它是将组件下槽卡搁在横梁伸出的牛腿上、上槽卡在上横梁牛腿上，立柱固定方法和要求与外挂外装固定式相同。

6.外插式（商业名称小单元）固定法（见图7-26）

小单元组件用外插方式嵌固在立柱（横梁）上的扣槽内，将小单元组件固定在立柱（横梁）上。

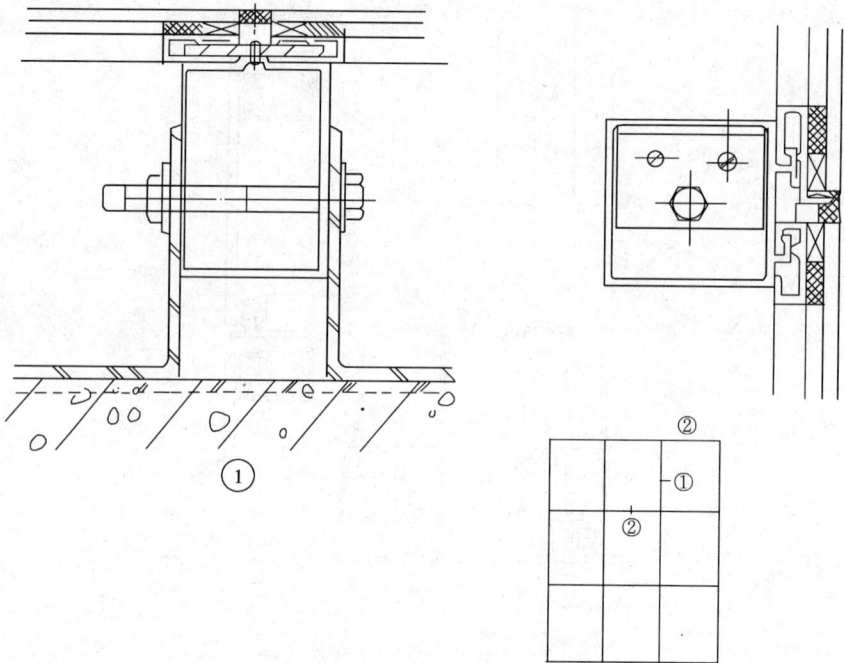

(a)

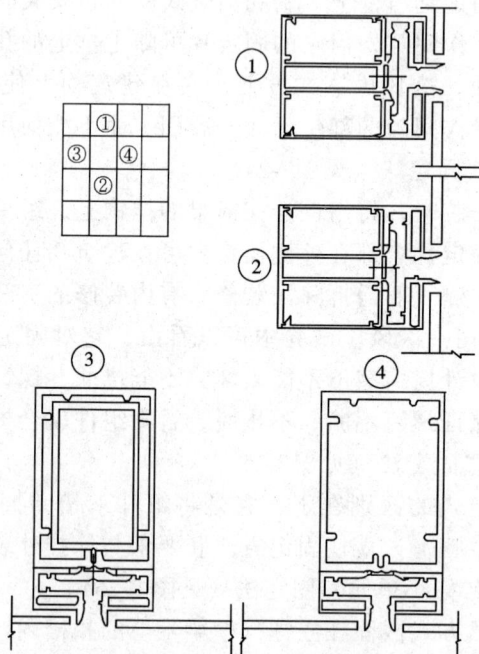

(b)

图 7-24 外挂外装固定式固定法（一）

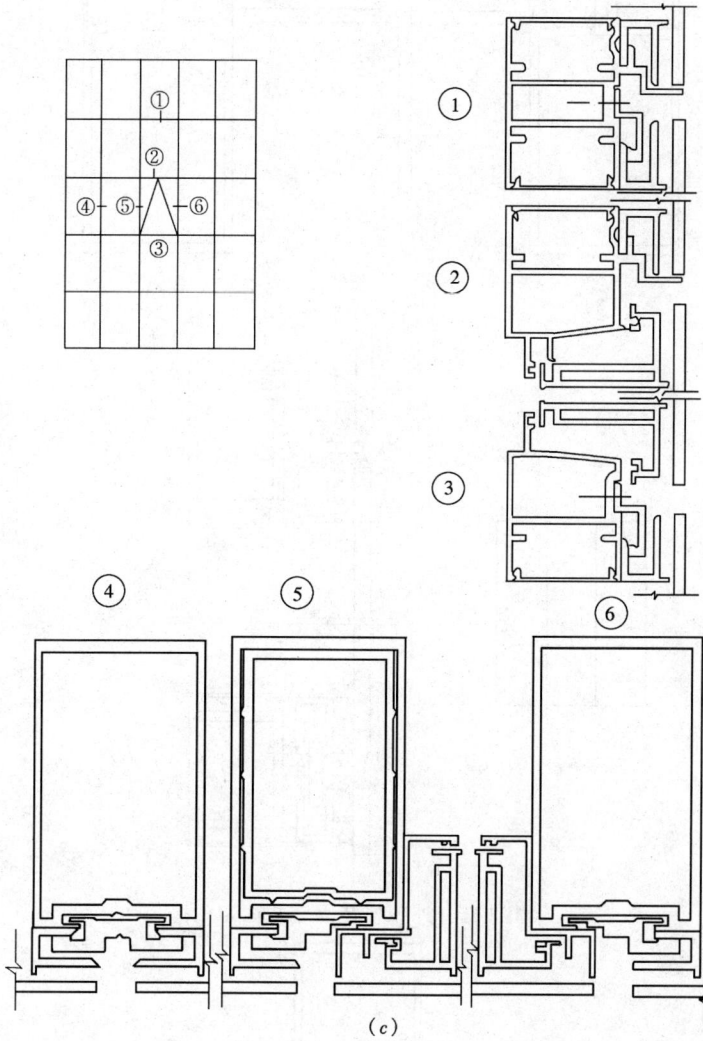

(c)

图 7-24 外挂外装固定式固定法（二）

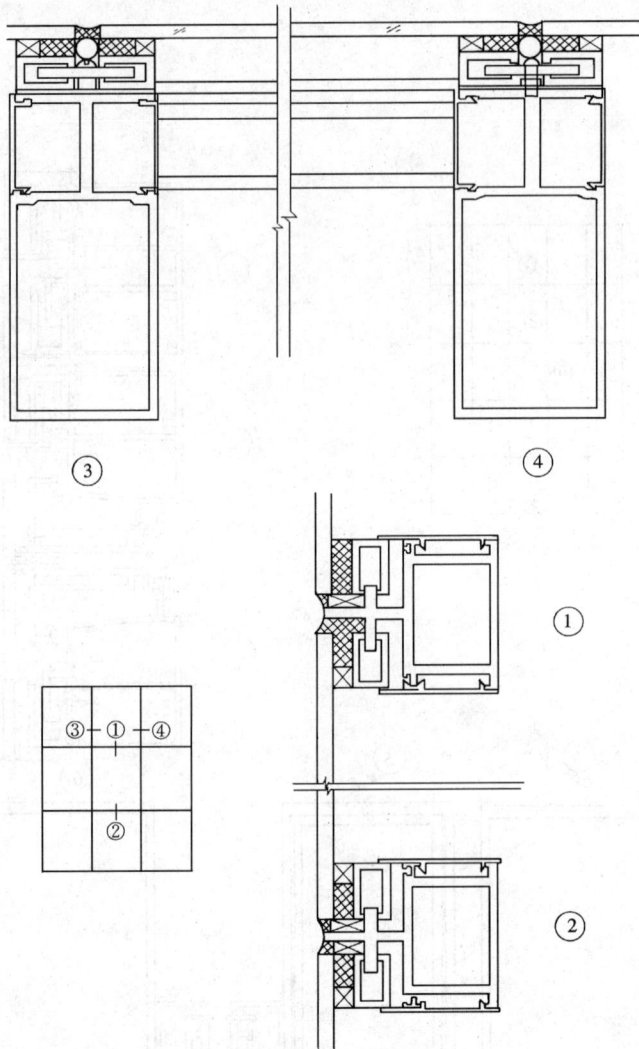

图 7-25 外顿外装固定式固定法

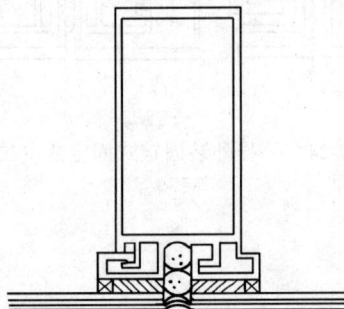

图 7-26 外插式固定法

第四节　油漆、刷浆和裱糊工程

油漆和刷浆是将液体涂料刷在木料、金属、抹灰层或混凝土等表面，干燥后形成一层与基层牢固粘结的薄膜（漆膜），以与外界空气、水气、酸、碱隔绝，达到木材防潮、防腐和铁件、钢材防锈的作用，此外也满足建筑装饰的作用和要求。近年来，在宾馆及高级民用建筑中还广泛采用壁纸裱糊，随着新型壁纸材料的出现以及胶粘剂、裱糊工具的配套，已形成完整的施工工艺。

一、油漆工程

油漆是一种胶结用的胶体溶液，主要由胶粘剂、溶剂（稀释剂）及颜料和其他填充料或辅助材料（如催干剂、增塑剂、固化剂）等组成。胶粘剂常用桐油、梓油和亚麻仁油及树脂等，是硬化后生成漆膜的主要成分。颜料除使涂料具有色彩外，尚能起充填作用，能提高漆膜的密实度，减小收缩，改善漆膜的耐水性和稳定性。溶剂为稀释油漆涂料用，常用的有松香水、酒精及溶剂油（代松香水用），容剂的掺量过多，会使油漆的光泽不耐久。如需加速油漆的干燥，可加入少量的催干剂，如燥漆，但如掺加太多会使漆膜变黄、发软或破裂。

为此，对于品种繁多的油漆涂料，按其性能和用途予以认真选择，并结合相应的施工工艺，就可以取得良好效果。选择涂料应注意配套使用，即底漆和腻子、腻子与面漆、面漆与罩光漆彼此之间的附着力不致有影响和胶起等。

建筑工程常用的油漆涂料有下列几种：

1. 清油

多用于调配厚漆和红丹防锈漆，也可单独涂刷于金属、木料表面，但漆膜柔韧、易发粘。

2. 厚漆（又称铅油）

有红、特级白、淡黄、深绿、灰、黑等色，漆胶膜较软。

3. 调和漆

分油性和瓷性两类。油性调和漆的漆膜附着力强，耐大气作用好，不易粉化、龟裂，但干燥时间长，漆膜较软，适用于室内外金属及木材、水泥表面层涂刷。瓷性调和漆则漆膜较硬，光亮平滑，耐水洗，但不耐气候，易失光、龟裂和粉化，故仅适宜于室内面层涂刷。有大红、奶油、白、绿、灰黑等色。

4. 红丹油性防锈漆和铁红油性防锈漆

用于各种金属表面防锈。

5. 清漆

分油质清漆和挥发性清漆两类。油质清漆又称凡立水，常用的有酯胶清漆、酚醛清漆、醇酸清漆等。漆膜干燥快，光泽透明，适用于木门窗、板壁及金属表面罩光。挥发性清漆又称泡立水，常用的有漆片，漆膜干燥快、坚硬光亮，但耐水、耐热、耐大气作用差，易失光，多用于室内木质面层打底和家具罩面。

6.聚醋酸乙烯乳胶漆

是一种性能良好的新型涂料和墙漆，以水作稀释剂，无毒、安全，适用于高级建筑室内抹面、木材面和混凝土的面层涂刷，亦可用于室外抹灰面。其优点是漆膜坚硬平整，附着力强，干燥快，耐曝晒和水洗，墙面稍经干燥即可涂刷。

此外，尚有硝基外用、内用清漆，硝基纤维漆素（即腊克），丙烯酸瓷漆即耐腐蚀油漆等。

油漆施工包括基层准备、打底子、抹腻子和涂刷等工序。

基层准备　木材表面应清除钉子、油污等，除去松动节巴及脂囊，裂缝和凹陷处均应用腻子填补，用砂纸磨光。金属表面应清除一切麟皮、锈斑和油渍等。基体如为混凝土表面和抹灰层，含水率不得大于8%。新抹灰的灰层表面应仔细除去粉质浮粒。为使灰层表面硬化，尚可采用氟硅酸镁溶液进行多次涂刷处理。

打底子　目的是使基层表面有均匀吸收色料的能力，以保证整个油漆面的色泽均匀一致。

抹腻子　腻子是由涂料、填料（石膏粉、大白粉）、水或松香水等拌制成的膏状物。抹腻子的目的是使表面平整。对于高级油漆需在基层上全面抹一层腻子，待漆干燥后用砂纸打磨，然后再满抹腻子，再打磨，磨至表面平整光滑为止。有时还要和涂刷油漆交替进行。所用腻子，应按基层、底漆和面漆的性质配套选用。

涂刷油漆　木料表面涂刷混色油漆，按操作工序和质量要求分为普通、中级、高级三级。金属面涂刷也分三级，但多采用普通或中级油漆，混凝土和抹灰表面涂刷只分为中级和高级二级。油漆涂刷方式有刷涂、喷涂、擦涂及滚涂等，方法的选用与涂料有关，应根据涂料能适应的涂漆方式和现有设备来选定。

刷涂法是用鬃刷蘸油漆涂刷在表面上。其设备简单、操作方便，但工效低，不适于快干和扩散性不良的油漆施工。

喷涂法是用喷雾器或喷浆机将油漆喷射在物体表面上。一次不能喷得过厚，要分几次喷涂，要求喷嘴移动均匀。喷涂法的优点是工效高，漆膜分散均匀，平整光滑，干燥快。缺点是油漆消耗大，需要喷枪和空气压缩机等设备，施工时还要通风、防火、防爆等安全措施。

擦涂法是用棉花团外包纱布蘸油漆在物体表面上擦涂，待漆膜稍干后再连续转圈揩擦多遍，直到均匀擦亮为止。此法漆膜光亮、质量好，但效率低。

揩涂法仅用于生漆涂刷施工，是用布或丝团浸油漆在物体表面上来回左右滚动，反复搓揩达到漆膜均匀一致。

滚涂法是用羊皮、橡皮或其他吸附材料制成的滚筒滚上油漆后，再滚涂于物面上。适用于墙面滚花涂刷，可用较稠的油漆涂料，漆膜均匀。

在油漆时，后一遍油漆必须在前一遍油漆干燥后进行。每遍油漆都应涂刷均匀，各层必须结合牢固，干燥得当，以达到均匀而密实。如果干燥不当，会造成涂层起皱、发粘、麻点、针孔、失光、泛白等弊病。

一般油漆工程施工时的环境温度不易低于 10°C，相对湿度不易大于 60%。当遇大风、雨、雾情况时，不可施工。

二、刷浆工程

刷浆工程是将涂料涂刷在抹灰层或结构表面上。分为室内刷浆和室外刷浆，亦包括顶棚等涂料的涂刷。建筑涂料是一种装饰材料，发展十分迅速，品种不断增多，质量日益提高，应用逐渐广泛。建筑涂料色彩丰富，质感强，装饰效果好，而且施工简便，效率高。

建筑涂料按其化学成分，分为有机高分子涂料和无机高分子涂料。

（一）有机高分子涂料

有机高分子涂料分为溶剂型涂料；水溶型涂料和乳胶涂料三类。

1. 溶剂型涂料

是以有机高分子合成树脂为主要成膜物质，有机溶剂为稀释剂，加入适量颜料、填料、辅助材料，经研磨而成。在 20 世纪 60 年代较流行，因当时无水溶型涂料。其生成的涂膜细而坚韧，有一定耐水性，可于低温下施工。其缺点是价贵，易热，挥发物有损于人体健康，故施工时应加强通风，现已少用。较常用者有过氯乙烯涂料，内、外墙皆可用。它是以过氯乙烯树脂为成膜物质，以轻溶剂为稀释剂；聚乙烯醇缩丁醛涂料，用作外墙涂料，是以聚乙烯醇缩丁醛树脂为成膜物质，醇类溶剂为稀释剂，有一定防水和耐酸碱性能。

2. 水溶性涂料

是以水溶性合成树脂为主要成膜物质，以水为稀释剂，再加入适量颜料、填料及辅助材料经研磨而成。施工时应先清理墙面，用腻子填补孔洞。涂料使用前应充分搅拌，变稠适当加热后用原基料稀释，涂刷两遍成活，较常用者有聚乙烯醇水玻璃内墙；聚乙烯醇甲醛内墙涂料（俗称 ST—803 内墙涂料），是以聚乙烯醇甲醛为基料，加入颜料、填料、辅料经研磨而成。用以涂、喷均可，易于施工，具有一定耐擦洗性能。

3. 乳胶涂料

是将合成树脂以 0.1~0.5 微米的极细微粒子分散于水中形成乳胶液，以次乳胶液为主要成膜物质，再加入适量颜料、填料、辅料经研磨而成。20 世纪 70 年代后发展迅速，在建筑涂料中占有重要地位。它价格便宜，不易燃，无毒无异味，有一定透气性。所有乳胶涂料都在一定温度下才能成膜，施工时应注意。较常用的有氯醋丙高级内墙涂料、X08—1聚醋酸乙烯内墙乳胶漆、RT—171内墙涂料、乙丙乳胶漆、KS—82型复合建筑涂料等。

（二）无机高分子涂料

由于有机高分子涂料易老化，不耐热，且价格高，所以，从1980年以后，我国开始发展无机高分子涂料。

与有机高分子涂料相比，无机高分子涂料具有原料丰富、价格底、粘结力强、经久耐用、涂刷性能好、保色性能好等优点。

目前应用较多的无机高分子涂料，主要有碱金属硅酸盐和胶态氧化硅系。前者的代表性产品是JH80—1型涂料；后者的代表性产品是JH80—2型涂料。

JH80—1型无机涂料，是以碱性金属硅酸甲为主要成膜物质，加入适量固化剂、填料、颜料、分散剂搅拌混合而成，属二组分涂料。它分为一般涂料和厚涂料两类，后者是在涂料中加入石英粉或云母粉等填料而成。无机高分子涂料施工时喷涂、刷涂、滚涂均可，惟厚涂料最宜喷涂。外墙饰面，对混凝土、砂浆抹面、砖墙、水泥石棉机等基层皆适用。使用前涂料要充分搅拌，使之均匀，使用过程中仍需不断搅拌。涂料含水分已按比例调整，使用过程中不能任意加水稀释，如稠度过大，只能用硅酸盐稀释剂稍加稀释，掺量不得超过8%。施工最低温度为0℃，施工后12h内避免着雨，四级风以上也不得喷涂。

JH80—2型无机涂料，是以胶态氧化硅为主要成膜物质的单组分水溶液性涂料，不需固化剂，但是，需加入填料、颜料和其他助剂。主要用于外墙饰面，也可用于要求耐擦洗的内墙面。它耐水、耐酸、耐碱、不产生静电、耐污染。

三、墙纸裱糊

室内裱糊工程常用的有普通墙纸、塑料墙纸等，用胶粘剂裱糊在室内基体或基层表面上。随着塑料墙纸的大量生产，不仅给室内装修施工带来极大方便，而且墙纸美观耐用、易清洗、增加了装饰效果。塑料墙纸的品种繁多，按外观分：有印花、压花、浮雕、印花压花、低发泡、高发泡等塑料墙纸；按施工方法分：有现场刷胶裱贴和背面预涂压敏胶直接铺贴。

塑料墙纸材料的底层有布基和纸基两种。布基最常用的是玻璃布、玻璃毡和无纺布；纸基有普通纸和石棉纸。

纸基塑料墙纸的裱糊工艺过程如下：基层处理→安排墙面分幅垂直线→裁纸→润湿→墙纸上墙→对缝→赶大面→整理纸缝→擦净纸面。

（一）基层处理

要求基层基本干燥，混凝土和抹灰层的含水率不得大于8%，基体或基层表面应坚实、平滑、无巨刺、无砂粒。对于局部麻点须先批腻子找平，并满批腻子，砂纸磨平。腻子涂抹于基层上应坚实牢固，故常用聚醋酸乙烯乳胶腻子。然后，在表面上满刷一遍用水稀释的聚乙烯醇缩甲醛胶作为底胶，使基层吸水不致太快，以免引起胶粘剂脱水而影响墙纸与基层的粘结。待底胶干后，在墙面上弹垂直线，作为裱糊第一幅墙纸时的准线。

（二）裁纸

裱糊墙纸时纸幅必须垂直，才能使墙纸之间花纹、图案纵横连贯一致。分幅拼花裁切时，要照顾主要墙面花纹的对称完整，对缝和搭缝按实际尺寸统筹规划裁纸，纸幅应编号，按顺序粘贴。

（三）墙纸润湿和刷浆

纸基塑料墙纸裱糊吸水后，在宽度方面能胀出约1%。准备上墙裱糊的塑料墙纸，应先浸水20min待用。这样，刷浆后裱糊，可避免出现皱褶。在纸背面和基层表面上刷胶要求薄而均匀。裱糊用的胶粘剂应按墙纸的品种选用，塑料墙纸的胶粘剂可选用108胶配制，108胶（108胶含量45%）：羧甲基纤维素（2.5%溶液）：水 = 100:30:50（重量比）或也可选用108胶:水 = 1:1（重量比）。

（四）裱糊

墙纸纸面对褶上墙面，纸幅要垂直，先对花、对纹拼缝，由上而下赶平、压实。多余的胶粘剂挤出纸边，及时揩净以保持整洁。

以上先裁边后粘贴拼缝的施工工艺，其缺点是裁时不易平直，粘贴时拼缝费工且不易使缝合拢，易产生的通病是翘边和拼缝明显可见。经实践，可采取先粘贴后裁边的"搭接裁缝"法，即相邻两张纸粘贴时，纸边接搭重叠20mm，然后用裁纸刀沿搭接的重叠部位中心裁切，再撕去重叠的多余纸边，经滚压平服而成的施工方法。其优点是：接缝严密，可达到或超过施工规范的要求。塑料墙纸裱糊的质量要求是：墙纸表面应色泽一致，无气泡、空鼓、翘边、皱折和斑污，斜视无胶痕，拼接无露缝，距墙面1.5m处正视不显拼缝。如局部粘结不牢，可补刷108胶粘剂粘结。裱糊过程和干燥时，应防止穿堂风的直接作用和温度的剧烈变化。施工温度不应低于5℃。

思　考　题

7-1　装饰工程有什么作用？包括那些内容？

7-2　一般抹灰有几个过程，要求如何？

7-3　用水刷石和干粘石作装饰，如何施工？

7-4　用剁斧石作装饰，如何施工？

7-5　现浇水磨石如何施工？

7-6　喷涂和滚涂各有什么施工特点？

7-7 如何镶贴陶瓷锦砖？

7-8 何为明框玻璃幕墙，分为几种？

7-9 何为隐框玻璃幕墙，按固定方法分为几种？

7-10 油漆有哪些种类？其用途如何？

7-11 油漆如何涂刷？

7-12 裱糊工程有什么施工特点？如何施工？

第八章 施工组织概论

学 习 要 点

本章论述了建筑施工的特点，施工组织的基本原则，原始资料的调查分析，施工准备工作的重要及其主要内容，施工组织设计的作用、分类及基本内容，施工组织设计的贯彻、检查和调整。通过本章学习，要求：了解建筑施工的特点，掌握施工组织的基本原则；了解原始资料的主要内容及其在施工中的应用；了解施工准备工作的重要意义，重点掌握施工准备工作的内容和施工组织设计的作用、分类及基本内容。

第一节 基 本 知 识

一、基本建设及其工作程序

（一）基本建设的概念

基本建设是指横贯于国民经济各部门、各单位之中，并形成新的固定资产的综合性经济活动过程。简单讲，形成新增固定资产的经济活动即为基本建设。

固定资产是指使用时间在一年以上、单体价值在规定金额以上的物质资料，包括各种建筑物、构筑物、机电设备、工具用具等。

（二）基本建设项目分类

按建设性质，可以分为新建、扩建、改建、恢复和迁建项目。

按建设规模，可分为大型、中型和小型建设项目。

按建设项目的用途，可分为生产性建设项目和非生产性建设项目。

按建设阶段与过程，可分为筹建项目、在建项目、竣工项目和投产使用项目。

按建设资金来源和投资渠道，可分为政府投资和自筹资金（包括银行贷款、外资、合资、融资等）建设项目。

（三）基本建设程序

基本建设程序是指项目建设全过程中各项工作必须遵守的先后次序，如图8-1所示。基本建设程序主要由项目建议书、可行性研究、编制设计文件、建设准备、施工安装、竣工验收等六个阶段组成。每个阶段又包含着若干环节，各有不同的工作内容。

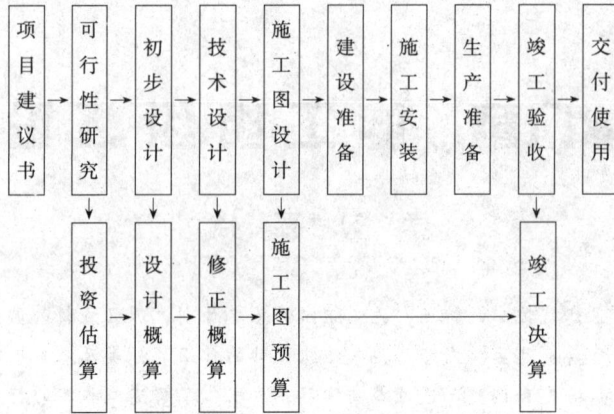

图 8-1　基本建设程序简图

二、施工程序

施工程序是指施工安装阶段必须遵守的先后工作顺序。建筑施工安装是基本建设程序中的一个重要阶段，因此，施工程序是基本建设程序中的子程序。它主要包括承接施工任务及签订施工合同、施工准备、组织施工、竣工验收、保修服务等五个环节或阶段。

（一）承接施工任务，签订施工合同

承接施工任务的主要渠道是参加投标，中标得到的；除此之外，还有一些特殊项目由上级主管部门直接下达给施工单位。无论通过何种方式接受工程任务，施工单位与建设单位都必须按照《合同法》和"建设施工合同示范文本"的有关规定，结合具体工程的特点签订施工合同，以明确双方的权利和义务。

（二）施工准备

施工准备是保证按计划完成施工任务的关键和前提；其基本任务是为工程施工建立必要的组织、技术和物质条件。

（三）组织施工

组织施工是实施施工组织设计，完成整个施工任务的实践活动过程。其目的是把投入施工过程中的各项资源（人、材、机、方法、环境、资金、时间与空间等）有机地结合起来，有计划、有组织、有节奏地均衡施工，以期达到工期短、质量高、成本低的最佳效果。一般要做好以下四个方面的工作：

（1）做好技术管理工作；

（2）按施工组织设计，优化组织施工；

（3）抓好施工过程中的跟踪控制；

（4）加强施工现场管理，搞好文明施工。

（四）竣工验收、交付使用

竣工验收是一个法定手续，是全面考核设计和施工质量的重要环节。正式验收前，施工单位内部先进行预验收，内部预验收是顺利通过正式验收的可靠保证。通过验收对技术资料和实体质量进行全面彻底地清查和评定，对不符合要求的项目及时处理。然后提交验收申请报告，经监理工程师审验后，组织业主、设计单位、施工单位正式验收，验收合格后，才能交付使用。

（五）保修服务

正式移交使用后，应按施工合同和有关法规的规定，在保修期内，及时做好质量回访、保修服务等工作。

施工程序受制于基建程序，必须服从基建程序的安排，但也影响着基建程序。它们之间是局部与全局的关系。它们在工作内容、实施的过程、涉及的单位与部门、各阶段的目标与任务等方面均不相同。

三、建筑产品及其生产的特点

（一）建筑产品的特点

（1）建筑产品在空间的固定性；

（2）建筑产品的多样化；

（3）建筑产品体形庞大。

（二）建筑产品生产（施工）的特点

（1）建筑产品生产的流动性；

（2）建筑产品生产的单件性；

（3）建筑产品生产的地区性；

（4）建筑产品生产周期长；

（5）建筑产品生产影响因素和可变因素多；

（6）建筑产品生产露天作业多、高空作业多、安全性差；

（7）建筑产品生产关系复杂，综合协作性强。

四、施工对象分析

为了便于科学地制定施工组织设计和进行工程管理，将施工对象进行科学的分解与分析是十分必要的，其施工承包对象可划分为以下层次：

（一）建设项目

建设项目是指按一个总体设计进行施工的若干个单项工程的总和，建成后具有设计所规定的生产能力或效益。对于每一个建设项目都编有可行性研究报告或设计任务书和独立的总体设计。负责组织一个建设项目并在行政上具有独立组织、在经济上进行独立核算的单位叫建设单位。

（二）单项工程（又称工程项目）

单项工程是指在一个建设项目中具有独立而完整的设计文件，建成后可以独立发挥生产能力或效益的工程。它是建设项目的组成部分。

（三）单位工程

单位工程是指具有专业独立设计、可以独立组织施工，但是完工后，一般不能独立发挥生产能力或效益的工程。它是单项工程的组成部分。

（四）分部工程

分部工程一般是按单位工程的部位及作用、专业工种、设备种类和型号以及使用材料的不同而划分的，它是单位工程的组成部分。例如，一幢房屋的土建单位工程，按其部位可划分为地基与基础、主体结构、屋面防水、装饰等分部工程；按其工种可划分为土石方、桩基、砖石、混凝土及钢筋混凝土、木作、防水、装饰等分部工程。

（五）分项工程

分项工程一般是按分部工程的不同施工方法、不同材料品种及规格等划分的，它是分部工程的组成部分。如地基基础分部工程可以划分为挖土方、混凝土垫层、砌基础、回填土等分项工程。

五、建筑施工组织的性质、对象和任务

建筑施工组织就是针对工程施工的复杂性，讨论与研究建筑施工过程为达到最优效果，寻求最合理的统筹安排与系统管理客观规律的一门科学。

施工组织的任务就是根据建筑施工的技术经济特点，国家的建设方针政策和法规，业主的计划与要求，对耗用的大量人力、资金、材料、机械和施工方法等进行合理的安排，协调各种关系，使之在一定的时间和空间内，得以实现有组织、有计划、有秩序的施工，以期在整个工程施工上达到最优效果，即进度上耗工少，工期短；质量上精度高，功能好；经济上资金省，成本低。

六、组织施工的基本原则

（1）贯彻执行《建筑法》，坚持建设程序；

（2）合理安排施工顺序；

（3）积极采用先进的计划技术和组织方法，组织有节奏、均衡、连续的施工；

（4）尽量采用先进的科学技术，提高建筑工业化程度；

（5）注重工程质量，确保施工安全；

（6）合理布置施工现场，尽量减少暂设工程，努力提高文明施工的水平。

七、施工组织设计

（一）施工组织设计的概念

施工组织设计是在施工前编制的，用来指导拟建工程施工准备和组织施工的全面性的技术经济文件。它是整个施工活动实施科学管理的有力手段和统筹规划设计。

施工组织设计的基本任务是根据业主对建设项目的各项要求，选择经济、合理、有效的施工方案；确定紧凑、均衡、可行的施工进度；拟定有效的技术组织措施；采用最佳的部署和组织，确定施工中的劳动力、材料、机械设备等需要量；合理利用施工现场的空间，以确保全面、高效、优质地完成最终建筑产品。

（二）施工组织设计的作用

1．施工组织设计既是施工准备工作的一项重要内容，又是整个施工准备工作的核心。

2．是沟通工程设计和施工之间的桥梁。

3．具有重要的规划、组织和指导作用。

4．是施工企业和施工项目管理的基础。

（三）施工组织设计的分类

1．按编制的对象和范围分类

按编制对象和范围不同可分为施工组织总设计、单位工程施工组织设计、分部分项工程施工组织设计等三种类别和层次。

施工组织总设计是以整个建设项目或民用建筑群为对象编制的。是对整个建设工程的施工全过程和施工活动进行全面规划、统筹安排和战略部署，是指导全局性施工的技术经济性文件。

单位工程施工组织设计是以一个单位工程（一个建筑物或构筑物）为对象，用于直接指导单位工程施工全过程的各项施工活动的技术经济性文件。

分部分项工程施工组织设计或作业设计是针对某些较重要的、技术复杂、施工难度大，或采用新工艺、新技术施工的分部分项工程，如深基础，无粘接预应力混凝土，大型结构安装等为对象编制的，其内容具体、详细、可操作性强，是直接指导分部（分项）工程施工的依据。

施工组织总设计是整个建设项目的全局性战略部署，其内容和范围大而概括，属规划和控制型；单位工程施工组织设计是在施工组织总设计的控制下，针对具体的单位工程所编制的指导施工各项活动的技术经济性文件，它是施工组织总设计内容的具体化、详细化，属实施指导型；分部分项工程施工组织设计必须在单位工程施工组织设计控制下，针对特殊的分部分项工程进行编制，属具体实施操作型。因此，它们之间是同一建设项目不同广度、深度和控制与被控制的关系。

它们的不同点是：编制的对象和范围不同；编制的依据不同；参与编制的人员不同；编制的时间不同；所起的作用有所不同。

它们的相同点是：目标是一致的，编制原则是一致的，主要内容是相通的。

2. 按中标前后分类

按中标前后的不同分为投标施工组织设计（简称"标前设计"）和中标后施工组织设计（简称"标后设计"）两种。

投标施工组织设计是在投标之前编制的施工项目管理规划和各项目标实现的组织与技术的保证，是对招标的响应与承诺，是投标文件的基本要素和技术保证，是评标、签订合同的依据。标后施工组织设计是中标以后依据投标施工组织设计和施工合同及后续补充条件，所编制的详细的实施性施工组织设计，以保证要约和承诺的实现。因此，它们之间具有先后次序关系、单项制约关系。

它们的区别是：编制依据和编制条件不同；编制时间不同；参与的人员及范围不同；编制的目的和立脚点不同；作用及特点不同；编制的深度不同；审核的人员不同；编制的内容也有所不同。

3. 按设计阶段的不同分类

大中型项目的施工组织设计的编制是随着项目设计的深入而深入，因此，编制施工组织设计要与设计阶段相配合，按设计阶段编制不同广度、深度和作用的施工组织设计。

（1）当项目设计按两个阶段进行时，施工组织设计分为施工组织总设计（扩大初步施工组织设计）和单位工程施工组织设计两种。

此时，施工组织总设计是在完成了扩大初步设计之后，依据其编制的。在完成了施工图设计后，编制单位工程施工组织设计。

（2）当项目设计按三个阶段时，施工组织设计分为施工组织设计大纲（初步施工组织条件设计）、施工组织总设计和单位工程施工组织设计三种。

此时，设计阶段与施工组织设计的关系是：初步设计完成，可编制施工组织设计大纲；技术设计之后，可编制施工组织总设计；施工图设计完成后，可编制单位工程施工组织设计。

4. 按编制内容的繁简程度的不同分类

施工组织设计按编制内容的繁简程度不同，可分为完整的施工组织设计和简明的施工组织设计两种。

（1）完整的施工组织设计。对于重点工程，规模大、结构复杂、技术要求高，采用新结构、新技术、新工艺的拟建工程项目，必须编制内容详尽的完整的施工组织设计。

（2）简明的施工组织设计（或施工简要）。对于非重点的工程，规模小、结构又简单，技术不复杂而且以常规施工为主的拟建工程项目，通常可以编制仅包括施工方案、施工进度计划和施工平面图（简称一案、一表、一图）等内容的简明施工组织设计。

（四）施工组织设计的内容

施工组织设计的内容，是由其应回答和解决的问题组成的。无论是群体工程还是单位工程，其基本内容如下：

1. 工程概况及特点分析

施工组织设计应首先对拟建工程的概况及特点进行分析并加以简述，目的在于搞清工程任务的基本情况是怎样的。这样做可使编制者掌握工程概况，以便"对症下药"；对使用者来说，也可做到心中有数；对审批者来说，可使其对工程有概略认识。因此，这部分具有多方面的作用，不可忽视。

工程概况包括：拟建工程的建筑、结构特点，工程规模及用途，建设地点的特征，施工条件，施工力量，施工期限，技术复杂程度，资源供应情况，上级或建设单位提供的条件及要求等各种情况的分析。

2. 施工部署和施工方案

施工部署是对整个建设项目施工安装的总体规划和安排，包括施工任务的组织与分工，工期规划，各期应完成的内容，施工段的划分，施工场地的划分与安排，全场性的技术组织措施等。施工方案的选择是在工程概况及特点分析的基础上，结合人力、材料、机械、资金和可采用的施工方法等可变因素与时空优化组合，全面布置任务，安排施工顺序和施工流向，确定施工方法和施工机械。对承建工程可能采用的几个方案进行分析，通过技术经济比较、评价，选择出最佳方案。

3. 施工准备工作计划

施工准备工作计划主要是明确施工前应完成的施工准备工作的内容、起止期限、质量要求等，主要包括：施工项目部的建立，技术资料的准备，现场"三通一平"，临建设施，测量控制网准备，材料、构件、机械的组织与进场，劳动组织等。

4. 施工进度计划

施工进度计划是施工组织设计在时间上的体现。进度计划是组织与控制整个工程进展的依据，是施工组织设计中关键的内容。因此，施工进度计划的编制要采用先进的组织方法（如立体交叉流水施工）和计划理论（如网络计划、横道计划等）以及计算方法（如各项参数、资源量、评价指标计算等），综合平衡进度计划，合理规定施工的步骤和时间，以期达到各项资源在时、空的科学合理利用，满足既定目标。

施工进度计划的编制包括划分施工过程，计算工程量，计算工程劳动量，确定工作天数和人数或机械台班数，编制进度计划表及检查与调整等工作。

5. 各项资源需要量计划

各项资源需要量计划是提供资源（劳力、材料、机械）保证的依据和前提。为确保进度计划的实现，必须编制与其进度计划相适应的各项资源需要量计划，以落实劳动力、材料、机械等资源的需要量和进场时间。

6. 施工（总）平面图

施工现场（总）平面布置图是施工组织设计在空间上的体现。它是以合理利用可供施工使用的现场空间为原则，本着方便生产、有利生活、文明安全施工的目的，把投入的各项资源（材料、构件、机械、运输、动力等）和工人的生产、生活活动场地，做出合理的现场施工平面布置。

7. 技术措施和主要技术经济指标

一项工程的完成，除了施工方案选择得合理，进度计划安排得科学之外，还应充分地注意采取各项措施，确保质量、工期、文明安全以及降低成本。所以，在施工组织设计中，应加强各项措施的制定，并以文字、图表的形式加以阐明，以便在贯彻施工组织设计时，目标明确，措施得当。

主要技术经济指标是在施工组织设计的最后反映的，用以对确定的施工方案、施工进度计划及施工（总）平面图的技术经济效益进行全面的评价，用以衡量组织施工的水平。一般用施工工期、全员劳动生产率、资源利用系数、质量、成本、安全、节约材料及机械化程度等指标表示。

第二节　施　工　准　备　工　作

一、施工准备工作的概念

（一）施工准备工作的含义、任务及重要性

施工准备工作是指施工前为了整个工程能够按计划顺利的施工，事先必须做好各项准备工作。它是施工程序中的重要环节。

施工准备工作的基本任务是：调查研究各种有关施工的原始资料、施工条件以及业主要求，全面合理地部署施工力量，从组织、计划、技术、物质、资金、劳力、设备、现场以及外部施工环境等方面为拟建工程的顺利施工建立一切必要的条件，并对施工中可能发生的各种变化做好应变准备。

常言道："有备无患"，"不打无准备之仗"。搞工程也是同样道理。由于建筑施工是在各种各样的条件下进行，投入的生产要素多且易变，影响因素又很多，在施工过程中可能会遇到各式各样的技术问题、协作配合问题。对于这样一项复杂而庞大的系统工程，如果事先缺乏充分的统筹考虑与安排，必然使施工过程陷于被动，使工程施工无法正常进行。因此，做好施工准备工作是全面完成任务的必要条件，它既可为整个工程的施工打好基础，同时又为各个分部分项工程的施工创造好先决条件，另外，它也是施工企业搞好目标管理，推行承包责任制的重要依据。工程实践也充分证明，凡是重视施工准备工作，积极为拟建工程创造一切施工条件的，其工程的施工就会顺利进行，否则，其施工就会步履艰难，困难重重，损失惨重。

（二）施工准备工作的分类

1．按规模范围分类

按其规模及范围的不同，施工准备可以分为施工总准备、单位工程施工条件准备和分部（分项）工程作业条件准备等三种内容。

施工总准备：它是以整个建设项目为对象而进行的需统一部署的各项施工准备。它既为全场性的施工做好准备，同时也兼顾了单位工程施工条件的准备。

单位工程施工条件准备：它是以建设一栋建筑物或构筑物为对象而进行的施工条件准备工作，它既为该单位工程在开工前做好一切准备，同时也兼顾了各分部分项工程施工条件的准备。

分部分项工程作业条件的准备是以一个分部（或分项）工程为对象而进行的作业条件准备。

2．按施工阶段分类

按拟建工程的不同施工阶段，施工准备可分为开工前的施工准备和各分部分项工程施工前的准备两种。

开工前施工准备：它是在拟建工程正式开工之前所进行的一切施工准备工作。其目的是为拟建工程正式开工创造必要的施工条件。

各分部分项工程施工前的准备：它是拟建工程正式开工之后，在每一个分部分项工程施工之前所进行的一切施工准备工作，其目的是为各分部分项工程的顺利施工创造必要的施工条件，因此，又称为施工期间的经常性施工准备工作，也称为作业条件的施工准备。它带有局部性和短期性，又带有经常性。

由上可知，施工准备工作不仅要在正式开工前的准备期进行，而且还应贯穿于整个施工过程中。

（三）施工准备的工作内容及要点

1．施工准备工作的内容

施工准备工作应包括以下六个方面的内容：

（1）原始资料的调查分析；

（2）技术经济准备；

（3）施工物资准备；

（4）施工现场准备；

（5）管理机构与劳动组织准备；

（6）施工场外准备。

2．施工准备工作的基本要求

（1）编好施工准备工作计划。为了有步骤、有安排、全面地搞好施工准备工作，在施工准备前，应首先编制施工准备工作计划，施工准备工作计划可按表 8-1 的形式编制。

施工准备工作计划表　　　　　　　　　　　表 8-1

序号	项目	施工准备工作内容	要求	负责单位	负责人	起　止　时　间						备注
						年	月	日	年	月	日	

施工准备工作计划既是对施工前各项施工准备工作的统筹安排，也是施工组织设计的重要内容，施工准备工作计划应该依据施工方案、施工进度计划和资源需要量计划进行编制。

施工准备工作计划除了用上述表格的形象计划编制外，亦可采用网络计划进行编制，以明确各项施工准备工作之间的关系并找出关键工作，并且可在网络计划上进行施工准备期的调整，尽量缩短时间。

（2）建立严格的施工准备工作责任制。施工准备工作必须要有严格的责任制，按施工准备工作计划将责任落实到有关部门和具体人员，同时应明确各自在施工准备工作中所负的责任，项目负责人应对整个项目的施工准备工作统一部署和安排，并协调建设、设计、监理、施工各方的关系，组织各单位、各部门及队组协作配合，督促检查各项施工准备工作的实施，以便及早完成施工准备的各项工作。

（3）协调配合做好各项准备工作。为了有效地实施施工准备工作，应认真处理好室内准备与室外准备、前期与后期、土建工程与安装工程、现场准备与场外准备、班组准备与总体准备之间的关系。它们之间必须相互结合，在统一部署的前提下，协调配合进行施工准备。

（4）严格遵守建设程序，执行开工报告。必须坚持没有做好施工准备不许开工的原则。只有在各项施工准备达到下列条件时，才能提出开工报告，经上级和监理审查批准后方能开工。

①施工图纸已经会审，图纸中存在的问题和错误已经得到纠正。

②施工组织设计或施工方案已经得到批准并进行了交底。

③场区内场地平整工作和障碍物的清除已基本完成。

④场内外交通道路、施工用水、用电、排水已满足施工的要求。

⑤材料、半成品和工艺设计等，均能满足连续施工的要求。

⑥生产和生活所需临建设施，已搭建完毕。

⑦施工机械、设备已进场，并经过检验能保证正常运转。

⑧施工图预算和施工预算已经编审，并已签订工程合同或协议。

⑨劳动组织机构已经建立，施工人员已经进行了必要的技术安全和防火教育，安全消防措施已经落实。

⑩已办理了施工许可证。

二、原始资料的调查分析

（一）原始资料的含义和调查目的

为了获得符合实际情况、切实可行的最佳施工组织设计方案，在进行建设项目施工准备工作过程中必须进行自然条件和技术经济调查，以获得必要的自然条件和技术经济条件资料。这些资料即称为原始资料。对这些资料的收集分析过程就称为原始资料的调查分析。

施工单位进行自然条件与技术经济条件调查的目的是：

（1）为投标提供依据；

（2）为签订承包合同提供依据；

（3）为编制施工组织设计提供依据。

（二）调查收集原始资料的主要内容

1. 建设地区的自然条件调查

调查的内容和目的见表8-2。

建筑地区自然条件调查内容表　　　　　　　　　　　　　　表8-2

序号	项目		调 查 内 容	调 查 目 的
1	气象	气温	1. 年平均最高、最低、最冷、最热月的逐月平均温度，结冰期，解冻期 2. 冬、夏季室外计算温度 3. ≤−3℃、0℃、5℃的天数，起止时间	1. 防暑降温 2. 冬期施工 3. 估计混凝土、砂浆强度的增长情况
		雨	1. 雨期起止时间 2. 全年降水量、一日最大降水量 3. 年雷暴日数	1. 雨期施工 2. 工地排水、防涝 3. 防雷
		风	1. 主导风向及频率（风玫瑰图） 2. ≤8级风全年天数、时间	1. 布置临时设施 2. 高空作业及吊装措施

续表

序号	项目		调查内容	调查目的
2	工程地质、地形	地形	1. 区域地形图 2. 工程位置地形图 3. 该区域的城市规划 4. 控制桩、水准点的位置	1. 选择施工用地 2. 布置施工总平面图 3. 计算现场平整土方量 4. 掌握障碍物及数量
		地质	1. 通过地质勘察报告，搞清地质剖面图、各层土类别及厚度、地基土强度等 2. 地下各种障碍物及问题坑井等	1. 选择土方施工方法 2. 确定地基处理方法 3. 基础施工 4. 障碍物拆除和问题土处理
		地震	地震级别及历史记载情况	施工方案
3	工程水文地质	地下水	1. 最高、最低水位及时间 2. 流向、流速及流量 3. 水质分析	1. 基础施工方案的选择 2. 确定是否降低地下水位及降水方法 3. 水侵蚀性及施工注意事项
		地面水	1. 附近江河湖泊及距离 2. 洪水、枯水时期 3. 水质分析	1. 临时给水 2. 施工防洪措施

2. 建设地区的技术经济条件

（1）地方建材生产企业情况，主要是钢筋混凝土构件、钢结构、门窗、水泥制品的加工条件。

（2）地方资源情况，如地方材料、砖、砂、石灰等供应情况。

（3）三大材料、特殊材料、装饰材料的调查。

（4）地区交通运输条件，包括铁路、公路、水路、空运等运输条件。

（5）机械设备的供应情况。

（6）市政公共服务设施。

（7）社会劳动力和生活设施情况。

（8）环境保护与防治公害的标准。

（9）参加施工的各单位能力调查。

3. 施工现场情况

包括施工用地范围，有否周转用地、现场用地，可利用的建筑物及设施，交通道路情况，附近建筑物的情况，水与电源情况等。

4. 设计进度、设计概算、投资计划和工期计划以及引进项目等

三、技术准备

技术准备工作，即通常所说的"内业"工作，它为施工生产提供了各种指导

性的技术经济文件，它是整个施工准备工作的基础和核心。技术准备主要包括五方面内容：

（1）熟悉和审查施工图及有关设计技术资料。

只有在充分了解设计意图和设计技术要求的基础上，才能做出切合实际的施工组织设计和预算；通过审查，发现施工图存在的问题和错误并得以及时纠正，为今后施工提供准确完整的施工图纸。

（2）熟悉技术规范、规程和有关规定，建立质量检验和技术管理工作流程。

（3）学习建筑法规，签订工程承包合同。

（4）编制施工组织设计。

（5）编制施工图预算和施工预算。

四、施工物资准备

施工物资准备是指施工中必需的劳动手段（施工机械、工具、临时设施）和劳动对象（材料、构配件、制品）等的准备，它是保证施工顺利进行的物质基础。物资准备必须在开工之前，根据各种物资计划，分别落实货源，组织运输和安排储备，使其能保证连续施工的需要。物资准备的主要内容有：

（一）建筑材料准备

（1）按工程进度合理确定分期分批进场的时间和数量。

（2）合理确定现场材料的堆放。

（3）做好现场的抽检与保管工作。

（二）各种预制构件和配件准备

包括各种预制混凝土和钢筋混凝土构件、门窗、金属构件、水泥制品及卫生洁具等，均应在图纸会审之后立即提出预制加工单，并确定加工方案和供应渠道以及进场后的储存地点和方式。大型构件在现场预制时，应做好场地规划与底座施工，并提前加工预制。

（三）施工机具准备

包括施工中确定选用的各种土方机械，混凝土、砂浆搅拌机械，垂直及水平运输机械，吊装机械，动力机具，钢筋加工机械，木工机械，焊接机械，打夯机，抽水设备，等等。其中大型机械应提前订出计划，以便平衡落实。有的机械如需租赁时，也应提前签约准备。

（四）模板及架设工具准备

模板和架设工具是施工现场使用量大、堆放占地面积大的周转材料。目前，模板多数采用组合式钢模板、支撑采用钢管脚手架，各种周转材料堆放时，应分规格型号按指定的平面位置堆放整齐，以便使用和维修。扣件等零件还应防雨，以免锈蚀。

（五）安装设备的准备

按照拟建工程生产工艺流程及工艺设备的布置图，提出工艺设备的名称、型号、生产能力和需要量，按照设备安装计划，确定分期分批进场时间和保管方式。

五、施工现场准备

施工现场准备应按施工组织设计的要求和安排进行，主要应完成以下工作：

（一）现场"三通一平"

1. 平整施工场地

施工现场场地的平整工作，是按建筑总平面图中确定的标高进行的。首先通过测量，计算出挖土及回填土的数量，设计土方调配方案，组织人力或机械进行平整工作。

如拟建场地内有旧建筑物、构筑物，则须拆迁。同时要清理地面上的各种障碍物，如树根，废基等；还要注意地下管道、电缆等情况，应采取必要的保护或迁移措施。

2. 修通道路

施工现场的道路，是组织大量物资进场的运输动脉。为了保证建筑材料、机械、设备和构件的早日进场，必须先修通主要干道，为了节省工程费用，应尽可能利用已有的道路或规划的永久性道路。为使施工时不损坏路面，规划的永久性道路可以先做路基，建筑施工完毕后再做路面。

3. 水通

施工现场的水通，包括给水和排水两个方面，其布置均应按施工总平面图的规划进行。施工用水包括生产与生活用水，施工给水设施，应尽量利用永久性给水线路。临时管道线的铺设，既要满足生产用水点的需要，也要尽量缩短管线。施工现场的排水同样十分重要，尤其在雨期，排水不畅，会影响运输和施工。

4. 电通

根据各种施工机械的用电量及照明用电量，计算选择配电变压器，并与供电部门联系，按施工组织设计的要求，架设好连接电力干线的工地内、外临时供电及通讯线路，应注意对建筑红线内及现场周围不准拆迁的电缆、电线加以妥善保护。此外，还应考虑到因供电系统供电不足或不能供电时，备用发电机的准备。

除了以上"三通"外，有些建设项目，还要求有"热通"（供蒸汽或热水）、"气通"（煤气、天然气）、"通话"（通电话）等。

（二）现场测量放线

测量放线，就是将图纸上所设计的建筑物、构筑物及管线等测设到地面或实物上，并用各种标志表示出来，作为施工的依据。它是确定整个工程平面位置和高程的关键环节，必须保证精度，杜绝错误。开工前的测量放线是在土方开挖之前，通过在施工场地内设置坐标控制网和高程控制点来实现的。施工时，则以此为标准，反复引测和控制各层各点的位置。每次测量放线经自检合格后，还须经甲方或监理人员和有关技术部门验线确认，以保证其准确性。

（三）搭建临时设施

为了施工方便和安全，对于指定的施工用地的周界，应用围栏挡起来，围挡的形式和材料应符合市容管理的要求。在主要出入口处应设标志牌，标明工程名称、施工单位、工地负责人等。

各种生产、生活需用的临时设施，包括各种仓库、混凝土搅拌站、预制构件场、机修站、各种生产作业棚、办公用房、宿舍、食堂、文化生活设施等等，均应按批准的施工组织设计规定的数量、标准、面积、位置等要求组织修建。此外，在考虑施工现场临时设施的搭设时，应尽可能减少临时设施的数量，以便节约用地和节省投资。

（四）做好施工现场的补充勘探

对施工现场补充勘探的目的是为了进一步寻找枯井、防空洞、古墓、地下管道、暗沟和枯树根以及其他问题坑等，以便准确地探清其位置，及时地拟定处理方案。

（五）做好建筑材料、构（配）件的现场储存和堆放

应按照材料及构（配）件的需要量计划组织进场，并应按施工平面图规定的地点和范围进行储存和堆放。

（六）组织施工机具进场、安装和调试

（七）做好冬期施工的现场准备，设置消防、保安设施

（八）做好新技术、新材料的试制、试用和有关人员的培训工作

六、管理机构与劳动组织准备

施工的一切结果都是靠人创造的，选好人、用好人是整个工程的关键。

（一）施工项目管理机构的建立

建立一个精干、高效、高素质的项目班子，是搞好施工的前提和首要任务。

施工组织机构的建立应遵循以下原则：根据工程的规模、结构特点和复杂程度，确定管理机构名额和人选；坚持合理分工与密切协作相结合；认真执行因事设职，因职选人的原则；将富有经验、有工作效率、有创新意识的人选入管理机构。

（二）建立、健全各项管理制度

施工现场的各项管理制度的建立健全与执行的好坏，直接影响着各项施工活动的顺利进行和效果。无章可循就无从管理，其后果是危险的。有章不循其效果

必然很差。因此，必须建立健全现场管理的各项规章制度并认真执行。制度通常包括施工交底制度，工程技术档案管理制度，材料、主要构配件和制品检查验收制度，材料出入库制度，机具使用保养制度，职工考勤考核制度，安全操作制度，工程质量检查与验收制度，工程项目及班组经济核算制度等。

（三）建立精干的基本施工队组

施工队组的建立，应根据工程的特点、劳动力需要量计划确定，并应认真考虑专业工种合理的配合、技工和普工的比例等。建筑施工队组要坚持合理、精干的原则。按不同结构类型和组织施工方式的要求，确定建立混合施工队组还是专业施工队组以及它们的数量。

（四）施工队伍的教育和技术交底

施工前，项目部要对施工队伍进行劳动纪律、施工质量和安全教育，要求职工和外包施工队人员必须做到遵守劳动时间、坚守工作岗位、遵守操作规程、保证产品质量、保证施工工期、保证安全生产、服从调动、爱护公物。同时，企业还应做好职工、技术人员的培训和技术更新工作。

技术交底应在每一分部分项工程开工之前及时进行，应把拟建工程的设计内容、施工方法、施工计划和施工技术要求以及安全操作规程等，详尽的向施工班组工人讲述清楚。可采用书面、口头和现场示范等多种形式进行技术交底。

（五）做好施工人员的生活后勤保障准备

对施工人员的衣、食、住、行、医、文化生活等，应在施工队伍集结前做好充分的准备。这是稳定职工队伍、保障生活供给、调动职工生活和工作积极性，使他们劳动好、休息好的一项极为重要的准备工作。

七、施工场外准备

施工准备除了要进行施工现场内技术经济、物资和环境的准备外，还要做好施工现场外部的准备工作，主要内容有：

（一）做好分包工作和签订分包合同

由于施工单位本身的力量有限，有些专业工程的施工、安装和运输等均需要向外单位委托。因此，应选择好分包单位。根据工程量、完成日期、工程质量和工程造价等内容，与其分包单位签订分包合同，并控制其保质保量按时完成。

（二）创造良好的施工外部环境

施工是在固定的地点进行的，必然要与当地部门和单位打交道，并应服从当地政府部门的管理。因此，应积极与有关部门和单位取得联系，办好有关手续，为正常施工创造良好的外部环境。

（三）做好外购材料及构配件的加工和定货

建筑材料、构配件和建筑制品大部分均需外购，工艺设备更是如此。因此，应及早与供应单位签订供货合同，并督促其按时供货，另外，还需做大量的调查、看样、取证、洽谈等有关工作。

（四）向主管部门或监理部门提交开工申请报告

在各项施工准备达到开工条件时，应及时填写开工申请报告，报上级和监理方审查批准。

第三节 施工组织设计的编制与贯彻

我国从第一个五年计划开始，就在一些重点工程上采用了施工组织设计，并取得了不可磨灭的功绩，但也经历了几次波折起伏。现在，随着我国建设事业的发展和经验的总结，施工组织设计已得到有关建设部门和单位的普遍重视和发展。为了使施工组织设计更好的起到组织和指导作用，必须精心编制，认真贯彻执行。

一、施工组织设计的编制

（一）在广泛的调查基础上编制初稿

编制时，必须对与施工有关的技术经济条件进行广泛和充分的调查研究、收集各方面的原始资料，必须广泛地征求有关单位群众的意见。主持编制的单位应先召开交底会，组织基层单位或分包单位参加，请建设单位、设计单位进行建设条件和设计交底；然后根据提供的条件和要求，广泛吸收技术人员提意见、定措施。在此基础上，提出初稿，初稿完成后，还应讨论和审定。

（二）中标后，分阶段编制详尽的标后施工组织设计

施工中标后，必须分阶段编制具有指导意义的标后施工组织设计。当建设工程实行总包和分包时，应由总包单位负责编制施工组织设计或者分阶段施工组织设计，分包单位在总包单位的总体部署下，负责编制分包单位的施工组织设计。施工组织设计应根据合同工期及有关的规定进行编制，并且一定要广泛征求各协作施工单位的意见。

（三）特殊施工项目，必须进行专题研究

对结构复杂、施工难度大以及采用新技术的工程项目，要进行专题性的研究，必要时组织专门的会议，邀请有经验的专业工程技术人员参加，挖掘群众的智慧，以便为施工组织设计的编制和实施打下坚实的群众基础。

（四）发挥各方面的才能进行编制

在施工组织设计编制的过程中，要充分发挥各职能部门的作用，吸收他们参加编制和审定；充分利用施工企业的技术力量和管理能力，统筹安排、扬长避短，发挥施工企业的优势和水平，合理安排各工序间的立体交叉配合施工顺序。

（五）认真修改，形成正式文件

当施工组织设计的初稿完成后，要组织参加编制的人员及单位进行讨论，经逐项逐条地研究修改后，最终形成正式文件，送主管部门审批。

二、施工组织设计的贯彻、检查和调整

（一）施工组织设计的贯彻

编制施工组织设计，是为了给实施过程提供一个指导性文件，但如何将纸上的施工意图变为客观实践，施工组织设计的经济效果如何，这些必须通过实践验证。为了更好地指导施工实践活动，必须重视施工组织设计的贯彻与执行。在贯彻中要做好以下几个方面的工作：

1. 做好施工组织设计的交底。经过批准的施工组织设计，在开工之前，一定要召开各级的生产、技术会议，逐级进行交底。详细地讲解其意图、内容、要求、目标和施工的关键与保证措施，组织群众广泛讨论，拟订完成任务的技术组织措施，做出相应的决策，同时责成计划部门，制定出切实可行的和严密的施工计划。责成技术部门，拟订科学合理的具体技术实施细则，保证施工组织设计的贯彻和执行。

2. 制定各项管理制度。施工组织设计是否能顺利贯彻，还取决于施工企业的技术水平和管理水平。体现企业管理水平的标志，在于企业各项管理制度健全与否。施工的实践证明，只有施工企业有了科学的、健全的管理制度，企业的正常生产秩序才能顺利开展，才能保证工程质量，提高劳动生产率，防止可能出现的漏洞或事故。因此，为了保证施工组织设计顺利贯彻执行，必须建立和健全各项管理规章制度。

3. 实行技术经济承包责任制。技术经济承包责任制是用经济的手段和方法，明确发承包双方的责任。它便于加强监督和相互促进，是验证承包目标是否实现的重要手段。为了更好地贯彻施工组织设计，应该推行技术经济承包责任制度，开展劳动竞赛，把施工过程中的技术经济责任同职工的物质利益结合起来，如开展评比先进活动，推行全优工程综合奖、节约材料奖、提前工期奖和技术进步奖等。

4. 搞好统筹安排的综合平衡，组织连续施工。在贯彻施工组织设计时，一定要搞好人力、财力、材料、机械、施工方法、时间和空间等方面的统筹兼顾、合理安排，综合平衡各方面因素，优化施工计划，对施工中出现的不平衡因素应及时分析和研究，进一步修订和完善施工组织设计，保证施工的节奏性、均衡性和连续性。

（二）施工组织设计执行情况的检查

对施工组织设计的检查，应着重从以下几个方面进行的检查：

1.任务落实及准备工作情况的检查。工程开工前及施工各阶段之前，应检查任务落实，交底情况，各项准备工作情况，技术措施保证情况，以免影响工程进度和质量。

2.完成各项主要指标情况的检查。跟踪检查各施工单位及队组完成各项主要技术经济指标的情况，并与计划指标相对照，及时发现问题和偏差，为分析原因和制定调整措施提供依据。检查的主要内容包括工程进度、工程质量、材料消耗、机械使用、安全措施和成本费用等。

3.施工现场布置合理性的检查。施工现场必须按施工（总）平面图的规划进行布置，必须按其规定建造临时设施、堆放建筑材料和构配件、敷设管网和运输道路、安置施工机具等。施工现场要符合文明施工的要求；施工的每个阶段都要有相应的施工（总）平面图，施工（总）平面图的改变必须经有关部门的批准。

（三）施工组织设计的调整

施工组织设计的调整就是针对检查中发现的问题，通过分析其原因，拟订其改进措施或修订方案；对实际进度偏离计划进度的情况，在分析其影响工期和后续工作的基础上，调整原计划以保证工期；对施工（总）平面图中的不合理地方进行修改。通过调整，使施工组织设计更切合实际，更趋合理，以实现在新的施工条件下，达到施工组织设计的目标。

应当指出，施工组织设计的贯彻、检查和调整是贯穿工程施工全过程始终的经常性工作，又是全面完成施工任务的控制系统。

思　考　题

8-1　何谓施工程序？分为哪几个环节？

8-2　何谓施工组织？组织施工的原则有哪些？

8-3　何谓施工组织设计？其基本任务是什么？

8-4　施工组织设计分为哪些类别？

8-5　施工组织设计的基本内容有哪些？

8-6　何谓施工准备工作？其基本任务是什么？

8-7　施工准备工作分为哪些类型？

8-8　为什么说施工准备工作应贯穿于施工的始终？

8-9　施工准备的工作内容有哪些？

8-10　何谓技术准备？它应完成哪些主要工作？

8-11　何谓图纸会审与技术交底？

8-12　施工组织设计的编制应注意哪些问题？

8-13　施工组织设计的贯彻和执行应着重抓哪些工作？

第九章 流 水 施 工

学 习 要 点

　　本章主要介绍了流水施工的概念，流水指示图表，流水施工的分类；重点论证了流水施工的参数及其相互关系；阐述了流水施工的组织方法及在工程实践中的应用。通过本章学习要求：了解流水施工的概念及特点，掌握流水施工的主要参数及其确定方法；了解流水施工的分类，熟悉流水指示图表的绘制方法；了解流水施工的组织形式，重点掌握固定节拍流水、成倍节拍流水和分别流水的组织方法；能熟练地用横道图和垂直图描绘流水施工。

第一节　流水施工的基本知识

　　流水作业是一种组织生产的方式，它是把整个加工过程划分成若干个不同的工序，按照一定的顺序像流水似的不断进行。实践证明，流水作业是现代工业生产中广泛应用的一种提高劳动生产率、降低成本、保证产品质量的有效作业方法。在建筑施工过程中采用流水作业法，即流水施工，是一种最科学的组织方式。由于建筑施工的特点，流水施工的组织方法与一般工业生产有所不同。

一、施工组织的方式及其特点

　　任何一个工程项目都是由许多施工过程组成的，而每一个施工过程又可组织成一个或多个施工班组来完成。但如何组织各施工班组开展施工，其先后顺序或平行搭接关系如何安排，这是组织施工中的一个最基本的问题。

　　组织工程施工一般有依次施工、平行施工和流水施工三种方式。

　　1. 依次施工

　　依次施工组织方式是将施工对象分解成若干个施工过程，按照一定的施工顺序，前一个施工过程完成后，后一个施工过程才开始施工。它是一种最基本、最原始的施工组织方式。举例如下：

　　【例 9-1】　建筑四幢相同的砖混建筑，其地基与基础工程均可划分为挖土方、做垫层、砌基础和回填土等四个施工过程，每个施工过程在每幢建筑的施工天数均为 5d。对这四幢建筑的地基与基础工程施工，按依次施工方式组织施工，见图 9-1。

【解】　由图 9-1 可以看出，依次施工组织方式具有以下特点：

(1) 工期长。

(2) 各专业队不能连续施工，产生窝工现象。

(3) 工作面闲置多，空间不连续。

(4) 单位时间内投入的资源量较少且均衡。

(5) 施工现场的组织管理较简单。

2. 平行施工

平行施工是指几个相同的工作队，在同一时间、不同的空间上进行施工的组织方式。在例 9-1 中，如果采用平行施工组织方式，其施工进度计划见图 9-1。
由图 9-1 可以看出，平行施工组织方式具有以下特点：

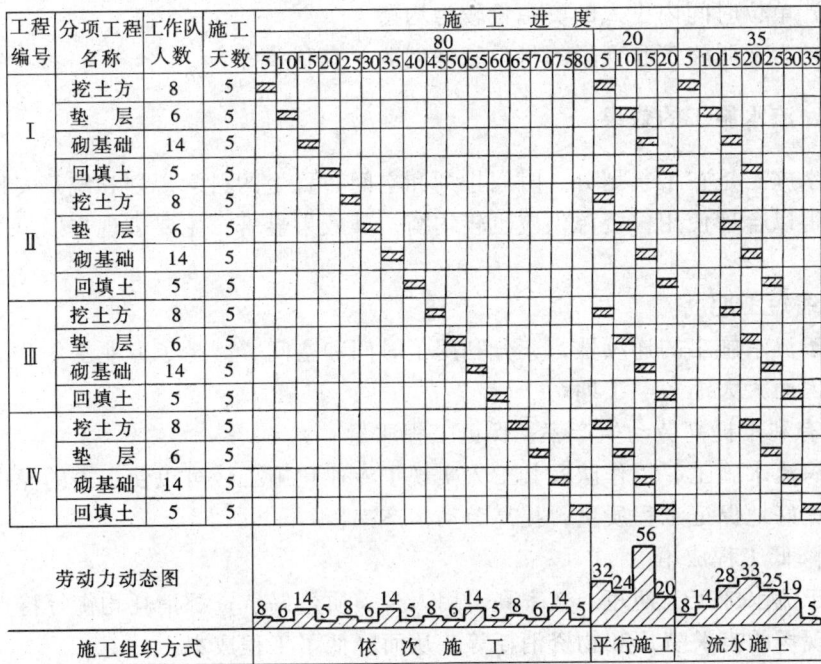

工程编号	分项工程名称	工作队人数	施工天数	施工进度
I	挖土方	8	5	
	垫层	6	5	
	砌基础	14	5	
	回填土	5	5	
II	挖土方	8	5	
	垫层	6	5	
	砌基础	14	5	
	回填土	5	5	
III	挖土方	8	5	
	垫层	6	5	
	砌基础	14	5	
	回填土	5	5	
IV	挖土方	8	5	
	垫层	6	5	
	砌基础	14	5	
	回填土	5	5	

劳动力动态图

施工组织方式　　依次施工　　平行施工　　流水施工

图 9-1　施工组织方式

(1) 工期短。

(2) 工作队不能实现专业化施工，也不能连续作业。

(3) 单位时间内需要的资源量大。

(4) 施工现场的组织管理较复杂。

3. 流水施工

流水施工组织方式是将拟建工程分解成若干个施工过程；同时将拟建工程在平面上划分成若干个劳动量大致相等的施工段；按照施工过程分别建立相应的专业工作队伍；各专业工作队按照一定的施工顺序依次投入施工，当完成第一个施工段上的施工任务后，依次连续地转移到第二段、第三段……直到最后一个施工段的施工，同一施工过程的专业工作队在规定的时间内完成同样的施工内容，不同的专业工作队伍在时间上最大限度地、合理地搭接起来。

在例 9-1 中，如果采用流水施工组织方式，其施工进度计划见图 9-1 所示。

由图 9-1 可以看出，与依次施工、平行施工比较，流水施工组织方式具有以下特点：

（1）工期比较合理。

（2）各专业工作队能连续施工，使相邻的专业工作队之间实现了最大限度地、合理地搭接。

（3）单位时间内投入的资源量较为均衡。

（4）为文明施工和现场的科学管理创造了有利条件。

二、流水施工的效果

流水施工是在工艺划分、时间排列和空间布置上的科学规划和统筹安排，使劳动力得以合理使用，资源供应也较均衡，其效果显著，主要表现在以下几个方面：

1．缩短工期

由于流水施工的连续性，充分利用了时间和空间，减少了专业工作队的间隔时间，因而大大缩短了工期。

2．有利于提高劳动生产率，保证工程质量

组织流水施工，工作队及其工人实现了专业化施工，可以使工人的操作技术熟练，更好地保证工程质量，提高劳动生产率。

3．降低工程成本

由于流水施工工期短、效率高、用人少、质量好、资源消耗均衡等特点，可以减少现场的有关费用和物资消耗等，从而降低了工程成本。

三、流水施工的表达方式

流水施工的表达方式主要有线条图法和网络图法。本章主要讲解线条图法（又称横道图法）。线条图法又分水平图法和斜线图法。

（一）水平图法

在水平图表中，图的左边部分按照施工的先后顺序自上而下列出各施工过程或施工段的名称、编号；右边部分用水平线段表示工作进度线，水平线的长度表示某施工过程在某施工段上的作业时间，水平线的位置表示某施工过程在某施工段上的开始与结束的时间。水平图法又有两种表达形式：

1. 施工段次列在左边项目栏下，施工过程标在进度线上，参见图 9-2（a）。

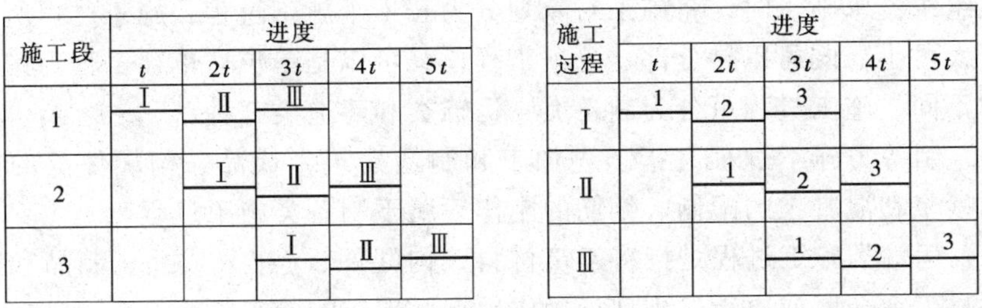

图 9-2　流水施工的水平图表示法

2. 施工过程数或项目名称列在左边项目栏下，进度线上表明施工段次，参见图 9-2（b）。

（二）斜线图法

斜线图法是将水平图中的水平进度线改为斜线来表达的一种形式，参见图 9-3。斜线的斜率形象地反映出各施工过程的施工速度。

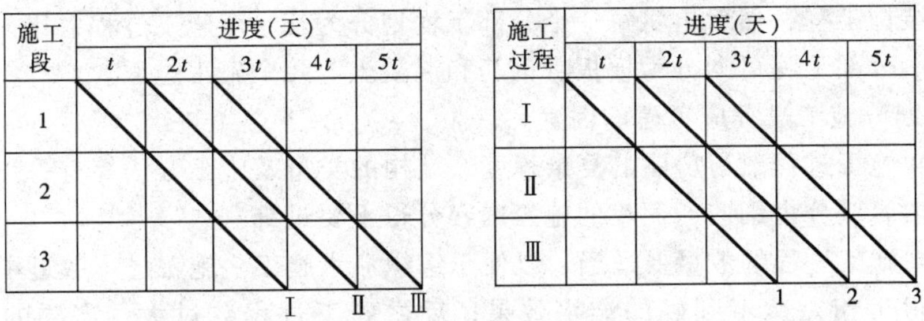

图 9-3　流水施工的斜线图

第二节　流水施工的参数

在组织流水施工时，用以描述流水施工在工艺流程、空间布置和时间安排等方面的特征和各种数量关系的参数，称为流水施工参数。它主要包括工艺参数、空间参数和时间参数。

一、工艺参数

工艺参数是指在组织流水施工时，用来表达施工工艺开展的顺序及其特征的参数。工艺参数又包括施工过程数和流水强度两种参数。

（一）施工过程数（n）

1. 划分施工过程的方法

在组织流水施工时，将施工对象划分为若干个施工过程，施工过程所包括的范围可大可小，既可以是分部、分项工程，又可以是单位、单项工程。按照工艺性质的不同，施工过程可分为制备类、运输类和建造类三种。

（1）制备类施工过程是指预先加工和制造建筑半成品、构配件等的施工过程，如砂浆和混凝土的配制、钢筋的制作等属于制备类施工过程。

（2）运输类施工过程是指将建筑材料、构配件、（半）成品、制品和设备等运到项目工地仓库或再转运到现场操作地点而形成的施工过程。

（3）建造类施工过程是指在施工对象上直接进行加工而形成建筑产品的过程，比如墙体的砌筑、结构安装等。

当前两类施工过程不占用施工对象的空间、不影响总工期时，不列入施工进度计划表中，否则要列入施工进度计划表中。由于建造类施工过程占用施工对象的空间而且影响总工期，所以划分施工过程主要按建造类划分。

如果对一个单位工程组织流水施工，可先将施工对象划分为几个分部工程，比如对钢筋混凝土框架结构的房屋可先划分为地基与基础工程、框架结构工程和围护及装饰工程，然后再将每一个分部工程划分为若干个施工过程，比如对框架结构这一分部工程可划分为模板、钢筋和混凝土等几个施工过程。

2. 划分施工过程应考虑的因素

（1）施工过程数与房屋的复杂程度、结构的类型及施工方法等有关。对复杂的施工内容应分得细些，简单的施工内容分得不要过细。

（2）施工过程的数量要适当，以便于组织流水施工。施工过程数过小，也就是划分得过粗，达不到好的流水效果；反之施工过程数过大，需要的专业队（组）就多，相应地需要划分的流水段也多，这样也达不到好的流水效果。

（3）应以主要的施工过程——建造类划分，配合制备类和运输类。

（二）流水强度（v）

流水强度也叫流水能力或生产能力，它是指某一个施工过程在单位时间内能够完成的工程量。流水强度又分机械施工过程的流水强度和手工操作过程的流水强度。

机械施工过程的流水强度可按式（9-1）计算。

$$v_i = \sum_{i=1}^{x} R_i \cdot S_i \tag{9-1}$$

式中 v_i——第 i 施工过程的流水强度；

R_i——投入第 i 施工过程的施工机械的台数或工人数；

S_i——第 i 施工过程的施工机械或人工产量定额；

x——投入第 i 施工过程施工机械的种类数或工序数。

【例 9-2】 现有 500L 混凝土搅拌机 2 台，其产量定额为 44m³/台班，400L 混凝土搅拌机 1 台，其产量定额为 36m³/台班，求这一机械施工过程的流水强度。

【解】 $R_1 = 2$ 台，$R_2 = 1$ 台，$S_1 = 44m^3/$台班，$S_2 = 36m^3/$台班

$$v = \sum_{i=1}^{2} R_i \cdot S_i = 44 \times 2 + 36 \times 1 = 124m^3$$

二、空间参数

空间参数是用来表达流水施工在空间布置上所处状态的参数，包括施工段、工作面和施工层。

（一）工作面（A）

工作面是指施工人员或施工机械进行施工操作所需要的空间范围。工作面的大小是根据施工过程的性质，按照不同的单位来计量的，有关数据可参考表 9-1。

主要工种工作面参考数据表　　　　　　　　　表 9-1

工 作 项 目	每个技工的工作面		说　明
砖基础	7.6	m/人	以 1½砖计 2 砖乘以 0.8 3 砖乘以 0.55
砌砖墙	8.5	m/人	以 1 砖计 1½砖乘以 0.71 2 砖乘以 0.57
毛石墙基	3	m/人	以 60cm 计
毛石墙	3.3	m/人	以 40cm 计
混凝土柱、墙基础	8	m³/人	机拌、机捣
混凝土设备基础	7	m³/人	机拌、机捣
现浇钢筋混凝土柱	2.45	m³/人	机拌、机捣
现浇钢筋混凝土梁	3.20	m³/人	机拌、机捣
现浇钢筋混凝土墙	5	m³/人	机拌、机捣
现浇钢筋混凝土楼板	5.3	m³/人	机拌、机捣
预制钢筋混凝土柱	3.6	m³/人	机拌、机捣
预制钢筋混凝土梁	3.6	m³/人	机拌、机捣
预制钢筋混凝土屋架	2.7	m³/人	机拌、机捣

续表

工 作 项 目	每个技工的工作面		说 明
预制钢筋混凝土平板、空心板	1.91	m³/人	机拌、机捣
预制钢筋混凝土大型屋面板	2.62	m³/人	机拌、机捣
混凝土地坪及面层	40	m²/人	机拌、机捣
外墙抹灰	16	m²/人	
内墙抹灰	18.5	m²/人	
卷材屋面	18.5	m²/人	
防水水泥砂浆屋面	16	m²/人	
门窗安装	11	m²/人	

（二）施工段数（m）

为了有效地组织流水施工，将施工对象在空间上划分为若干个工程量大致相等、可提供施工队（组）转移施工的工作面就称为施工段。施工段数是指将施工对象在平面上划分的施工区段的数量。划分施工段的目的在于能使不同工种的专业队同时在工程对象的不同工作面上进行作业，这样能充分利用空间，为组织流水施工创造条件。一般来说，一个施工段上在同一时间内只有一个专业队施工，也可以两个队在同一施工段上穿插或搭接施工。

划分施工段时，应考虑以下因素：

（1）为保证结构的整体性，施工段的界线应尽可能利用设置的建筑结构缝（沉降缝、伸缩缝、抗震缝等）进行划分；

（2）尽量使各施工段上的劳动量相等或相近；

（3）各施工段要有足够的工作面；

（4）施工段数不宜过多；

（5）当分层施工时，为了保证各专业队组连续作业，则要求施工段数与施工过程数保持一定的比例协调关系。若组织全等节拍流水施工时，施工段数与施工过程数的关系如下：

1）当 $m > n$ 时，各专业队组能连续施工，但施工段有空闲；

2）当 $m = n$ 时，各专业队组能连续施工，且施工段上也没有闲置，这种情况是最理想的；

3）当 $m < n$ 时，对单栋建筑物组织流水施工时，专业队组就不能连续施工而产生窝工现象。如果对两栋以上的同类建筑物组织流水施工，专业队组才能连续施工。

【例 9-3】 一座三层砖混结构楼房，在平面上划分为 3 个施工段，分两个施工过程（砌墙、安楼板）进行施工，各施工过程在各段上的作业时间为 3d，试画出流水进度表。

【解】　据题意画流水进度表如图 9-4 所示。

施工过程	进度(天)									
	3	6	9	12	15	18	21	24	27	30
砌砖	1-①	1-②	1-③	2-①	2-②	2-③	3-①	3-②	3-③	
安楼板		1-①	1-②	1-③	2-①	2-②	2-③	3-①	3-②	3-③

图 9-4　[例 9-3] 的流水进度表

1、2、3—层数；①、②、③—段数

从图 9-4 可以看出，两个施工队组均能连续施工，但每一层安完楼板后不能马上投入其上一层的砌砖施工，空间不能被连续利用。

【例 9-4】　一座四层建筑物的主体工程分两段进行施工，施工过程为支模、钢筋和浇混凝土，各施工过程在各段上的作业天数都为 3d，试画出流水进度表。

【解】　据题意画出流水进度表如图 9-5 所示。

施工过程	进度(天)												
	3	6	9	12	15	18	21	24	27	30	33	36	39
支模	1-①	1-②		2-①	2-②		3-①	3-②		4-①	4-②		
钢筋		1-①	1-②		2-①	2-②		3-①	3-②		4-①	4-②	
浇混凝土			1-①	1-②		2-①	2-②		3-①	3-②		4-①	4-②

图 9-5　[例 9-4] 的流水进度表

1、2、3、4—层数；①、②—段数

从图 9-5 可以看出，每一段上一旦进入施工，就不断地有施工队在工作，但每一施工队不能连续施工，有窝工现象。

（三）施工层数（*J*）

施工层数是指在施工对象的竖向上划分的操作层数。其目的是为了满足操作高度和施工工艺的要求。如装修工程可以一个楼层为一个施工层，再如砌筑工程可按一步架高为一个施工层。

三、时间参数

时间参数是指用来表达组织流水施工的各施工过程在时间排列上所处状态的参数。它包括流水节拍、流水步距、间歇时间、平行搭接时间、施工过程流水持续时间及流水施工工期。

（一）流水节拍

流水节拍是指在组织流水施工时，某一施工过程在某一施工段上的作业时间。其大小可以反映施工速度的快慢。

1．流水节拍的确定方法

流水节拍的确定方法主要有定额计算法、经验估计法和按工期倒排法。

（1）定额计算法

用这种方法计算某施工过程在某一施工段上的流水节拍，是根据该段上的工程量、该施工过程的劳动定额及投入的资源量（工人数、机械台数等），按下式计算：

$$t_i = \frac{Q_i}{S_i \cdot R_i \cdot N_i} = \frac{Q_i \cdot H_i}{R_i \cdot N_i} = \frac{P_i}{R_i \cdot N_i} \tag{9-2}$$

式中　t_i——某施工过程在某施工段上的流水节拍；

　　　Q_i——某施工过程在某施工段上的工程量；

　　　S_i——某施工过程的产量定额；

　　　H_i——某施工过程的时间定额；

　　　P_i——某施工过程在某施工段需要的劳动量或机械台班数量；

$$P_i = \frac{Q_i}{S_i} \ （或 = Q_i \cdot H_i）$$

　　　R_i——某施工过程投入的工作人数或机械台数；

　　　N_i——某施工过程投入的工作队组数。

（2）经验估计法

它是根据以往的施工经验进行估算。一般为提高估算的准确性，先估算出流水节拍的最长、最短和正常三种时间，然后按下式计算：

$$t = \frac{a + 4c + b}{6} \tag{9-3}$$

式中　t——某施工过程在某施工段上的流水节拍；

　　　a——某施工过程在某施工段上的最短估算时间；

　　　b——某施工过程在某施工段上的最长估算时间；

　　　c——某施工过程在某施工段上的正常估算时间。

这种方法多适用于采用新工艺、新方法和新材料等没有定额可循的工程。

（3）工期计算法

对于有工期要求的工程，为了满足工期要求，可用工期计算法，即根据工期倒排进度，确定某施工过程在各施工段持续时间之和 T，然后根据下式可确定出各施工过程在各施工段上的流水节拍，即

$$t_i = \frac{T}{m} \tag{9-4}$$

式中　T——某施工过程在各施工段上的持续时间之和；

　　　m——施工段数；

　　　t_i——某施工过程的流水节拍。

2. 确定流水节拍需要考虑的因素

（1）要以满足工期要求为原则。如果工期短，t 就小一些，反之若工期长，则 t 可以大一些。

（2）要考虑各种资源量的供应情况。

（3）要考虑是否有足够的工作面及其他限制条件，不论采用哪种方法计算出的流水节拍 $t \geq t_{\min}$ 为

$$t_{\min} = \frac{A_{\min} \cdot \mu}{S} \tag{9-5}$$

式中　$t_{\min}$——某施工过程在某施工段的最小流水节拍；

　　　$A_{\min}$——某施工过程的最小工作面；

　　　μ——单位工作面的工作量；

　　　S——某施工过程班组的产量定额。

（4）t 要取 0.5d 的整倍数。

（二）流水步距（K）

流水步距是指相邻两个专业工作队（组）相继投入同一施工段开始工作的时间间隔。如图 9-6 所示，绑钢筋与支模板两相邻施工过程相继投入第一段开始施工的时间间隔为 2d，即流水步距 $K_{\text{I、II}} = 2d$，浇混凝土与绑钢筋两个施工过程的流水步距为 $K_{\text{I、II}} = 2d$。由图 9-6 可见，K 的大小对工期的长短有很大的影响，在施工段不变的情况下，K 越大工期越大；反之 K 越小工期越短。

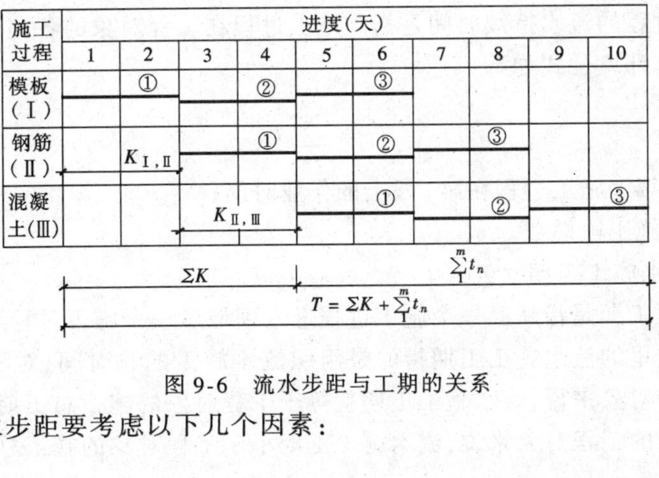

施工过程	进度（天）									
	1	2	3	4	5	6	7	8	9	10
模板（Ⅰ）		①		②		③				
钢筋（Ⅱ）		$K_{\text{I、II}}$			①		②		③	
混凝土(Ⅲ)			$K_{\text{II、III}}$			①		②		③

ΣK　　　$\sum\limits_{1}^{m} t_n$

$$T = \Sigma K + \sum\limits_{1}^{m} t_n$$

图 9-6　流水步距与工期的关系

确定流水步距要考虑以下几个因素：

1. 始终保持相邻两个施工过程的先后顺序；

2. 尽量保证各专业队（组）连续施工；

3. 要使相邻两专业队（组）在时间上最大限度地、合理地搭接；

4. K 要取半天的整数倍。

（三）间歇时间（Z）

1. 技术间歇时间（Z_1）

技术间歇时间是指由于施工工艺或质量保证的要求，在相邻两个施工过程之间必须留有的时间间隔。如混凝土浇捣以后，必须经过一定的养护时间，才能进行其上的施工安装工作；再如屋面找平层完后，必须经过一定的时间使其干燥后才能铺贴油毡防水层等。

2. 组织间歇时间（Z_2）

组织间歇时间是指由于组织方面的因素，在相邻两个施工过程之间留有的时间间隔。这是为对前一施工过程进行检查验收或为后一施工过程的开始做必要的施工组织准备工作而考虑的间歇时间。比如浇混凝土之前要检查钢筋及预埋件并做记录；又如基础混凝土垫层浇捣及养护后，必须进行墙身位置的弹线，然后才能砌筑基础墙等。

3. 层间间歇时间（Z'）

层间间歇时间是指由于技术或组织方面的原因，层与层之间需要间歇的时间。

（四）平行搭接时间（D）

平行搭接时间是指在同一施工段上，不等前一施工过程施工完，后一施工过程就投入施工，相邻两施工过程同时在同一施工段上的工作时间。平行搭接时间可使工期缩短，所以能搭接的尽量搭接。

（五）施工过程流水持续时间（T_i）

某施工过程的流水持续时间是指该施工过程在工程对象的各施工段上作业时间的总和。其计算公式如下：

$$T_i = \sum_{j=1}^{m} t_i^j \tag{9-6}$$

式中 t_i^j——第 i 施工过程在第 j 段上的作业时间；

   m——施工段总数。

（六）流水施工工期（T）

流水施工工期是指从第一个施工过程进入到最后一个施工过程退出施工所经过的时间。这里的流水施工工期指的是组织流水施工的总时间,对于全面采用流水施工的工程对象来说,流水施工工期就等于工程对象的施工总工期;而对于局部采用流水施工的工程对象来说,流水施工工期小于工程对象的施工总工期。

第三节 组织流水施工的基本方式

一、流水施工组织形式分类

（一）按组织流水施工范围的大小划分

1. 细部流水

细部流水是指一个专业队（组）内部进行分工，各自采用相同的工具，依次连续不断地在各施工段上完成相同的工作。

2. 专业流水

专业流水也称工艺组合流水，是若干个细部流水的组合。它是指为了完成施工对象的某一分部工程，把若干个工艺接近、密切联系的工序组织在一个专业队（组）中，各专业队之间组织流水施工。比如现浇多层钢筋混凝土框架主体工程，将这一分部工程划分为支模、扎筋和浇混凝土三个施工过程，每一施工过程组织一个专业队（组）进行流水施工，就是专业流水。

3. 工程对象流水

工程对象流水是若干个专业流水组合。它是以若干幢单位工程组成的建筑群为对象，每一单位工程作为一个施工段，以一个分部工程作为一个施工过程组织专业队（组）进行流水作业。比如对几幢混合结构房屋组成的建筑群，可以将其划分为地基与基础、主体、装修等几个施工过程，每个施工过程组织一个专业队（组），每一幢楼作为一个施工段进行流水施工，即为工程对象流水。

（二）按流水组织方法分

1. 流水段法

流水段法是指将施工对象划分为若干个施工段，每一段划分为若干个施工过程，每一施工过程组织一个或几个专业队（组），这些专业队（组）按照一定的顺序相继投入施工，从一个施工段转移到另一个施工段，重复地完成同样的工作。

流水段法分为有节奏流水和无节奏流水，有节奏流水又包括等节奏流水和异节奏流水。

2. 流水线法

流水线法是对线形工程组织流水施工的一种方法，线形工程即延伸很长的工程，比如道路、管沟工程等。由于线形工程的工程量沿着长度方向均匀分布，所以组织流水施工时，只需将其划分为若干个施工过程，组织若干个施工专业队，各专业队按照一定的先后顺序相继投入施工。各队一旦投入施工。即可以按一定的速度沿着线形工程的长度方向不断地向前移动，直到施工完整个工程。流水线法与流水段法的主要区别在于流水线法不需划分施工段，只有进展速度问题。

本章主要讲流水段法。

二、组织流水施工的步骤

1. 确定纳入流水施工的项目及范围；

2. 划分施工过程；

3. 在平面上（或竖向上）划分施工段（层）；

4. 确定流水节拍；

5. 组织专业队（组）；

6. 确定流水步距；

7. 绘制流水进度表。

三、等节奏流水

等节奏流水是指在组织流水施工时，各施工过程在各施工段上的流水节拍全部相等。等节奏流水也叫全等节拍流水或固定节拍流水。

等节奏流水有以下基本特征：

第一，施工过程本身在各施工段上的流水节拍都相等；

第二，各施工过程的流水节拍彼此都相等。

第三，当没有平行搭接和间歇时，流水步距等于流水节拍。

（一）无平行搭接和间歇情况下的等节奏流水

这种情况下的组织形式如图 9-7 所示。

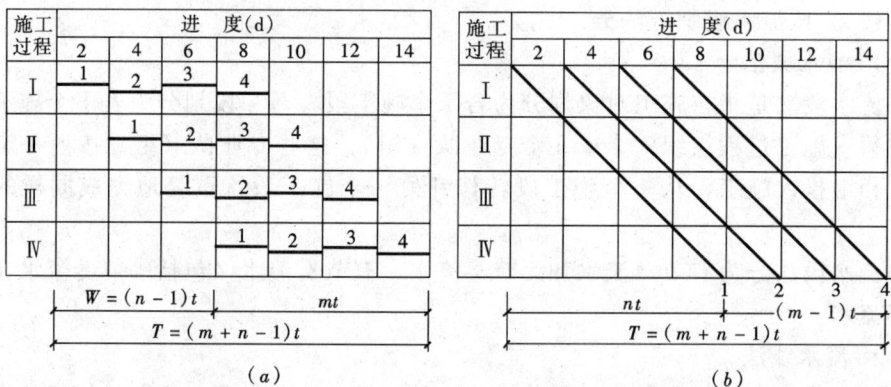

图 9-7　无搭接无间歇情况下的等节奏流水

（a）水平图；（b）斜线图

有关参数计算如下：

1. 流水步距的计算

这种情况下的流水步距都相等且等于流水节拍,即 $K = t$。

2. 流水工期计算

计算流水工期时,可将流水工期划分成两部分,划分的方法有两种,如图 9-7(a)和 9-7(b),其计算公式如下:

$$T = W + mt = (n-1)t + mt = (n+m-1)t$$

或
$$T = nt + (m-1)t = (n+m-1)t \tag{9-7}$$

公式(9-7)适用于计算单层建筑物的流水工期,如果是多层建筑物,其计算公式如下:

$$T = (n + mJ - 1)t \tag{9-7}'$$

式中 J——施工对象的层数。

(二)有平行搭接和间歇的情况

这种情况下的组织形式如图 9-8 所示,图中第Ⅱ施工过程与第Ⅲ施工过程之

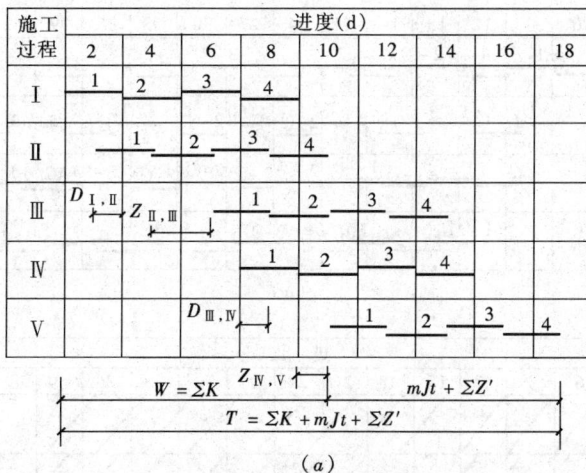

(a)

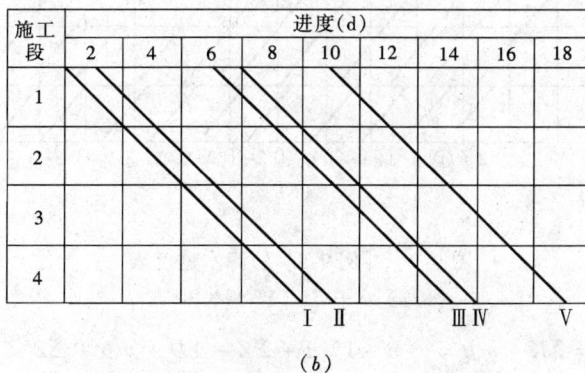

(b)

图 9-8 有搭接和间歇情况下的流水进度表

(a)水平图;(b)斜线图

间间歇2d，即 $Z_{II、III} = 2d$，而 $D_{III、IV} = 1d$，$Z_{IV、V} = 1d$。其流水参数计算如下：

1. 流水步距计算

两相邻施工过程之间的流水步距可按公式（9-8）进行计算。

$$K_{i,i+1} = t_i + Z_{i,i+1} - D_{i,i+1} \tag{9-8}$$

式中　$K_{i,i+1}$——第 i 施工过程与第 $i+1$ 施工过程之间的流水步距；

t_i——第 i 施工过程的流水节拍；

$Z_{i,i+1}$——第 i 施工过程与第 $i+1$ 施工过程之间的间歇时间；

$D_{i,i+1}$——第 i 施工过程与第 $i+1$ 施工过程之间的平行搭接时间。

2. 流水工期计算

这种情况下的流水工期同样可划分成两部分来计算，如图9-9，计算公式如下：

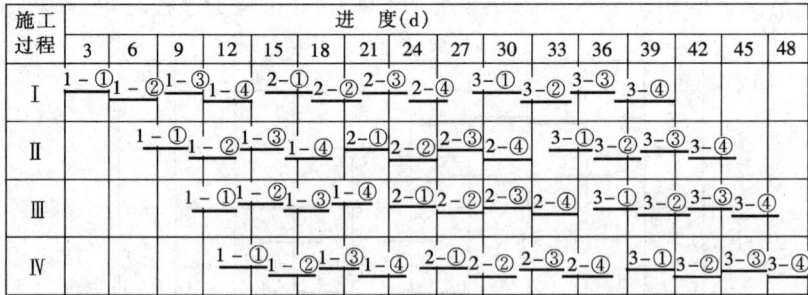

（a）

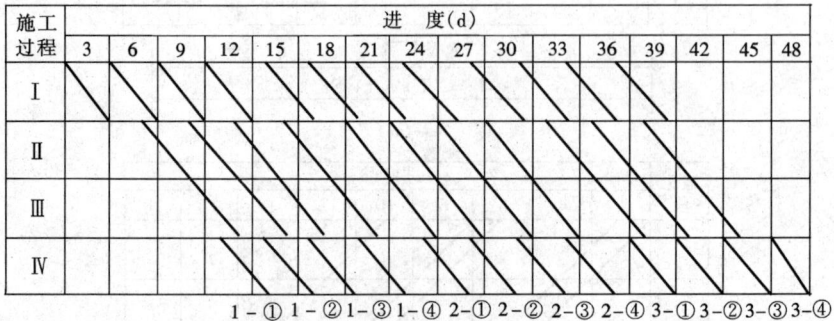

（b）

图9-9　［例9-5］的流水进度表

（a）水平图；（b）斜线图

$$T = \Sigma K + mJt = (n-1)\,t + \Sigma Z - \Sigma D + mJt + \Sigma Z'$$
$$= (mJ + n - 1)\,t + \Sigma Z - \Sigma D + \Sigma Z' \tag{9-9}$$

式中　ΣZ——各施工过程之间所有间歇时间的总和；

$\Sigma Z'$——层间间歇时间；

ΣD——各施工过程之间所有平行搭接时间的总和；

J——施工对象的层数。

【**例 9-5**】　某三层建筑物的主体工程由 4 个施工过程组成，划分为 4 个施工段，已知流水节拍均为 3d，且知第二个施工过程需待第一个施工过程完工后 2d 才能开始进行，又知第四个施工过程可与第三个施工过程搭接 1d，还知层间间歇为 1d，试确定流水步距，计算工期并绘制流水进度表。

【**解**】　1. 确定流水步距

由公式（9-8）得：

$$K_{\mathrm{I},\mathrm{II}} = t_1 + Z_{1,2} - D_{1,2} = 3 + 2 - 0 = 5\mathrm{d}$$

$$K_{\mathrm{II},\mathrm{III}} = t_2 + Z_{2,3} - D_{2,3} = 3 + 0 - 0 = 3\mathrm{d}$$

$$K_{\mathrm{III},\mathrm{IV}} = t_3 + Z_{3,4} - D_{3,4} = 3 + 0 - 1 = 2\mathrm{d}$$

2. 计算流水工期

由公式（9-9）得：

$$T = （n + mJ - 1）t + \Sigma Z - \Sigma D + \Sigma Z'$$

$$= （4 \times 3 + 4 - 1）\times 3 + 2 - 1 + 1 \times 2 = 48\mathrm{d}$$

3. 绘制流水进度表（见图 9-9）

四、异节奏流水

在组织流水施工时常常遇到这样的问题：如果某施工过程要求尽快完成，或某施工过程的工程量过少，这种情况下，这一施工过程的流水节拍就小；如果某施工过程由于工作面受限制，不能投入较多的人力或机械，这一施工过程的流水节拍就大。这就出现了各施工过程的流水节拍不能相等的情况，这时可以组织异节奏流水。

（一）异节奏流水的一般情况

如图 9-10 所示，其特点如下：

（1）同一施工过程在各施工段上的流水节拍都相等；

（2）不同施工过程之间彼此的流水节拍部分或全部不相等；

（3）各施工过程保证连续施工。

异节奏流水的有关参数计算：

1. 流水步距的计算

组织异节奏流水时，为了保证各施工过程连续施工，其流水步距计算公式如下：

施工过程	进 度(d)												
	4	8	12	16	20	24	28	32	36	40	44	48	52
I	1	2	3	4									
II	$K_{I,II}$		1		2		3		4				
III		$K_{II,III}$			1		2		3		4		
IV				$K_{III,IV}$			1		2		3		4

$\Sigma K_{i,i+1}$ ———— T_n

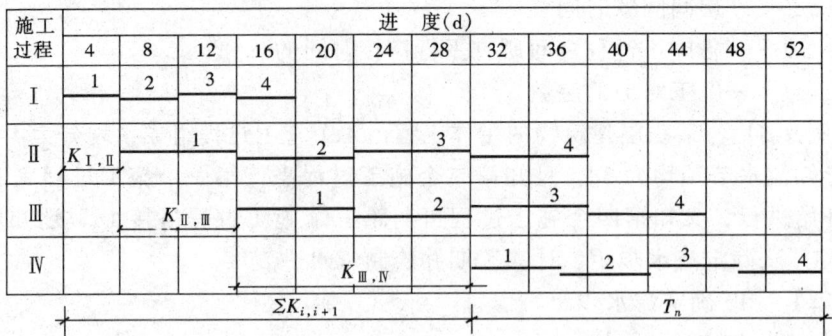

图 9-10 异节奏流水示意图

$$K_{i,i+1} = \begin{cases} t_i + (Z_{i,i+1} - D_{i,i+1}) & (当\ t_i \leqslant t_{i+1}时) \\ t_i + (t_i - t_{i+1})(m-1) + (Z_{i,i+1} - D_{i,i+1}) & (当\ t_i > t_{i+1}时) \end{cases}$$

$$(9\text{-}10)$$

$K_{i,i+1}$——第 i 施工过程与第 $i+1$ 施工过程之间的流水步距；

t_i——前一施工过程（第 i 施工过程）的流水节拍；

t_{i+1}——后一施工过程（第 $i+1$ 施工过程）的流水节拍；

m——施工段数；

$Z_{i,i+1}$——第 i 施工过程与第 $i+1$ 施工过程之间的间歇时间；

$D_{i,i+1}$——第 i 施工过程与第 $i+1$ 施工过程之间的搭接时间。

2. 流水工期的计算

异节奏流水的工期可按公式（9-11）计算。

$$T = \Sigma K_{i,i+1} + T_n = \Sigma K + mt_n \qquad (9\text{-}11)$$

式中 $\Sigma K_{i,i+1}$——流水步距之和；

T_n——最后一个施工过程的流水持续时间；

t_n——最后一个施工过程的流水节拍。

【例 9-6】 拟建四幢同类建筑物，施工过程划分为：基础、主体、室内装修和室外工程，每幢建筑物作为一个施工段。各施工过程的流水节拍为：基础 10d，主体 30d，室内装修 30d，室外工程为 15d，求各施工过程之间的流水步距，四幢建筑物的流水工期，并画出流水进度表。

【解】 据题意知：$t_I = 10d$，$t_{II} = 30d$，$t_{III} = 30d$，$t_{IV} = 15d$，$m = 4$ 段

1. 计算流水步距

由公式（3-9）得：

$$K_{I,II} = t_I + (Z_{I,II} - D_{I,II}) = 10 + (0 - 0) = 10d$$

$$K_{II,III} = t_{II} + (Z_{II,III} - D_{II,III}) = 30 + (0 - 0) = 30d$$

$$K_{\text{III},\text{IV}} = t_{\text{III}} + (t_{\text{III}} - t_{\text{IV}})(m-1) + (Z_{\text{III},\text{IV}} - D_{\text{III},\text{IV}})$$
$$= 30 + (30-15) \times (4-1) + 0 = 75\text{d}$$

2．计算流水工期

由公式（9-11）得：

$$T = \Sigma K + mt_n = K_{\text{I},\text{II}} + K_{\text{II},\text{III}} + K_{\text{III},\text{IV}} + mt_n = 10 + 30 + 75 + 4 \times 15 = 175\text{d}$$

3．绘制流水进度表

流水进度表如图 9-11 所示。

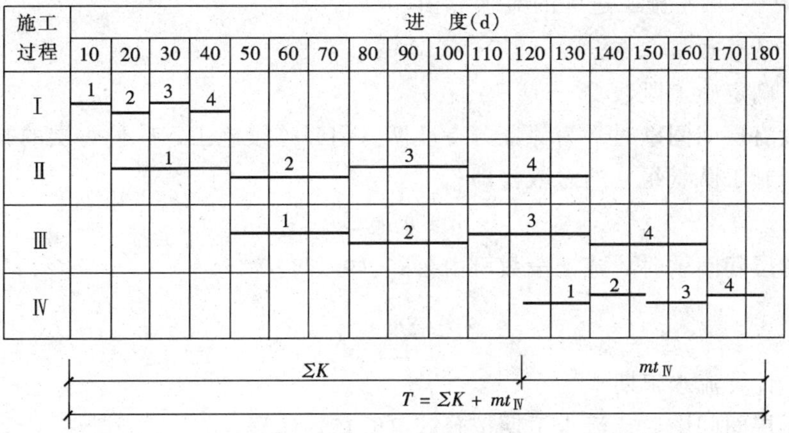

图 9-11 ［例 9-6］的流水进度表

（二）成倍节拍流水

成倍节拍流水是异节奏流水的一种特殊情况。当同一施工过程在各段上的流水节拍都相等，不同施工过程之间的流水节拍全部或部分不相等而互为倍数时，可组织成倍节拍流水。

1．成倍节拍流水的特点

（1）同一施工过程在各施工段上的流水节拍都相等；

（2）各施工过程之间彼此的流水节拍部分或全部不相等；

（3）各施工过程之间的流水节拍互为倍数；

（4）一个施工过程组织一个或几个专业队（组）；

（5）专业队（组）相继进入施工的时间间隔（流水步距）都相等，且等于各流水节拍的最大公约数；

（6）施工段数大于等于专业队（组）总数；

（7）各专业队（组）都能保证连续施工。

这种组织方式是在资源供应能够满足的前提下，对流水节拍长的同一施工过程组织几个专业队（组）去完成不同施工段上的任务，从而就加快了流水施工速度，缩短了工期。

2. 有关参数计算

（1）确定流水步距

流水步距（K）= 各施工过程流水节拍的最大公约数

（2）确定各施工过程的专业队（组）数

$$b_i = \frac{t_i}{K} \tag{9-12}$$

式中　b_i——第 i 施工过程的专业队（组）数；

　　　t_i——第 i 施工过程的流水节拍。

施工队总数 $n' = \Sigma b_i$

（3）确定施工段数

当没有层间间歇时，为保证各专业队（组）连续施工，应使每层的施工段数大于等于施工队（组）的总数，即：

$$m \geqslant n' = \Sigma b_i \tag{9-13}$$

当有层间间歇时，施工段数可由公式（9-14）确定。

$$m \geqslant \Sigma b_i + \frac{\Sigma Z}{K} \tag{9-14}$$

（4）计算流水工期

当无层间间歇时，流水工期按公式（9-15）计算。

$$T = （n' + mJ - 1）K \tag{9-15}$$

当有层间间歇时，流水工期按公式（9-16）计算。

$$T = （n'J + m - 1）K + （m - n'）K \tag{9-16}$$

【例 9-7】　某两层现浇钢筋混凝土主体工程，划分为三个施工过程即支模板、绑钢筋和浇混凝土。已知各施工过程的流水节拍为：支模板 $t_{\mathrm{I}} = 4\mathrm{d}$，绑钢筋 $t_{\mathrm{II}} = 4\mathrm{d}$，浇混凝土 $t_{\mathrm{III}} = 2\mathrm{d}$。当支模板工作队转移到第二层的第一段施工时，需待第一层第一段的混凝土养护 1d 后才能进行，要求保证各专业队连续施工，求每层至少需划分的施工段数，流水工期，并绘制流水进度表。

【解】　由已知条件知，本工程宜采用成倍节拍流水作业方式。

（1）确定流水步距

$$K = 最大公约数 \ \{4, \ 4, \ 2\} = 2\mathrm{d}$$

（2）确定专业队（组）数

由公式（9-12）得：

$$b_{\mathrm{I}} = \frac{t_{\mathrm{I}}}{K} = \frac{4}{2} = 2 \ （个）$$

$$b_{\mathrm{II}} = \frac{t_{\mathrm{II}}}{K} = \frac{4}{2} = 2 \ （个）$$

$$b_{\text{III}} = \frac{t_{\text{III}}}{K} = \frac{2}{2} = 1 \text{（个）}$$

总施工队数：

$$n' = \Sigma b_i = b_{\text{I}} + b_{\text{II}} + b_{\text{III}} = 2 + 2 + 1 = 5 \text{（个）}$$

（3）确定每层施工段数

由公式（9-14）得：

$$m = \Sigma b_i + \frac{\Sigma Z}{K} = 5 + \frac{1}{2} = 5.5$$

为满足各专业队能连续施工的要求，必须取 $m \geqslant n'$，所以取 $m = 6$（段）。

（4）计算流水工期

由公式（9-15）得：

$$T = （n' + mJ - 1）K = （5 + 6 \times 2 - 1）\times 2 = 32 \text{（d）}$$

或由公式（9-16）得：

$$T = （n'J + m - 1）K + （m - n'）K = （5 \times 2 + 6 - 1）\times 2 + 2 = 32 \text{（d）}$$

（5）绘制流水进度表

如图 9-12 所示。

施工过程	专业队	进度															
		2	4	6	8	10	12	14	16	18	20	22	24	26	28	30	32
I	I_A	1			3	5			1		3		5				
	I_B		2			4	6			2	4			6			
II	II_A			1			3		5		1		3	5			
	II_B				2		4		6		2	4			6		
III					1	2	3	4	5	6	1	2	3	4	5	6	

$(n'-1)K$ $\quad$ mJK

$(n' + mJ - 1)K = 32d$

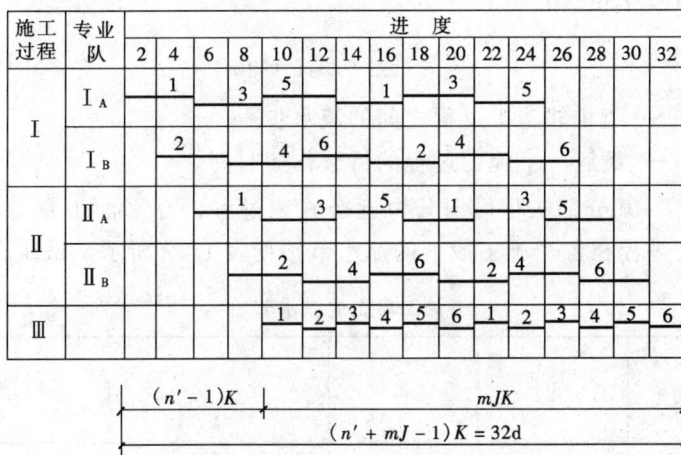

图 9-12 ［例 9-7］的流水进度表

五、无节奏流水

在实际工程中，对于结构复杂、平面布置不同的工程来说，要使各施工过程在各施工段上的工程量相等或相近是比较困难的，有时是不可能的，而且各专业队（组）的生产效率有时也相差较大，因此大多数流水节拍不能相等，不可能组织等节奏流水或异节奏流水。在这种情况下，可根据流水施工的基本概念，采用一定的计算方法，确定相邻施工过程之间的流水步距，使得各施工过程在满足施工工艺及施工顺序的前提下，在时间上最大限度地搭接起来并使每个专业队都能连续施工。这种组织方式叫无节奏流水，也叫分别流水。它是一种组织流水施工的普遍形式。

（一）基本特点

（1）同一个施工过程在各施工段的流水节拍部分或全部不相等。

（2）各施工过程彼此的流水步距也不尽相等。

（3）各专业工作队能连续施工，施工段上可以有空闲。

（二）组织步骤

（1）流水步距的计算。组织无节奏流水施工时，为保证各专业队连续施工，关键在于确定适当的流水步距，常用的方法是潘特考夫斯基法，也称为"最大差法"。其计算步骤如下：

①计算出每一施工过程在各施工段上的流水节拍的累加数列。

②根据施工顺序，两相邻施工过程的累加数列错位相减。

③在几个差值中取一个最大的，即是这两个相邻施工过程的流水步距。

（2）工期的计算。

$$T = \sum_{i=1}^{n-1} K_{i,i+1} + T_n \tag{9-17}$$

式中　$K_{i,i+1}$——两相邻施工过程之间的流水步距；

T_n——最后一个施工过程的持续作业时间。

【例 9-8】　某分部工程可划分为五个施工过程，在平面上划分为四个施工段，每个施工过程在各个施工段上的流水节拍见表 12-2 所示。试组织流水施工。

各施工段上的流水节拍　　　　　　　　　　表 9-2

施工段 ＼ 流水节拍（d）＼ 施工过程	I	II	III	IV	V
①	3	1	2	4	3
②	2	3	1	2	4
③	2	5	3	3	2
④	4	3	5	3	1

【解】　根据已知条件，该工程只能组织无节奏流水。

（1）求流水节拍的累加数列：

I：3　5　7　11

II：1　4　9　12

Ⅲ：2　3　6　11
Ⅳ：4　6　9　12
Ⅴ：3　7　9　10

（2）确定流水步距：

① $K_{Ⅰ,Ⅱ}$

$$
\begin{array}{rrrrr}
 & 3, & 5, & 7, & 11 \\
-) & & 1, & 4, & 9, & 12 \\
\hline
 & 3, & 4, & 3, & 2, & -12
\end{array}
$$

∴ $K_{Ⅰ,Ⅱ} = \max\{3, 4, 3, 2, -12\} = 4$（d）

② $K_{Ⅱ,Ⅲ}$

$$
\begin{array}{rrrrr}
 & 1, & 4, & 9, & 12 \\
-) & & 2, & 3, & 6, & 11 \\
\hline
 & 1, & 2, & 6, & 6, & -11
\end{array}
$$

∴ $K_{Ⅱ,Ⅲ} = \max\{1, 2, 6, 6, -11\} = 6$（d）

③ $K_{Ⅲ,Ⅳ}$

$$
\begin{array}{rrrrr}
 & 2, & 3, & 6, & 11 \\
-) & & 4, & 6, & 9, & 12 \\
\hline
 & 2, & 1, & 0, & 2, & -12
\end{array}
$$

∴ $K_{Ⅲ,Ⅳ} = \max\{2, -1, 0, 2, -12\} = 2$（d）

④ $K_{Ⅳ,Ⅴ}$

$$
\begin{array}{rrrrr}
 & 4, & 6, & 9, & 12 \\
-) & & 3, & 7, & 9, & 10 \\
\hline
 & 4, & 3, & 2, & 3, & -10
\end{array}
$$

∴ $K_{Ⅳ,Ⅴ} = \max\{4, 3, 2, 3, -10\} = 4$（d）

（3）确定工期：

$$T = (4+6+2+4) + (3+4+2+1) = 26 \text{（d）}$$

（4）绘制流水施工进度图，见图 9-13。

在实际中，到底采用哪一种流水施工的组织形式，除了要分析流水节拍的特点外，还要考虑工期要求和项目经理部自身的施工条件，应力求保证主导施工过程连续施工，并且将各施工过程尽可能最大限度地搭接起来。任何一种流水施工

施工过程	施工进度(d)																									
	1	2	3	4	5	6	7	8	9	10	11	12	13	14	15	16	17	18	19	20	21	22	23	24	25	26

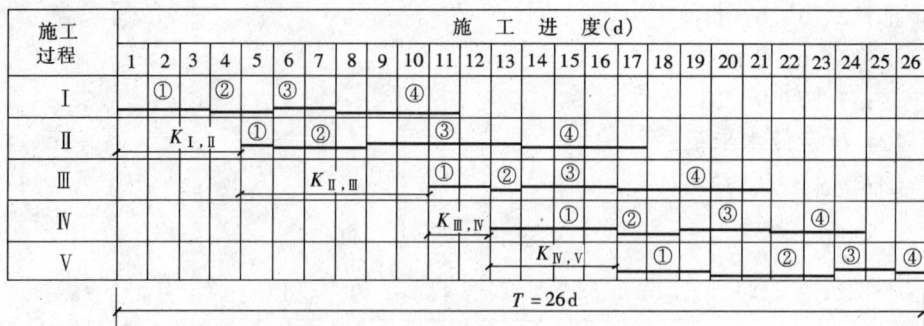

图 9-13　无节奏流水施工进度图

的组织形式，仅仅是一种组织管理手段，其最终目的是要实现企业目标——工程质量好、工期短、成本低、效益高和安全施工。

思　考　题

9-1　试比较依次施工、平行施工、流水施工各具有哪些特点。

9-2　什么是流水施工？为什么要采用流水施工？

9-3　流水施工的技术经济效果体现在哪些方面？

9-4　流水施工有哪些主要参数？

9-5　划分施工段的基本原则是什么？

9-6　什么是流水节拍？确定流水节拍应考虑哪些因素？

9-7　什么是流水步距？确定流水步距应考虑哪些因素？

9-8　进度计划表达方式有哪些？如何绘制流水施工水平指示图表和垂直指示图表？

9-9　流水施工组织有哪几种类型？

9-10　等节奏流水具有什么特征？怎样组织等节奏流水施工？

9-11　异节奏流水具有什么特征？怎样组织异节奏流水施工？

9-12　无节奏流水具有什么特征？怎样组织无节奏流水施工？

9-13　试分析分项工程流水、分部工程流水、单位工程流水三者间的相互关系。

练　习　题

9-1　试组织某分部工程的流水施工，划分施工段、绘制水平和垂直流水指示图表，并确定其工期。已知各施工过程的流水节拍为：

(1) $t_A = t_B = t_C = t_D = 4d$；

(2) $t_A = 3d$；　$t_B = 6d$；　$t_C = 3d$；

(3) $t_A = 5d$；　$t_B = 4d$；　$t_C = 6d$，　$t_D = 3d$；

(4) $t_A = t_B = t_C = t_D = 4.5d$。要求第二施工过程需待第一施工过程完工后两天才能进行工作。

(5) $t_A = 2d$；　$t_B = 6d$；　$t_C = 4d$。共有两个施工层。

9-2　已知各施工过程在各施工段上的作业时间如表所示，试组织流水施工。

表 9-3

施工段 ＼ 施工过程	Ⅰ	Ⅱ	Ⅲ	Ⅳ
1	5	4	2	3
2	3	4	5	3
3	4	5	3	2
4	3	5	4	3

9-3　已知表 9-4 数据资源，回答下列问题：

（1）根据最低和最高班组人数，分别计算每个施工过程的流水节拍。

习题 9-3 表　　　　　　　　　表 9-4

施工过程	总 工 程 量		产量定额	班 组 人 数		流水段数
	单　位	数　量		最　低	最　高	
A	m²	600	5m²/工日	10	15	4
B	m²	1000	5m²/工日	13	22	4
C	m²	1500	5m²/工日	20	40	4

（2）根据上述计算，分别绘出流水进度表及劳动力动态曲线。

（3）工期各为多少？

（4）若工期要求为 22d，各施工过程人数应为多少？流水节拍分别为多少天？给出其流水进度表和劳动力动态变化曲线。

9-4　某展销大楼，其主体结构为现浇钢筋混凝土框架。框架全部由 6m×6m 的单元构成；共分 3 个温度区段；其平面图如图 9-14 所示：

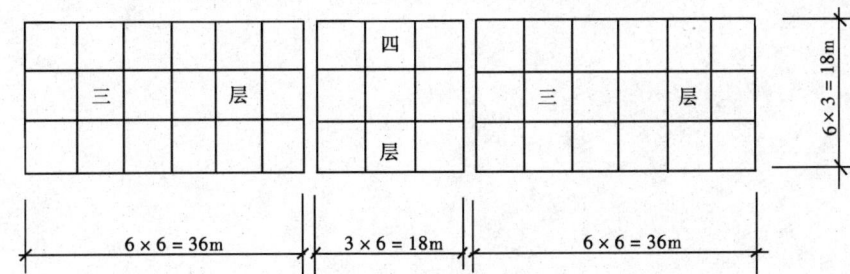

图 9-14　习题 9-4 图

在工期不超过 45 个工作日的条件下，试组织钢筋混凝土框架分部工程的流水施工。

（1）已知数据：

①工程量：每层楼一个单元（6m×6m）的平均工程量为：

扎柱筋 0.26t；支柱、梁、板模板 74.3m²；扎梁、板筋 0.84t；浇筑混凝土 9.36m³。

②时间定额：扎柱筋 2.38 工日/t；支模 0.0675 工日/m²；扎梁板筋 3.36 工日/t；浇筑混凝土 0.95 工日/m³。

③资源限制：400L 搅拌机 2 台，木工不超过 25 人，其他不限。

(2) 要求：

①划分施工段，并计算各工序在各施工段的劳动量。

②确定各工序在各段的作业时间。

③画出流水进度表。

第十章 网络计划技术

学习要点

本章根据国家行业标准《工程网络计划技术规程》（JGJ/T 121—99）系统地讲述了工程网络计划技术的基本理论知识，着重介绍了网络图的绘制、计算和优化。要求在熟悉单、双代号网络图的绘图规则基础上，掌握其绘图方法；掌握单、双代号网络计划的时间参数基本概念和计算方法，能够熟练地确定单、双代号网络计划的关键工作和关键线路；学会网络计划的各种优化方法；能结合实际工程，编制一般的施工网络计划；了解网络计划技术在工程中执行、检查、分析对比及调整计划的基本思路和方法。

第一节 基 本 知 识

一、网络计划技术的发展与特点

（一）网络计划技术的发展与应用

网络计划技术是随着现代科学技术和工业生产的发展而产生的。它于 20 世纪 50 年代中期出现于美国，目前，在工业发达国家广泛应用，已成为比较盛行的一种现代生产计划与管理的科学方法。美国、日本、德国和俄罗斯等国建筑业公认网络计划技术是当前最先进的计划管理方法。由于这种方法主要用于进度规划、计划和实施控制，因此，在缩短建设工期，提高工效，降低造价以及提高企业管理水平方面取得了显著的效果。随着反映各种搭接关系的新型网络计划技术——搭接网络计划技术的产生，大大简化了网络图形和计算工作，扩大了应用范围，现已广泛应用于大而复杂的计划管理中。

网络图是指由箭线和节点组成的、用来表示工作流程的有向、有序网状图形。国际上把这种利用网络图的形式来表达各项工作的相互制约和相互依赖关系，并加注时间参数，编制计划，控制进度，优化管理的方法统称为网络计划技术。

我国从 20 世纪 60 年代初在华罗庚教授倡导下，对网络计划技术进行了研究和应用，近几十年来已广泛应用于大中型建设项目，收到了良好的效果。我国从

1992 年起已两次修编了《工程网络计划技术规程》，现已成为工程计划编制与控制管理的统一技术标准。现在网络计划技术已广泛应用于投标、签订合同及进度和造价控制。另外，运用电子计算机进行网络分析和控制；在资源和成本优化等方面的应用也得到长足发展。

（二）网络计划技术的特点

网络计划技术的基本原理是：首先，应用网络图的形式来表达一项计划中每项工作的先后顺序和相互逻辑关系；然后，通过对网络图中有关时间参数的计算和确定，找出计划中决定工期的关键工作和关键线路；再按照一定的优化目标，不断改善和优化计划安排，使计划达到整体优化；并在计划的执行过程中，通过检查、控制、调整，确保计划目标的按期实现。

网络图与横道图相比，具有如下特点：首先，它把整个计划中的各项工作组成了一个有机的整体，因而能全面、明确地反映出各工作之间相互制约和相互依赖关系。其次，可以进行时间参数的计算，找出影响工程进度计划的关键工作，便于计划管理人员抓住主要矛盾，更好地运用和调配人力、设备、资金等。最后，在计划执行过程中，可以通过检查对比，发现提前或拖后的时间，便于调整。最重要的是，可借助计算机进行计算、优化、调整和管理。但是，在不带时标的网络计划中对劳动力及资源消耗量计算时，没有横道图简单、直观。因此，在施工管理中推广应用网络计划技术，必将进一步提高施工管理水平。

网络计划技术根据绘图符号表示的含义不同，可分为双代号与单代号网络计划。

二、双代号网络计划

（一）双代号网络图的组成

以箭线表示工作、以节点表示联系，并且用箭线首尾节点的编号表示该工作的开始和结束，依据各工作之间的逻辑关系所绘制的网络图，称为双代号网络图，如图 10-1 所示。由于可以用箭线首尾节点的编号表示该项工作，这就是双代号表示法的含义。

双代号网络图是由工作、节点、线路三个基本要素组成。

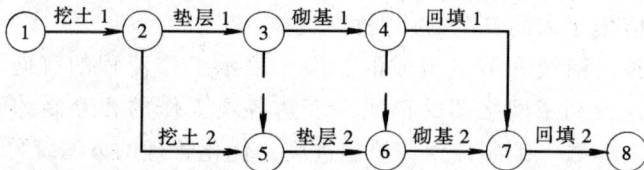

图 10-1 双代号网络图

1．工作

工作就是计划任务按需要粗细程度划分而成的，消耗时间或同时也消耗资源的一个子项目或子任务，它是网络图的主要组成要素。一项工作用一条箭线来表示，工作的名称写在箭线的上面，工作的持续时间写在箭线的下面，箭尾表示工作的开始，箭头表示工作的结束。

工作通常可以分为以下三种：①既消耗时间也消耗资源的工作（如挖土、浇筑混凝土）；②只消耗时间而不消耗资源的工作（如屋面找平层的干燥、混凝土的养护）；③既不消耗时间，也不消耗资源的工作。前两种是实际存在的工作，也称实工作；后一种是人为虚设的工作，仅表示工作之间的逻辑关系，简称虚工作，一般用虚箭线或在实箭线下标以"0"表示，见图 10-1 中的 3-5 工作和 4-6 工作。

工作根据一项计划（工程）的规模不同，其划分的粗细程度、大小范围也不同，既可以是单位工程，也可以是分部工程或分项工程。通常，在网络图中工作按其相互关系也可划分为以下几种：先行工作，是指自开始节点至本工作之间在同一条线路上的所有工作；后继工作，指自本工作后至终点节点在同一条线路上的所有工作；紧前工作，指紧排在本工作之前的工作，本工作与紧前工作之间可能有虚工作；紧后工作，指紧排在本工作之后的工作，本工作和紧后工作之间可能有虚工作。见图 10-1 所示，垫层 2 的紧前工作是垫层 1 和挖土 2；垫层 1 的紧后工作是垫层 2 和砌基 1。

工作箭线的长度和方向，在无时间坐标的网络图中，原则上讲可以任意画，但必须满足逻辑关系，在有时间坐标的网络图中，其箭线长度必须根据完成该项工作所需持续时间的大小按比例绘制。

2. 节点

在网络图中，用圆圈或其他封闭图形表示的箭线之间的连接点称节点。节点只标志着工作的结束和开始的瞬间，具有承上启下的作用。节点按其在网络图中的位置可分为以下几种：起点节点，指网络图中的第一个节点，它表示一项计划任务的开始，其特征是：只有从此节点引出的箭线（即外向箭线），而无指向此节点的箭线（即内向箭线）；终点节点，指网络图的最后一个节点，它表示一项计划任务的完成，其特征是：只有内向箭线，而无外向箭线；中间节点，指起点节点和终点节点以外的节点，其特征是：既有内向箭线，又有外向箭线。

在网络图中，每一个节点都有自己的编号，以便计算网络图的时间参数和检查网络图线路是否正确。编号应从起始节点沿箭线方向，从小到大，直至终止节点，不能重号，并且箭尾节点的编号应小于箭头节点的编号。

3. 线路

网络图中从起点节点开始，沿箭头方向顺序通过一系列箭线与节点，最终到达终点节点的通路称线路。每一条线路都有它确定的完成时间，它等于该线路上各项工作持续时间的总和，也是完成这条线路上所有工作的计划工期。工期最长的线路为关键线路，位于关键线路上的工作为关键工作，其他均为非关键工作。关键线路在网络图中不止一条，可能同时存在若干条。

关键线路和非关键线路并不是一成不变的，在一定条件下，二者可以相互转化。通常关键线路用粗箭线或双箭线表示。

（二）双代号网络图的绘制

1. 绘制规则。

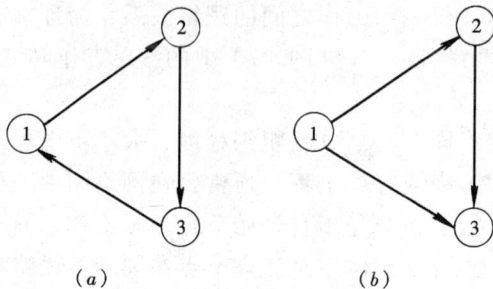

图 10-2 循环回路示意图
（a）错误；（b）正确

（1）双代号网络图必须正确表达已定的逻辑关系。工作之间的逻辑关系包括工艺关系和组织关系。工艺关系是指生产工艺上客观存在的先后顺序。例如，建筑工程施工时，先做基础，后做结构；先做结构，后做装修。这种先后顺序一般是不得随意改变的。组织关系是指在不违反工艺关系的前提下，人为安排的工作的先后顺序。例如，建筑群中各个建筑物的开工顺序的先后；流水施工中各段的先后顺序。

（2）双代号网络图中，严禁出现循环回路，如图 10-2 所示。

（3）双代号网络图中，在节点之间严禁出现带双向箭头或无箭头的连线，如图 10-3 所示。

（4）双代号网络图中，严禁出现没有箭头节点或没有箭尾节点的箭线。

（5）严禁在箭线上引入或引出箭线，如图 10-4 所示。但当网络图

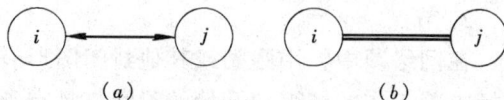

图 10-3 错误的箭线画法
（a）双向箭头的连线；（b）无箭头的连线

的起点节点有多条外向箭线，或终点节点有多条内向箭线时，可用母线法绘制，如图 10-5 所示。

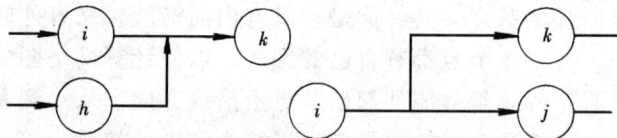

图 10-4 在箭线上引入和引出箭线的错误画法

（6）在双代号网络图中不允许出现重复编号的箭线。

（7）绘制双代号网络图时，宜避免箭线交叉，当交叉不可避免时，可用过桥

法或指向法表示,如图 10-6 所示。

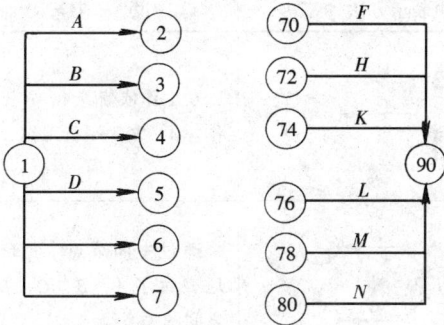

图 10-5 母线法绘图

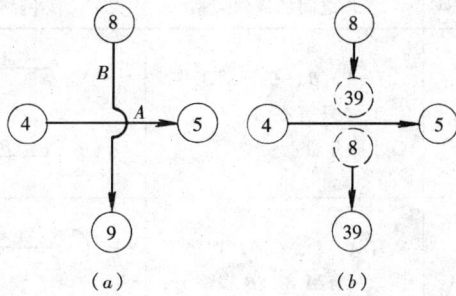

图 10-6 箭线交叉的表示方法
(a) 过桥法;(b) 指向法

(8) 双代号网络图中应只有一个起点节点;在单目标网络图中,应只有一个终点节点;而其他所有节点均应是中间节点。

2. 几种逻辑关系的表示方法。双代号网络图中逻辑关系的表示方法见表10-1所示。

网络图中各工作逻辑关系表示方法 表 10-1

序号	工作之间的逻辑关系	网络图中表示方法	说 明
1	有 A、B 两项工作按照依次施工方式进行		B 工作依赖着 A 工作,A 工作约束着 B 工作的开始
2	有 A、B、C 三项工作同时开始工作		A、B、C 三项工作称为平行工作
3	有 A、B、C 三项工作同时结束		A、B、C 三项工作称为平行工作
4	有 A、B、C 三项工作,只有在 A 完成后,B、C 才能开始		A 工作制约着 B、C 工作的开始。B、C 为平行工作

序号	工作之间的逻辑关系	网络图中表示方法	说　明
5	有 A、B、C 三项工作，C 工作只有在 A、B 完成后才能开始	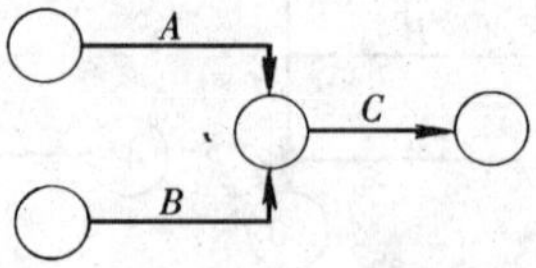	C 工作依赖着 A、B 工作。A、B 为平行工作
6	有 A、B、C、D 四项工作，只有当 A、B 完成后，C、D 才能开始	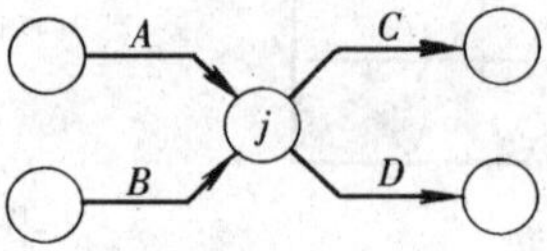	通过中间节点 j 正确地表达了 A、B、C、D 之间的关系
7	有 A、B、C、D 四项工作，A 完成后 C 才能开始，A、B 完成后 D 才开始	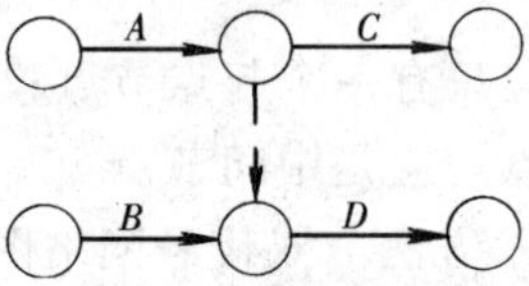	D 与 A 之间引入了逻辑连接（虚工作），只有这样才能正确表达它们之间的约束关系
8	有 A、B、C、D、E 五项工作，A、B 完成后 C 开始，B、D 完成后 E 开始	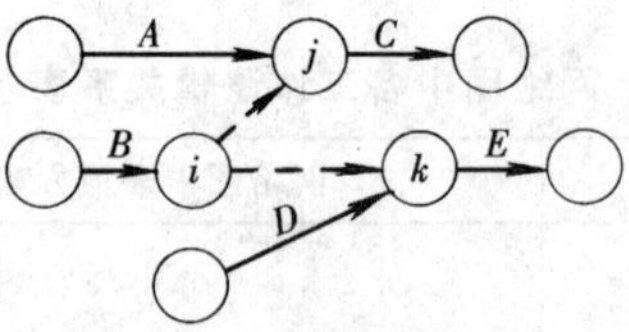	虚工作 $i-j$ 反映出 C 工作受到 B 工作的约束；虚工作 $i-k$ 反映出 E 工作受到 B 工作的约束
9	有 A、B、C、D、E 五项工作，A、B、C 完成后 D 才能开始，B、C 完成后 E 才能开始	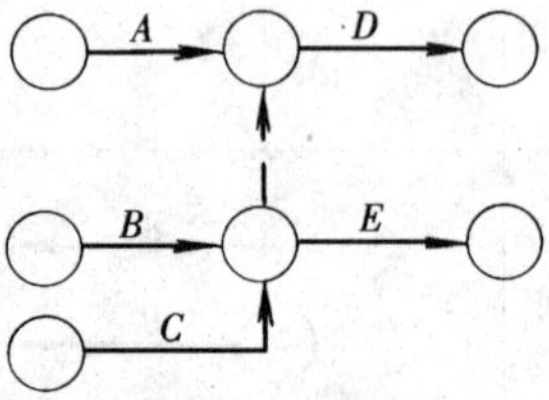	虚工作表示 D 工作受到 B、C 工作制约
10	A、B 两项工作分三个施工段，流水施工	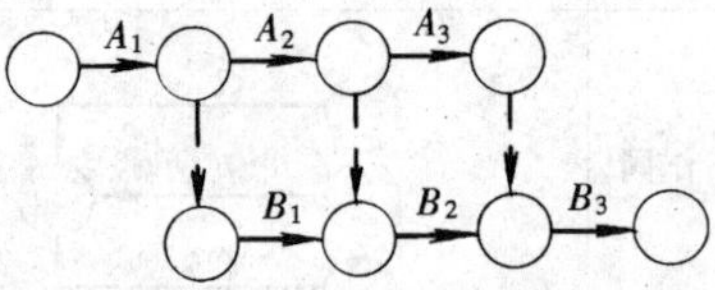	每个工种工程建立专业工作队，在每个施工段上进行流水作业，不同工种之间用逻辑搭接关系表示

网络图的绘制虽然没有对其排列方法提出任何要求，但在实际应用中，要求网络图按一定的次序组织排列，做到条理清楚，层次分明，形象直观。下面以实例说明网络图的绘制。

【例 10-1】　某基础工程可分为挖土、做垫层、砌基础、回填土四个施工过程，分别按二段、三段组织施工。

【解】 网络图见图 10-1、10-7。

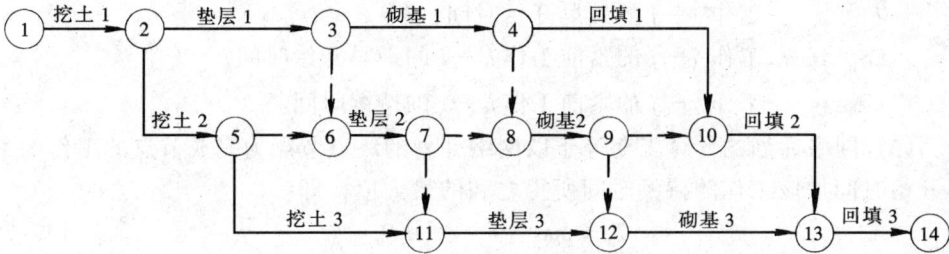

图 10-7 分三段的基础网络图

三、双代号网络计划时间参数计算

双代号网络图的时间参数可分为节点时间参数、工作时间参数及工作时差三种。节点时间参数根据时间参数的含义又分为节点最早时间（ET_i）和节点最迟时间（LT_i）、工作最早开始时间（ES_{i-j}）、工作最早结束时间（EF_{i-j}）、工作最迟完成时间（LF_{i-j}）、工作最迟开始时间（LS_{i-j}），工作时差又分为总时差（TF_{i-j}）和自由时差（FF_{i-j}）。其计算方法有工作计算法和节点计算法。

以上各参数在双代号网络图中的标准形式如图 10-8 所示。在具体对网络图参数计算时，按照图面要求，可任选其中一种标准形式。

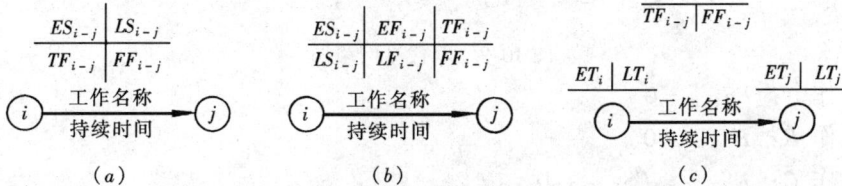

图 10-8 双代号网络时间参数标准形式

（一）工作计算法

网络图的工作计算法是按公式计算的，它不需要计算节点时间参数。

1. 工作最早开始时间的计算

工作最早开始时间是指在各紧前工作全部完成后，本工作有可能开始的最早时间。工作 $i—j$ 的最早开始时间用 ES_{i-j} 表示。工作最早开始时间应从网络计划的起点节点开始，顺着箭线方向依次计算。计算步骤如下：

（1）以网络计划的起始节点为开始点的工作的最早开始时间为零，如网络计划起始节点代号为 1，则

$$ES_{1-i} = 0 \qquad (10-1)$$

（2）其他工作的最早开始时间等于其紧前工作的最早开始时间加该紧前工作

的持续时间所得之和的最大值，即

$$ES_{i-j} = \max\left[ES_{h-i} + D_{h-i}\right] \tag{10-2}$$

式中 ES_{i-j}——工作 i—j 的最早开始时间；

ES_{h-i}——工作 i—j 的紧前工作 h—i 的最早开始时间；

D_{h-i}——工作 i—j 的紧前工作 h—i 的持续时间。

（3）网络计划的计算工期等于以网络计划的终点节点为完成节点的工作的最早开始时间加该工作的持续时间所得之和的最大值，即

$$T_c = \max\left[ES_{i-n} + D_{i-n}\right] \tag{10-3}$$

式中 T_c——网络计划的计算工期；

ES_{i-n}——以网络计划的终点节点 n 为完成节点的工作的最早开始时间；

D_{i-n}——以网络计划的终点节点 n 为完成节点的工作的持续时间。

为了进一步理解和应用以上公式，现以图 10-9 为例说明计算的各个步骤。图中箭线下面的数字是工作的持续时间，以天为单位。

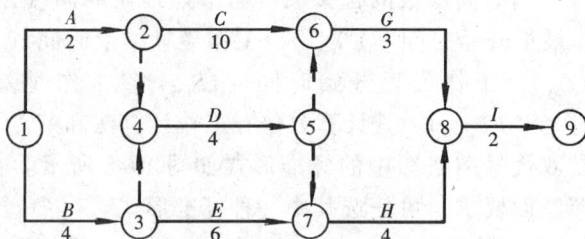

图 10-9 双代号网络图

工作 A：$ES_{1-2} = 0$

工作 B：$ES_{1-3} = 0$

工作 C：$ES_{2-6} = ES_{1-2} + D_{1-2} = 2$

工作 D：$ES_{4-5} = \max\left[ES_{1-2} + D_{1-2}, ES_{1-3} + D_{1-3}\right] = \max[0+2, 0+4] = 4$

工作 E：$ES_{3-7} = ES_{1-3} + D_{1-3} = 0 + 4 = 4$

工作 G：$ES_{6-8} = \max\left[ES_{2-6} + D_{2-6}, ES_{4-5} + D_{4-5}\right] = \max[2+10, 4+4] = 12$

工作 H：$ES_{7-8} = \max\left[ES_{4-5} + D_{4-5}, ES_{3-7} + D_{3-7}\right] = \max[4+4, 4+6] = 10$

工作 I：$ES_{8-9} = \max\left[ES_{6-8} + D_{6-8}, ES_{7-8} + D_{7-8}\right] = \max[12+3, 10+4] = 15$

计算工期：$T_C = ES_{8-9} + D_{8-9} = 15 + 2 = 17$

将以上各数字按工作计算法的要求标注在网络图中，如图 10-10 所示。

2. 工作最迟开始时间

工作最迟开始时间是在不影响整个任务按期完成的条件下，本工作最迟必须开始的时刻，工作 i—j 的最迟开始时间用 LS_{i-j} 表示。工作最迟开始时间应从网络计划的终点节点开始，逆着箭线方向依次计算。计算步骤如下：

（1）以网络计划的终点节点为完成节点的工作的最迟开始时间等于网络计划的计划工期减该工作的持续时间，即

$$LS_{i-n} = T_p - D_{i-n} \tag{10-4}$$

式中　LS_{i-n}——以网络计划的终点节点 n 为完成节点的工作的最迟开始时间；

　　　　T_p——网络计划的计划工期。当已规定了要求工期（合同工期）T_r 时，$T_p \leqslant T_r$；当未规定要求工期时，$T_p = T_c$；

　　　　D_{i-n}——以网络计划的终点节点 n 为完成节点的工作的持续时间。

（2）其他工作的最迟开始时间等于其紧后工作最迟开始时间减本工作的持续时间所得之差的最小值，即

$$LS_{i-j} = \min \left[LS_{j-k} - D_{i-j} \right] \tag{10-5}$$

式中　LS_{i-j}——工作 i—j 的最迟开始时间；

　　　　LS_{j-k}——工作 i—j 的紧后工作 j—k 的最迟开始时间；

　　　　D_{i-j}——工作 i—j 的持续时间。

例如图 10-9 的网络计划：

工作 I：$LS_{8-9} = T_p - D_{8-9} = 17 - 2 = 15$

工作 H：$LS_{7-8} = LS_{8-9} - D_{7-8} = 15 - 4 = 11$

工作 G：$LS_{6-8} = LS_{8-9} - D_{6-8} = 15 - 3 = 12$

工作 E：$LS_{3-7} = LS_{7-8} - D_{3-7} = 11 - 6 = 5$

工作 D：$LS_{4-5} = \min \left[LS_{7-8} - D_{4-5}, LS_{6-8} - D_{4-5} \right] = \min[11 - 4, 12 - 4] = 7$

工作 C：$LS_{2-6} = LS_{6-8} - D_{2-6} = 12 - 10 = 2$

工作 B：$LS_{1-3} = \min \left[LS_{4-5} - D_{1-3}, LS_{3-7} - D_{1-3} \right] = \min[7 - 4, 5 - 4] = 1$

工作 A：$LS_{1-2} = \min \left[LS_{2-6} - D_{1-2}, LS_{4-5} - D_{1-2} \right] = \min[2 - 2, 7 - 2] = 0$

3. 工作最早完成时间的计算

工作最早完成时间是在各紧前工作全部完成后，本工作有可能完成的最早时刻。工作 i—j 的最早完成时间用 EF_{i-j} 表示。

工作最早完成时间等于工作最早开始时间加本工作持续时间，即

$$EF_{i-j} = ES_{i-j} + D_{i-j} \tag{10-6}$$

在网络图上，如果采用四时标注法时，则不需要计算工作最早完成时间；如果采用六时标注法时，则直接按该工作最早开始时间加该工作持续时间所得的数字填在指定位置上即可，如图 10-10 所示。

4. 工作最迟完成时间的计算

工作最迟完成时间是在不影响整个任务按期完成的条件下，本工作最迟必须完成的时刻。工作 i—j 的最迟完成时间用 LF_{i-j} 表示。工作最迟完成时间等于工作最迟开始时间加本工作持续时间，即

$$LF_{i-j} = LS_{i-j} + D_{i-j} \qquad (10\text{-}7)$$

在网络图上，如按四时标注法则不需要计算；如按六时标注法则按公式（10-7）直接计算后填在指定位置上即可，如图 10-10 所示。

5. 总时差的计算及关键线路的判定

总时差是在不影响工期的前提下，工作所具有的机动时间。工作 $i—j$ 的总时差用 TF_{i-j} 表示。工作总时差等于工作最迟开始时间减工作最早开始时间，即

$$TF_{i-j} = LS_{i-j} - ES_{i-j} \qquad (10\text{-}8)$$

在网络图上直接计算将数字标注在指定位置上，如图 10-10 所示。

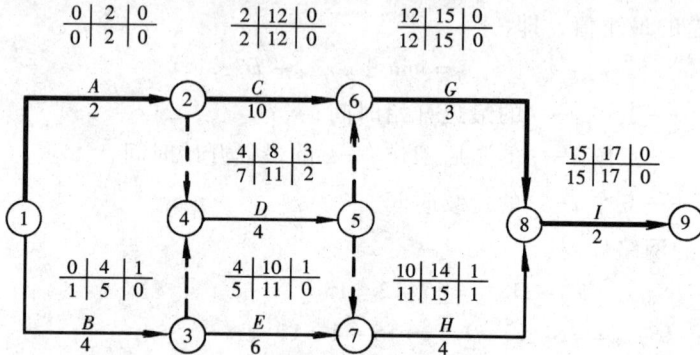

图 10-10　标注了 6 个时间参数的标时网络计划

从以上计算可知，工作 A、C、G、I 的总时差为零，即这些工作在计划执行过程中不具备机动时间，这样的工作称为关键工作。由关键工作所组成的线路称关键线路，在网络图上判定关键工作的充分条件是：

$$ES_{i-j} = LS_{i-j} \qquad (10\text{-}9)$$

但必须指出，当工期有规定时，总时差最小的工作为关键工作。关键工作用粗线或双箭线表示在网络图上，如图 10-10 所示。

6. 自由时差的计算

自由时差是在不影响其紧后工作按最早开始的前提下，工作所具有的机动时间。工作 $i—j$ 的自由时差用 FF_{i-j} 表示。

工作自由时差等于该工作的紧后工作的最早开始时间减本工作最早开始时间再减本工作的持续时间所得之差的最小值。

当工作 $i—j$ 与其紧后工作 $j—k$ 之间无虚工作时：

$$FF_{i-j} = \min \left[ES_{j-k} - ES_{i-j} - D_{i-j} \right] \qquad (10\text{-}10)$$

当工作 $i—j$ 通过虚工作 $j—k$ 与其紧后工作 $k—l$ 相连时：

$$FF_{i-j} = \min \left[ES_{k-l} - ES_{i-j} - D_{i-j} \right] \qquad (10\text{-}11)$$

如图 10-11 的网络计算如下：

工作 A：$FF_{1-2} = \min \left[(ES_{2-6} - ES_{1-2} - D_{1-2}), (ES_{4-5} - ES_{1-2} - D_{1-2}) \right]$
$$= \min \left[(2 - 0 - 2), (4 - 0 - 2) \right] = 0$$

工作 B：$FF_{1-3} = \min \left[(ES_{3-7} - ES_{1-3} - D_{1-3}), (ES_{4-5} - ES_{1-3} - D_{1-3}) \right]$
$$= \min \left[(4 - 0 - 4), (4 - 0 - 4) \right] = 0$$

工作 C：$FF_{2-6} = ES_{6-8} - ES_{2-6} - D_{2-6} = 12 - 2 - 10 = 0$

工作 D：$FF_{4-5} = \min \left[(ES_{6-8} - ES_{4-5} - D_{4-5}), (ES_{7-8} - ES_{4-5} - D_{4-5}) \right]$
$$= \min \left[(12 - 4 - 4), (10 - 4 - 4) \right] = 2$$

工作 E：$FF_{3-7} = ES_{7-8} - ES_{3-7} - D_{3-7} = 10 - 4 - 6 = 0$

工作 G：$FF_{6-8} = ES_{8-9} - ES_{6-8} - D_{6-8} = 15 - 12 - 3 = 0$

工作 H：$FF_{7-8} = ES_{8-9} - ES_{7-8} - D_{7-8} = 15 - 10 - 4 = 1$

工作 I：$FF_{8-9} = T_{\mathrm{p}} - ES_{8-9} - D_{8-9} = 17 - 15 - 2 = 0$

将以上计算出的数据按工作计算法的要求标注在网络图中，如图 10-10 所示。

（二）节点计算法

节点计算法就是先计算节点最早时间和节点最迟时间，再据之以计算出其他 6 个时间参数。

1. 节点最早时间的计算

节点最早时间是以该节点为开始节点的工作的最早开始时间。工作 $i—j$ 的 i 节点的最早时间用 ET_i 表示。节点最早时间是从网络计划的起点节点开始，顺着箭线方向逐个计算。网络计划的起点节点的最早时间如无规定时，其值等于零，即：

$$ET_1 = 0$$

其他节点的最早时间为：

$$ET_j = \max \left[ET_i + D_{i-j} \right] \qquad (i < j \leqslant n) \tag{10-12}$$

式中　ET_j——工作 $i—j$ 的完成节点的最早时间；

　　　ET_i——工作 $i—j$ 的开始节点的最早时间；

　　　D_{i-j}——工作 $i—j$ 的持续时间。

例如，图 10-9 所示的网络计划：

$$ET_1 = 0$$
$$ET_2 = ET_1 + D_{1-2} = 0 + 2 = 2$$
$$ET_3 = ET_1 + D_{1-3} = 0 + 4 = 4$$
$$ET_4 = \max \left[(ET_2 + D_{2-4}), (ET_3 + D_{3-4}) \right] = \max \left[(0 + 0), (4 + 0) \right] = 4$$
$$ET_5 = ET_4 + D_{4-5} = 4 + 4 = 8$$
$$ET_6 = \max \left[(ET_2 + D_{2-6}), (ET_5 + D_{5-6}) \right] = \max \left[(2 + 10), (8 + 0) \right] = 12$$

$$ET_7 = \max \left[(ET_3 + D_{3-7}),\ (ET_5 + D_{5-7}) \right] = \max \left[(4+6),\ (8+0) \right] = 10$$

$$ET_8 = \max \left[(ET_6 + D_{6-8}),\ (ET_7 + D_{7-8}) \right] = \max \left[(12+3),\ (10+4) \right] = 15$$

$$ET_9 = ET_8 + D_{8-9} = 15 + 2 = 17$$

将其结果按节点计算法的标注方法标注在其规定位置上，如图 10-11 所示。

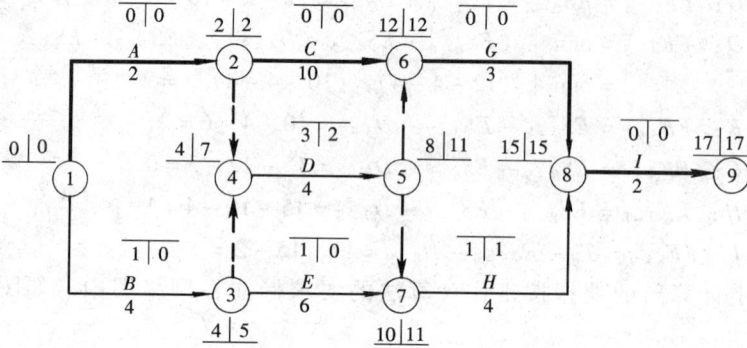

图 10-11 标注有节点时间和时差的网络计划

2. 节点最迟时间的计算

节点最迟时间是以该节点为完成节点的工作的最迟完成时间。工作 $i—j$ 的 j 节点的最迟时间用 LT_j 表示。节点最迟时间是从网络计划的终点节点开始，逆着箭线方向逐个计算。网络计划的终点节点的最迟时间，当无任何要求时，它等于网络计划的计算工期，即

$$LT_n = T_c = ET_n \qquad (10\text{-}13)$$

当工期有规定时（合同工期），它等于网络计划的计划工期，即

$$LT_n = T_p \qquad (10\text{-}14)$$

其他节点的最迟时间等于最后节点的最迟时间减相应工作的持续时间的最小值，即

$$LT_i = \min \left[LT_j - D_{i-j} \right] \qquad (10\text{-}15)$$

式中　LT_i——工作 $i—j$ 开始节点的最迟时间；

　　　LT_j——工作 $i—j$ 完成节点的最迟时间；

　　　T_C——网络图的计算工期；

　　　T_P——网络图的计划工期。例如图 10-9 所示的网络计划；无规定工期时，$LT_9 = ET_9 = 17$；当规定工期为 20d 时，则 $LT_9 = T_P = 20$。若本例按无规定工期计算，则以下各节点的最迟时间为：

$$LT_8 = LT_9 - D_{8-9} = 17 - 2 = 15$$

$$LT_7 = LT_8 - D_{7-8} = 15 - 4 = 11$$

$$LT_6 = LT_8 - D_{6-8} = 15 - 3 = 12$$

$$LT_5 = \min \left[(LT_7 - D_{5-7}),\ (LT_6 - D_{5-6}) \right] = \min \left[(11-0),\ (12-0) \right] = 11$$

$$LT_4 = LT_5 - D_{4-5} = 11 - 4 = 7$$

$$LT_3 = \min \left[(LT_7 - D_{3-7}),\ (LT_4 - D_{3-4}) \right] = \min \left[(11-6),\ (7-0) \right] = 5$$

$$LT_2 = \min \left[(LT_6 - D_{2-6}),\ (LT_4 - D_{2-4}) \right] = \min \left[(12-10),\ (7-0) \right] = 2$$

$$LT_1 = \min \left[(LT_3 - D_{1-3}),\ (LT_2 - D_{1-2}) \right] = \min \left[(5-4),\ (2-2) \right] = 0$$

计算结果按要求填在规定位置上，如图 10-11 所示。

3. 工作总时差的计算

工作总时差等于该工作的完成节点的最迟时间减该工作的开始节点的最早时间，再减该工作的持续时间，即：

$$TF_{i-j} = LT_j - ET_i - D_{i-j} \tag{10-16}$$

例如，图 10-9 的网络计划：

工作 A：$TF_{1-2} = LT_2 - ET_1 - D_{1-2} = 2 - 0 - 2 = 0$

工作 B：$TF_{1-3} = LT_3 - ET_1 - D_{1-3} = 5 - 0 - 4 = 1$

工作 C：$TF_{2-6} = LT_6 - ET_2 - D_{2-6} = 12 - 2 - 10 = 0$

工作 D：$TF_{4-5} = LT_5 - ET_4 - D_{4-5} = 11 - 4 - 4 = 3$

工作 E：$TF_{3-7} = LT_7 - ET_3 - D_{3-7} = 11 - 4 - 6 = 1$

工作 G：$TF_{6-8} = LT_8 - ET_6 - D_{6-8} = 15 - 12 - 3 = 0$

工作 H：$TF_{7-8} = LT_8 - ET_7 - D_{7-8} = 15 - 10 - 4 = 1$

工作 I：$TF_{8-9} = LT_9 - ET_8 - D_{8-9} = 17 - 15 - 2 = 0$

计算结果如图 10-11 所示。

4. 工作自由时差的计算

工作自由时差等于该工作的完成节点的最早时间减本工作的开始节点的最早时间，再减该工作的持续时间，即

$$FF_{i-j} = ET_j - ET_i - D_{i-j} \tag{10-17}$$

例如，图 10-9 所示网络计划：

工作 A：$FF_{1-2} = ET_2 - ET_1 - D_{1-2} = 2 - 0 - 2 = 0$

工作 B：$FF_{1-3} = ET_3 - ET_1 - D_{1-3} = 4 - 0 - 4 = 0$

工作 C：$FF_{2-6} = ET_6 - ET_2 - D_{2-6} = 12 - 2 - 10 = 0$

工作 D：$FF_{4-5} = ET_5 - ET_4 - D_{4-5} = 8 - 4 - 4 = 0$

但由于工作 D 后有两个虚工作，与其紧后工作相连的两个节点 6、7 为其实际的完成节点，故自由时差的计算还应考虑 6、7 两个节点，并取算出结果的最小值，即

$$FF_{4-5} = \min \left[(ET_6 - ET_4 - D_{4-5}),\ (ET_7 - ET_4 - D_{4-5}) \right]$$
$$= \min \left[(12-4-4),\ (10-4-4) \right] = 2$$

工作 E：$FF_{3-7} = ET_7 - ET_3 - D_{3-7} = 10 - 4 - 6 = 0$

工作 G：$FF_{6-8} = ET_8 - ET_6 - D_{6-8} = 15 - 12 - 3 = 0$

工作 H：$FF_{7-8} = ET_8 - ET_7 - D_{7-8} = 15 - 10 - 4 = 1$

工作 I：$FF_{8-9} = ET_9 - ET_8 - D_{8-9} = 17 - 15 - 2 = 0$

将计算结果按节点计算法的标注方法标在网络图的规定位置上，如图 10-11 所示。按节点计算法的要求，不需要在网络图上标出工作时间参数，但工作时间参数的计算仍可按如下规定计算：

工作 $i—j$ 的最早开始时间 $\qquad ES_{i-j} = ET_i$ $\qquad\qquad\qquad$ (10-18)

工作 $i—j$ 的最早完成时间 $\qquad EF_{i-j} = ET_i + D_{i-j}$ $\qquad\qquad$ (10-19)

工作 $i—j$ 的最迟完成时间 $\qquad LF_{i-j} = LT_j$ $\qquad\qquad\qquad$ (10-20)

工作 $i—j$ 最迟开始时间 $\qquad LS_{i-j} = LT_j - D_{i-j}$ $\qquad\qquad$ (10-21)

将总时差为零的工作沿箭头方向连接起来，即为关键线路，并用粗线或双箭线表示，如图 10-11 所示。

总时差具有如下性质：当 $LT_n = ET_n$ 时，总时差为零的工作称为关键工作；此时，如果某工作的总时差为零，则自由时差也必然等于零；总时差不为本工作专有而与前后工作都有关，它为一条线路段所共用。由于关键线路各工作的时差均为零，该线路就必然决定计划的总工期。因此，关键工作完成的快慢直接影响整个计划的完成，而自由时差则具有以下一些主要特点：自由时差小于或等于总时差；使用自由时差对紧后工作没有影响，紧后工作仍可按最早开始时间开始。由于非关键线路上的工作都具有时差，因此可利用时差充分调动非关键工作的人力、物力、资源来确保关键工作的加快或按期完成，从而使总工期的目标能得以实现。另外，在时差范围内改变非关键工作的开始和结束时间，灵活地应用时差也可达到均衡施工的目的。

四、双代号时标网络计划

双代号时标网络计划是以时间坐标为尺度绘制的网络计划。时标的时间单位应根据需要在编制网络计划之前确定，可为时、天、周、月或季等。

时标网络计划以实箭线表示工作，以虚箭线表示虚工作，以波形线表示工作与其紧后工作之间的时间间隔。当工作之后紧接有工作时，波形线表示本工作的自由时差；当工作之后只接虚工作时，则紧接的虚工作上的波形线中的最短者为该工作的自由时差。如图 10-12 所示，H 的自由时差为 1，D 的自由时差为 2。

时标网络计划中的箭线宜用水平箭线或由水平段和垂直段组成的箭线，不能用斜箭线；虚工作也如此，但虚工作的水平段应绘成波形线。

时标网络计划宜按最早时间编制，即在绘制时应使节点和虚工作尽量向左靠，直至不能出现逆向虚箭线为止。时标网络绘制之前，一般先按已确定的时间

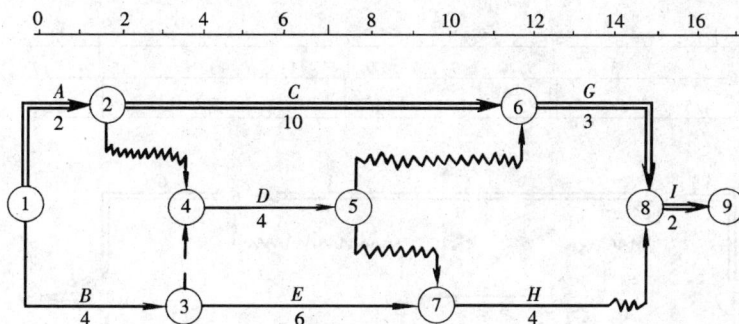

图 10-12　时标网络计划

单位绘出时标表。时标可标注在时标表的顶部或底部。时标的长度单位必须注明。必要时，可在顶部时标之上或底部时标之下加注对应的日历时间，如表10-2所示。

时　标　表　表 10-2

日历时间													
序数时间	1	2	3	4	5	6	7	8	9	10	11	12	13
网络计划													

（一）时标网络计划的绘制方法

时标网络计划的绘制方法有间接绘制法和直接绘制法两种。

1. 间接绘制法

（1）绘制无时标网络计划草图，并计算出时间参数，确定出关键线路。

（2）绘制时标网络计划，先绘出关键线路，再绘出非关键工作。

（3）某些工作箭线长度不能达到该工作的完成节点时，用波形线补足，箭头画在波形线与节点的连接处，如图 10-13 所示。

2. 直接绘制法

（1）将起点节点定位在时标表的起始刻度线上。

（2）按工作持续时间在时标表上绘制以网络计划起点节点为开始节点的工作的箭线。

（3）其他工作的开始节点必须在该工作的全部紧前工作都绘出后，定位在这些紧前工作最晚完成的时间刻度上。某些工作的箭线长度不足以达到该节点时，用波形线补足，箭头画在波形线与节点连接处。

（4）用上述方法自左至右依次确定其他节点位置，直至网络计划终点节点定位。网络计划的终点节点是在无紧后工作的工作全部绘出后，定位在最晚完成的时间刻度上，如图 10-13 所示。

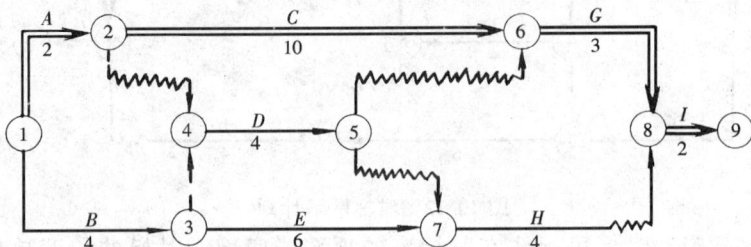

图 10-13   时标网络计划

注：时标表中的刻度线宜用细线，为使图面清晰，此线也可不画或少画。

时标网络计划的关键线路可自终点节点逆箭线方向朝起点节点逐次进行判定，自终点节点至起点节点都不出现波形线的线路即为关键线路。

（二）时标网络计划的时间参数的确定

（1）工作箭线左端节点中心所对应的时标值为该工作的最早开始时间。无波纹线的工作箭线右端节点中心所对应的时标值为该工作的最早完成时间；有波纹线的工作箭线实线部分右端所对应的时标值为该工作的最早完成时间。

（2）工作箭线右边一段的波形线的长度为该工作的自由时差，如工作箭线右端只有虚工作，则这些虚工作中波形线最短者的长度为该工作的自由时差。

（3）工作总时差应自右向左，在其诸紧后工作的总时差都被判定后才能判定。其值等于其诸紧后工作总时差加本工作与该紧后工作之间的时间间隔之和的最小值，即

$$TF_{i-j-k} = \min \left[TF_{j-k} + LAG_{i-j-k} \right] \tag{10-22}$$

式中　TF_{i-j-k}——工作 $i—j$ 的紧后工作 $j—k$ 的总时差；

　　　LAG_{i-j-k}——工作 $i—j$ 与其紧后工作 $j—k$ 之间的时间间隔。

（4）工作的最迟开始时间等于该工作的最早开始时间加该工作的总时差，即

$$LS_{i-j} = ES_{i-j} + TF_{i-j} \tag{10-23}$$

工作的最迟完成时间等于该工作的最早完成时间加该工作的总时差，即

$$LF_{i-j} = EF_{i-j} + TF_{i-j} \tag{10-24}$$

（5）例如，图 10-13 的时标网络的非关键工作的时间参数计算如下：

1）自由时差：

工作 B：$FF_{1-3} = 0$

工作 D：$FF_{4-5} = \min \left[4, 2 \right] = 2$

工作 E：$FF_{3-7} = 0$

工作 H：$FF_{7-8} = 1$

2）总时差：

工作 H：$TF_{7-8} = TF_{8-9} + FF_{7-8} = 0 + 1 = 1$

工作 E：$TF_{3-7} = TF_{7-8} + FF_{3-7} = 1 + 0 = 1$

工作 D：$TF_{4-5} = \min \left[\left(TF_{6-8} + LAG_{4-5,7-8} \right), \left(TF_{7-8} + LAG_{4-5,7-8} \right) \right]$

$$= \min \left[\left(0 + 4 \right), \left(1 + 2 \right) \right] = 3$$

工作 B：$TF_{1-3} = \min \left[\left(TF_{4-5} + LAG_{1-3,4-5} \right), \left(TF_{3-7} + LAG_{1-3-7} \right) \right]$

$$= \min \left[\left(3 + 0 \right), \left(1 + 0 \right) \right] = 1$$

3）最迟开始时间：

工作 B：$LS_{1-3} = ES_{1-3} + TF_{1-3} = 0 + 1 = 1$

工作 D：$LS_{4-5} = ES_{4-5} + TF_{4-5} = 4 + 3 = 7$

工作 E：$LS_{3-7} = ES_{3-7} + TF_{3-7} = 4 + 1 = 5$

工作 H：$LS_{7-8} = ES_{7-8} + TF_{7-8} = 10 + 1 = 11$

4）最迟完成时间：

工作 B：$LF_{1-3} = EF_{1-3} + TF_{1-3} = 4 + 1 = 5$

工作 D：$LF_{4-5} = EF_{4-5} + TF_{4-5} = 8 + 3 = 11$

工作 E：$LF_{3-7} = EF_{3-7} + TF_{3-7} = 10 + 1 = 11$

工作 H：$LF_{7-8} = EF_{7-8} + TF_{7-8} = 14 + 1 = 15$

必要时，可将工作总时差标注在相应的波形线或实箭线上。

第二节　单代号网络计划技术

一、单代号网络图的绘制

（一）单代号网络图的组成及一般规定

用一个圆圈或方框代表一项工作，工作代号、名称、持续时间一般都标注在圆圈或方框内，箭线仅表示工作之间的逻辑关系。由于用一个代码就足以代表一项工作，故这种表示方法称单代号表示法，如图 10-14 所示。

完成一项计划而需要进行的工作按其相互间的逻辑关系用上述符号从左至右绘制而成的图形称单代号网络图，如图 10-15 和图 10-18 所示。与双代号网络图相比，单代号网络图虽然也是由许多节点和箭线组成的，但其基本符号、含意却

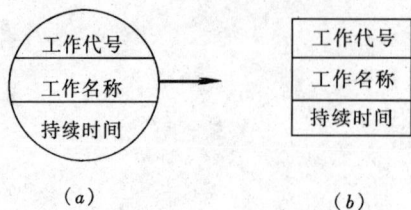

（a）　　　　　　（b）

图 10-14　单代号表示法

不完全相同。单代号的节点是表示工作，而箭线仅表示各工作之间的相互逻辑关系，且不设虚工作。具有绘图简单，便于检查、修改等优点。

（二）单代号网络图绘制规则

与双代号网络图的绘图规则基本一致，此外，还必须符合以下要求：

1. 当有多项开始工作或多项结束工作时，应在网络图的两端分别设置一项虚工作，作为网络图的起点节点和终点节点，如图 10-15 所示。

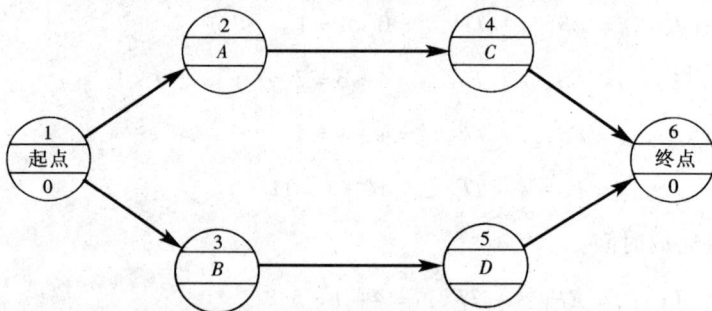

图 10-15　单代号网络图

2. 节点必须编号，数码可以间断但不能重复，一个数码只能代表一项工作。

3. 单代号网络图时间参数的标注方法可按图 10-16、10-17 的要求标注。

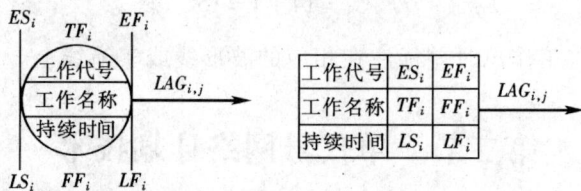

图 10-16　单代号网络图时间参数标注形式（一）

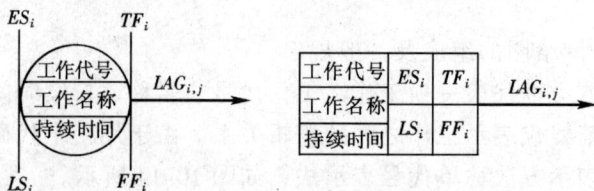

图 10-17　单代号网络图时间参数标注形式（二）

现仍以双代号网络图中的某基础工程为例，按照单代号网络图绘图规则要求，绘出单代号网络图，如图 10-18 所示。

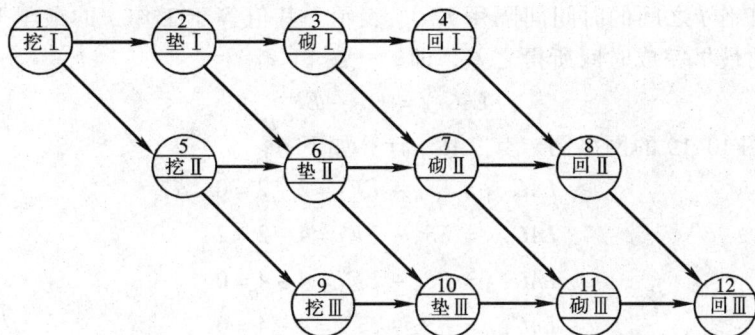

图 10-18　某基础工程的单代号网络图

二、单代号网络计划时间参数计算

1. 网络计划的起点节点的最早开始时间如无规定时，其值等于零，即

$$ES_1 = 0 \tag{10-25}$$

2. 其他工作的最早开始时间等于该工作的紧前工作的最早完成时间的最大值，即

$$ES_i = \max \left[ES_h + D_h \right] \tag{10-26}$$

式中　ES_h——工作 i 的紧前工作 h 的最早开始时间；

　　　D_h——工作 i 的紧前工作的持续时间。

现以图 10-19 所示的单代号网络图为例，计算如下：

工作 S：$ES_1 = 0$

工作 A：$ES_2 = ES_1 + D_1 = 0 + 0 = 0$

工作 B：$ES_3 = ES_1 + D_1 = 0$

工作 C：$ES_4 = ES_2 + D_2 = 0 + 2 = 2$

工作 D：$ES_5 = \max\left[(ES_2 + D_2), (ES_3 + D_3) \right] = \max[(0+2),(0+4)] = 4$

工作 E：$ES_6 = ES_3 + D_3 = 0 + 4 = 4$

工作 G：$ES_7 = \max[(ES_4 + D_4), (ES_5 + D_5)] = \max[(2+10),(4+4)] = 12$

工作 H：$ES_8 = \max[(ES_5 + D_5), (ES_6 + D_6)] = \max[(4+4),(4+6)] = 10$

工作 I：$ES_9 = \max[(ES_7 + D_7), (ES_8 + D_8)] = \max[(12+3),(10+4)] = 15$

将以上结果按图 10-16 的标注法要求填在规定位置上。

3. 工作的最早完成时间等于工作的最早开始时间加该工作的持续时间，即

$$EF_i = ES_i + D_i \tag{10-27}$$

将计算结果填在图 10-19 的规定位置上。

4. 计算相邻两项工作之间的时间间隔

时间间隔是工作的最早完成时间与其紧后工作最早开始时间的差值。工作 i 与其紧后工作 j 之间的时间间隔用 $LAG_{i,j}$ 表示。其值等于工作 j 的最早开始时间减工作 i 的最早完成时间所得之差，即

$$LAG_{i,j} = ES_j - EF_i \qquad (10\text{-}28)$$

对于图 10-19 的网络图，其 $LAG_{i,j}$ 计算如下：

$$LAG_{2,4} = ES_4 - EF_2 = 2 - 2 = 0$$
$$LAG_{2,5} = ES_5 - EF_2 = 4 - 2 = 2$$
$$LAG_{3,5} = ES_5 - EF_3 = 4 - 4 = 0$$
$$LAG_{3,6} = ES_6 - EF_3 = 4 - 4 = 0$$
$$LAG_{4,7} = ES_7 - EF_4 = 12 - 12 = 0$$
$$LAG_{5,7} = ES_7 - EF_5 = 12 - 8 = 4$$
$$LAG_{5,8} = ES_8 - EF_5 = 10 - 8 = 2$$
$$LAG_{6,8} = ES_8 - EF_6 = 10 - 10 = 0$$
$$LAG_{7,9} = ES_9 - EF_7 = 15 - 15 = 0$$
$$LAG_{8,9} = ES_9 - EF_8 = 15 - 14 = 1$$

将结果按要求标注在规定的位置上，如图 10-19 所示。

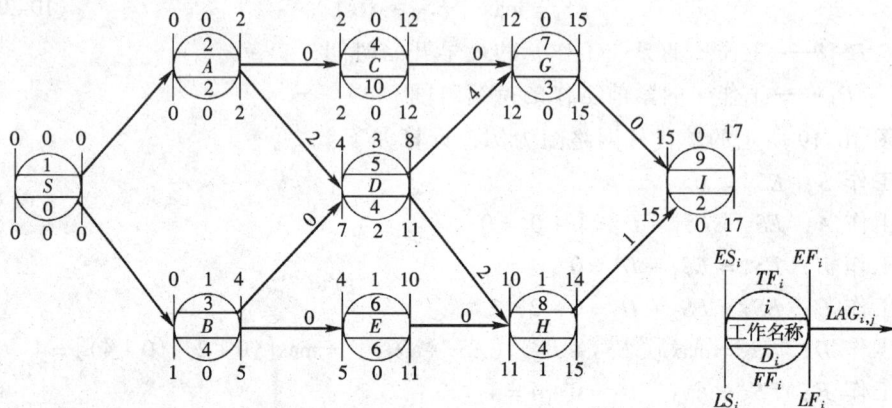

图 10-19 按图 10-16 的图例标注的单代号网络计划

5. 计算工作总时差，判断关键线路

工作总时差应从网络计划的终点节点开始，逆着箭线方向依次逐项计算。

（1）终点节点所代表的工作 n 的总时差 TF_n 值应为：

$$TF_n = T_P - EF_n \qquad (10\text{-}29)$$

（2）其他工作的总时差 TF_i 等于该工作与其紧后工作之间的时间间隔加该紧后工作的总时差所得之差的最小值，即：

$$TF_i = \min \left[LAG_{i,j} + TF_j \right] \tag{10-30}$$

式中　　TF_j——工作 i 的紧后工作 j 的总时差。

(3) 当已知各项工作的最早完成时间和最迟完成时间时，工作的总时差可按如下公式计算：

或

$$\left.\begin{array}{l} TF_i = LF_i - EF_i \\ TF_i = LS_i - ES_i \end{array}\right\} \qquad \begin{array}{l} (10\text{-}31) \\ (10\text{-}32) \end{array}$$

以图 10-19 为例，计算如下：

工作 I：$TF_9 = 0$

工作 G：$TF_7 = LAG_{7,9} + TF_9 = 0$

工作 H：$TF_8 = LAG_{8,9} + TF_9 = 1 + 0 = 1$

工作 C：$TF_4 = LAG_{4,7} + TF_7 = 0 + 0 = 0$

工作 D：$TF_5 = \min \left[(LAG_{5,7} + TF_7), (LAG_{5,8} + TF_8) \right]$

$\qquad\qquad\quad = \min \left[(4+0), (2+1) \right] = 3$

工作 E：$TF_6 = LAG_{6,8} + TF_8 = 0 + 1 = 1$

工作 A：$TF_2 = \min \left[(LAG_{2,4} + TF_4), (LAG_{2,5} + TF_5) \right]$

$\qquad\qquad\quad = \min \left[(0+0), (2+3) \right] = 0$

工作 B：$TF_3 = \min \left[(LAG_{3,5} + TF_5), (LAG_{3,6} + TF_6) \right]$

$\qquad\qquad\quad = \min \left[(0+3), (0+1) \right] = 1$

总时差为最小的工作即为关键工作。从起点节点开始到终点节点均为关键工作，且所有工作的时间间隔均为零的线路即为关键线路。该关键线路应用粗线或双线或彩色线标注。图 10-19 的关键线路为①→②→④→⑦→⑨。

6. 计算工作的自由时差

工作的自由时差等于该工作与其紧后工作之间的时间间隔的最小值，即

$$FF_i = \min \left[LAG_{i,j} \right] \tag{10-33}$$

按照此公式对图 10-19 计算，将结果填在规定位置上。

7. 计算工作最迟开始时间和最迟完成时间

工作的最迟完成时间应以网络计划的终点节点开始，逆着箭线方向依次逐项计算。

(1) 终点节点所代表的工作 n 的最迟完成时间应等于计划工期，即

$$LF_n = T_p \tag{10-34}$$

(2) 计划工期应等于或小于要求工期，当未规定要求工期时，可令计划工期等于计算工期，即：

$$T_p = T_c = EF_n \tag{10-35}$$

(3) 工作最迟开始时间等于工作最迟完成时间减该工作的持续时间，即

$$LS_i = LF_i - D_i \qquad (10\text{-}36)$$

（4）工作最迟完成时间等于该工作的紧后工作的最迟开始时间的最小值，即

$$LF_i = \min \left[LS_j \right] \qquad (i < j) \qquad (10\text{-}37)$$

式中　LS_j——工作 i 的紧后工作 j 的最迟开始时间。

按以上计算公式对图 10-19 进行计算，其结果填在规定位置上。

三、单代号搭接网络

（一）基本概念

在前面所述的双代号、单代号网络图中，工序之间的关系都是前面工作完成后，后面工作才能开始，这是一般网络计划正常的逻辑关系。它既有组织上的关系，也有工艺上的关系。

例如：有一项工程，由两项工作组成，即工作 A 和工作 B。由生产工艺决定：工作 A 完成后才能进行工作 B。但组织者为了加快工程进度，分为两个施工段组织流水施工，即将 A 工作分为 A_1、A_2 两部分；B 工作分为 B_1、B_2 两部分，则用单代号网络图和横道图表示，如图 10-20 所示。工作 A 和工作 B 之间出现搭接关系。对于一个实际工程项目来说，往往其工作内容很多，若再将工作分为几个施工段进行，则绘出的网络图会更复杂。对于这样的搭接关系，下面所介绍的搭接网络计划技术，将使其复杂的表示方法变得较为简单。

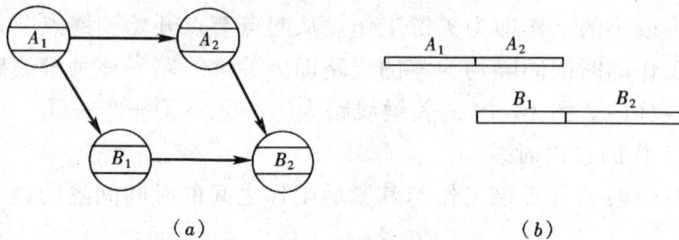

（a）　　　　　　　　　　　　　（b）

图 10-20　单代号与横道图表示法

（二）单代号搭接网络计划时间参数的含义与计算

$FTS_{i,j}$：表示 i 工作的完成到 j 工作开始的时距（Finish to start 缩写）。A 工作完成后，要有一个时间间隔，B 工作才能开始。例如房屋装修中，要求在油漆完成后干燥两天才能安玻璃，这种关系就是 $FTS = 2$，用单代号网络图表示如图 10-21 所示。

当 $FTS = 0$ 时，即紧前工作的完成到本工作的开始之间的时间间隔为零。就是前面所述的网络图正常的逻辑连接关系。所以，我们可以将正常的逻辑连接关系看成是搭接网络的一个特殊情况。

一般来说，后继工作最早时间顺着箭头方向计算，紧前工作最迟时间逆着箭

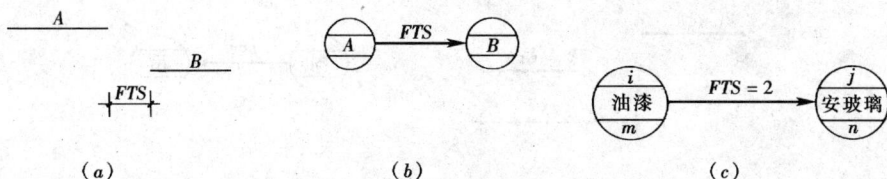

图 10-21　*FTS* 时间参数示意图

头方向计算。

$STS_{i,j}$：表示 i 工作的开始到 j 工作开始之间的时间间隔。如图 10-20（b）的搭接是 A 工作开始时间限制 B 工作开始时间，即搭接关系为开始到开始（英文缩写为 *STS*）。其搭接关系可用图 10-22 表示。例：挖管沟与铺设管道分段组织流水施工，每段挖管沟需要 2d 时间，那么铺设管沟的班组在挖管沟开始的 2d 后就可开始铺设管道，图 10-22 所示。

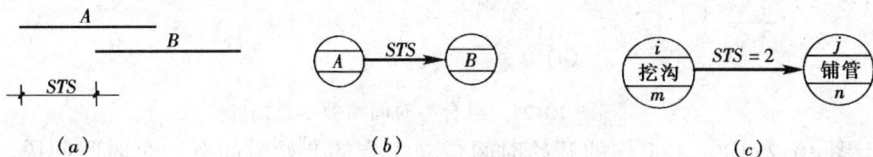

图 10-22　*STS* 时间参数示意图

$STF_{i,j}$：表示 i 工作的开始到 j 工作的完成时间的时间间隔。图 10-23 中，A 工作开始一段时间间隔后，B 工作必须完成。

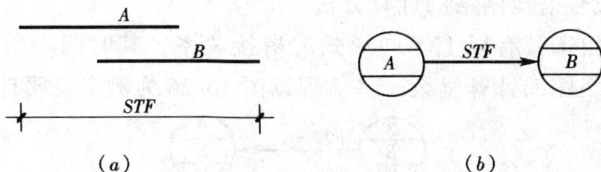

图 10-23　*STF* 的时间参数示意图

$FTF_{i,j}$：表示前面工作的结束时间到后面工作结束时间之间的时间间隔。例如，某砖混结构工程，分两个施工段组织流水施工，每层每段砌筑为 3d。第Ⅰ段砌筑完后转移到第Ⅱ段上施工，第Ⅰ段进行板的吊装。由于吊装板的时间较短，在此不一定要求筑砌后立即吊装板，但必须在砌筑完的第三天完成板的吊装，以致不影响砌砖专业队进行上一层的施工。这就形成了 *FTF* 关系，如图 10-24所示。

FTF 的时间参数可按如下公式计算：

$$EF_j = EF_i + FTF_{i,j} \tag{10-38}$$

$$LF_i = LF_j - FTF_{i,j} \tag{10-39}$$

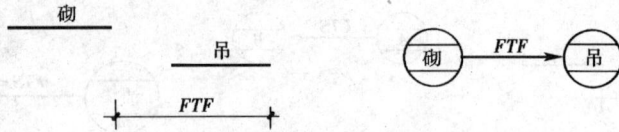

图 10-24 *FTF* 的时间参数示意图

组合型搭接关系：表示前面工作和后面工作的时间间隔除了受到开始到开始（*STS*）的限制外，还要受到结束到结束的时间（*FTF*）间隔限制，其关系如图 10-25 所示。

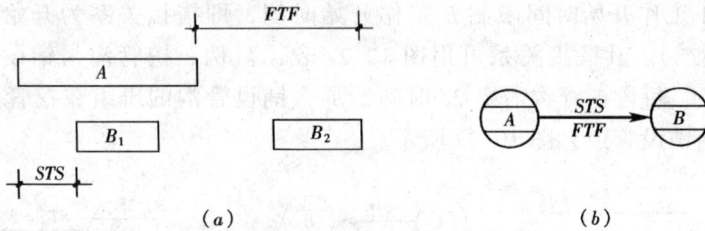

（*a*） （*b*）

图 10-25 组合型时间参数示意图

图 10-25 中，*A* 工作的开始时间与 *B* 工作的开始时间有一个时间间隔，*A* 工作的结束时间与 *B* 工作的结束时间还有一个时间间隔限制。组合型搭接网络时间参数计算，可以将两种类型分别计算，对后继工作最早时间取大值，对前导工作最迟时间取小值。

（三）单代号搭接网络的计算方法

搭接网络由于具有以上不同形式的搭接关系，其时间参数计算也较前述的单、双代号网络图的计算复杂一些。现以图 10-26 为例来说明计算过程。

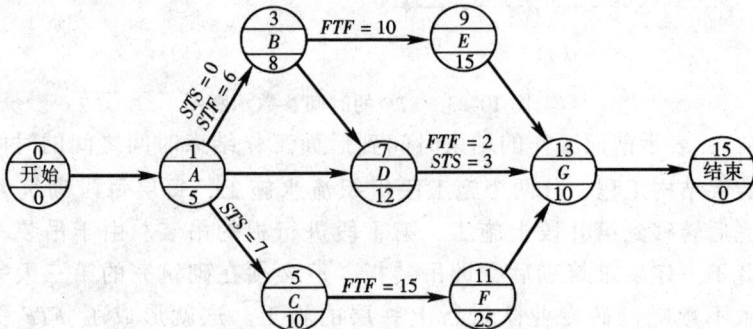

图 10-26 单代号搭接网络图

注：图中没有标出搭接关系的均为一般的搭接关系（即 *FTS* = 0）。

1. 工作最早开始、最早完成时间的计算

工作最早开始时间及最早完成时间在单代号搭接网络中的计算公式，根据各种搭接关系现汇总如下。

$$ES_S = 0$$

$$EF_S = ES_S + D_S$$

$$ES_j = \max \left\{ \begin{array}{l} EF_i + FTS_{i,j} \\ ES_i + STS_{i,j} \\ EF_i + FTF_{i,j} - D_j \\ ES_i + STF_{i,j} - D_j \end{array} \right\} \qquad (10\text{-}40)$$

单代号搭接网络的最早时间的计算顺序同一般网络图一样，从开始节点顺箭头方向逐次计算。对于图 10-26，首先计算开始节点，由于开始节点是虚设的，所以其持续时间 $D_s = 0$，$ES_s = 0$，$EF_s = ES_s + D_s = 0$，将其结果标在起点节点上方的 ES、EF 位置上。

工作 A：紧前工作为开始，且无搭接，则

$$ES_1 = EF_s = 0$$

$$EF_1 = ES_1 + D_1 = 0 + 5 = 5$$

将其结果标注在图 10-27 所示位置上。

工作 B：紧前工作为 A，搭接关系为 STF，则

$$ES_3 = ES_1 + STF_{1,3} - D_3 = 0 + 6 - 8 = -2$$

$$EF_3 = -2 + 8 = 6$$

计算出的 $ES_3 = -2 < 0$，即工作 A 在起点节点的前 2d 开始，这个结果不符合网络图只有一个起始节点的规则。因此，节点 B 的最早可能开始时间只能大于或等于零，故令 $ES_3 = 0$，且在起点节点到 B 节点之间增加一条虚箭线，如图 10-27 所示，则

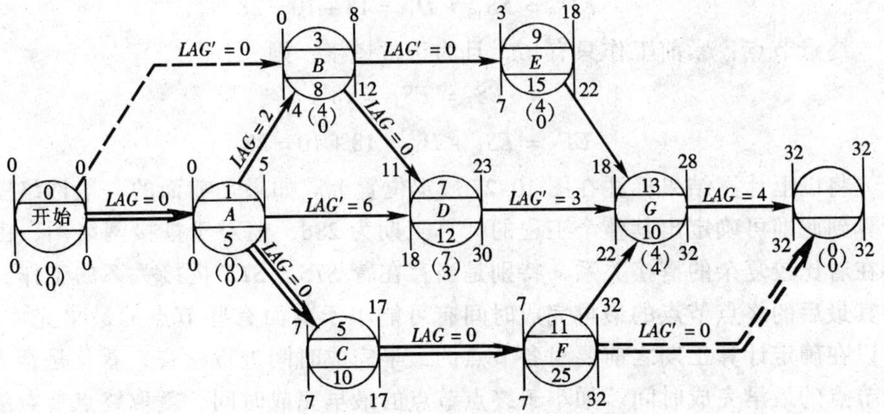

图 10-27　单代号搭接网络图时间参数计算

$$EF_3 = ES_3 + D_3 = 0 + 8 = 8$$

工作 C：紧前工作只有 A，搭接关系为 STS，则

$$ES_5 = ES_1 + STS_{1,5} = 0 + 7 = 7$$

$$EF_5 = ES_5 + D_5 = 7 + 10 = 17$$

工作 D：紧前工作 A、B，与 A 工作为一般的搭接关系，与 B 工作为 FTS 搭接，其计算取两者计算值之大者。

$$ES_7 = \max \left\{ \begin{array}{l} EF_1 = 5 \\ EF_3 + FTS_{3,7} = 8 + 3 = 11 \end{array} \right\}$$

$$EF_7 = ES_7 + D_7 = 11 + 12 = 23$$

工作 E：紧前工作只有 B 工作，且搭接关系为 FTF，则

$$ES_9 = EF_3 + FTF_{3,9} - D_9 = 8 + 10 - 15 = 3$$

$$EF_9 = ES_9 + D_9 = 3 + 15 = 18$$

工作 F：紧前工作为 C，搭接关系也是 FTF，则

$$ES_{11} = EF_5 + FTF_{5,11} - D_{11} = 17 + 15 - 25 = 7$$

$$EF_{11} = ES_{11} + D_{11} = 7 + 25 = 32$$

工作 G：紧前工作分别为 D、E、F，与 D 为组合搭接，与 F 为 STF 搭接，与 E 为一般搭接，对其工作最早时间取上述几种搭接关系计算结果的最大者。

$$ES_{13} = \max \left\{ \begin{array}{l} ES_7 + STS_{7,13} = 11 + 3 = 14 \\ EF_7 + FTF_{7,13} - D_{13} = 23 + 12 - 10 = 15 \\ EF_9 = 18 \\ ES_{11} + STF_{11,13} - D_{13} = 7 + 10 - 10 = 7 \end{array} \right\}$$

$$EF_{13} = ES_{13} + D_{13} = 18 + 10 = 28$$

终点节点：紧前工作只有 G，且为正常搭接，则

$$ES_E = ES_{13} = 18$$

$$EF_E = ES_E + D_{13} = 18 + 10 = 28$$

将以上计算结果标注在图 10-27 规定位置上。如果是前面的一般网络图，其计算到此即可确定出其整个工程的计算工期为 28d，但对于搭接网络图，由于其存在着比较复杂的搭接关系，特别是当存在着 STS、STF 搭接关系的工作，就使得其最后的终点节点的最早完成时间有可能小于前面有些节点的最早完成时间。所以在确定计算工期之前要对各节点的最早完成时间进行检查，看其是否大于终点节点的最早完成时间。如小于终点节点的最早完成时间，就取终点节点的最早完成时间为计算工期；如有些节点的最早完成时间大于终点节点的最早完成时间，则将所有大于终点节点最早完成时间的节点最早完成时间的最大值作为整个

网络计划的计算工期,并在此节点到终点节点之间增加一条虚线,以表示两个节点的前后关系。

在图 10-27 中,通过检查可以看出:F 工作最早可能完成时间为 32d,大于终点节点的最早完成时间 28d,则

$$ES_{15} = 32$$

$$EF_{15} = ES_{15} + D_{15} = 32 + 0 = 32$$

然后,在终点节点与 F 节点之间增加一条虚线,如图 10-27 所示,计算工期为 32d。

2. 工作最迟完成、最迟开始时间的计算

工作最迟必须开始时间、最迟必须完成时间的计算,是从终点节点开始,逆箭头方向进行的。根据不同的搭接关系,其计算公式也不同,其公式汇总如下:

$$LF_i = \min \begin{cases} LS_j - FTS_{i-j} \\ LS_j + D_i - STS_{i-j} \\ LF_j - FTF_{i-j} \\ LF_j + D_i - STF_{i-j} \end{cases} \tag{10-41}$$

$$LS_i = LF_i - D_i$$

终点节点的计算:令其最迟必须完成时间等于规定工期,如一般计算取其计算工期,即由网络图终点节点的最早可能完成时间确定。本题中,令终点节点的最迟必须完成时间等于其最早可能完成时间:

$$LF_E = EF_E = T_C = 32$$

$$LS_E = LF_E - D_E = 32 - 0 = 32$$

终点节点前有 G 工作、F 工作,都为一般搭接关系,则其最迟时间参数为:

$$LF_{13} = LS_E = 32$$

$$LS_{13} = LF_{13} - D_{13} = 32 - 10 = 22$$

$$LF_{11} = LS_E = 32$$

$$LS_{11} = LF_{11} - D_{11} = 32 - 25 = 7$$

将上述数值分别标在图 10-27 中相应节点的 LS、LF 的位置上。E 工作只有一个紧后工作 G,为一般搭接关系,则

$$LF_9 = LS_{13} = 22$$

$$LS_9 = LF_9 - D_9 = 22 - 15 = 7$$

D 工作也只有一个直接紧后工作 G,为混合搭接关系,则

$$LF_7 = \min \begin{cases} LS_{13} + D_7 - STS_{i-j} = 22 + 12 - 3 = 31 \\ LF_{13} - FTF_{7-13} = 32 - 2 = 30 \end{cases} = 30$$

$$LS_7 = LF_7 - D_7 = 30 - 12 = 18$$

C 工作只有一个直接紧后工作 F，搭接关系为 FTF，根据公式，有

$$LF_5 = LF_{11} - FTF_{5-11} = 32 - 15 = 17$$

$$LS_5 = LF_5 - D_5 = 17 - 10 = 7$$

B 工作有两个直接紧后工作 E、D，搭接关系分别为 FTF、FTS，根据前述公式，有

$$LF_3 = \min\begin{Bmatrix} LF_9 - FTF_{3-9} = 22 - 10 \\ LS_7 - FTS_{3-7} = 18 - 3 \end{Bmatrix} = 12$$

$$LS_3 = LF_3 - D_3 = 12 - 8 = 4$$

A 工作直接紧后工作为 B、C、D，其搭接关系分别为 STF、STS 和一般搭接。根据前述公式分别求出，取其最小值。

$$LF_1 = \min\begin{Bmatrix} LF_3 + D_1 - STF_{1-3} = 15 + 5 - 6 \\ LS_5 + D_1 - STS_{1-5} = 7 + 5 - 7 \\ LS_7 = 18 \end{Bmatrix} = 5$$

$$LS_1 = LF_1 - D_1 = 5 - 5 = 0$$

起点节点有两个紧后工作 A、B，为一般搭接关系：

$$LF_s = \min\begin{Bmatrix} LS_3 = 4 \\ LS_1 = 0 \end{Bmatrix} = 0$$

$$LS_s = LF_s - D_s = 0 - 0 = 0$$

将以上得出的各工作的 LS、LF 值分别标在网络图中各节点相应位置，见图 10-27 所示。

3. 相邻两工作间的时间间隔 LAG_{i-j} 的计算

LAG_{i-j} 表示前面一项工作 i 的最早可能完成时间至其紧后工作 j 的最早可能开始时间的时间间隔。但在搭接网络图中，必须考虑其各种不同的搭接关系的影响，根据计算的最后结果，前后两工作关系的时间之差超过要求的搭接时间的那部分时间（即多余的时间）就是这两个工作的间隔时间 LAG_{i-j}。根据不同的搭接关系，其计算公式汇总如下：

$$LAG_{i-j} = \begin{Bmatrix} ES_j - EF_i - FTS_{i-j} \\ ES_j - ES_i - STS_{i-j} \\ EF_j - EF_i - FTF_{i-j} \\ EF_j - ES_i - STF_{i-j} \end{Bmatrix} \tag{10-42}$$

一般搭接关系，即 $FTS = 0$。

$$LAG_{i-j} = ES_j - EF_i$$

如出现混合搭接关系时，则取两个工作连接间隔时间的最小值。

$$LAG_{i-j} = \min \begin{Bmatrix} ES_j - ES_i - STS_{i-j} \\ EF_j - EF_i - FTF_{i-j} \end{Bmatrix}$$

上面例题中：

$$LAG_{0-1} = 0 - 0 = 0$$

$$LAG_{0-3} = 0 - 0 = 0$$

$$LAG_{1-5} = ES_5 - ES_1 - STS_{1-5} = 7 - 0 - 7 = 0$$

$$LAG_{1-7} = ES_7 - EF_1 = 11 - 5 = 6$$

$$LAG_{3-7} = ES_7 - EF_3 - FTS_{3-7} = 11 - 8 - 3 = 0$$

$$LAG_{3-9} = EF_9 - EF_3 - FTF_{3-9} = 18 - 8 - 10 = 0$$

$$LAG_{5-11} = EF_{11} - EF_5 - FTF_{5-11} = 32 - 17 - 15 = 0$$

$$LAG_{7-13} = \min \begin{Bmatrix} ES_{13} - ES_7 - STS_{7-13} = 18 - 11 - 3 \\ EF_{13} - EF_7 - FTF_{7-13} = 28 - 23 - 2 \end{Bmatrix} = 3$$

$$LAG_{9-13} = ES_{13} - EF_9 = 18 - 18 = 0$$

$$LAG_{11-13} = EF_{13} - ES_{11} - STF_{11-13} = 28 - 7 - 10 = 11$$

$$LAG_{11-15} = ES_{15} - EF_{11} = 32 - 32 = 0$$

$$LAG_{13-15} = ES_{15} - EF_{13} = 32 - 28 = 4$$

将上面数值标在相应节点之间的箭线上面，如图 10-27 所示。

4. 时差的计算

（1）自由时差

如果工作 i 有若干个紧后工作时，其自由时差就等于本工作与这些工作间的间隔时间 LAG_{i-j} 的最小值，即

$$FF_i = \min [LAG_{i-j}] \tag{10-43}$$

因此，只要各工作的间隔时间 LAG_{i-j} 求出，其自由时差就很容易确定。本例中：

$$FF_0 = \min [LAG_{0-1}, \ LAG_{0-3}] = 0$$

$$FF_1 = \min \begin{Bmatrix} (LAG_{1-3} = 2) \\ (LAG_{1-5} = 0) \\ (LAG_{1-7} = 6) \end{Bmatrix} = 0$$

$$FF_3 = \min \begin{Bmatrix} LAG_{3-7} = 0 \\ LAG_{3-9} = 0 \end{Bmatrix} = 0$$

$$FF_5 = LAG_{5-11} = 0$$

$$FF_7 = LAG_{7-13} = 3$$

$$FF_9 = LAG_{9-13} = 0$$

$$FF_{11} = \min \left\{ \begin{array}{l} LAG_{11-13} = 11 \\ LAG_{11-15} = 0 \end{array} \right\} = 0$$

$$FF_{13} = LAG_{13-15} = 4$$

终点节点没有紧后工作，其自由时差为零。将上面的 FF 值标在相应节点的下方，见图 10-27。

（2）总时差

在搭接网络图中，总时差的计算与一般网络计算公式相同，即

$$TF_i = LS_i - ES_i = LF_i - EF_i \tag{10-44}$$

总时差的存在，意味着该项工作有一定的机动时间。在规定工期等于计划工期的情况下，总时差为零的工作即为关键工作。将网络图中总时差为零的工作由起点节点至终点节点连接起来的线路即为关键线路。本题的总时差分别为：

$$TF_0 = LS_0 - ES_0 = 0$$

$$TF_1 = LS_1 - ES_1 = 0 - 0 = 0$$

$$TF_3 = LS_3 - ES_3 = 4 - 0 = 4$$

$$TF_5 = 7 - 7 = 0$$

$$TF_7 = 18 - 11 = 7$$

$$TF_9 = 7 - 3 = 4$$

$$TF_{11} = 7 - 7 = 0$$

$$TF_{13} = 22 - 18 = 4$$

$$TF_{15} = 32 - 32 = 0$$

将上述数值标在相应节点下方，如图 10-27 所示。将 $TF = 0$ 的节点从起始节点到终点节点连接起来，构成关键线路，如图 10-27 画双线者。

通过以上可以看出，单代号搭接网络的计算过程比一般单、双代号网络图较为麻烦。但是，利用电子计算机进行网络计划的编制和计算是轻而易举的事。

第三节   网络计划的优化

网络计划的优化，就是通过利用时差不断改善网络计划的最初方案，在满足既定条件的情况下，按某一衡量指标来寻求最优方案的问题。网络计划的优化目标按计划任务的需要和条件选定。有工期目标、费用目标和资源目标。

一、工期优化

当计算工期大于要求工期时，或在一定约束条件下使工期最短，可通过压缩

关键工作的持续时间，以达到要求工期的目标。在优化过程中，要注意不能将关键工作压缩成非关键工作。当在优化过程中出现多条关键线路时，必须将各条关键线路的持续时间压缩成同一数值，否则，不能有效地将工期缩短。工期优化可按下述步骤进行：

1．找出网络计划中的关键线路并计算出计算工期。

2．按要求工期计算应缩短的时间 ΔT：

$$\Delta T = T_c - T_r \tag{10-45}$$

式中　　T_c——计算工期；

　　　　T_r——要求工期。

3．在关键线路上，按下列因素选择应优先缩短持续时间的关键工作：

（1）缩短持续时间对质量和安全影响不大的工作；

（2）有充足备用资源的工作；

（3）缩短持续时间所需增加的费用最少的工作。

4．将应优先缩短的关键工作压至最短持续时间，并找出关键线路，若被压缩的工作变成了非关键工作，则应将其持续时间延长，使之仍为关键工作。

5．若计算工期仍超过要求工期，则重复以上步骤，直到满足工期要求或工期已不能再缩短为止。

6．当所有关键工作的持续时间都已达到最短持续时间而工期仍不满足要求时，应对计划的原技术方案、组织方案进行调整，或对要求工期重新审定。

【例 10-2】　现以图 10-28 所示网络计划说明工期优化过程。箭杆下方括号外数字为工作正常持续时间，括号内为最短持续时间，假定要求工期为 100d。根据实际情况和考虑的因素，其缩短顺序为 B、C、D、E、G、H、I、A。

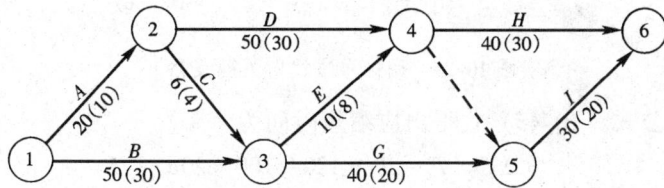

图 10-28　初始网络计划

【解】　优化步骤如下：

第一，用标号法确定出关键线路及正常工期。

标号法是直接寻求关键线路的方法之一。它对每个节点用源点和标号值进行标号，将节点都标号后，从网络计划始点节点开始，从左向右按源节点寻求出关键线路。网络计划终点节点标号值即为计算工期。标号值的确定如下：

①设网络计划始点节点 1 的标号值为零，即

$$b_1 = 0 \qquad (10\text{-}46)$$

②其他节点的标号值等于该节点的内向工作（即以该节点为完成节点的工作）的开始节点标号值加该工作的持续时间所得之和的最大值，即：

$$b_j = \max \left[b_i + D_{i-j} \right] \qquad (10\text{-}47)$$

对图 10-28 所示的网络计划的标号值计算如下：

$$b_1 = 0$$

$$b_2 = b_1 + D_{1-2} = 0 + 20 = 20$$

$$b_3 = \max \left[(b_1 + D_{1-3}), (b_2 + D_{2-3}) \right]$$
$$= \max \left[(0 + 50), (20 + 6) \right] = 50$$

$$b_4 = \max \left[(b_2 + D_{2-4}), (b_3 + D_{3-4}) \right]$$
$$= \max \left[(20 + 50), (50 + 10) \right] = 70$$

$$b_5 = \max \left[(b_3 + D_{3-5}), (b_4 + D_{4-5}) \right]$$
$$= \max \left[(50 + 40), (70 + 0) \right] = 90$$

$$b_6 = \max \left[(b_4 + D_{4-6}), (b_5 + D_{5-6}) \right]$$
$$= \max \left[(70 + 40), (90 + 30) \right] = 120$$

将其计算的标号值及源节点标在图 10-29 所示位置上，将源节点连接起来，即为关键线路①→③→⑤→⑥，亦即 BGI，计算工期为 120d。

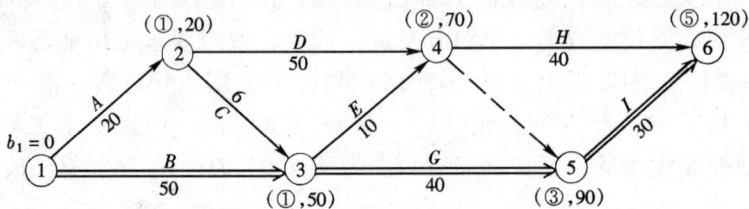

图 10-29　用标号法找出关键线路

第二，由公式（10-45）式得出应缩短时间为：

$$\Delta T = T_c - T_r = 120 - 100 = 20d$$

第三，根据已知条件，先将 B 缩至最短持续时间，再用标号法找出关键线路为 ADH，如图 10-30。

第四，增加 B 的持续时间至 40d，使之仍为关键工作，如图 10-31。

第五，根据已知缩短顺序，决定将 D、G 各压缩 10d，使工期达到 100d 的要求，如图 10-32。

二、资源优化

资源是指为完成任务所需的人力、材料、机械设备和资金等的统称。资源强

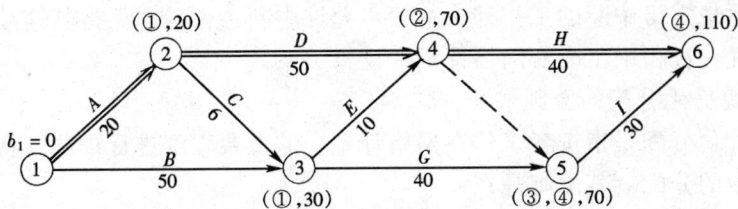

图 10-30　将 B 缩至 30d 后的网络计划

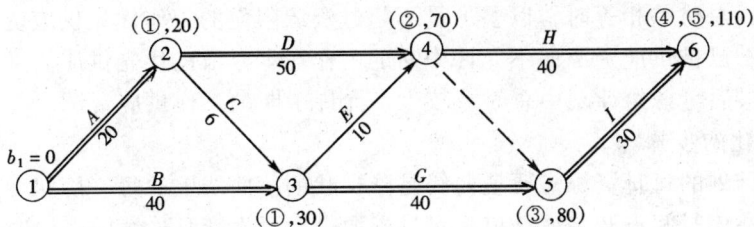

图 10-31　将 B 增至 40d 后的网络计划

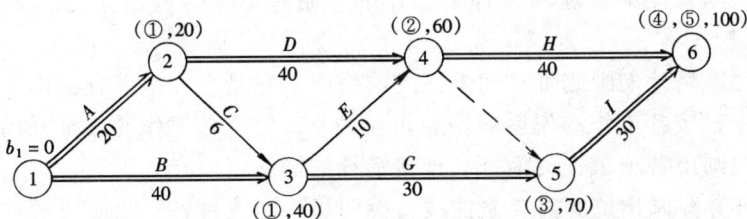

图 10-32　压缩 D、G 而达到目标工期的优化网络计划

度是指一项工作在单位时间内所需的某种资源的数量，用 q_{i-j} 表示。资源需要量是指网络计划中各项工作在某一单位时间内所需某种资源总的数量，第 t 天资源需用量用 R_t 表示。完成一项工程任务所需的资源量基本上是不变的，不可能通过资源优化将其减少，更不可能通过资源优化将其减至最少，资源优化是通过改变工作的开始时间，使资源按时间的分布符合优化目标。资源优化主要有"资源有限—工期最短"和"工期固定—资源均衡"两种。

（一）资源有限—工期最短的优化

资源限量是指单位时间内可供使用的某种资源的最大数量，用 R_a 表示。资源有限—工期最短的优化就是通过调整网络计划，在满足每日资源需要量不超过某种资源限量的情况下，寻找工期最短的工程计划。

1．资源有限—工期最短优化的前提条件

（1）在优化过程中，网络计划的各工作持续时间不予变更。

（2）各工作每天的资源需要量是均衡的、合理的，在优化过程中不予变更。

（3）除规定可中断的工作外，一般不允许中断工作，应保持其连续性。

（4）优化过程中不改变网络计划的逻辑关系。

2. 资源优化分配的原则

资源优化分配是指按各工作在网络计划中的重要程度进行排队，将有限的资源进行科学的分配。其原则是：

（1）关键工作优先满足，按每日资源需要量大小，从大到小顺序供应资源。

（2）非关键工作在满足关键工作资源供应后，按总时差大小，从小到大顺序供应资源，总时差相等时，以叠加量不超过资源限量的工作优先供应资源。在优化过程中，已被供应资源而不允许中断的工作在本时段内优先供应。

（3）最后考虑给计划中总时差较大、允许中断的工作供应资源。

3. 优化的步骤

网络计划的每日资源需要量曲线是阶梯状的。曲线上的每一阶状变化点均说明有工作在该时间点开始或结束。每日资源需要量不变且连续的一段时间，称为时段。有限资源是按分配原则分时段逐个进行优化，因此，资源优化的过程也就是在资源限制条件下合理调整各个工作的开始和结束时间的过程。具体步骤如下：

（1）将网络计划画成带时间坐标的网络图。它是在一幅带有工作天标度的进度计划表中，按各工作的先后顺序和相互关系，以及各工作的最早开始时间和最早结束时间画出各项工作的箭杆和连接箭杆的圆圈（节点）。

（2）计算并画出资源需要量曲线，标明每一时段每日资源需要量数值，并用虚线标明资源供应限量。

（3）从左向右，在每日资源需要量曲线上，找到最先出现超过资源限量的时段 $[\tau_i, \tau_{i+1}]$ 进行调整。在本时段 $[\tau_i, \tau_{i+1}]$ 内，按资源优化分配的原则，对各工作的分配顺序进行编号，从第 1 号至第 n 号。

（4）按编号的顺序，依次将本时段 $[\tau_i, \tau_{i+1}]$ 内各工作的每日资源需要量 q_{i-j} 累加，并逐次与资源限量进行比较。当累加到第 x 号工作，首先出现 $\Sigma q_{i-j} > R_a$，即将第 x 号至 n 号工作推移到下一时段，使本时段的 $\Sigma q_{i-j} < R_a$。

（5）画出工作推移后的时间坐标网络图（应保持网络图的逻辑关系不变，必要时可作适当的修正），再次进行每日资源需要量的重新叠加。可知，调整优化后会使后面的各时段资源需要量发生变化。

从已优化的时段向后找到首先出现超过资源供应限量的时段进行优

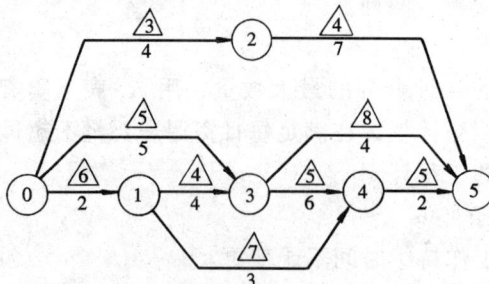

图 10-33　网络优化示例

化，即重复第 3 至第 5 步骤，直至所有的时段每日资源需要量都不再超过资源限量。

4. 优化示例

以图 10-33 中的网络计划为例，说明以上的优化过程。图中箭杆上方△框内的数据表示该工作每天需要的资源数量 q_{i-j}，箭杆下方的数据为工作的持续时间 D_{i-j}。

按照各工作最早开始时间和最早结束时间，绘制图 10-34 时标网络图（一）。假定每天可能供应的资源数量为常数 $R_t = 12$ 单位，工作不允许中断。

从图 10-34 可以看出，时段 $[0, 2]$、$[2, 4]$、$[4, 5]$ 每天所需要的资源数量分别为 14、19 和 20 单位，均超过了可能供应的限制条件，所以计划必须进行调整。调整工作首先从时段 $[\tau_0 = 0, \tau_1 = 2]$ 开始。处于该时段内同时

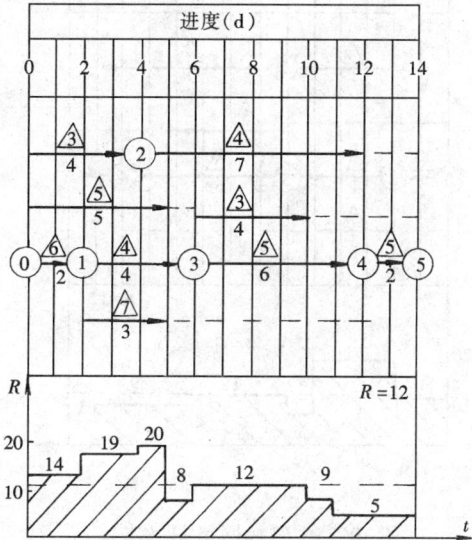

图 10-34 时标网络图（一）

进行的工作有 0—1、0—2 和 0—3，按照资源分配原则，它们的编号顺序如表 10-3 所示。

工作 0—1、0—2 和 0—3 的编号顺序 表 10-3

编号顺序	工作名称 $i-j$	每天资源需要量 q_{i-j}	编号依据
1	0—1	6	关键工作 $TF_{0-1} = 0$
2	0—3	5	非关键工作 $TF_{0-3} = 1$
3	0—2	3	非关键工作 $TF_{0-2} = 3$

按编号顺序，对各工作每天资源需要量 q_{i-j} 进行分配，其中第一项分配 $q_{0-1} = 6$，第 2 项分配 $q_{0-3} = 5$，两项相加为 11，供应条件为 $R_t = 12$，而第 3 项工作 0—2 每天需要量是 3，已经不够分配，因此，应将工作 0—2 推迟到 $\tau_1 = 2$ 之后开始。重新绘制工作 0-2 推迟后的时标网络图及其相应的资源需要量动态曲线，如图 10-35 所示。

再研究时段 $[\tau_1 = 2, \tau_2 = 5]$ 的调整，处于该时段内同时进行的工作有 0—2、0—3、1—3 和 1—4，根据分配原则，它们的顺序如表 10-4 所示。按编号顺序，工作 0—3、1—3 和 0—2 三项每天的资源需要量之和为 5 + 4 + 3 = 12，故工作 1—4 必须推迟到 $\tau_2 = 5$ 后开始。绘制工作 1—4 推迟开始后的时标网络图

（三）及其相应资源需要量动态曲线，如图 10-36 所示。

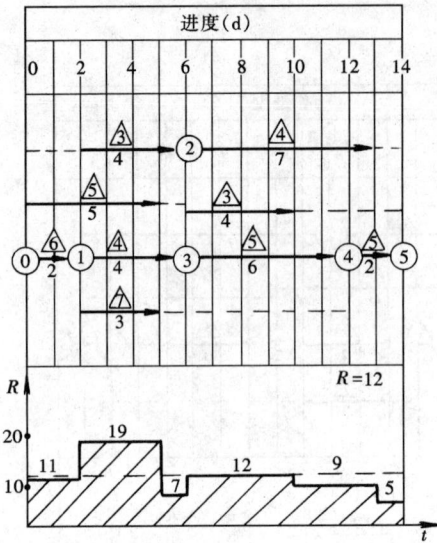

图 10-35　时标网络图（二）　　　　图 10-36　时标网络图（三）

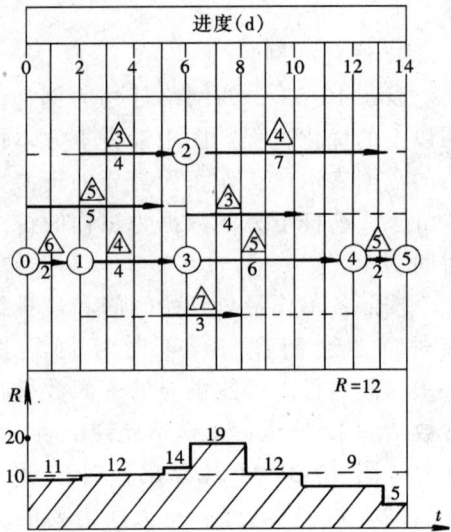

工作 0—2、0—3、1—3 和 1—4 的编号顺序　　　表 10-4

编号顺序	工作名称 $i-j$	每天资源需要量 q_{i-j}	编号依据
1	0—3	5	在 $\tau_1 = 2$ 前已经开始
2	1—3	4	关键工作 $TF_{1-3} = 0$
3	0—2	3	非关键工作 $TF_{0-2} = 1$
4	1—4	7	非关键工作 $TF_{1-4} = 7$

从图 10-36 可以看出，时段 $[\tau_2 = 5，\tau_3 = 6]$ 的每天资源需要量为 14 > $R_1 =$ 12，故仍需继续调整。处于该时段的工作有 0—2、1—3 和 1—4，按资源分配原则，它们的编号顺序如表 10-5 所示。

工作 0—2、1—3 和 1—4 的编号顺序　　　表 10-5

编号顺序	工作名称 $i-j$	每天资源需要量 q_{i-j}	编号依据
1	1—3	4	在 $\tau_2 = 5$ 前已经开始 $TF_{1-3} - (\tau_3 - ES_{1-3}) = 0 - (6-2) = -5$
2	0—2	3	在 $\tau_2 = 5$ 前已经开始 $TF_{0-2} - (\tau_3 - ES_{0-2}) = 1 - (1-6) = -3$
3	1—4	7	非关键工作 $TF_{1-4} = 4$

显然工作 1—4 应推迟到 $\tau_3 = 6$ 后面开始。依次类推，继续以下各步调整，最后可得图 10-37 所示的资源有限—工期最短的近似解。

从以上调整过程可看出，网络计划优化，计算工作量相当烦琐，一般可采用计算机进行。

（二）工期固定—资源均衡的优化

工期固定—资源均衡的优化是在工期不变的情况下，使资源分布尽量均衡，即在资源需要量动态曲线上，尽可能不出现短时期的高峰或低谷。力求每天的资源需要量接近于平均值。资源均衡可以充分利用和减少施工现场各种临时设施（仓库、堆场、加工场、临时供水供电设施等生产设施和工人临时住房、办公房屋、食堂、浴室等生活设施）的规模，从而可以节省施工费用。衡量资源均衡的指标，一般有三种：

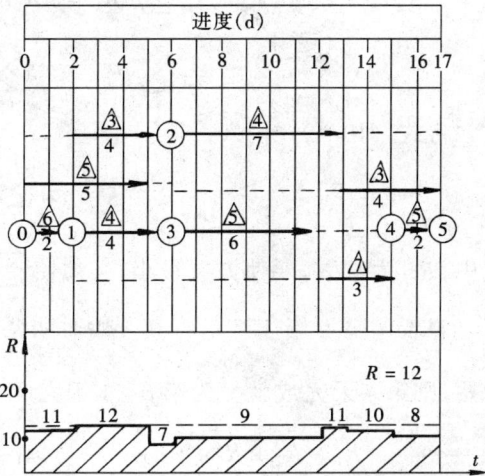

图 10-37 资源有限工期最短的近似解

1. 不均衡系数 K

$$K = \frac{R_{\max}}{R_m} \tag{10-48}$$

式中 $R_{\max}$——最高峰时的每天资源需用总量；

R_m——平均每天资源需用总量：

$$R_m = \frac{1}{T}(R_1 + R_2 + R_3 + \cdots R_7) = \frac{1}{T}\sum_{t=1}^{T} R_t \tag{10-49}$$

资源需要量不均衡系数愈小，资源需用量均衡性愈好。

2. 极差值 ΔR

$$\Delta R = \max\left[\,|R_t - R_m|\,\right] \tag{10-50}$$

式中 R_t——在第 t 天的资源需用量；

R_m——由式（10-49）求出。

资源需用量极差值愈小，资源需用量均衡性愈好。

3. 均方差值 δ^2

$$\delta^2 = \frac{1}{T}\sum_{i=1}^{T}(R_t - R_m)^2 \tag{10-51}$$

资源需用量均方差值愈小，其均衡性愈好。下面介绍用均方差值 δ^2 衡量均衡性的优化方法。为使计算较为简便，式（10-51）可展开如下：

$$\delta^2 = \frac{1}{T}\sum_{i=1}^{T}(R_t^2 - 2R_tR_m + R_m^2)$$

$$= \frac{1}{T}\sum_{i=1}^{T}R_t^2 - \frac{2R_m}{T}\sum_{i=1}^{T}R_t + \frac{1}{T}\sum_{i=1}^{T}R_m^2 \qquad (10\text{-}52)$$

将式（10-49）代入，得：

$$\delta^2 = \frac{1}{T}\sum_{T}^{1}R_t^2 - R_m^2 \qquad (10\text{-}53)$$

式中，R_m 为常数，要使方差最小，必须使 $\sum\limits_{i=1}^{T}R_t^2$ 最小。

假若调整工作 $k-1$，将其开始时间调后一天，如将第 i 天开始调整第 $i+1$ 天开始，则第 j 天完成就变为第 $j+1$ 天完成，这样调前的 $\sum\limits_{i=1}^{T}R_t^2$ 为：

$$R_1^2 + R_2^2 + R_3^2 + \cdots + R_i^2 + R_{i+1}^2 + \cdots + R_{j-1}^2 + R_{j+1}^2 + \cdots + R_T^2$$

调后为 $\sum\limits_{i=1}^{T}R_t^{2'}$ 为：

$$R_1^2 + R_2^2 + R_3^2 + \cdots + (R_i - q_{k-1})^2 + R_{i+1}^2 + \cdots + R_{j-1}^2 + R_j^2 + (R_{j+1} + q_{k-1})^2 + \cdots + R_T^2$$

用调后的 $\sum\limits_{i=1}^{T}R_t^{2'}$，减调前的 $\sum\limits_{i=1}^{T}R_t^2$，得出两者之间的差值为：

$$\Delta = (R_i - q_{k-1})^2 - R_i^2 + (R_{j+1} + q_{k-1})^2 - R_{j+1}^2$$

$$= 2R_{j+1}q_{k-1} - 2R_iq_{k-1} + 2q_{k-1}^2$$

得
$$\Delta = 2q_{k-1}[R_{j+1} - R_j + q_{k-1}] \qquad (10\text{-}54)$$

如 Δ 为负值，则工作 $k-1$ 右移一天，能使 $\sum\limits_{i=1}^{T}R_t^2$ 的值减小，由于只需判别正负，故判别式(10-54)可表达为下述形式：

$$\Delta' = R_{j+1} - R_i + q_{k-1} \qquad (10\text{-}55)$$

或工作右移一天能使均方差值减小的判别式为：

$$R_i > R_{j+1} + q_{k-1} \qquad (10\text{-}56)$$

即当工作 $k-1$ 开始那一天的资源需用量大于其完成那天的后一天的资源需用量与该工作资源强度之和时，该工作右移一天能使均方差值减小，这时，就可将是 $k-1$ 右移一天。

如此判定右移，直至不能右移或该工作的总时差用完为止。如在右移过程中，判定不能右移，或当 $R_i = R_{j+1} + q_{k-1}$ 时，仍然可试着右移，如在此后符合判别式（10-56），亦可将之右移至相应位置。工作 $k-1$ 右移以后，再按上述顺序考虑其他工作的右移。

调整应自网络计划终点节点开始,从右向左逐次进行。按工作的完成节点的编号值从大到小的顺序进行调整。同一个完成节点的工作则先调整开始时间较迟的工作。在所有工作都按上述顺序自右向左进行了一次调整之后,为使方差值进一步减小,再按上述顺序自右向左进行多次调整,直至所有工作的位置都不能再移动为止。

【例 10-3】 已知网络计划如图 10-38 所示,图中箭杆上方为资源强度,箭杆下方为持续时间。试对其进行工期固定—资源均衡的优化。

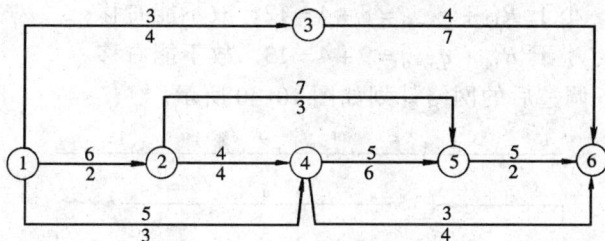

图 10-38 初始网络计划

【解】 1.给出时标网络计划,算出资源需用量,标注于网络计划的下方,如图 10-39 所示。

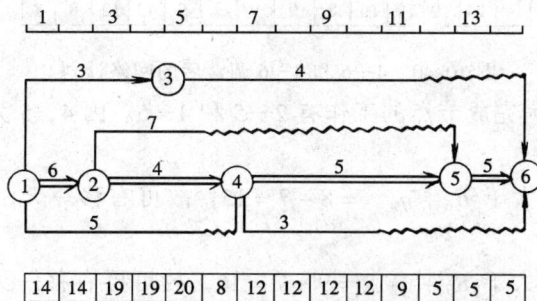

图 10-39 初始时标网络计划

2.算出平均资源需用量

$$R_\text{m} = \frac{1}{14}\ (2 \times 14 + 2 \times 19 + 20 + 8 + 4 \times 12 + 9 + 3 \times 5)\ = 11.86$$

3.第一次调整

(1)以节点 6 为完成节点的工作有 3—6、5—6 和 4—6。由于工期固定,5—6 为关键工作,故不能调整,只能调整 3—6 和 4—6。4—6 的开始时间较 3—6 迟,故先调整 4—6。按判别式(10-56)进行调整:

由于 $R_7 = 12$,等于 $R_{11} + q_{4-6} = 9 + 3 = 12$,故可右移一天,4—6 改变第 8 天开始;

又因 $R_8 = 12$,大于 $R_{12} + q_{4-6} = 5 + 3 = 8$,故可再右移一天,4—6 改为第 9

天开始；

又因 $R_9 = 12$，大于 $R_{13} + q_{4-6} = 5 + 3 = 8$，故可再右移一天，4—6 改为第 10 天开始；

又因 $R_{10} = 12$，大于 $R_{14} + q_{4-6} = 5 + 3 = 8$，故可再右移一天，4—6 改为第 11 天开始。

至此，4—6 的总时差已用完，不能再往右移。然后对 3—6 进行调整：

由于 $R_5 = 20$，大于 $R_{12} + q_{3-6} = 8 + 4 = 12$，故可右移一天；

由于 $R_6 = 8$，小于 $R_{13} + q_{3-6} = 8 + 4 = 12$，故不能右移；

由于 $R_7 = 9$，小于 $R_{14} + q_{3-6} = 9 + 4 = 13$，故不能右移。

4—6 和 3—6 调整后的网络计划如图 10-40 所示。

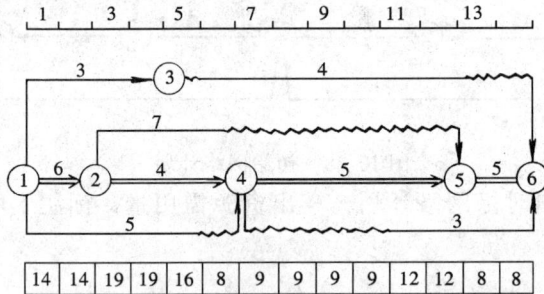

图 10-40　4—6 和 3—6 调整后的网络计划

（2）以节点 5 为完成节点的工作有 2—5 和 4—5。因 4—5 为关键工作，不能调整，只能调整 2—5。

由于 $R_3 = 19$，大于 $R_6 + q_{2-5} = 8 + 7 = 15$，故可右移一天，2—5 改为第 4 天开始；

又因 $R_4 = 19$，大于 $R_7 + q_{2-5} = 9 + 7 = 16$，故可再右移一天，2—5 改为第 5 天开始；

又因 $R_5 = 16$，等于 $R_8 + q_{2-5} = 9 + 7 = 16$，故可再右移一天，2—5 改为第 6 天开始；

由于 $R_6 = 8$，小于 $R_9 + q_{2-5} = 9 + 7 = 16$，故不能右移。

2—5 调整后的网络计划如图 10-41 所示。

（3）分别对以节点 4、3、2 为完成工作的节点的工作进行考虑，明显地看出，都不能向右移动。

4．第二次调整

在图 10-41 的基础上，对以节点 6 为完成节点的工作进行考虑，只有 3—6 有可能进行调整。

由于 $R_6 = 15$，大于 $R_{13} + q_{3-6} = 8 + 4 = 12$，故可右移一天，3—6 改为第 7 天

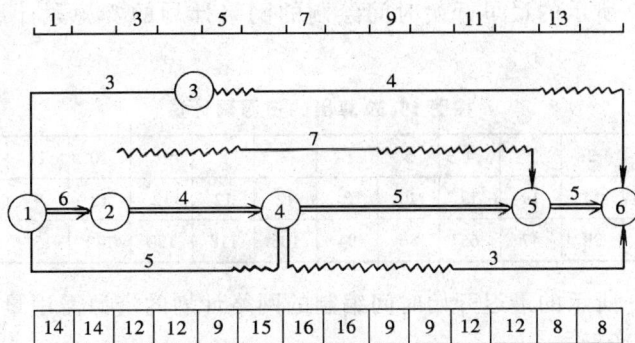

图 10-41 2—5 调整后的网络计划

开始；

又因 $R_7 = 16$，大于 $R_{14} + q_{3-6} = 8 + 4 = 12$，故可再右移一天，3—6 改为第 8 天开始；

至此，3—6 的总时差已用完，不能再往右移，3—6 调整后的网络计划如图 10-42 所示。

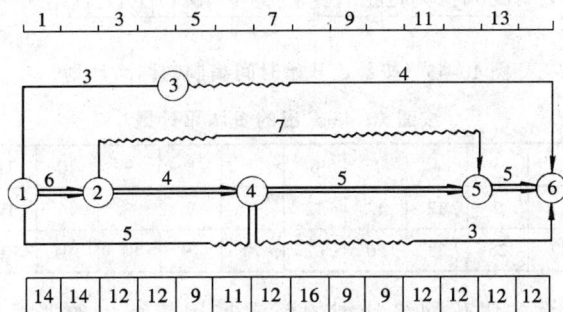

图 10-42 3—6 调整后得出优化网络计划

按公式（10-53）得出初始网络计划的均方差和优化后网络计划的均方差分别如下：

初始网络计划的均方差为：

$$\delta_0^2 = \frac{1}{14} \left[2 \times 14^2 + 2 \times 19^2 + 20^2 + 8^2 + 4 \times 12^2 + 9^2 + 3 \times 5^2 \right] - 11.86^2$$

$$= \frac{1}{14} \times 2310 - 11.86^2 = 24.34$$

优化后网络计划的均方差：

$$\delta^2 = \frac{1}{14} \left[2 \times 14^2 + 7 \times 12^2 + 3 \times 9^2 + 11^2 + 16^2 \right] - 11.86^2$$

$$= \frac{1}{14} \times 2020 - 11.86^2 = 3.63 < 24.34$$

按图 10-39 所示的最早开始时间绘制的网络计划的资源累计量如表 10-6 所示。

按图 10-39 算出的资源累计量 表 10-6

工作日	1	2	3	4	5	6	7	8	9	10	11	12	13	14
资源需用量	14	14	19	19	20	8	12	12	12	12	9	5	5	5
资源累计量	14	28	47	66	86	94	106	118	130	142	151	156	161	166

按图 10-43 所示的最迟开始时间编制的网络计划的资源需用量算出的资源累计量如表 10-7 所示。

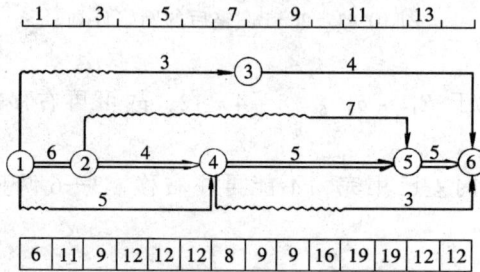

图 10-43 按最迟开始时间编制的网络计划

按图 10-43 算出的资源累计量 表 10-7

工作日	1	2	3	4	5	6	7	8	9	10	11	12	13	14
资源需用量	6	11	9	12	12	12	8	9	9	16	19	19	12	12
资源累计量	6	17	26	38	50	62	70	79	88	104	123	142	154	166

按图 10-42 所示的优化网络计划的资源需用量算出的资源累计量如表 10-8 所示。

按图 10-42 算出的资源累计量 表 10-8

工作日	1	2	3	4	5	6	7	8	9	10	11	12	13	14
资源需用量	14	14	12	12	9	11	12	16	9	9	12	12	12	12
资源累计量	14	28	40	52	61	72	84	100	109	118	130	142	154	166

按表 10-6、10-7、10-8 绘出的资源累计曲线如图 10-44 所示。

三、费用优化

费用优化又叫时间成本优化，是寻求最低成本时的最短工期安排。网络计划的总费用由直接费和间接费组成。它们与工期之间的关系如图 10-45 所示。

缩短工期，会引起直接费用的增加和间接费用的减少，延长工期会引起直接

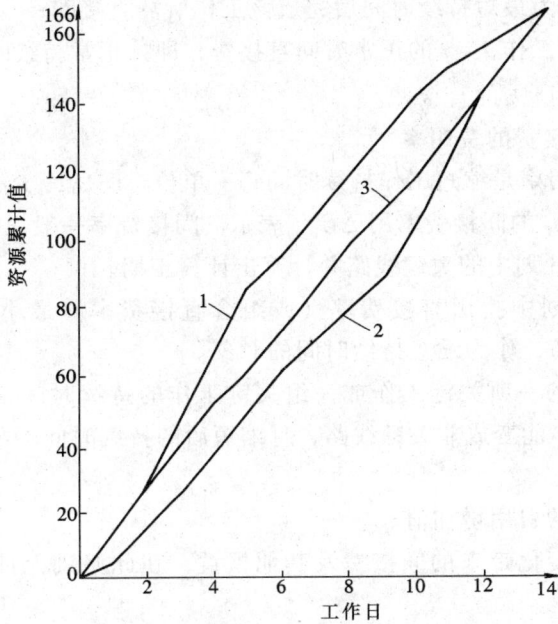

图 10-44　资源累计曲线

1—按最早开始时间编制的网络计划的资源累计曲线；2—按最迟开始时间
编制的网络计划的资源累计曲线；3—优化网络计划的资源累计曲线

费用的减少和间接费用的增加。我们要求的是总费用最小，与最小费用相对的工期为最优工期。费用优化可按下述步骤进行：

1. 算出工程总直接费。工程总直接费等于组成该工程的全部工作的直接费的总和，用 ΣC^{D} 表示。

2. 算出各项工作直接费的增加率（简称直接费率，即缩短工作持续时间每一单位时间所增加的直接费）。工作 $i-j$ 的直接费率用 $\Delta C_{i-j}^{\mathrm{D}}$ 表示。

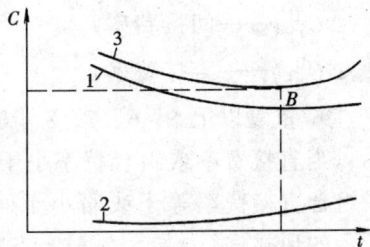

图 10-45　工期—费用曲线

1—直接费用；2—间接费用；

3—费用总和

$$\Delta C_{i-j}^{\mathrm{D}} = \frac{CC_{i-j} - CN_{i-j}}{DN_{i-j} - DC_{i-j}} \tag{10-57}$$

式中　　DN_{i-j}——工作 $i-j$ 的正常持续时间，即在合理的组织条件下，完成一项
　　　　　　　　工作所需的时间；

　　　　DC_{i-j}——工作 $i-j$ 的最短持续时间，又叫极限持续时间，即不可能进一
　　　　　　　　步缩短的持续时间；

　　　　CC_{i-j}——工作 $i-j$ 的最短时间直接费，即将工作 $i-j$ 的持续时间缩短

为最短持续时间后完成该工作所需直接费；

CN_{i-j}——工作 $i-j$ 的正常时间直接费，即按正常持续时间完成工作 $i-j$ 所需的直接费。

3. 确定出间接费的费用率

间接费的费用率是缩短工作持续时间每一单位时间所减少的间接费，简称间接费率。工作 $i-j$ 的间接费率用 ΔC_{i-j}^{iD} 表示。间接费率一般根据实际情况确定。

4. 找出网络计划中的关键线路并计算出计算工期。

5. 在网络计划中找出直接费率（或组合直接费率）最小的一项关键工作（或一组关键工作），作为缩短持续时间的对象。

6. 缩短找出的一项关键工作或一组关键工作的持续时间，其缩短值必须符合所在关键线路不能变成非关键线路，且缩短后的持续时间不小于最短持续时间的原则。

7. 计算相应的费用增加值。

8. 考虑工期变化带来的间接费及其他损益，在此基础上计算总费用。总费用计算如下：

$$C_t^T = C_{t+\Delta T}^T + \Delta T \cdot \Delta C_{i-j}^D - \Delta T \cdot \Delta C_{i-j}^{iD}$$

即

$$C_t^T = C_{t+\Delta T}^T + \Delta T \left[\Delta C_{i-j}^D - \Delta C_{i-j}^{iD} \right] \qquad (10\text{-}58)$$

式中　C_t^T——将工期缩短 t 时的总费用；

$C_{t+\Delta T}^T$——前一次的总费用；

ΔT——工期缩短值；

ΔC_{i-j}^{iD}——间接费率；

ΔC_{i-j}^D——直接费率。

9. 重复以上 5、6、7、8 步骤直到总费用不再降低为止。如公式（10-58）所示，当直接费率或组合费率小于间接费率时，总费用呈上升趋势；故当直接费率或组合直接费率等于或略小于间接费率时，总费用最低。优化过程可按表 10-9 所示的形式进行。

优化过程的形式　　　　　　　　　　　　　　表 10-9

缩短次数	被缩工作代号	被缩工作名称	直接费或组合直接费率	费率差（正或负）	缩短时间	缩短费用	总费用	工期
1	2	3	4	5	6	7	8	9

注：费率差 = （直接费率或组合费率） - （间接费率）。

【例 10-4】　已知网络计划如图 10-46 所示。箭杆上方括号外为正常时间直接费，括号内为最短时间直接费。箭杆下方括号外为正常持续时间，括号内为最短持续时间，试对其进行费用优化。间接费率为：0.120 千元/d。

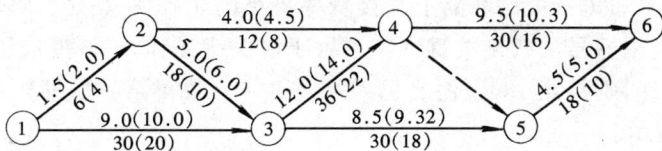

图 10-46 初始网络计划

注：费用单位：千元，时间单位：d

【解】

（1）算出工程总直接费：

$$\Sigma C^{D} = 1.5 + 9 + 5 + 4 + 12 + 8.5 + 9.5 + 4.5 = 54 \text{ 千元}$$

（2）算出各工作的直接费率：

$$\Delta C^{D}_{1-2} = \frac{CC_{1-2} - CN_{1-2}}{DN_{1-2} - DC_{1-2}} = \frac{2 - 1.5}{6 - 4} = 0.25 \text{ 千元/d}$$

$$\Delta C^{D}_{1-3} = \frac{10 - 9}{30 - 20} = 0.1 \text{ 千元/d}$$

$$\Delta C^{D}_{2-3} = \frac{5.25 - 5}{18 - 16} = 0.125 \text{ 千元/d}$$

$$\Delta C^{D}_{2-4} = \frac{4.5 - 4}{12 - 8} = 0.125 \text{ 千元/d}$$

$$\Delta C^{D}_{3-4} = \frac{14 - 12}{36 - 22} = 0.143 \text{ 千元/d}$$

$$\Delta C^{D}_{3-5} = \frac{9.32 - 8.5}{30 - 18} = 0.068 \text{ 千元/d}$$

$$\Delta C^{D}_{4-6} = \frac{10.3 - 9.5}{30 - 16} = 0.057 \text{ 千元/d}$$

$$\Delta C^{D}_{5-6} = \frac{5 - 4.5}{18 - 10} = 0.062 \text{ 千元/d}$$

（3）用标号法找出网络计划中的关键线路并求出计算工期，如图 10-47 所示。

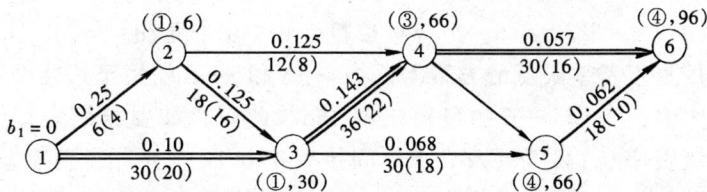

图 10-47 初始网络计划

注：1. 箭线上方为直接费率；

2. 节点上方或下方为标号。

（4）进行工期压缩。

1）第一次缩短：关键线路上直接费率最小的工作为 4—6，将其缩短至最短持续时间，再用标号法找出关键线路。由于原关键工作 4—6 变成了非关键工作，需将其持续时间延长至 18d，使之仍为关键工作，故得第一次缩短后工期为 84d，如图 10-48 所示。

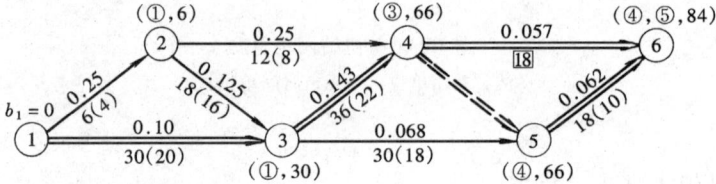

图 10-48　第一次压缩后的网络计划

2）第二次缩短：由于需同时缩短关键工作 4—6 和 5—6，才能有效地缩短工期，两个工作的组合费率为 $0.057 + 0.062 = 0.119$ 千元/d，大于工作 1—3 的直接费用 0.1 千元/d，故决定缩短工作 1—3，并使其仍为关键工作，则其持续时间只能缩短至 24d。故得第二次缩短后工期为 78d，第二次压缩后的网络计划如图 10-49所示。

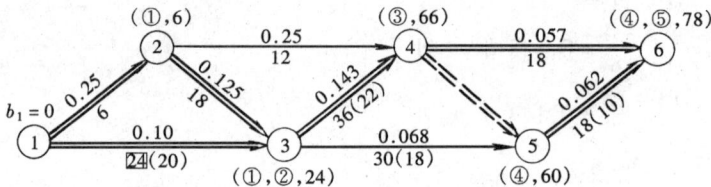

图 10-49　第二次压缩后的网络计划

3）第三次缩短：可有 4 个方案，具体方案和相应直接费率如下：

①同时缩短 1—2 和 1—3，组合直接费率 0.35 千元/d；

②同时缩短 2—3 和 1—3，组合直接费率 0.225 千元/d；

③缩短 3—4，直接费率 0.143 千元/d；

④同时缩短 4—6 和 5—6，组合直接费率 0.119 千元/d。

决定采用直接费率最低的方案④，将 4—6 和 5—6 缩短至这两个工作最短持续时间的最大值，工作 4—6 的最短工期 16d。此后，如要再缩短，应采用方案③，组合直接费率 0.143 千元/d，大于间接费率 0.12 千元/d，费率差成为正值，总费用呈上升趋势，故第三次缩短后，就是当间接费率为 0.12 千元/d 时的费用最低的优化工期了。优化后的网络计划如图 10-50 所示。优化过程如表 10-10 所示。优化后的总费用为：

$$C_t^T = C_{t+\Delta T}^T + \Delta T \left[\Delta C_{i-j}^D - \Delta C_{i-j}^{iD} \right]$$

$$= 53.124 + 2 \times (0.119 - 0.12) = 53.122 \text{ 千元}$$

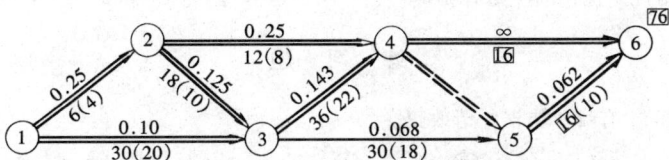

图 10-50 优化后的网络计划

注：由于 4—6 已不能再缩短，故令其直接费率为无穷大。

优 化 过 程   表 10-10

缩短次数	被缩工作		直接费率或组合直接费率	费率差	缩短时间	缩短费用	总费用（千元）	工期
	代号	名称						
1	2	3	4	5	6	7	8	9
0	—	—	—	—	—	—	54.00	96
1	4—6	—	0.057	−0.063	12	−0.756	53.244	84
2	1—3	—	0.100	−0.020	6	−0.120	53.124	78
3	4—6 5—6	—	0.119	−0.001	2	−0.002	53.122	76
4	3—4	—	0.143	0.023				

注：费率差等于直接费率减间接费率 0.120 千元/d。

思 考 题

10-1 研究网络计划技术的目的是什么？

10-2 什么是网络图？什么是网络计划？

10-3 双代号和单代号网络图在表达上有什么不同？

10-4 试述工作间的逻辑关系的含义及其分类。

10-5 建立或绘制网络图应具备哪些条件？要符合哪些基本规则？

10-6 虚工序在双代号网络中起何作用？

10-7 掌握一般网络计划的各种时间参数的含义、计算顺序和计算方法。

10-8 什么叫总时差和自由时差？它们之间有什么关系？

10-9 为何当紧前工序有两个以上时，计算 ES_{i-j}，要取最大值？而当紧后工序有两个以上时，计算 LF_{i-j} 和 FF_{i-j}，要取最小值？

10-10 确定关键线路有什么意义？怎样确定？怎样利用？

10-11 网络计划与横道计划比较，各有何优缺点？有何异同？

10-12 在什么情况下，TF_{i-j} 会分别出现：负值、零、正值？

10-13 能熟练地将网络计划与横道计划两种形式互变。

10-14 简述时标网络计划绘制方法和虚箭线、实箭线、波形线各表示什么。

10-15 简述时标网络计划中工作时间参数判定的方法。

10-16 网络计划优化的类型有哪些?

练 习 题

10-1 图 10-51 有哪些错误? 请改正。

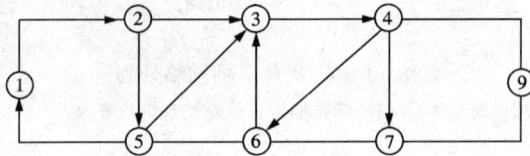

图 10-51 习题 10-1 图

10-2 根据下列各题的逻辑关系绘制双代号网络图:

① { H 的紧前工序为 A、B; F 的紧前工序为 B、C; G 的紧前工序为 C、D。

② { H 的紧前工序为 A、B; F 的紧前工序为 B、C、D; G 的紧前工序为 C、D。

③ { M 的紧前工序为 A、B、C; N 的紧前工序为 B、C、D。

④ { H 的紧前工序为 A、B、C; N 的紧前工序为 B、C、D; P 的紧前工序为 C、D、E。

10-3 鉴别下面的网络图 (图 10-52、10-53),若不合理,试改正并重新编号:

①二段流水施工基础工程。

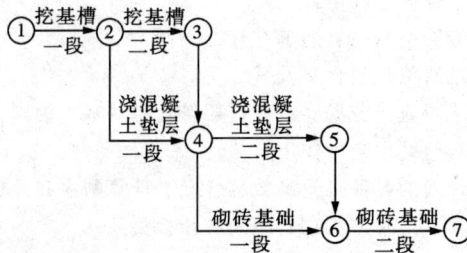

图 10-52 习题 10-3 图 (一)

②四层楼装饰工程的流水施工网络图

10-4 两层砖混结构,每层分两段施工,每层每段依次施工的工序的作业时间如图 10-54 所示。

要求:①砌墙工人在各段上连续施工(逻辑上连续);

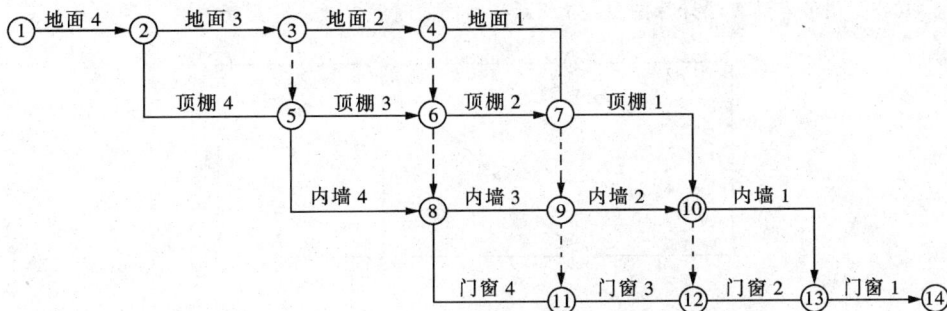

图 10-53　习题 10-3 图（二）

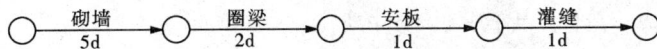

图 10-54　施工工序的作业时间图

②在同一施工段上，下层灌缝完成后才允许砌上层墙；

试用双代号表示法画出网络图。

10-5　根据下列关系绘制双代号网络图（完整的），然后用工作计算法计算各时间参数，并找出关键线路。

习题 10-5 表　　　　　　　　　　　　　表 10-11

工　　序	作业时间	紧前工序	紧后工序
A	2	—	D, C, D
B	4	A	F
C	2	A	E
D	8	A	F
E	4	C	F
F	3	B, D, E	—

10-6　根据下列关系绘制双代号网络图（完整的），然后用图上计算法（直接在图上计算）计算各时间参数，并确定关键线路。

习题 10-6 表　　　　　　　　　　　　　表 10-12

工　　序	作业时间	紧前工序	紧后工序
A	3	—	B, C, G
B	5	A	D, E
C	4	A	H
D	8	B	H
E	3	B	F, I
F	9	E	J
G	7	A	J
H	4	C, D	J
I	9	E	K
J	3	F, G, H	K
K	8	I, J	—

10-7 用节点计算法计算图 10-55 所示网络图的时间参数，并判断关键工序。

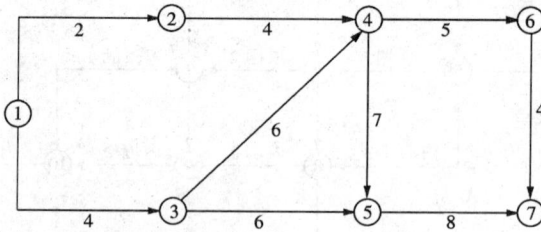

图 10-55 习题 10-7 图

10-8 请根据下列双代号网络的有关数据，进行"资源有限，工期最短"的优化（设每天最多只能供应 20 个单位，且工序不允许中断）。

习题 10-8 表 表 10-13

工序代号	工序作业时间（天）	每天资源需求量
0—1	2	10
0—2	6	8
1—2	3	12
1—3	5	12
2—3	8	8
2—4	7	9
3—5	10	6
4—5	6	10

10-9 按表 10-14 逻辑关系，画出单代号网络图，然后计算网络图的时间参数，并确定关键线路。

习题 10-9 表 表 10-14

工序名称	A	B	C	D	E	F	G	H	I	J
作业时间	3	6	5	2	4	7	3	5	12	6
紧前工序	—	A	A	B	B	D	F	E, F	C, E, F	H, G

10-10 根据下列数据，绘制网络图并计算它的各个时间参数。

习题 10-10 表 表 10-15

工序名称	作业时间	紧前工序	搭接关系	时　距
K	4	—	—	—
L	5	K	FTF	2
M	7	K	STS	2
P	5	L	FTS	0
Q	6	L	FTS	3
Q	6	M	STF	5
R	4	P	STS	2
R	4	P	FTF	1
R	4	Q	STS	2

第十一章 单位工程施工组织设计

学习要点

本章内容包括单位工程施工组织设计编制的依据、程序、内容和原则；施工方案设计的内容和要求以及评价指标；施工进度计划和资源需要量计划编制的步骤和方法；施工平面图的内容，设计的原则和步骤；主要技术组织措施等。通过本章学习重点掌握"一案一表一图"的内容与编制方法，会编制单位工程施工组织设计。

第一节 基 本 知 识

单位工程施工组织设计是施工企业或企业的项目部针对一个单位工程（单栋拟建建筑物、构筑物）编制的，用以指导施工全过程的，具有操作性的组织、技术、经济性综合文件。

一、单位工程施工组织设计的任务

单位工程施工组织设计的任务，就是根据编制施工组织设计的基本原则、施工组织总设计和有关原始资料，结合实际施工条件，对拟建工程生产的全过程进行全面规划，包括组织规划、时间规划、资源规划和空间规划及质量规划，并制定出相应保证措施和安排，使之达到最佳结合，为建筑产品生产的节奏性、均衡性和连续性提供最优化方案。从而以最少的资源消耗取得最大经济效益，使最终产品的生产在时间上达到速度快、工期短，在质量上达到精度高和功能好，在经济上达到成本低和利润高的目的。

二、单位工程施工组织设计的编制依据

（1）招标文件或工程合同或协议。招投标阶段必须依据招标文件的内容和要求编制标前施工组织设计。中标后详细的施工组织设计应根据工程合同进行补充编制。

（2）设计文件。包括本工程的全部施工图纸，采用的标准图、设计说明及各类勘察资料等。

（3）施工组织总设计。当该单位工程属于群体工程的组成部分时，其单位工

程施工组织设计必须按照总设计的要求进行编制。

（4）各项施工条件。包括①施工现场的具体情况，如地形地貌、地质条件、地下水、地上及地下障碍物、气象情况、水准点、交通运输道路等；②建设单位可提供的条件，如施工用地、水电供应、施工设施等；③资源供应情况，如劳动力、材料、构配件和主要机械设备等。

（5）设计概算或施工图预算或报价文件以及各类定额。

（6）上级对该单位工程的安排和指示以及规定的各项指标。

（7）国家及建设地区现行的有关建设法律、法规、技术标准、规程、规章制度。

三、单位工程施工组织设计的内容和编制程序

单位工程施工组织设计的内容，根据工程规模、性质、结构复杂程度、施工难易程度，其深浅繁简会有差异，比较完整的内容包括：

（1）工程概况。

（2）施工部署和施工方案。

（3）施工进度计划。

（4）施工准备工作计划。

（5）劳动力、材料、构配件、施工机械等需要量计划。

（6）施工平面图。

（7）质量、工期、安全、节约、冬雨期施工、文明施工等技术组织保证措施。

（8）主要技术经济指标。

单位工程施工组织设计的编制程序，见图 11-1 所示。

四、单位工程施工组织设计编制原则

单位工程施工组织设计的编制除了应遵循第十章第二节的原则外，还应考虑以下三点：

（1）以投标中标为目标。

（2）以经济效益为目的。

（3）以一切为用户为宗旨。

五、工程概况

工程概况及施工特点分析是对拟建工程的工程特点、地点特征和施工条件等所做的一个简要的、突出重点的介绍。主要内容有工程建设概况、工程设计概况、工程施工概况和工程施工特点。

（一）工程建设概况

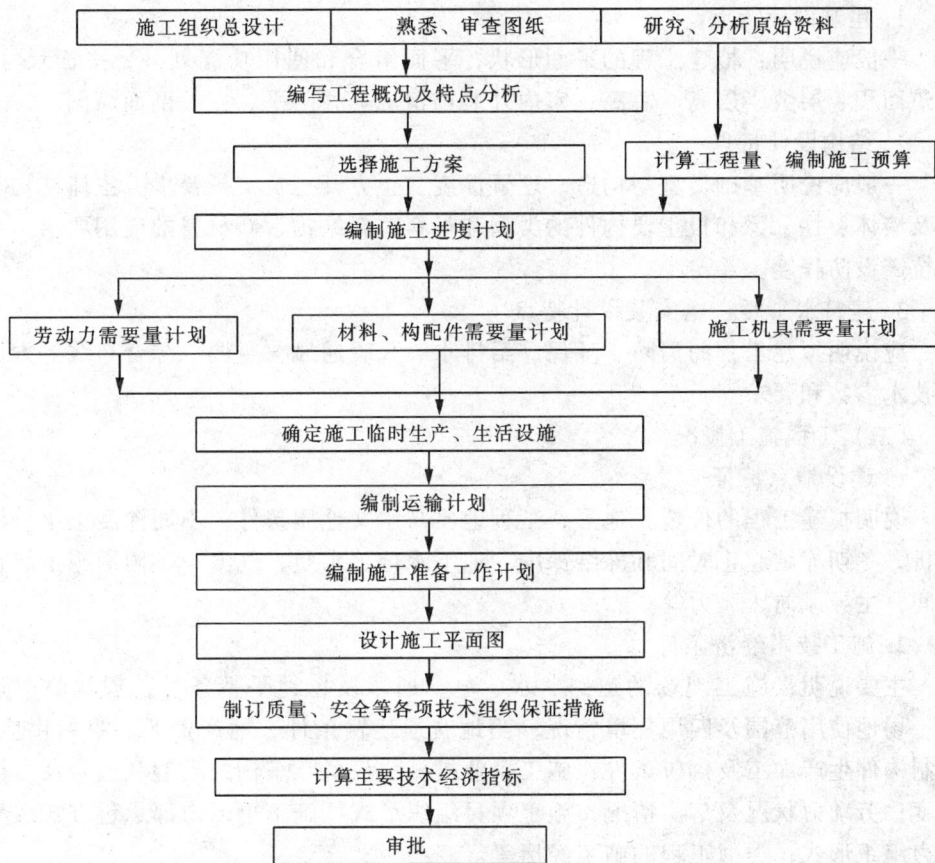

图 11-1 单位工程施工组织设计的编制程序

工程建设概况应说明拟建工程的建设单位，工程名称、性质、规模、用途、作用，资金来源、投资额，工期要求，设计单位，监理单位，施工单位，施工图纸情况，工程合同，主管部门有关文件或要求，组织施工的指导思想等。并附以主要分部分项工程一览表，见表 11-1 所示。

主要分部分项工程量一览表   表 11-1

序号	分部分项工程名称	单位	工程量	序号	分部分项工程名称	单位	工程量
一	基础工程			4	砌基础	m³	3360
1	挖土方	m³	14350	5	回填土	m³	4250
2	3:7 灰土垫层	m³	5920	二	主体工程		
3	混凝土垫层	m³	256	6	...		

（二）工程设计概况

1.建筑设计特点

一般应说明：拟建工程的平面形状，平面组合和使用功能划分，平面尺寸、建筑面积、层数、层高、总高、室内外装饰情况。并附平、立、剖面简图。

2.结构设计特点

一般应说明基础类型与构造、埋置深度、土方开挖及支护要求，主体结构类型及墙体、柱、梁和板主要构件的类型和材料，新结构、新材料的应用要求，工程抗震设防程度。

3.建筑水、暖、电安装设计特点

应说明拟建工程的消防、环保、给排水、采暖通风与空调、综合布线等方面的技术参数和要求。

（三）工程施工概况

1.建设地点特征

说明拟建工程的位置、地形，工程地质与水文地质条件，不同深度土壤结构分析，冬期冻结起止时间和冻结深度，地下水位、水质，气温，冬雨期施工起止时间，主导风向、风力等。

2.施工技术经济条件

主要说明：施工现场的道路、水、电、通风及场地平整条件；现场临时设施、场地使用范围及四周环境情况；当地交通运输条件、地产资源、材料供应、预制构件生产加工及供应条件；施工企业机械、设备、车辆的类型和型号及可供程度；劳动力状况及落实情况；施工项目组织形式，施工单位内部承包方式及劳动力组织形式；类似工程的施工经历等。

（四）工程施工特点

应概括指出拟建工程的施工重点、难点，以便在施工准备工作、施工方案、施工进度、资源配置及施工现场管理等方面制订相应有效的措施。

在工程概况中，为了掌握得更准确，除了附以拟建工程的平、立、剖面简图外，还应附工程所在位置的总平面图；并在图中注明工程所在地具体位置，临近可利用的临时建筑物、构筑物及场地；要注明工程的轴线尺寸、总长、总宽、总高及层数、层高等主要建筑尺寸。

第二节 施 工 方 案

施工方案是单位工程施工组织设计的核心问题。它是在对工程概况和施工特点分析的基础上，确定施工阶段开展的程序和施工顺序，施工流向起点和总流向，主要分部工程的施工方法和施工机械。施工方案的合理与否，直接关系工程进度、质量和成本，因此，必须充分重视，应在拟定的几个可行的施工方案中，择优确定。

一、确定单位工程施工开展的程序

单位工程施工开展的程序，主要是解决各分部工程之间在时间上的先后次序及搭接配合关系。通常应遵循的程序主要有：

1. 先准备，后施工

每一分部分项工程开工前，都应做好各方面的施工准备，尤其是技术、物资、人员的准备，这是保证工程正常施工的前提。

2. 先地下，后地上

施工时通常应首先完成地下地基基础工程（桩基工程、土方工程、基础工程、地下结构工程），然后开始地上工程施工。但对于高层建筑也可以采用逆作法施工。

3. 先主体，后围护

施工时应先进行主体结构施工，而后进行围护工程施工。

4. 先结构，后装饰

施工时应先进行主体结构施工，而后进行装饰工程施工。但对于新建筑体系和工厂化生产的工程，也可将装饰和结构构件一并在工厂完成，到现场拼装。

5. 先土建，后设备

先土建，后设备是指在民用建筑中，要处理好土建与水、暖、电卫以及生产工艺设备安装的关系，尤其在装修阶段，要从保证工程质量、避免浪费角度出发，处理好两者在时间上和空间上的穿插配合。在工业建筑中，应根据工业建筑类型，安排好土建与设备安装的先后关系。对于精密仪表车间一般是土建和装饰完成后进行工艺设备的安装；而对于重型工业厂房，一般先安装工艺设备后建设厂房或二者同时进行。

6. 先自检，后验收

为了保证质量，要求每一分项、分部工程完成后，必须经过"三检"（自检、互检、专业检），再报监理检查验收，合格后才能进行下一道工序。单位工程施工完成后，首先，施工单位组织内部预验收，严格检查工程质量，整理各项技术经济资料，然后经建设单位、监理单位和质检站验收合格，双方方可办理交工验收手续及有关事宜。

确定施工开展的程序时，应明确各施工阶段主要工作内容和顺序。

二、确定施工流向

单位工程施工流向是指其施工活动在拟建建筑的空间上（包括平面上和竖向）开始的部位以及到结束部位的整个进展方向。对于单层建筑物，如厂房，可按其车间、工段或跨间，分区分段地确定出在平面上的施工流向；对于多、高层建筑物，除了确定每层平面上的流向外，还须确定沿竖向的施工流向。

施工流向涉及和影响一系列施工活动的展开和进程，也直接影响着施工目标的实现，它是组织施工的重要内容。施工流向的确定包括施工段的划分、施工流向起点和总流向的确定等三个内容。施工流向起点的确定，就是确定施工活动在空间上最先开始的部位。施工总流向是指施工活动在空间上自开始部位至结束部位的整个进展方向。

（一）确定单位工程施工流向起点应考虑的因素

（1）生产工艺流程。生产性建筑要考虑生产工艺流程及投产的先后顺序。凡是将会影响其他工段试车投产的工段应先施工。

（2）业主对生产和使用的要求。对业主急需使用的工段和部位应先施工。

（3）工程复杂程度和施工过程间的相互关系。一般技术复杂、耗时长的区段或部位应先施工。确定关系密切的分部分项工程的流水施工方向时，如果紧前施工过程的流水起点已经确定，则后续施工过程的流水起点应与之一致。

（4）建筑物的高、低跨和不同层数。当基础埋深不一致时，应按先深后浅顺序确定开始部位；柱子的吊装应从高、低跨并列处开始；屋面防水层施工应按先低后高方向施工；当一栋建筑物由不同层数组成时，一般应从层数多的一段开始，这样既可以缩短工期又可以避免窝工损失。

（5）工程现场条件和施工技术要求。受施工现场的限制和施工技术的要求，一般先建主体建筑结构，而后建筑裙房。边挖边运土方工程，一般应从远离道路的部位开始。

（6）分部分项工程的特点和相互关系。在流水施工中，流水起点决定了各施工段的施工顺序和施工段的划分和编号。因此，应综合考虑、合理确定施工流向的起点。

（二）施工总流向

每一建筑的施工可以有多种施工流向。就多层或高层建筑的装饰工程为例，根据其施工特点和要求，可有以下几种情况：

（1）室内装饰工程自上而下的施工流向。也即等主体结构工程封顶、屋面防水完成后，从顶层开始逐层往下进行，见图 11-2 所示。其优点是，主体结构完成后有一定的沉降时间，且防水层已做好，容易保证装饰工程质量不受沉降和下雨等情况的影响，而且自上而下地流水施工，工序之间交叉少，便于施工和成品保护，垃圾清理也方便。其缺点是，不能与主体工程平行搭接施工，因此，此种方案工期较长。所以，只有当工期比较宽松时，应选择此种施工流向。

（2）室内装饰工程自下而上的施工流向。也即等主体结构工程施工到三层以上时，装饰工程从一层开始，与主体结构总是相隔两三层，逐层向上平行施工，见图 11-3 所示。此种方案的优点是：主体与装饰立体平行交叉施工，因而工期短。缺点是：工序交叉多，成品保护难，质量和安全不易保证。因此，当工期紧且采取了一定的技术组织措施时，才可采用此种施工流向。

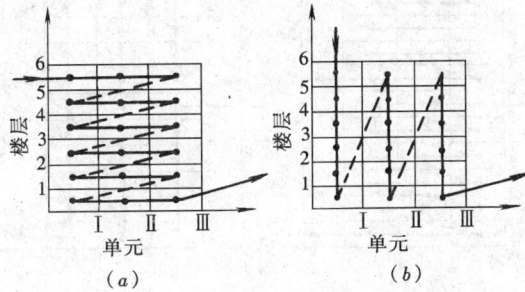

图 11-2　室内装饰工程自上而下的流向

（a）水平向下；（b）垂直向下

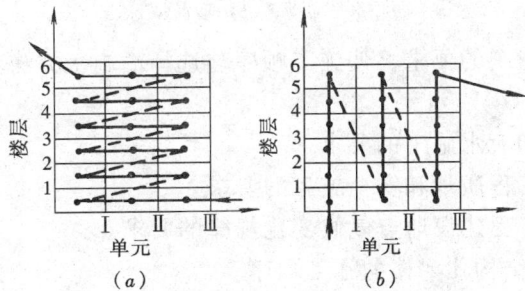

图 11-3　室内装饰工程自下而上的流向

（a）水平向上；（b）垂直向上

（3）自中而下再自上而中的装饰施工流向。它综合了上述两种流向的优点，尤其适合于高层建筑装饰施工，见图 11-4 所示。

（4）室外装饰工程一般采用自上而下的施工流向，目的在于保证装饰质量。

三、确定施工顺序

施工顺序是指各分部分项工程施工在时间上展开的先后次序。

确定施工顺序是为了按照建筑施工的客观规律组织施工，解决各分部工程、各分项工程、各工序之间在时间上的搭接配合关系，在保证工程质量和安全施工的前提下，达到充分利用空间，争取时间，实现缩短工期的目的。

（一）确定施工顺序时应考虑的因素

（1）遵循施工程序。

（2）符合施工技术、施工工艺的要求。

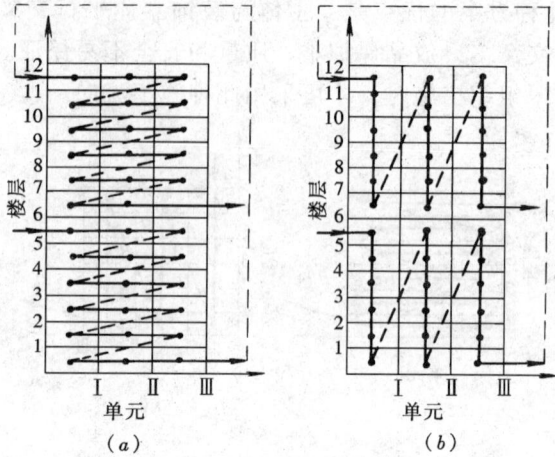

图 11-4 室内装饰自中而下再自上而中的流向

（a）水平向下；（b）垂直向下

（3）满足施工组织的要求，使施工顺序与选择的施工方法和施工机械相互协调。

（4）考虑工期和流水施工的要求。

（5）必须确保工程质量和安全施工的要求。

（6）必须适应工程建设地点气候变化规律的要求。

（二）多层混合结构住宅楼的施工顺序

多层混合结构住宅楼的施工，按照房屋各部位的施工特点，可分为基础工程、主体结构工程、屋面及装饰工程等三大分部工程，水、暖、电、卫工程应与土建工程密切配合，交叉施工，如图 11-5 所示。

1. 基础工程阶段的施工顺序

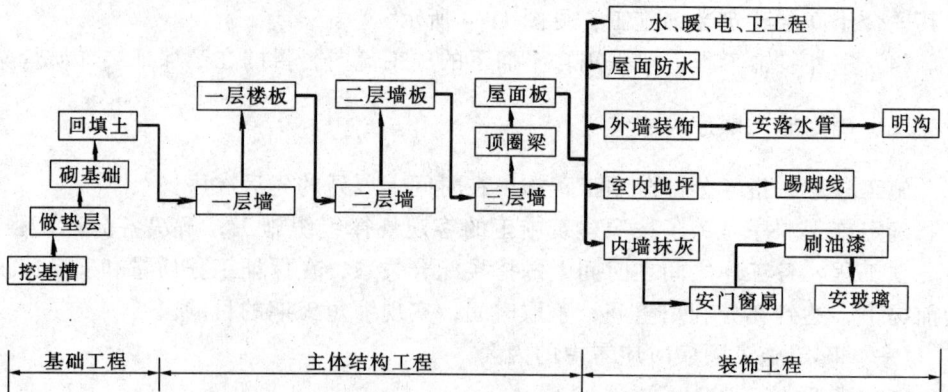

图 11-5 混合结构三层居住房屋施工顺序图

基础工程阶段是指室内地坪（±0.00）以下的所有工程施工阶段。其施工顺序一般是：挖土→做垫层→砌基础→铺设防潮层→回填土。如果地下有障碍物、洞穴和软弱地基等，需先进行处理；如采用桩基础，应先进行桩基础施工；如有地下室，则在基础砌完或完成一部分后，砌筑（或浇筑）地下室墙身，做防水（潮）层，安装或浇筑地下室顶板，最后回填土。

施工安排时，垫层与挖土的施工搭接要紧凑，槽、坑检验合格后应立即做垫层，以防下雨基槽积水，影响地基承载力；垫层施工后要留技术间歇时间，使其具有一定强度并弹完线后再进行下道工序。各种管沟的挖土、管道铺设等，应尽可能与基础施工平行搭接进行。在基础砌筑完成后应及早进行基槽回填土的分层回填夯实，以便为后续施工创造条件。

2. 主体结构工程的施工顺序

主体结构施工阶段的主要工作有：搭脚手架，墙体砌筑，安门窗框，安预制过梁，安预制楼板，现浇卫生间楼板、雨篷和圈梁，安装预制楼梯或现浇楼梯，安屋面板，浇灌檐口等分项工程。其中墙体砌筑及楼板安装是主导工程，应使其在主体结构施工期间保持不间断地连续施工，其他各项工作则应在此期间内依次配合、穿插完成，这是利用空间，争取时间，保证工期的关键。

3. 屋面和装饰工程的施工阶段

屋面工程应在主体结构工程完工后紧接着进行，以便尽快地为房屋内、外装饰工程的完成创造条件。对于刚性防水屋面的现浇钢筋混凝土防水层、分格缝施工应在主体结构完成后开始并尽快完成；对于整体柔性防水屋面施工还需考虑天气情况，基层必须干燥才能做防水施工。屋面工程的施工顺序一般为：找平层→隔气层→保温层→找平层→防水层→保护层。

装饰工程可分为室外装饰（外墙抹灰，勒脚，散水，台阶，明沟，水落管等）和室内装饰（顶棚、墙面、地面、楼梯抹灰，门窗扇安装、油漆，门窗安玻璃，油漆墙裙，做踢脚线等）。室内、外装饰工程的施工顺序通常有先内后外、先外后内和内外同时进行三种顺序，具体确定采用哪一种顺序应视施工条件和工期要求而定。

室内装饰工程可与屋面工程、室外装饰工程平行搭接施工。对于同一层的室内抹灰施工顺序，是先地面，后顶棚、墙面，还是先顶棚、墙面，后地面，也应考究。底层地面应在楼层抹灰完毕后进行。楼梯间和踏步因施工期间易遭损坏，常在整个抹灰完毕后自上而下地进行，并使其封闭养护到规定强度。门窗扇和玻璃、油漆的施工一般应在抹灰工程完工后安排。

室外装饰通常应避开雨期或冬期，并由上而下逐层进行，并随着拆除该层的脚手架。

屋面和装饰的施工阶段内容多，劳动消耗量大，且手工操作多，需要时间长，常需平行与交叉相结合的方法进行施工。

4. 水、暖、电、卫等工程施工顺序

水、暖、电、卫工程一般应与土建工程中有关分部分项工程之间密切配合，交叉施工。

(1) 在基础工程施工时，应将相应的上、下水管沟等垫层、管沟墙做好，然后回填土。

(2) 在主体工程施工中，在砌墙或浇筑混凝土墙板时，应按设计要求预留各种管道孔、电线孔槽和预埋木砖或其他预埋件。

(3) 在装饰工程施工前，安设相应的各种管道和电气照明用的附墙暗管、接线盒等。水、暖、电、卫其他设备安装均穿插在地面或墙面抹灰的前后进行。

(三) 装配式钢筋混凝土单层工业厂房的施工顺序

装配式钢筋混凝土单层工业厂房的施工可分为基础工程、预制工程、结构安装工程、围护工程和装饰工程等五个施工阶段。其施工顺序见图 11-6 所示。

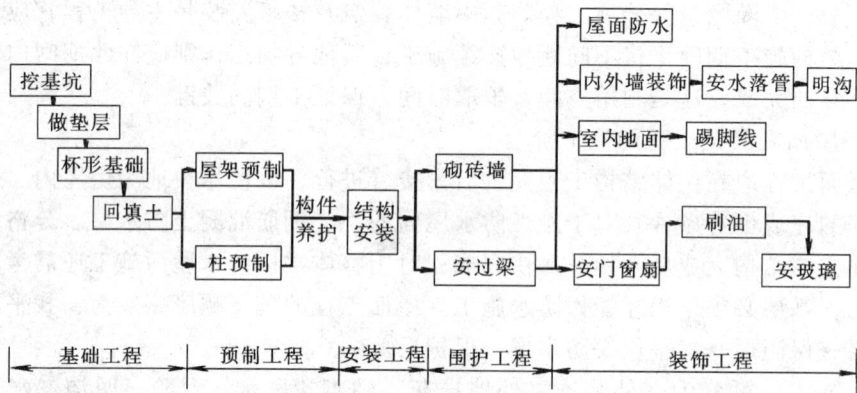

图 11-6　装配式钢筋混凝土单厂施工顺序图

1. 基础工程的施工顺序

基础工程的施工顺序通常是：基坑挖土→做垫层→绑筋→支基础模板→浇基础混凝土→养护→拆模→回填土。若地基土质较差时，往往在基坑挖土前先施工桩基础。

在地基基础施工前期，同其他建筑一样，应首先处理好问题土及地下的洞穴等；然后，按确定的施工顺序组织流水施工；在保证质量的前提下，应尽早拆模和回填，以免曝晒和水浸地基，并为后续工作提供场地。

厂房基础与设备基础的施工顺序关系有以下两种：

(1) "封闭式" 施工。即当厂房基础的埋置深度大于设备基础埋置深度时，先施工厂房基础，后施工设备基础。

（2）"开敞式"施工。即当设备基础埋置深度大于厂房柱基础的埋置深度时，先施工设备基础，后施工厂房基础或同时施工。

2．预制工程的施工顺序

单层工业厂房构件的预制，通常采用加工厂预制和现场预制相结合的方法进行，一般重量较大或运输不便的大型构件，可在拟建工程现场就地预制，如柱、托架梁、屋架等。中小型构件可在加工厂预制，如大型屋面板、吊车梁、木制品等。在确定具体预制方案时，应将构件技术要求、工期规定、当地加工能力、费用、现场施工和运输条件等因素进行技术经济分析后确定。预制构件开始制作的日期、制作的位置、起点流向和顺序，在很大程度上取决于工作面准备工作完成的情况和后续工程的要求，如结构安装的顺序等。

（1）当场地狭窄而工期允许时，其构件预制可分批进行。首先预制柱和梁，待柱和梁安装后再预制屋架。

（2）当场地宽敞时，屋架预制可与柱、梁一同组织流水施工。

（3）当场地狭窄，工期要求紧迫时，可首先将柱和梁等构件在拟建车间内就地预制，同时在拟建车间外进行屋架预制。另外，为满足吊装强度要求，有时先开始预制屋架。

3．结构安装工程的施工顺序

结构安装工程是单层工业厂房施工中的主导工程。其施工内容包括柱、吊车梁、连系梁、地基梁、托架梁、屋架、天窗架、大型屋面板等构件的吊装、校正和固定。吊装的顺序取决于吊装方法。若采用分件吊装法，其吊装顺序一般是：第一次开行吊装柱，并校正与固定；待接头混凝土强度达到设计强度70%后，第二次开行吊装吊车梁、托架梁与连系梁；第三次开行分节间吊装屋盖系统各构件。有时也可将第二次、第三次开行合并为一次开行。若采用综合吊装法，其吊装顺序一般是：先吊装第一个节间的4～6根柱并校正和固定，再吊装此节间内各类梁及屋盖系统的全部构件，如此依次逐个节间吊装，直至整个厂房吊装完毕。抗风柱的安装一般是在吊装柱的同时先安装该跨一端的抗风柱，而另一端则在屋盖系统构件安装完成后进行。

构件吊装应在柱基杯口弹线和杯底标高抄平、构件的检查和弹线、吊装验算和加固、起重机械调试等准备工作完成，构件混凝土强度已达到规定的吊装强度后，方可开始吊装。如钢筋混凝土柱和屋架的强度应分别达到70%和100%设计强度后才能吊装；预应力钢筋混凝土屋架、托架梁等构件在混凝土强度达到100%设计强度时，才能张拉预应力钢筋，而灌浆后的砂浆强度要达到 $15N/mm^2$ 时才可以进行就位和吊装。

4．围护及装饰工程的施工顺序

围护工程施工阶段包括墙体砌筑、安装门窗框和屋面工程。墙体工程包括搭脚手架和内、外墙砌筑等分项工程。在厂房结构安装工程结束之后或安装完一部分区段后，即可开始内、外墙砌筑工程的分段分层流水施工。脚手架工程应配合砌筑搭设，在室外装饰之后、做散水坡之前拆除。墙体工程、屋面防水工程、装饰工程应紧密配合，组织立体交叉流水施工。

装饰工程的施工又可分为室内和室外装饰。室内装饰工程包括勾缝、地面（整平、垫层、面层）、门窗扇安装、油漆和刷白等分项工程。室外装饰工程包括勾缝、抹灰、勒脚、散水坡等分项工程。一般单层厂房的装饰工程，通常不占或少占总工期，尽量与其他施工过程穿插进行。地面工程应在设备基础、墙体砌筑工程完成了一部分和埋入地下的管道电缆或管道沟完成后随即进行，或视具体情况穿插进行；门窗安装一般与砌筑工程穿插进行，也可以在砌筑工程完成后安装；门窗油漆在内墙刷白后进行，也可以和设备安装同时进行；刷白应在墙面干燥和大型屋面板灌缝之后进行。

（四）多层与高层现浇混凝土结构房屋施工顺序

由于采用的结构体系不同，其施工方法和施工顺序也不尽相同。但通常划分为基础及地下室工程、主体结构工程、砌筑围护墙与隔墙、屋面和装饰工程几个阶段。

1. 基础及地下室工程的施工顺序

现浇混凝土结构房屋尤其是高层建筑的基础大多为深基础，但由于基础的类型和位置等不同，其施工方法和顺序也不同，甚至还可采用逆作法施工。

当在软土地基上建造多层与高层混凝土结构房屋时，其基础较多采用钢筋混凝土桩基础，当采用通常的由下而上的施工顺序时，一般为：定桩位引测控制标高→桩基施工→挖土→桩头处理→清槽→验槽→垫层→做防水层→保护层→投点放线→承台梁、板扎筋→支模→混凝土浇筑→养护→施工缝处理→地下室墙、柱扎筋→墙柱模板→顶盖梁、板支模→梁、板扎筋→混凝土浇筑→养护→拆外墙模板→外墙防水→保护层→回填土。

另外，挖土时应注意深基坑支护体系的施工；筏板或承台梁大体积混凝土的施工，应注意浇灌顺序和控制温度裂缝；一层地下室墙、柱、梁板混凝土既可一次浇筑，也可分两次浇筑，但应注意施工缝防水处理。

2. 主体结构工程的施工顺序

每层现浇墙、柱、梁板结构的施工顺序，与采用的模板类型和房屋的结构类型有关，若采用组合式钢模板，则施工顺序可有如下三种方案：

（1）绑扎墙、柱钢筋→支墙、柱模板→浇墙、柱混凝土→支梁、板模板→绑扎梁、板钢筋→浇梁、板混凝土；

（2）绑扎墙、柱钢筋→支墙、柱、梁、板模板→浇墙、柱混凝土→绑扎梁、板钢筋→浇梁、板混凝土；

（3）绑扎墙、柱钢筋→支墙、柱、梁、板模板→绑扎梁、板钢筋→浇墙、柱、梁、板混凝土。

选择哪一种顺序要从结构设计特点出发，符合技术上可行、合理，保证质量的原则。

3. 屋面和装饰工程施工顺序

屋面工程和装饰工程的分项工程及其施工顺序与混合结构居住房屋的内容基本相同。

室内装饰工程的施工顺序一般为：结构处理→放线→做轻质隔墙→贴灰饼冲筋→立门框、安铝合金门窗→各类管道水平支管安装→墙面抹灰→管道试压→墙面喷涂贴面→吊顶→地面清理→做地面、贴地砖→安门窗→风口、灯具、洁具安装→调试→清理。

室外装饰工程的施工顺序一般为：结构处理→弹线→贴灰饼→刮底→放线→贴面砖→清理。

由于多高层建筑的结构类型较多，如筒体结构、框架结构、剪力墙结构等等，施工方法也较多，如滑模法、升板法等，因此，施工顺序一定要与之协调一致，灵活运用，不能生搬硬套。

上面所述施工过程和顺序，仅适用于一般情况。建筑施工是一个复杂的过程，随着新的建筑材料、新的建筑体系的出现和发展，这些规律将会随着施工对象和施工条件发生较大的变化。因此，对每一个单位工程，必须根据其施工特点和具体情况，合理地确定施工顺序，最大限度地利用空间、争取时间，组织平行流水、立体交叉施工，以期达到时间和空间的充分利用。

四、施工方法和施工机械的选择

正确地拟定施工方法和选择施工机械是施工组织设计的关键，它直接影响施工进度、施工质量和安全以及工程成本。针对某一工程来讲，其施工方法和建筑机械均可采用多种形式和方案。编制施工组织设计时，必须根据工程建筑结构、抗震要求、工程量大小、工期长短、资源供应情况、施工现场条件和周围环境，在若干个可行方案中选取符合客观实际、较先进合理、又最经济的施工方案。

施工方法的选择，应着重考虑影响整个单位工程施工的分部分项工程的施工方法，如在单位工程中占重要地位的分部分项工程，施工技术复杂或采用新技术、新工艺对工程质量起关键作用的分部分项工程，不熟悉的特殊结构工程或由专业施工单位施工的特殊专业工程的施工方法。对于常规做法和工人熟悉的分项工程，不必详细拟定，只要提出应注意的特殊问题即可。

选择施工方法必然涉及施工机械的选择。机械化施工是改变建筑工业生产落后面貌、实现建筑工业化的基础，因此，施工机械的选择是施工方法选择的中心环节，在选择时应注意以下几点：

1. 应首先选择主导工程的施工机械，如土方工程的挖土机械类型和型号，结构安装用的起重机机械类型和型号。

2. 各种辅助机械或运输机械应与主导机械的生产能力协调配套，以充分发挥主导机械的效率，如土方工程中自卸汽车的选择，应考虑使挖土机的效率充分发挥出来。

3. 在同一建筑工地上的建筑机械的种类和型号应尽可能少，以利于机械管理。对于工程量大的工程应采用专用机械；对于工程量小而分散的情况，应尽量采用多用途的机械。

4. 尽量选用施工单位的现有机械，优化组合，以减少施工的投资额，提高现有机械的利用率，降低工程成本。

五、施工方案的技术经济评价

单位工程施工乃至每一分部分项工程均可采用多种不同的施工方案来完成。确定何为最优施工方案，进行其技术经济评价是最佳途径。技术经济评价就是从几个可行方案中选择出一个工期短、成本低、质量好、施工可行、技术先进、劳动力安排合理的最优方案。常用的方法有定性分析和定量分析两种。

（一）定性分析

定性分析就是结合工程施工实际经验，对几个方案的优缺点进行分析和比较。通常从以下几方面评价：

（1）施工的难易程度和安全可靠性，技术上是否可行。

（2）为后续工作能否创造有利施工条件。

（3）是否能充分发挥现有施工机械设备的作用，选择的施工机械设备是否易于取得。

（4）是否有利于季节施工。

（5）施工组织是否合理，能否为现场文明创造条件等。

（二）定量分析

定量分析评价是通过对不同施工方案的一系列技术经济指标的计算，来分析评价各种施工方案的优劣，其主要指标有：

（1）工期指标。以国家工期定额为参考，以招标文件或合同工期为目标来评价各方案工期。当要求工程尽快完成以便尽早使用时，选择施工方案就要在确保工程质量、安全和成本较低的条件下，优先考虑缩短工期的方案。

（2）劳动量消耗指标。劳动量消耗指标是指完成单位产品所需消耗的工日数。其计算方法为：

$$劳动量消耗指标 = \frac{完成该工程的总工日数}{工程总量}$$

也可用单方用工来评价，即

$$单方用工 = \frac{总工日数}{建筑面积}（工日/m^2）$$

劳动量消耗越小，施工机械化程度和劳动生产率水平越高。

（3）主要材料消耗指标。它反映施工方案的主要材料消耗与节约情况。

（4）降低成本指标。它可综合反映单位工程或分部分项工程在采用不同施工方案时的经济效果。可按下式计算：

$$降低成本率 = \frac{预算成本 - 计划成本}{预算成本} \times 100\%$$

式中，预算成本是以施工图为依据按预算价格计算的成本；计划成本是按采用的施工方案确定的施工成本。

对于计算的各种指标要全面衡量，选择最佳方案，作为施工方案选择的依据。

第三节　单位工程施工进度计划和资源需要量计划

一、单位工程施工进度计划

单位工程施工进度计划是在选定的施工方案基础上，根据各编制条件，按照合理组织施工的原则，用图表形式表现和确定单位工程的各个施工过程在时间上和空间上的合理安排以及相互配合的衔接关系。

（一）施工进度计划的作用

（1）安排单位工程的施工进度，保证在规定工期内完成符合质量要求的各项工程任务。

（2）投标阶段反映投标单位施工技术水平和施工管理水平的高低。

（3）用于确定各施工过程的施工顺序、持续时间以及相互衔接和合理配合关系。

（4）为编制季、月度生产计划提供依据。

（5）为编制各种资源需要量计划和施工准备工作计划提供依据。

（二）编制依据

（1）业主提供的总平面图，单位工程施工图及地质、地形图，工艺设计图，设备基础，采用的各种标准图等图纸及技术资料。

（2）施工工期要求及开、竣工日期。

（3）施工条件、劳动力、材料、构件及机械的供应条件、分包单位的情况。

（4）确定的主要分部分项工程的施工方案包括施工顺序、施工段划分、施工起点流向、施工方法及施工机械等。

（5）劳动定额及机械台班定额。

（6）招标文件中的其他要求和有关材料。

（三）施工进度计划的表现形式

施工进度计划可采用横道图、垂直图和网络图三种表现形式，但它们各有特点。通常综合采用横道图和网络图，尤其新横道图（又称时标网络图）较为普遍。

施工进度计划横道图的形式见表 11-2 所示。表的左面列出各分部分项工程的名称及相应的工程量、劳动量和机械台班数、每天施工的工人数和施工的天数等，右边部分是从规定的开工之日起到竣工之日止的日历表。用左面的数据算得的各施工工序的时间，通过设计后，用横线条形式形象地反映出各施工过程的施工进度以及各分部分项工程间的配合关系和总工期，还常在其下面汇总每天的资源需要量，绘出资源需要量的动态曲线。

单位工程施工进度横道图表

表 11-2

序号	分部分项工程名称	工程量		时间定额	劳动量		需用机械		工作班次	每班人数	工作天数	施工进度									
		单位	数量		工种	工日数	名称	台班数				月					月				
												5	10	15	20	25	5	10	15	20	25

（四）施工进度计划的编制方法

施工进度计划的编制程序和步骤见图 11-7 所示。

1. 划分施工过程

编制施工进度计划时，首先应按照施工图和施工顺序，将拟建单位工程的各个施工过程列出，并结合施工方法、施工条件和劳动组织等因素，加以适当调整，确定后，逐项填入施工进度计划表中分部分项工程名称栏内。

通常施工进度计划表中只列出直接在建筑物或构筑物上进行施工的砌筑安装类施工过程以及占施工对象空间、影响工期的制备类和运输类施工过程。对那些不直接影响工期的材料、构件的制作准备和运输类施工过程可不列入单位工程施工进度计划中。划分施工过程时，应注意以下几个问题：

（1）合理确定施工过程划分的粗细程度。划分施工过程的粗细程度，取决于

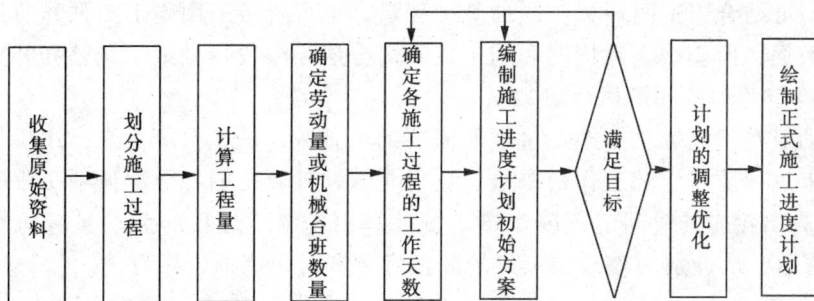

图 11-7　施工进度计划编制程序和步骤

进度计划的需要。对于控制性进度计划，其划分可粗些，只列出各分部工程和部分主要分项工程即可；对于实施性进度计划，其划分较细，各分部工程的主要分项工程均应列出，特别是对主导工程和主要分部工程，其各分项工程的划分更应详细具体。

（2）施工过程的划分应与施工方案一致。施工过程的划分应按所选的施工方案确定。施工方案不同，施工过程的内容和所完成工程量也有所不同。例如深基坑施工，若采用放坡开挖，其施工过程有井点降水和挖土两项；若采用钢板桩支护时，则施工过程就包括打钢板桩、井点降水和挖土三项，且挖土的工程量不同。在划分施工过程时，应充分考虑施工方法和劳动组织，每一个具体的施工过程都应有确定的施工队（班组）来承担。

（3）适当简化，避免划分过细、重点不突出。凡在同一时期可由同一专业施工队完成的若干施工过程，可合并为一个施工过程。对一些次要的零星项目，可合并为"其他工程"。对那些穿插性分项工程且工程量又比较小的，可以合并到主导分项工程中。

（4）妥善处理水、暖、电、卫和设备安装工程施工。水、暖、电、卫和设备安装工程通常由专业队负责施工，在施工进度计划中反映这些工程与土建工程的配合关系，这些项目在进度表上应列出项目名称，标明起止时间。

2.计算工程量

施工过程划分的项目确定后，即可计算工程量。工程量计算应根据施工图和工程计算规则进行，计算时应注意以下几点：

（1）计算工程量的单位应与所采用的现行施工定额的单位一致，以便直接套用定额，减少定额的换算。

（2）结合选定的施工方法和安全技术要求计算工程量。

（3）结合施工组织要求，分区、分段、分层计算工程量，以便组织流水施工。

（4）可结合施工图预算一同计算工程量，也可直接采用施工图预算所计算的工程量数据，但应按实际情况和施工组织（分层、分段）做适当调整和补充。

3. 确定劳动量和机械台班数量

劳动量是指完成某一施工过程所需要的工日数；机械台班量是指用机械完成某一施工过程所需要的工作台班数。它们是根据计算出的各分部分项工程的工程量 Q 和查出相应的时间定额或产量定额计算出各施工过程的劳动量或机械台班数 P。若 S、H 分别为该分项工程的产量定额和时间定额，则有

$$P = Q/S（工日或台班）$$
$$P = Q \cdot H（工日或台班）$$

使用定额时，可能会遇到以下几种情况：

①计划中的一个项目包括了定额中的同一性质的不同类型（子目）的几个分项工程。这时应首先用其所包括的各自分项工程的工程量 Q_i 与其对应的分项工程产量定额 S_i（或时间定额 H_i）算出各自劳动量 P_i，然后求和，即为计划中项目的综合劳动量 P，其计算公式如下：

$$P = \Sigma P_i = \Sigma Q_i \cdot H_i = \Sigma Q_i/S_i$$

或者，首先算出加权平均定额，再用平均定额计算劳动量。

②施工计划中的新技术或特殊施工方法的工程项目无定额可查用时，可参考类似项目的定额或经过实际测算，确定其补充定额，然后套用。

③计划中"其他工程"项目所需要劳动量，可视其内容和现场具体情况，按总劳动量的 10% ~ 20% 确定。

4. 确定各施工过程的施工天数

施工天数即指某施工过程的工作延续时间（工作日）。计算各分部分项工程的施工天数的方法有两种：

①根据合同规定的总工期和本企业的施工经验，确定各分部分项工程的施工时间，然后按各分部分项工程需要的劳动量或机械台班数量，确定每一分部分项工程每个工作班所需要的工人数或机械台班数。这是现在市场经济条件下常采用的方法。

②按计划配备在各分部分项工程上的施工机械数量和专业工人数确定，即

$$t = P/（R \cdot b）$$

式中　t——完成某分部分项工程的施工天数；

　　　R——某分部分项工程所配置的工人人数或机械台数；

　　　b——每天工作班次。

在安排每班工人数和机械台数时，应综合考虑各分项工程各班组的每个工人都应有足够的工作面，以发挥高效率并保证施工安全。在安排班次时宜采用一班制，如工期要求紧时，可采用二班制或三班制，以加快施工速度、充分利用施工

机械。另外，一个施工过程一般都必须有几个人（组成一个组）共同配合才能进行工作。

5. 编制施工进度计划的初步方案

各分部分项工程的施工顺序和施工天数确定后，应按照流水施工的原则，力求主导工程连续施工；在满足工艺和工期要求的前提下，尽可能使最大多数工作能平行地进行，使各个工作队的工作最大可能地搭接起来，其方法步骤如下：

①确定主要分部分项工程并组织其流水施工。首先应确定主要分部工程，组织其中主导分项工程的连续流水施工，然后将其他穿插分项工程和次要项目尽可能与主导施工过程相配合穿插、搭接或平行作业。

②安排其他各分部工程，尽量组织其流水施工。其他各分部工程施工应与主要分部工程相配合，按照工艺的合理性，使其各分项工程尽量流水施工或穿插、搭接、平行作业。

③按各分部分项工程的施工顺序编制初步方案。按照施工工艺顺序和施工组织的要求，将各分部工程的相邻分项工程，按流水施工要求或配合关系，用横线（进度线）或网络关系最大限度地搭接起来，即组成单位工程进度计划的初步方案。

6. 施工进度计划的检查与调整

编制出的初步方案，往往不是最优方案，一般均要进行检查与调整。检查与调整的目的在于使初步方案满足现定的计划目标，达到较理想的施工进度计划。

(1) 检查内容：①各施工过程的施工顺序、平行搭接和技术间歇等关系是否合理；②总工期是否满足合同规定工期或计划工期的要求；③主要工种工人是否连续施工，施工机械是否充分发挥作用；④各种资源需要量是否均衡。

经过检查，对不符合要求的内容进行调整，直至满足要求或达到最优计划。

(2) 调整方法：①延长或缩短某些分项工程的施工时间；②在施工顺序允许的情况下，将某些分项工程的施工开始时间向前或向后移动；③必要时可以改变施工方法或施工组织。

最后，绘制正式进度计划（见表 11-3）。

另外，在工程施工中，由于各种影响因素的存在和发生，往往会影响计划进度。因此，施工中应及时跟踪进度，经常检查和调整计划，及时纠偏，始终使工程进度在计划控制中。

二、资源需要量计划

在单位工程进度计划编定之后，即可根据各施工过程每天及持续期间所需各项资源量，汇总编制出劳动力、材料、构件、加工品、施工机具等资源需要量计划，以此作为确定建筑工地临时设施、按计划调配供应资源的依据，从而保证施工的顺利进行。

施工进度计划

表 11-3

序号	主要施工项目	单位	数量	时间定额	工日数	工种	每天人数
1	机械挖土	m²	1032	1/520	8台班	机/普	/22～/12
2	混凝土垫层	m³	298	0.57	165	混凝土	40
3	砌砖基础	m³	368	0.85	312	瓦/普	20/30
4	基础圈梁、构造柱	m³	94	0.73	69	钢筋	3
				0.28	26	模	20
				1.15	108	混凝土	
5	基础及房心回填土	m³	2450	0.2	490	普	41
6	砌砖墙	m³	2956	瓦0.7 普0.5	3548	瓦/普	20/28
7	现浇柱	t	13.95	4.4	61	钢筋	6
		m²	1154	0.14	162	模	8
		m³	99.56	1.6	159	混凝土	20
8	现浇圈梁大梁挑梁、楼板、楼梯	m²	3428	0.13	446	模	6
		t	40.38	7.8	315	钢筋	8
		m³	345.2	1.2	414	混凝土	20
9	安装预制楼板	块	2778	1/130	21.5台班	起重	5
10	楼板灌缝	m³	201.2	0.15	30		6
11	脚手架（搭、拆）					架子	4
12	屋面板上找平层	m²	1425	0.05	71.5		5
13	屋面隔气层	m²	1425	0.026	37	油	15
14	屋面保温层	m³	116	0.5	58	混凝土	40
15	屋面上找平层	m²	1465	0.05	73	抹	12
16	卷材防水层	m²	1465	0.063	92	油	15
17	上人屋面混凝土板	m²	334	0.06	20	瓦	10
18	水磨石楼面	m²	1866	0.35	653	抹	20
19	水泥砂浆楼面（含垫层）	m²	4320	0.08	346	抹	10
20	内墙面及顶棚抹灰	m²	25220	0.095	2396	抹	35
21	安门窗及木装修	m²	2147	0.2	429	木	18
22	外墙装饰	m²	7384	0.25	1846	抹	35
23	门窗油漆、玻璃	m²	2147/ 1270	0.14 0.08	402	油	15
24	台阶、散水	m²	362	0.18	65	抹	10
25	室内喷白	m²					
26	水暖电安装及其他	m²	20470	1.006	123	油	6

进度表月份：4月　5月　6月　7月　8月　9月　10月　11月　12月（每月分 5 10 15 20 25 30）

网络节点标注：0-1　1-12　2-22　1-21-3　3-23-14-3　5-2-24-6-3　5-1　5-2　6-1　安儿窗　6-3　5-2

（一）劳动力需要量计划

它是将单位工程施工进度计划表内所列各施工过程每天（日）所安排的工人人数按工种进行汇总而成。主要用于劳动力调配和工地生活设施的安排，其表格形式见表 11-4 所示。

劳动力需要量计划

表 11-4

序号	工 种	劳动量（工日）	需用时间									备注
			×月			×月			×月			
			上旬	中旬	下旬	上旬	中旬	下旬	上旬	中旬	下旬	

（二）主要材料需要量计划

它是根据单位工程施工进度计划表、施工预算中工料分析表、材料贮备和消耗定额，将施工中需要的材料，按品种、规格、数量、使用时间计算汇总填入表中而成。其表格形式见表 11-5 所示。它主要用于备料、供料、贮备和确定仓库、堆场面积及组织材料运输。

主要材料需要量计划

表 11-5

序号	材料名称	规 格	需要量		供应时间	备 注
			单 位	数 量		

（三）构件和半成品需要量计划

它是根据施工图和进度计划进行编制。主要用于落实加工订货单位，并按照所需时间、规格、数量，签订加工供应合同，组织加工、运输和确定仓库和堆场等，其格式见表 11-6 所示。

构件和半成品需要量计划

表 11-6

序号	构件半成品名称	规格	图号、型号	需要量		使用部位	加工单位	供应日期	备注
				单位	数量				

（四）施工机械设备需要量计划

它是根据施工方案和施工进度计划安排所确定的施工机械设备的类型、规格、数量、进场时间进行汇总而成。以此作为落实施工机械设备来源、组织进场和进行现场道路场地布置的依据，其格式见表 11-7 所示。

施工机械需要量计划   表 11-7

序号	机械名称	类型、型号	需要量		货 源	使用起止时 间	备 注
			单位	数量			

三、施工准备工作计划

详见第八章第二节。

第四节　单位工程施工平面图设计

施工平面图是单位工程施工组织设计的组成部分，是对一个建筑物或构筑物的施工现场的平面规划和空间布置图。它是根据工程规模、特点和施工现场的条件，按照一定的设计原则，来正确地解决施工期间所需的各种暂设工程和其他业务设施等同永久性建筑和拟建工程之间的合理位置关系。它布置得是否合理，执行管理的好坏，对施工现场组织正常生产、文明施工，以及对施工进度、工程成本、工程质量和安全都将产生重要的影响。因此在施工组织设计中应对施工现场布置进行仔细的研究和周密的规划。

一、单位工程施工平面图设计的内容

单位工程施工平面图的绘制比例一般为 1:200～1:500，施工平面图上一般应按比例标明下列内容：

(1) 建筑总平面图上已建和拟建的地上、地下的一切建筑物、构筑物、道路、各种管线的位置。

(2) 测量放线标桩位置、地形等高线和土方取弃场地。

(3) 移动式（包括轨道式）起重机的开行路线（包括轨道位置）、固定式垂直运输机械的位置。

(4) 各种加工厂（场棚）、搅拌站、材料、加工半成品、构件、机具的仓库或堆场。

(5) 生产和生活福利设施的位置，包括作业车间办公用房和生活用房。

(6) 场地临时道路、临时给排水管线、供电线路、供气供暖管道及通讯线路布置。

(7) 一切安全及防火、防讯设施的位置。

二、单位工程施工平面图的设计依据

1．工程设计资料

（1）建筑总平面图。图上标有拟建和已建房屋和构筑物及道路的位置；据此用以决定临时建筑与设施的平面位置。

（2）拟建和已建地下、地上管道位置资料。用以决定原有管道的利用或拆除，以及新管线的建设与其他工程关系。

（3）有关的施工图设计资料。在地下施工阶段，用以确定轴线桩位、基坑开挖范围及其四周的布置；在地上施工阶段，用以确定起重机械的位置。

（4）施工现场的竖向设计资料的土方平衡图。用以确定临时设施水、电管线的布置和土方填挖及弃土、取土位置。

2．现场原始资料

（1）自然条件调查资料。如气象、地形、水文及工程地质资料等，主要用于布置地表水和地下水的排水沟，安排冬、雨期施工期间所需设施的地点。

（2）技术经济调查资料。

3．施工组织设计资料

其内容包括施工方案、施工进度计划及资源计划等，用以决定各种施工机械位置，吊装方案与构件预制、堆放的布置，分阶段布置的内容；各处临时设施的形式、面积尺寸、及相互关系等。

三、单位工程施工平面图设计原则

（1）在保证施工顺利进行的前提下，平面布置力求紧凑。

（2）尽量减少场内二次搬运，最大限度缩短工地内部运距；各种材料、构件、半成品应按进度计划分批进场，尽量布置在使用点附近，或随运随吊。

（3）力争减少临时设施的数量，并采用技术措施使临时设施拆卸方便、能重复使用、省时，并能降低临时设施费用。

（4）符合环保、安全和防火要求。

（5）施工设施的布置，应便于生产、生活和管理。

四、单位工程施工平面设计步骤

单位工程施工平面图设计的一般步骤见图 11-8 所示。

（一）按比例绘制已建和拟建房屋、构筑物的位置

根据建筑总平面图等有关资料，将现场范围内的一切已建和拟建的地上和地下的房屋、构筑物及其他设施按比例绘出。

（二）确定起重及垂直运输机械的布置

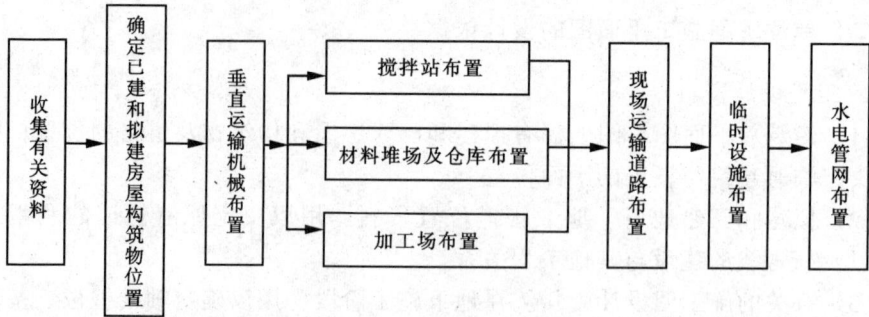

图 11-8 施工平面图设计步骤

起重和垂直运输机械的选择和平面位置的布置是施工现场布置的中心环节，它直接影响搅拌站、材料及构件堆场、各种仓库等位置及道路和水、电线路的布置，因此，必须首先布置。由于各种起重及垂直运输机械的性能特点不同，其布置情况也不相同。

（1）塔式起重机。塔式起重机具有起重、垂直提升、水平运输等三种功能。工地上常用的塔式起重机有轨行式、附着式和内爬式三种。

1）轨行式塔式起重机。轨行式塔式起重机可沿轨道两侧起重半径作业范围内全幅进行吊装作业，但占用施工场地大，路基工作量大，使用高度有限，通常用于高度不大的多层、高层建筑。轨行式塔式起重机布置主要取决于建筑物的平面形状、尺寸，起重机的性能，构件重量及四周的施工场地的条件等。轨行式塔吊布置时一般要求沿建筑物长向布置，其位置应选在场地范围较宽的一侧，轨道的路基必须坚实可靠，吊装服务范围应能满足吊装作业的需要。如图 11-9 所示，

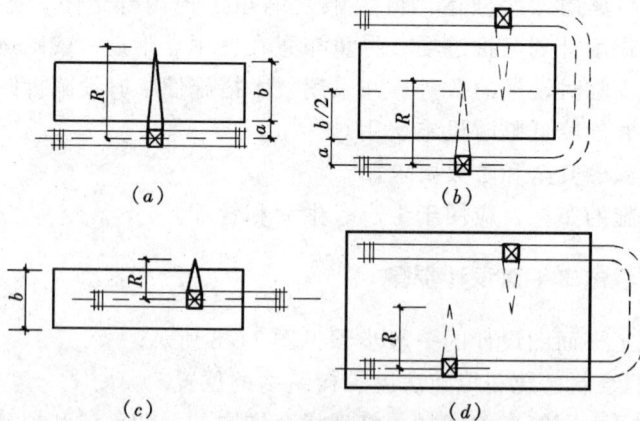

图 11-9 塔式起重机布置方案

（a）单侧布置；（b）双侧或环形布置；（c）跨内单行
布置；（d）跨内环形布置

通常有以下四种布置方案可供选择：

①单侧布置（图 11-9a）。当建筑物宽度较小，构件重量不大时，可采用单侧布置方案。其优点是轨道长度较短，且在起重机另一侧有较宽敞的场地堆放物件、材料和搅拌机。

采用单侧布置时，起重机最大回转半径 R 应满足下述条件：

$$R \geqslant b + a$$

式中　b——建筑物平面的最大宽度，m；

　　　a——建筑物外墙皮至塔轨中心线的距离。无阳台时，a = 安全网宽度 + 安全网外侧至塔轨中心线距离；有阳台时，a = 阳台宽 + 安全网宽度 + 安全网外侧至塔轨中心线距离。

②双侧布置或环行布置（图 11-9b）。当建筑物宽度较大（大于 20m）或构件重量较重（大于 30kN），单侧吊装有困难时，采用双侧布置或环行布置。此时，起重机的工作半径 R 应满足下式条件：

$$R \geqslant b/2 + a$$

当吊装工程量大，且工期要求紧迫时，建筑物的两侧可各布置一台起重机；如果工程量不大，且工期要求不十分紧迫时，则可用一台起重机在建筑物外围作环行吊装布置。

③跨内单行布置（图 11-9c）。当建筑物周围场地很窄，在外侧布置起重机不可能；或者由于建筑物宽度较大，构件较重，塔式起重机只有布置在跨内才能满足起重机技术性能要求时采用。此时最大起重半径 R 应满足下式条件：

$$R \geqslant b/2$$

跨内布置可减少轨道长度，节约施工用地。但构件大部分布置在塔式起重机工作幅度范围之外，从而增加构件的二次搬运量；此外，对于建筑外侧围护结构吊装也较为困难。

④跨内环行布置（图 11-9d）。当建筑物较宽、构件较重，塔式起重机跨内单行布置不能起吊全部构件，同时在施工现场塔式起重机又不可能跨外环行布置时，可采用跨内环行布置。

塔式起重机的位置及尺寸确定之后，应当复核起重量、回转半径、起重高度三项工作参数能否满足吊装的需要。若不满足，则应调整 a 的距离或采取其他措施。符合要求后，可绘出塔式起重机服务范围，见图 11-10 所示，它是以塔轨两端有效端点的轨道中心为圆心，以最大回转半径为半径画出两个半圆，连接两个半圆，即为塔吊服务范围。拟建建筑物平面应包括在塔式起重机服务范围内，以保证各种构件与材料直接吊运到建筑物的任何部位上，尽可能不出现死角；若实在无法避免，可采取具体的措施予以解决。见图 11-11 所示，将塔吊和井架同时使用以解决这个问题，但要确保塔吊回转时不能有碰撞井架的可能。另外，在确定塔吊服务范围时应考虑有较宽的施工用地；以便安排构件堆放以及使搅拌设备所搅拌出的砂浆或混凝土料斗能直接挂钩起吊。

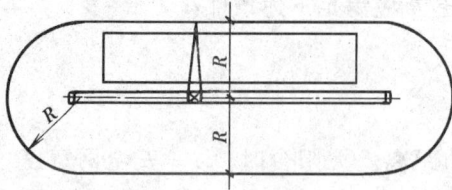

图 11-10　塔吊服务范围示意图

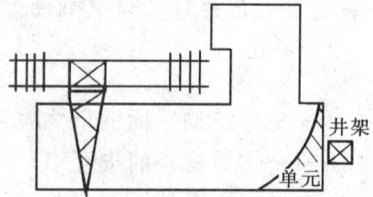

图 11-11　起重机械的布置

　　2）定点爬升式塔吊。定点爬升式塔吊不需铺设轨道，但其作业范围不大。附着外爬式塔吊和内爬式塔吊均适用于高层建筑施工，一侧布置在建筑物外部依附于建筑物，一侧布置在建筑物中间的电梯井处。其确定和布置方法与轨行式塔式起重机方法一致，绘制服务范围也一致。如当建筑物为点式高层时，采用定点式爬升塔吊，布置在建筑物中间（如图 11-12 所示）或转角处。

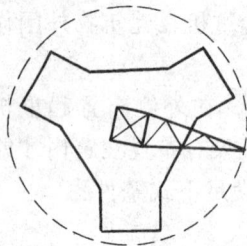

图 11-12　定点爬升式塔吊布置

　　（2）自行无轨起重机。自行无轨起重机分履带式、轮胎式和汽车式三种起重机。主要用于装配式单层工业厂房主体结构的吊装，也可用于混合结构的预制构件和桩的吊装等。这类起重机只需在平面图上绘出开行路线和停机位置即可。

　　（3）固定式垂直机械。井架、龙门架、桅杆式等固定式运输设备的布置，主要是根据机械性能，建筑物的平面形状和大小，施工段的划分，材料的来向和已有道路以及每班需运送的材料数量等而定。布置的原则是充分发挥起重机械的能力，并使地面和楼面的水平运输距离最小，使用方便、安全。当建筑物各部位的高度相同时，应布置在施工段的分界线附近；当高度不一致时，应布置在高低分界线较高部位的一方。井架、龙门架的位置宜布置在窗口处，以避免砌墙留槎和减少井架拆除后的修补工作。另外，固定式起重机械的卷扬机与起重架之间有一定的距离要求，以便司机视线能够看到整个升降过程，一般要求此距离大于建筑物的高度，水平距外脚手架 3m 以上。

　　（三）搅拌机的布置

　　除了垂直运输机械外，还应布置好混凝土和砂浆搅拌机械的位置。在一般混合结构施工中砂浆的用量较多，连续使用的可能性比混凝土大，因此应首先考虑砂浆搅拌机的位置，最好能布置在建筑物中间，其出料口在垂直运输机械的工作幅度内。另外还应着重考虑形大、体重及用量较多的材料和构配件,如预制空心板和标准砖,也应布置在起重机械附近。若两者布置有困难时,因砂浆运输较方便,必要时砂浆搅拌机的布置位置可适当让下。

对于现浇多高层钢筋混凝土结构和单层工业厂房建筑物施工,由于混凝土用量多而集中,应优先考虑混凝土搅拌机的布置位置。浇筑混凝土基础时,混凝土搅拌机尽可能直接布置在基坑附近,待混凝土浇筑完毕再转移到指定地点进行上部主体施工,以减少混凝土的运输工作量。

搅拌机布置时,应考虑下列因素:

(1) 根据施工任务大小、工程特点,选择适用的搅拌机,然后根据总体要求,将搅拌机布置在距使用地点或起重机械较近处。

(2) 与垂直运输机械的工作能力相协调,以提高机械的利用率。

(3) 搅拌机的位置尽可能布置在场地运输线附近,且与场外运输道路相连,以保证大量的混凝土原材料顺利进场。还要考虑搅拌机械情况,石子清洗的污水排除。

(4) 混凝土搅拌机每台需要有 20m² 左右面积,冬期施工时,应有 30m² 左右面积。砂浆搅拌机每台需有 15m² 左右面积,冬期施工则需要 25m² 左右的面积。

(四) 仓库和堆场的布置

(1) 仓库、堆场的布置要求和方法。仓库和堆场布置时总的要求是:尽量要方便施工,运输距离较短;避免二次搬运以求提高生产效率和节约成本。为此,应根据施工阶段、施工位置的标高和使用的先后,确定其布置位置。一般有以下几种布置:

①建筑物基础和第一层施工时所用的材料应尽量布置在建筑物的附近,并根据基槽 (坑) 的深度、宽度和放坡坡度确定堆放地点,与基槽 (坑) 边缘保持一定的安全距离,以免造成土壁塌方事故。

②第二层以上施工用材料、构件等应布置在垂直运输机械附近。

③砂、石等大宗材料应布置在搅拌机附近且靠近道路。

④当多种材料同时布置时,对大宗的、重量较大的和先期使用的材料,应尽量靠近使用地点或垂直运输机械;少量的、较轻的和后期使用的则可布置在稍远处;对于易受潮、易燃和易损材料则应布置在仓库内。

⑤在同一位置上按不同施工阶段先后可堆放不同的材料。例如,混合结构基础施工阶段,建筑物周围可堆放毛石,而在主体结构施工阶段时可在建筑物四周堆放标准砖。

(2) 仓库、堆场面积的确定。当材料和构配件仓库、堆场位置初步确定以后,则应根据材料储备量按下式来确定所需面积,即

$$S = \frac{Q \cdot T_n \cdot K}{T_Q \cdot q \cdot K_1}$$ (11-7)

式中　S——仓库、堆场所需的面积，m^2；

　　　Q——计算时间内材料的总需用量，可根据施工进度计划求得；

　　　T_n——材料在现场的储备天数，应根据该材料的供应、运输和工期需要确定，也可查表 11-8 作为参考；

　　　K——材料使用不均衡系数，可根据计算或查表 11-8；

　　　T_Q——计算进度内的时间，即该材料的使用时间；

　　　q——该材料单位面积的平均储备量，可查表 11-8 和表 11-9；

　　　K_1——仓库、堆场的面积有效利用系数，可查表 11-8 和表 11-9。

计算仓库面积的有关参考系数　　　　　　　　　　表 11-8

序号	材料及半成品	单位	储备天数/T_n	不均衡系数/K	储存定额/q	利用系数/K_1	仓库类别	备注
1	水泥	t	30～60	1.5	1.5～1.9	0.65	封闭式	堆高 10～12 袋
2	砂、石	m^3	30	1.4	1.2～2.4	0.70	露天	堆高 2m
3	块石	m^3	15～30	1.5	1.2	0.70	露天	堆高 1.2m
4	钢筋（直筋）	t	30～50	1.4	2.0～2.5	0.60	露天	堆高 0.5m
5	钢筋（盘筋）	t	30～50	1.4	0.8～1.2	0.60	库或棚	堆高 1m
6	型钢	t	30～50	1.4	0.8～1.8	0.60	露天	堆高 0.5m
7	木材	m^3	30～45	1.4	0.7～0.8	0.50	露天	堆高 1m
8	门窗扇框	m^3	30	1.2	2.0～4.5	0.60	库或棚	堆高 2m
9	木模板	m^3	3～7	1.4	1.6～2.0	0.70	露天	堆高 2m
10	钢模板	m^3	3～7	1.4	1.6～2.0	0.70	露天	堆高 1.8m
11	标准砖	千块	15～30	1.2	0.7～0.8	0.60	露天	堆高 1.5～2m

钢筋和钢筋混凝土预制件堆存参数　　　　　　　　表 11-9

序号	构件名称	堆置高度（层）	面积利用系数/K_1	堆置定额/q
1	钢类钢筋骨架	3	0.67～0.70	0.05t
2	板类钢筋骨架	3	0.5	0.04t
3	屋面板构件	5	0.6	0.23m^3
4	空心板构件	6	0.6	0.4m^3
5	大型梁类构件	1～2	0.6～0.7	0.28m^3
6	小型梁类构件	6	0.6～0.7	0.80m^3
7	其他类构件	5	0.6～0.7	0.80m^3

（五）现场运输道路的布置

现场主要道路应尽可能利用永久性道路，或先修好永久性道路的路基，在土建工程结束时再铺路面。现场运输道路应满足材料、构件、进出场机械的运输及消防要求，应保证进出行驶畅通，安全回转。因此，运输道路最好围绕拟建建筑物布置成一条环形道路。道路宽度一般不小于 3.5m，主干道路宽度不小于 6m。道路两侧结合地形设置排水沟。

（六）现场生产和非生产性临时设施布置

临时设施分为生产性临时设施（如钢筋加工棚、木工加工房、安装作业加工房、水泵房、电工房等）和非生产性临时设施（如行政技术管理办公室、工人休息室、开水房、食堂、厕所等），它们布置的原则是：有利生产，方便生活，安全防水。

（1）现场加工作业车间（棚）。现场加工作业车间及场地的布置应结合施工对象和施工条件合理确定，通常：

①宜布置在建筑四周稍远位置，且有一定的材料、成品的堆放场地。

②加工作业棚不宜在塔吊工作服务范围内，其堆场可以布置在塔吊工作服务范围内。

③石灰仓库、淋灰池的位置应靠近搅拌站，与沥青熬制场地一样应设在下风向。

加工作业车间（棚）所需面积可参考表 11-10 确定。

现场加工作业车间（棚）面积参考指标　　　　　　　　　　表 11-10

项次	名　称	单　位	面　积	项次	名　称	单　位	面　积
1	木工作业棚	m²	3	5	卷扬机棚	m²/台	6~10
2	电锯房	m²	40~80	6	管工房	m²	20~40
3	钢筋作业	m²/台	3	7	电工房	m²	15~20
4	搅拌棚	m²/台	15~	8	油漆、防水工房	m²	20

注：木工作业棚占地为面积的 2~3 倍；钢筋作业棚占地为面积 3~4 倍。

（2）行政、生活福利临时设施。为了减少临时设施的费用，首先应尽量利用已有的建筑，其次是先建造部分永久性拟建建筑暂供施工时用，如还不够则再考虑建造临时设施。

临时设施的形式与规模，应根据施工现场的实际情况以及施工任务的需要而定，有关参考资料见表 11-11，其建筑面积根据工地实际人数，按下式确定：

$$F = R \cdot F_P$$

式中　F——建筑面积，m²；

　　　R——施工现场实际人数；

　　　F_P——建筑面积参考指标，见表 11-11。

行政、生活福利建筑面积参考指标（m²/人）　　　　　　表 11-11

项次	临时房屋名称	指标使用方法	参考指标
1	办公室	按使用人数	3～4
2	宿舍（单层床）	按使用人数	3.5～4
3	食堂	按高峰季平均人数	0.5～0.8
4	医务室	按高峰季平均人数	0.05～0.07
5	浴室、理发	按高峰季平均人数	0.08～0.1
6	厕所	按工地平均人数	0.02～0.07
7	会议室、俱乐部	按高峰季平均人数	0.1

布置时，办公室应靠近施工现场，设在工地入口处且能直接观察到施工情况；工人生活区应与作业区分隔，宿舍应布置在安全的上风向一侧；收发室、门卫宜布置在入口处等。

（七）工地临时供水管网布置

建造一个单位工程，需要考虑施工现场的生产用水和生活用水。对于一些城市建筑，如离原有消防供水系统较近，则可不考虑消防用水，否则也应考虑。

工程施工临时用水应尽量利用拟建工程的永久供水系统，在进行施工准备时，应先修筑该供水系统，至少将干线水管修筑到施工现场的入口处。对于改建、扩建工程则应利用原供水系统。工程施工用水应注意水源的水质情况，一般可饮用的水都能满足要求，其他水源应检查水质后方能应用。直接利用自来水时要注意干线水管的直径和水压，要确保工程用水量。如建筑物高大时，还需增设加压设备，必要时还应考虑吸水和储水设备。

（八）工地临时供电线网布置

建筑施工用电量随着施工机械化程度的不断提高在增加。正确确定用电量和合理选择电源和电网供电系统更显重要。工地临时供电布置要完成：（1）确定用电地点和用电量；（2）选择电源和确定供电系统的形式以及变压器；（3）决定导线规格、型号和线路布置等。

建筑施工是一个动态变化的过程，各种资源消耗随着工程进展而变动。因此，在工地上的实际布置情况是随着工程进展在改变着，对于大型建设工程或现场比较紧张的工程，往往需要按施工阶段布置施工现场，绘制若干个施工平面图，以便更合理更具体更真实地表现现场布置（图 11-13）。

五、施工平面图管理

施工平面图是对施工现场科学合理利用的规划蓝图，是保证工期、质量、安全、文明施工和降低成本的重要手段。施工平面不仅要精心设计好，而且要认真管理好，尤其要加强施工现场动态管理，保证现场运输道路、给水、排水、电路

厕所

沥青熬制及堆场 30m²

茶炉及灶房 30m²

工具库 30m²

工总室人休

其他工种作业棚 65m²

砖 100m²

石灰

砖 250m²

砖 80m²

灰

办公室

砂浆搅拌棚

灰

石子 440m²

预制楼板构件 326m²

砖 330m²

砖 80m²

石灰

砂子 318m²

白水泥库 76m²

脚手杆预制楼板场 100m²

砖 80m²

木工棚 96m²

木门窗堆棚 107m²

已建宿舍

钢筋堆场 126m²

钢筋作业棚 42m²

已建建筑物

配电室

门卫

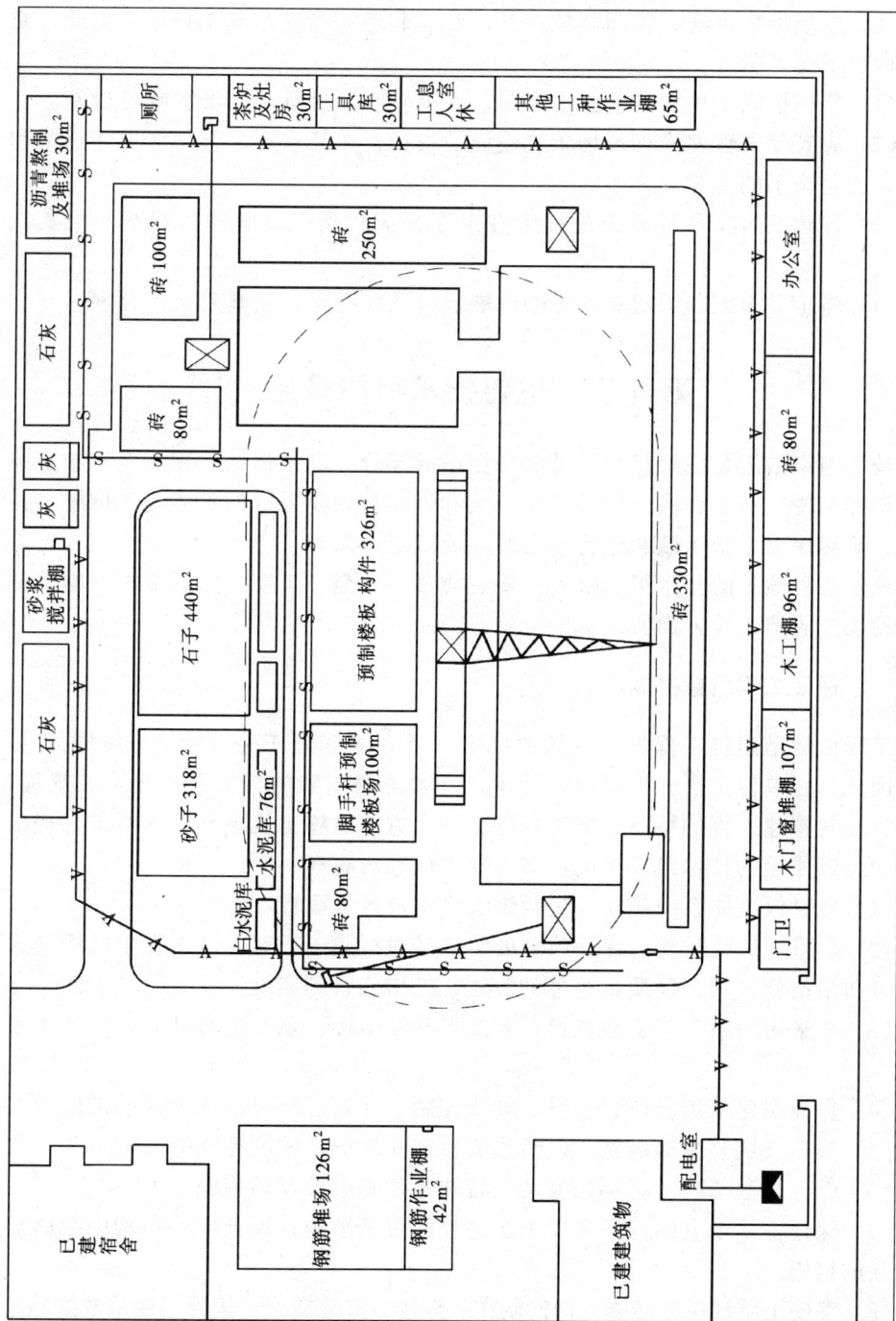

图 11-13　施工现场平面布置图

的畅通，现场堆放合理，物归其位，从而建立起连续均衡的施工秩序。为此，必须采取以下管理措施：

（1）严格按施工平面布置施工道路、水电管网、机具、堆场和临时设施。

（2）应有专人管理施工现场布置建设及维护，尤其重点是管理维护好道路和水电，它是施工的血脉。

（3）各施工阶段和各施工过程中各工序都应做到工完料净、场清、机具归位。

（4）施工平面图必须随着施工的进展及时调整补充，使其趋于更合理。

第五节　主要技术组织措施

技术组织措施是施工组织设计的必要组成部分。它是根据工程特点和施工条件、招标文件或施工合同，以及施工方案和进展计划而采取的具体施工措施。其目的在于确保工程施工顺利进行，全面完成既定目标。

单位工程施工的技术组织措施主要有质量、安全、工期、降低成本、季节施工和现场文明施工等方面所采取的措施。

一、保证工程质量措施

工程质量是建筑工程施工的核心问题，是业主和施工企业所追求的主要目标。因此，在单位工程施工组织设计中，必须遵照国家的施工技术规范、规程、标准，针对拟建工程的特点、施工条件、施工方法、施工机械和技术要求，提出具体的保证质量的技术组织措施。其主要方面和内容有：

（1）质量保证体系的建立。包括组织机构及各自职责。

（2）质量通病的防治。保证质量的关键是对拟建工程对象经常发生的质量通病制订防治措施，用全面质量管理的方法，把措施订到实处。

（3）对采用的新工艺、新材料、新技术和新结构，须制定有针对性的技术措施。

（4）保证拟建工程定位、放线、轴线控制、标高控制等准确无误的措施。

（5）基槽（坑）保护措施。包括边坡稳定和支护、深度控制等。

（6）保证地基基础，特别是复杂、特殊地基基础质量的措施。

（7）保证主体承重结构各主要施工过程的质量措施；保证主体结构中关键部位质量的措施。

（8）混凝土质量保证措施，构件制作、焊接、安装措施，构件运输堆放措施。

（9）屋面及地下防水工程、装修装饰工程各主要施工过程保证质量的措施。

（10）各种建筑材料、半成品、砂浆、混凝土、构配件等检验制度、质量标准、保管方法及使用要求。

（11）建筑成品的保护措施。

（12）强调执行施工质量的技术交底、检查、验收制度，对各分部分项工程质量检验评定提出本工程的实施计划；对隐蔽工程验收、混凝土试块、砂浆试块及其他试验项目的管理提出本工程的实施计划。

二、保证安全施工的措施

施工安全是建筑施工的重要控制内容。在单位工程施工组织设计中，必须贯彻安全技术规范、操作规程、检查标准，根据拟建工程的具体情况，对施工中可能发生安全问题的环节进行预测，提出预防措施。安全措施主要包括以下几个方面：

（1）预防自然灾害的措施：防台风、防雷击、防洪排水、防暑降温、防冻、防寒、防滑等措施。

（2）防火、防爆、防触电、防坠落、防坍塌等措施。

（3）高空作业（包括洞口作业、临边作业、悬空作业）和立体交叉作业的安全防护措施。

（4）机械设备、脚手架、电梯的稳定和安全措施。

（5）对于采用的新技术、新结构、新工艺，也须制定有针对性的安全技术措施。

（6）强调落实安全生产责任制、安全技术交底制度、安全生产检查制度、安全教育制度，提出本工程的实施性计划，以确保施工安全。

三、现场文明施工措施

文明施工是现代施工的特点，是环境保护的需要，是施工企业发展的需要。现场文明施工措施主要包括：

（1）遵守国家和地方的法令、法规和有关政策，不得擅自侵占道路、砍伐树木、毁坏绿地、停水停电，制定减少扰民的措施。

（2）施工现场应按施工平面图的要求布置材料、构件和暂设工程。工地实行围挡封闭施工，工地四周设置不低于1.8m的封闭式围挡，大中城市主要街道、商业区围挡高度不低于2.5m，围挡要统一、美观。

（3）坚持正确、文明的施工顺序和操作步骤，把搞好文明施工的责任落实到班组及个人，并加强检查与评比。

（4）加强"三废"的治理措施，如含有水泥等污物的废水不得直接排出场外或直接排入市政管道；建筑垃圾不能随意乱倒；各种锅炉应有消烟除尘措施；熬制沥青应用无烟沥青锅或尽量采用新型冷作业防水施工。

（5）施工场地或道路硬地化或半硬地化，经常清理场地，保持道路畅通、平整、干净。

（6）确保暂设工程生活区周围环境卫生安全，实行门前"三包"责任制；现场材料、构件堆放整齐、有序；机具整洁、定点安放。

（7）工完场清，现场干净。

四、降低成本措施

降低成本是施工企业提高市场竞争力和增加利润的有效途径。降低成本的措施应以"两算"（施工图预算和施工预算）对比分析为依据，以项目计划成本为目标进行分门别类的制订。降低成本措施一般包括：

（1）节约劳动力措施；

（2）节约材料措施；

（3）节约机械设备措施；

（4）提高一次合格率和一次成优率的措施；

（5）临时设施费、现场管理费、二次搬运费等的节约措施；

（6）科学合理安排、保证连续均衡紧凑的施工；

（7）正确处理成本、质量、工期三者之间的制约关系，体现分部工程或单位工程的综合经济效益。

五、季节性施工措施

制定冬期和雨期施工措施，目的是为了提高项目施工的连续性和均衡性，保质保量按期完成施工任务。

雨期施工措施要在防淋、防潮、防淹、防泡、防拖延工期等方面，分别采用疏导、堵挡、遮盖、排水、防雷、合理贮存、避雨施工、改变施工顺序、加固等措施。

冬期施工措施要根据当地气温、降雪量不同，工程部位及施工内容不同，施工单位的条件不同，采取以保温、防冻、早强、改善操作环境等措施。

六、其他技术组织措施

（1）工期与施工进度保证措施。

（2）新技术、新材料应用措施等。

思　考　题

11-1　编制单位工程施工组织设计的依据有哪些？

11-2　单位工程施工组织设计包括哪些内容？其中关键部分是哪几项？

11-3　简述单位工程施工组织设计编制程序。

11-4　工程概况应包括哪些内容？

11-5　施工方案包括哪些内容？施工顺序与施工流向有何不同？

11-6　简述砖混结构房屋的施工顺序和施工方法。

11-7　简述多层现浇混凝土结构房屋的施工顺序。

11-8　简述施工进度计划的编制步骤与依据。

11-9　如何评价单位工程进度计划的优劣？

11-10　施工进度计划的作用和种类？

11-11　与进度计划相适应的各项资源需要量计划及准备计划编制时，应注意哪些问题？

11-12　简述施工平面图设计步骤和要求。

11-13　施工措施一般包括哪几个方面？